JN318149

中国山岳地帯の
森林環境と伝統社会

出村克彦・但野利秋［編著］

北海道大学出版会

本書は公益信託糠沢建次学術振興基金の刊行助成を得て出版された

山の尾根を通る国防道路

石灰岩の岩峰が連なる都陽山脈

森林土壌を開墾したが，浸食（エロージョン）が起こり石漠化した場所

瑤族の伝統的な木造建築。2階建で，1階は家畜の飼育に使用，2階は人間が生活している

伝統工法家屋の移築。村中総出で柱を立てる（弄石屯）

整備された段々畑の夏の景色(坡坦屯)

堆肥と液肥の畑への運搬

2000年から実施し始めた「封山育林」のスローガン

大雨時，斜面一面に落ちる滝（七百弄郷）

1980年代に建設した貯水タンク（弄石屯）

はじめに

1. 目的とその背景

　本書は，日本学術振興会未来開拓学術研究推進事業・複合領域「アジア地域の環境保全」プロジェクトに採択された，アジア地域(中国)の農業・農村環境問題のプロジェクト「中国西南部における生態系の再構築と持続的生物生産性の総合的開発」(日中共同研究)(1998〜2002年度)に基づいている。
　アジアの多くの国々は悠久の歴史を持ち，独自の伝統文化を作り，農耕生産を営んできた。近年，アジアの国々は急速な経済発展を達成してきたが，その過程で農村地域では人口増加，貧困，食料不足が慢性化し，自然環境の劣化・破壊が加速化してきた。このようなアジア地域の現状を見る時，この地域における環境と人間の共存の道をどのように求めていくのか，その方策をいかに構築していくのか，という課題に対して具体的な解決策を提示することが近未来に向けた重要課題となっている。われわれはこの課題に，農学的，社会科学的方法論により接近した。
　中国西南部には広西壮族自治区，貴州省，雲南省にまたがる石灰岩地帯が広範に分布している。われわれが調査研究サイトとした広西壮族自治区大化瑤族自治県(以下，大化県)七百弄郷(チイバイロン)には，カルスト地形の浸食(エロージョン)により形成された盆地状集落(ドリーネ)があり，そこでは少数民族(瑤族)が閉鎖的自然生態系環境の下に500年以上の長きにわたり，自然環境と調和しながら自給的食料生産による伝統社会を形成して生活を営んできた。近代中国は，近年，改革開放政策による経済発展を推進しているが，自然環境の悪化と住民の経済格差の拡大が進行しており，大化県においても同様の問題に直面している。七百弄郷でも貧困解消のための農村開発政策が進められており，(半)閉鎖的環境から市場経済が浸透してくる開放系社会への移行は不可避である。しかし，このような農村開発政策は弄(ロン)集落の自然環境に深刻な影響を与えている。

本書は，このような背景の下，次のような研究目的で実施した日中共同研究の成果を取りまとめたものである。すなわち，森林生態系および農耕地における人間の生活と経済活動から構成されている自然生態系と人間活動系の物質循環の実態を解明するとともに，劣化した森林生態系の再構築法を明らかにする。本共同研究の最終目標は，近未来に向けて人間活動と自然生態系の共存を可能にする「人間と自然の共存原理」を明らかにすることである。研究サイトの七百弄の集落(弄石屯(ロンスートン))の調査において，当初は，森林資源の劣化や減少，またそのことによる湧水の減少や雨期における冠水，乾期における水不足などの自然環境悪化による諸現象が見られたが，他方では，自然環境と調和した伝統的農法や生活様式が観察された。森林の再構築は，残されている天然林および2次林の森林資源を維持しつつ，新たに経済林を造成することによって達成することが望ましい。このような森林の再構築は，森林からのバイオマス供給や果樹などの生産を高めるばかりでなく，恒常的な水供給機能，水質改善機能，森林から農耕地に対する有機物や養分の供給機能等の環境保全に対しても役立つ可能性が大きく，そのためには森林機能の解明が必要となる。この目的のために，森林生態系の植生密度の程度が異なる複数の弄集落を比較対照し，森林生態系の植生密度の違いが物質循環と人間活動にどのような影響を与えているのかを分析した。さらに，森林生態系の減少・劣化が進んでいる森林を再構築して，植物種，家畜の生物資源，エネルギー，水資源等の物質循環機能を保全することにより，人間の生産活動(植物生産，家畜生産，灌漑水の確保等)および生活活動(薪炭等エネルギー利用，飲用水確保，社会生活，集落慣行の維持等)と調和する自然生態系の物質循環機能を高め，森林の多目的利用を図る方策の原理を求める。食料生産活動と生活活動による環境負荷の悪循環を避けるための方策を求めることである。すなわち自然環境と人間活動の共存の原理を求めることが目的である。

この研究は，日本と中国の共同研究であり，日本側は人間活動が自然生態系と環境に及ぼす影響の解明とその評価，中国側は森林生態系の再構築と持続的生物生産性の向上技術の導入・普及を分担した。具体的には，日本側の研究課題は，伝統社会の生産・生活様式の比較研究，水・養分・エネルギーの循環と窒素循環の解析による環境評価，森林が持つ環境保全機能の評価と森林再構築

のあり方，そして持続的生物生産性向上の技術開発とその環境評価が研究課題である。中国側は，生活・食料生産技術の改善，バイオマスエネルギー供給技術の改良とその普及，森林資源を修復する植林技術の導入，生物生産性向上技術の導入，そして所得獲得方策の導入といった具体策が研究課題である。本書は，日本側の研究成果に基づいたまとめである。中国側の成果は，既に農村開発計画として実施されており，そこには日本側が実施した人間活動の評価，森林生態系が持つ環境保全機能の評価や人間活動と自然環境の共存原理の知見が裏づけとなって活用されている。中国側の成果は浩瀚な報告書として刊行されている。

　本書の研究は，人間活動と自然環境をどのようにして調和させるのかという課題を対象とした研究である。いいかえると，アジア・中国の農村開発における持続可能性に関する研究であるが，われわれは中国の伝統社会の中にあるアジアの伝統智を学ぶことによって，日本や欧米諸国の近代社会が環境に多大な負荷を与えてきた経済成長を振り返る契機となる研究でもあった。最後に，七百弄瑤族の自然と共存してきた歴史の含意を示し，本書の目的のまとめとする。

　前述したように，中国の西南部の広西，雲南，貴州などの各省には石灰岩山岳地域が広く分布している。この山岳地域の山間部には，多くの少数民族が生活してきた。各少数民族は昔から中原文化と深くかかわりつつ，独自の伝統文化を守りながら生活してきた。われわれは広西壮族自治区の都陽山脈に広がるカルスト山岳地域において，今日まで民族の文化を継承してきた瑤族社会の歴史的な変遷を考察した。現在，瑤族は中国の56の民族の中で人口が13位を占め，約141万人である。そのうち約86万人が広西地域に生活し，全人口の61％を占めている。このように広西地域は瑤族の活動の中心地域である。

　われわれは，広西地域のカルスト山岳地域における生態系の破壊の歴史と原因および再構築方策を検討する中で，瑤族は七百弄という地域において，閉鎖的な環境の中で，必要最小限の生活物資しか取らず，自然と調和しながら共存し，約500年にわたって自給自足の生活を営んできたという長い歴史の事実を把握することができた。また，都陽山脈一帯は長寿人口が多く，七百弄の隣である巴馬県には世界5大長寿村のひとつとして有名な瑤族の村が存在するほど，瑤族は純朴さと古風に満ちた生活をしている。しかし，最近，50～80年の中

で七百弄の社会にも大きな変化が起こり，特に，近年，瑶族は移住と出稼ぎの形でさらなる移動をしなければならない時代に直面している。七百弄に住む瑶族が，この地で500年にわたって自然と共存してきた歴史的変遷を顧みる時，現代文明の過ちの轍を踏まない真の人間の楽園を見つける英知を見出すことが可能かもしれない。

2. 概　　要

　本書は5部構成からなる。第Ⅰ部はアジア・中国の環境問題と自然環境および気象条件についてまとめてある。残りの4部は，研究目的である自然生態系と人間活動の共存原理の解明を，4グループそれぞれの課題でアプローチしている。第Ⅱ部は「人間社会グループ」による課題で，伝統社会の人間活動と自然生態系との関係を，環境収容力(Carrying Capacity)により環境評価をする。第Ⅲ部は「物質循環グループ」による課題で，自然生態系と人間活動の関係を，水・養分・エネルギーの循環と窒素循環により環境評価をする。第Ⅳ部は「生態系再構築グループ」により，森林機能の評価と劣化した森林生態系の再構築方策を，森林，草地，耕地の緑地空間の再構築という観点から提示する。最後に第Ⅴ部では，「持続的生物生産グループ」において，耕種作物と畜産の生産性を上げる方策を，伝統的な食料生産農法，家畜飼養方法の評価を行うことで，持続的で環境負荷の少ない方策として提示する。各章は農学分野の専門性が高いので，やや詳しく内容を要約する。

　第Ⅰ部「アジア地域の環境」では，このプロジェクトの位置づけを明らかにする。アジア地域は人間活動の長い歴史を有しており，豊かな自然生態系環境の中で稠密な人口が生存してきた。近年は経済成長に伴い様々な環境問題が顕在化してきた。中国はその典型例である。中国の環境問題の諸相とプロジェクトの対象地域である大化県七百弄郷の歴史と自然環境を解説する。

　第1章「アジア・中国の環境問題」(但野利秋)：中国の主要な自然環境問題である沙漠化，塩類化，石漠化の現状とその発生要因，影響を明らかにし，自然生態系の機能解明，劣化した森林生態系の再構築，食料生産の向上と生態系

との調和による持続的発展の意義とこのプロジェクトの研究目的の重要性を示す。

　第2章「広西壮族自治区七百弄郷の自然環境」(鄭泰根・出村克彦)：中国の西南部には広大な面積で石灰岩山岳地域が分布しており，その山間部に多数の人々が生存している。特に，広西壮族自治区大化県七百弄郷は特有の地質構造と亜熱帯性気象によって，典型的なカルスト地形を形成し，数個の峰が深いドリーネを囲み，分水嶺を境に外部と区画され，閉鎖的な環境を構成している。このようなドリーネを弄と呼び，面積が広く，森林の植生密度が高い弄に人間が生活している。弄の大きさと形状は様々で，直径が十数メートルから数百メートルのものがある。その深さも数十メートルから数百メートルと異なる。中国西南部の石灰岩地帯のごく一部である七百弄郷のみを取り上げても，その総面積は304 km^2 もあり，3570個の山がそびえ立ち，1124個の弄を囲んでいて，そのうち324個の弄に人間が居住している。農家は弄底と斜面の岩石の隙間に点在する限られた土で作物を栽培しているが，土層は浅く，生産力は低い。森林生態系の破壊と石漠化が進行し，水不足も深刻化している。

　第3章「広西壮族自治区の石灰岩山岳地域の気象」(高橋英紀・山田雅仁)：広西壮族自治区は熱帯・亜熱帯地域に属するが，夏の多雨と冬の少雨が明瞭に分かれ，冬には蒙古高原やシベリアからの寒気がしばしば進入し，熱帯植物に寒害をもたらすことがある。この急峻な斜面と盆地地形が形成する局地気候が農業生産・営農活動に影響を及ぼしている可能性について検討した。①弄石屯で行った気象観測による1998年8月〜2002年9月の気象統計によれば，最寒月気温は1月に出現し11.5℃であった。これは都安における1961〜70年の平均12.6℃よりも低温であり，主として標高差によるものと見られる。年降水量は弄石屯で1368.0 mmと都安の1668.0 mmに比べて300 mmも少ない。特に，12月から3月にかけては弄石屯で合計115.7 mmであり，都安の277 mmの半分以下である。冬季にかけて栽培される作物の水不足が懸念される。②1998年7月から2002年10月までの4年3ヶ月の間の日最低気温の極値として2000年2月1日に0.4℃が記録された。この最低気温を標高170 mの都安の温度に換算してみると3.1℃に相当し，都安における1961〜70年の10年間の記録によれば5回もこの温度以下に下がっていることがわかった。すなわち，

1998〜2002年の観測で得られた弄石屯の日最低気温が0.4℃を記録するのは同地域としてはさほど珍しいことではない現象といえる。③降水量データをもとに弄石屯の流域（面積12.73 ha）が獲得する水資源量を概算すると，2000年7月から2001年6月までの1年間で流域内に173.9×10^3 tの水資源の流入があったことになる。その間，月降水量が最も少なかった2000年11月には1.7×10^3 tで，全年の1/100程度の量しか流入がなかった。

第II部「森林環境と伝統社会」では，七百弄の弄集落に住む少数民族瑤族の過去から現在への歴史的変遷と農業生産活動の実態，生活環境，森林とのかかわり，および森林政策について，農家調査をもとに紹介，分析する。その上で，自然生態系と人間活動の共存関係を評価する指標として，環境収容力（Carrying Capacity）を採用して定量評価する。

第4章「自然生態系と人間活動の新たな共存原理――Carrying Capacity概念による人間活動の観点から」（髙橋義文・出村克彦）：森林劣化の激しい自然生態系と人間活動の関係を総合的指標として捉えるために，Carrying Capacityの概念を応用したEcological Footprint（EF）分析を行い，最大扶養可能人口を求めた。調査対象地域である4集落の自然条件を比較し，自然生態系（自然資源量）と人間活動に関する考察を行った。EF分析によると，いずれの集落も環境容量を上回る人口圧による環境負荷の状態にあることが明らかになった。

第5章「七百弄における瑤族社会の歴史的変遷と現状」（鄭泰根・出村克彦）：七百弄に生活している瑤族は，5000年前に長江の領域で活躍した九黎族の子孫で，祖先は北方の畑作牧畜民族である炎黄族およびその子孫との戦いに負け，南下して長江流域に住み着き，長江文明の担い手として，5000年という長い歳月の中で，湖南省の洞庭湖周辺――桃源郷の地を中心に自然と共存共栄の文化を築いてきた。しかし，遊牧民族が中国大地を支配した元代以降，明代から中原文化のさらなる南下に伴い，湖南省の洞庭湖周辺を離れざるをえなくなり，さらに南下して，広西の山奥へと新たな天地を求めて都陽山脈に入り，500年前には七百弄で生活するようになった。七百弄の瑤族は自分自身を自然の一部と見なし，長江文明の自然と平和を守る文化を継承し，分家移住と焼畑，

狩猟などの生産生活様式で，自然と融和し，戦争と破壊を避けながら，悠々とした生活を維持することができた。しかし，近代においては外部環境の激変と内部人口の爆発により，環境の破壊，石漠化，水不足，貧困などが深刻になっている。七百弄の瑤族は新しい桃源郷を模索しなければならない状況にある。

　第6章「居住ドリーネにおける少数民族の農家経営と農村振興」(黒河功・山本美穂)：4集落における農家群47戸の農家調査の基礎的情報をもとに，農家経営の現況と経営の規定要素および各居住ドリーネの特徴を明らかにした。それらをもとに，中国内陸部経済発展における七百弄の位置づけと今後の農村経済振興のあり方について考察を加えた。諸資源の賦存規模は，各ドリーネによって格差が見られ，資源賦存規模が小さい村落では兼業・出稼ぎに大きく依存せざるをえず，弄内における人口扶養力に格差があること，教育振興などを通して質の高い労働力を育成・輩出する必要のあることなどに言及している。

　第7章「広西壮族自治区の森林政策と森林管理・利用」(石井寛・山本美穂)：森林の現状，森林政策について述べられる。七百弄の森林率は3.1%であり，森林は非常に少ない。また火入れの規制などの森林政策はこれまでほとんど実施されてこなかった。森林利用は自給的利用を主としており，燃料としての薪利用，住宅資材，家畜の放牧などが行われている。一部に薪や用材の販売が行われている。森林は集団所有であり，森林の使用権は1980年代初頭に農地とともに家族構成や労働力を基準に村民小組全員の話し合いで個別に配分された。このように森林は農民個々の個別利用が主であるが，放牧において一部に共同利用が行われている。しかし森林には強い利用圧がかかっているので，用材として利用できる太さの樹木は極めて少ない。森林を再生・成長させるにはメタンガスなどの代替エネルギーの導入や封山育林，退耕還林などの政策の実施が必要である。2000年に七百弄郷で667 haの森林が封山育林された。また2002年には20 haの耕地が退耕還林された。今後，農民の積極性を発揮して，森林の保全と持続的利用を実現していくことが必要である。

　第Ⅲ部「物質循環と人間活動」では，人間が生存していくために自然界から様々な物資を調達し，活用して生産および生活活動を行っているが，その基本要素である水・養分・エネルギーの循環と環境負荷要因でもある窒素循環につ

いて，そのメカニズムと伝統社会に与える影響を明らかにする。

　第8章「七百弄郷居住ドリーネにおける物質循環——課題とその解決方法」（安藤忠男・高橋恵里子）：居住ドリーネのひとつである弄石屯を主試験地として，物質循環の視点から人と自然との共存原理を解明し，循環型社会構築への示唆を得ようとした。聞き取り調査によりドリーネの物質循環システムを推定した後，分析等により養分循環システムを解析した。その結果，農林業・畜産を支える土壌は，CaやMgには富むがN，P，K，S等の養分の不足する石灰質土壌で，林地からPやKを補給しつつ，ドリーネ内で養分を循環利用するシステムを構築して生物生産の持続性を維持していることが判明した。しかし最近Nが多量に施肥され，地下水を汚染している可能性がある。生産性が低く外部生活圏からの資源投入が少ないために長期間持続してきた生活圏は，生活水準の向上を目指して資源投入量を増加すれば容易に崩壊する危険性が強い。そこで持続性を維持しつつ居住ドリーネの生物生産性，住民の生活水準，環境質を向上させる方法論を探り，土壌蓄積養分の活用等による方策を提案した。

　第9章「農業と食料消費における窒素循環と持続可能性」（波多野隆介）：これまで伝統的な農業は，弄内で発生するすべての尿尿や糞尿を用いて最適な窒素循環を保ってきたことが示唆されている。しかし，七百弄では近年，伝統的な農業に化学肥料と飼料の購入による近代農業技術が加わり，農業生産を増加させつつある。堆肥施与と化学肥料施与がともに行われるため，結果的に極めて過剰な窒素が農地に投入され，地下水汚染の原因を作り出した。また，購入飼料の増加に伴い，廃棄糞尿量が増加した。すなわち化学肥料と購入飼料を使う農業の近代化には，作物生産と家畜飼養の間の関係が断ち切られ，総合的に環境の質を維持する機能と構造が欠落していると思われた。環境質を維持する持続的生産体系を得るためには，窒素循環とのかかわりにおいて堆肥資源と農畜産物の生産性をモニターし評価することが重要である。

　第10章「カルスト地域の水および物質循環と生活環境——弄石屯における生活用水の確保と農業活動」（橘治国・王宝臣）：4集落のうち弄石屯を対象として，不安定な水循環の中で，質的，量的に安全な生活用水の確保をテーマに，水質調査を行った。排水の有効利用についても，物質循環の把握，さらには肥料の流亡防止という立場で検討した。調査の結果，住民は効率的にバランスよ

く水を確保し，自給自足に近い生活をしていることがわかった．しかし，降雨や湧水も山から流出する過程で多量のアルカリ土類金属と炭酸物質を含み，畑地を流下する間にも肥料や排水が混入して栄養塩濃度が増すこと，降雨時には多量の栄養塩が排水孔から弄外に流出することがわかった．水源を涸渇させずに安全な水を飲用し，また肥料流出防止のためにも，清澄な湧水の飲用としての選択利用と，排水孔付近の池の建設とこの池や既存の貯水池の汚泥や排水の循環利用など，新しい水・物質循環システムの構築が望まれた．

第11章「バイオエネルギーの利用とその影響」(松田従三・小畑仁)：森林に負荷を与えないエネルギー供給問題を扱う．そのために，バイオガスの利用は優れた方法と考えられた．本章では，バイオガス生産設備の現地農家への導入の効果を，特に肥料成分の有効活用を中心として調査し，また室内実験で確認した．現地農家の聞き取り調査の結果，資源循環型技術であるバイオガス生産とそれに伴う消化液の生産は，物質循環に負荷をかけることが少なく，現地に極めて有効な技術であるばかりでなく，未来の人類の持続的生存に資するものと判断された．また，室内実験で，発酵資材の種類によって消化液の肥料成分濃度が顕著に変化することが実証され，肥料としてのバランスをとるため，発酵資材を組み合わせる必要があることが明らかにされた．今後，消化液の新たな施肥法の開発が重要であると考えられる．

第IV部「森林の機能評価と再構築」では，森林生態系の様々な機能の解明とその下で長期にわたり人間生活が持続性を保ってきた要因を解明した．さらに森林の伐採による影響と将来における森林生態系の修復，再構築，有効活用のあり方，方策を提示している．

第12章「七百弄郷ドリーネにおける土地利用・森林利用と水土保全」(笹賀一郎・新谷融)：ドリーネにおける水分動態の把握と水利用形態および森林や土地利用の影響把握を行った．これまでの農業生産と環境保全に関する基本的考え方の把握や環境保全を基本とした新たな発展方策の検討に関する基礎資料の提供を本研究の目的とした．ドリーネにおいては，降水の地表流出割合が低く，地中への浸透割合が高い状況が把握された．また，森林はわずかながら降水や地表流の地中浸透量を高める機能を有している状況も把握された．ドリー

ネ斜面における表土移動が少ないことも，これらの水分動態特性が影響しているものと判断された。ただし，森林の持つ地中浸透量増加の機能は，降水や地表流を貯留して利用するといった水利用形態においては，水資源の確保にマイナスの影響を与えることになる。中国西南部の石灰岩山岳地域においては，これらの水土移動特性に関する経験の蓄積をもとに，自然環境との共存を基本とした水利用や土地利用の体系が整えられてきたものと考えられた。したがって，環境保全を目的とした森林の拡大（耕地の減少）などが図られる場合には，経済的扶助政策や生活条件の改善などと一体化した取り組みとしてなされる必要があると考えられる。

第13章「七百弄郷の地質・地形と樹林地土壌および生態環境の修復」（八木久義・丹下健・益守眞也）：長期にわたる木材の過剰利用により樹林が疲弊した七百弄において，生態環境の修復と持続的な木質材料生産を図るために不可欠である適切な樹林地土壌の取り扱い方法を策定することを目的に，その各種性質と生成要因である母岩，地形，植生等との相互関係について調査した。その結果，岩峰頂部，尾根部，弄内斜面上〜中部，および崖錐部等に分布する樹林地の土壌は，岩礫地や岩屑土であるか，あるいは母岩を反映して土壌が極めて細粒質でかつ構造の発達も不良で全体的に締まっているなど，概して理学性が不良であった。各種の多面的機能を発揮する健全な樹林生態系を回復するためには，林内植生の過剰利用を厳に慎み，土壌有機物層の恒久的な回復により土壌動物や微生物などの土壌生物活動を活性化し，土壌の理化学性の回復を図るなど，生態的な自然の力で土壌を修復し，さらには生物多様性を高め遺伝子資源の保全を図りつつ持続的生物生産を進めることが肝要であるとしている。

第14章「人為攪乱がもたらすカルスト地域生態系の植生景観の変容と再構築」（大久保達弘・西尾孝佳）：森林植生の劣化程度の異なる4つの集落を対象に，人為攪乱による植生景観の変容評価，その影響緩和に向けた森林保全・再生を中心とした生態系再構築の方策を提示した。弄集落の森林面積が狭いほど森林（常緑低木〜高木林）は斜面上〜中部の尾根部の礫質地に局在し，地上部現存量も低かった（平均 69.3 t/ha）。一方，斜面中〜下部の土壌堆積地は主にトウモロコシ畑で，その放棄跡にイネ科多年生草本群落，山羊放牧草地ではキク科1年生草本群落と放牧停止後のチガヤ群落が見られ，最終的に落葉低木林か

ら落葉高木林への遷移が予測された．このように立地の違い(礫質地と土壌堆積地)により，遷移方向は異なると考えられる．今後のこの地域生態系の再構築方策として，①斜面中〜上部の畑地後背域の常緑高木林の保全，②斜面中〜下部の畑地・草地での多目的林，特にアグロフォレストリーを中心とした農地と共存可能な森林再生法の導入可能性を示した．

第15章「衛星より見た土地利用と植生」(王秀峰)：ランドサットデータとイコノスデータを使用して，広西壮族自治区大化と七百弄における地上状態と植生の多寡状態を調べた．次に，ランドサットTMデータによって土地被覆分類を行い，平均植生指数や地表面温度によって裸地や住宅地を推定した．また，ランドサットTMデータについて参照データ(日本の植生)を使用して植生状態を推定した．その結果，背丈の低い草地やある種の樹木，河原の雑草，比較的植生がまばらな畑，植生が存在する荒地などが推定できた．さらに，イコノスデータで詳細な植生状態を推定した．イコノスデータによる影や形状から背の高い樹木がわかり，また家屋や岩石なども判別できることを論じている．

第Ⅴ部「持続的農業生産と人間活動」では，自然環境，特に森林生態系が劣化しているアジア農村の伝統社会では，環境悪化と貧困の悪循環を断ち切るべく持続的な開発戦略が必要であるが，その要はやはり農業，食料生産であり，持続的農畜産物の生産性向上を課題としている．

第16章「七百弄郷における持続的なトウモロコシ栽培の過去・現在・未来」(信濃卓郎・鄭泰根)：トウモロコシを中心とした農業体系をとる現地において栽培されている作物の分析を行い，その生産性の律速因子を明らかにし，さらに過去の土地利用状況の推測を行った．1960年以降に斜面の急速な利用が開始されており，単収を高めるために1970年代頃より急速な化学肥料の普及があったと考えられる．現在の現地農家の施肥方法は畜産によって生じる過剰な堆肥，液肥を畑に投入し，さらに窒素肥料に著しく偏った化学肥料も投入していた．そのため，農業による環境汚染という負の側面が図らずも中国の極めて貧困な山岳農村地域で見出された．今後，窒素施肥量の削減が急務であるとともに，投入された堆肥，液肥の窒素分をより効率的に作物に吸収させるために特にカリウムに重点を置いた施肥体系の確立が望まれる．その一方で，リン酸

は平地においては過剰に蓄積しており，斜面の農地では少ないことから斜面の生産性を高めるためにはカリウムのみならずリン酸も加えることが必要であると判断された。

第17章「伝統的農法と新たな農法による土壌特性と土壌養分の溶脱」(金澤晋二郎)：本研究地域の七百弄・北景試験地，および域内の伝統農法(原始的不耕起栽培)等の土壌特性を解析した。①七百弄と北景試験地の粘土鉱物は明瞭に異なり，両試験地の母材は異なっていた。②七百弄の伝統的農法では，トウモロコシ・ヒマの作付体系が最も優れていた。その試験地土壌は伝統農法の土壌に比べ，Caの減少(pH改善)，有機物，無機態窒素および有機態リンの増加，活発な微生物活動，等が示された。③七百弄試験地土壌は，北景のそれに比べ，Ca・Mgが多く高pH値，有機物と有機態リンに富み，活発な微生物活動と硝化作用，等が明らかとなった。④七百弄試験地の栄養塩類(NH_4, NO_3, Ca, Mg, K, HPO_4)の溶脱は地形に支配され，施肥は栄養塩類の溶脱を増加させた。他方，北景試験地では栄養塩類の溶脱が極端に少なく，この栄養塩類の欠乏が作物生産の大きな阻害要因であった。

なお，北景とは，大化県を流れる紅水河に作られたダム湖によって水没した地域周辺の郷集落である。研究当初この集落も研究サイトとして調査が行われた。北景は地質的に赤色酸性土壌地帯であり，七百弄の石灰質アルカリ性土壌地帯と隣接しており，地質学的にも，作物栽培上の観点からも興味深い地域として栽培研究が行われた。紅水河の名はこの土壌による水の変色に由来している。

第18章「伝統社会における持続的家畜生産」(大久保正彦)：主要な生産活動のひとつである家畜生産の役割と環境への影響を検討した。家畜生産は，本来人間が直接利用できない生物資源を利用した生産であり，地域における物質循環の環としての役割を果たしてきた。しかし，市場経済化の進行に伴い，本来の姿が歪められ，環境にも悪影響が生じつつある。七百弄では，急傾斜地の野草を利用する山羊と，トウモロコシ・作物副産物などを利用した豚・鶏による生産が主な家畜生産であり，農民の主要な収入源であると同時に作物栽培のための有機質肥料を供給している。しかしその実態は七百弄内でも屯間で異なっている。現在の山羊飼育頭数や放牧実態から見れば，山羊の飼育が局所的に森

林の減少，草地の裸地化をもたらしている地域も見られるが，全体として環境に悪影響は及ぼしていなかった。他方，外部からの購入飼料による豚・鶏飼育が増大する傾向にあり，物質循環を歪め，生産の持続性を危うくする可能性もあるとしている。

　第 19 章「持続的生物生産の多様性を目指して――新たな作物導入の可能性と課題」(中世古公男)：七百弄は北回帰線に近い亜熱帯に属し，年間降水量は約 1800 mm であるが，降雨は 4 月から 9 月に集中し，秋から冬にかけて旱魃気味となるため，これまで冬作は小規模な野菜作を除いて全く行われていなかった。そこで，日本産品種を中心に秋播小麦栽培の可能性を検討したところ，収量は低いものの，夏作の作付体系を変更することなく栽培が可能なことが明らかとなった。これまで，食料生産を夏作に依存してきた七百弄では，冬作により，周年栽培を行い，生産の拡大を図るメリットは極めて大きく，今後，ソバ，ジャガイモ，麦類などの秋播栽培についても検討すべきであろう。また，食料の多目的拡大を目指して熱帯原産のシカクマメの導入を検討したところ，無肥料，無農薬でも栽培が可能で，今後，野菜，豆腐，食用油の自給用原料として，その栽培の普及が期待される。

　終章「伝統社会の持続的発展――自然生態系と人間活動の共存に向けて」(出村克彦・但野利秋)：新たな共存原理のまとめと持続可能な発展に向けての方策の提示である。

3. 謝　辞

　本書の基礎となった研究成果がまとまるまでに，多くの方々の貴重な助言，批判，協力等をいただいた。共同研究に参加していただいた日中双方の研究者の方々はもちろんであるが，ほかの多くの皆様に多大の恩恵を被っている。ここに御氏名を挙げ，衷心よりの謝意を申し上げたい。なお敬称は割愛し，所属は当時のものである。

　本書の執筆者には各研究グループを代表して執筆してもらったが，以下の方々は共同研究者であり，共著者としての役割を担っている。ここに謝意を込めて紹介する。赤江剛夫(岡山大学環境理工学部)，一前宣正(宇都宮大学雑草科学研

究センター), 岩間和人(北海道大学大学院農学研究科), 倉持寛太(北海道大学大学院農学研究科), 小池孝良(北海道大学農学部附属演習林), 長澤徹明(北海道大学大学院農学研究科), 長谷川功(日本大学生物資源科学部), 長谷川利拡(北海道大学大学院農学研究科), 宮武公夫(北海道大学文学部), 安江健(茨城大学農学部), 吉羽雅昭(東京農業大学応用生物科学部)の諸先生である。

中国側研究者では、広西壮族自治区科学技術庁(蘇湘群、李作威、楊艶陽、帳暁飛、李思源、頼春武、陳盛文)、広西農業科学院(盧植新、何紅、譚宏偉、蒙炎成)、広西林業科学院(梁建平、覃尚民)、広西蓄牧研究所(頼志強)、大化県政府(藍華興、唐毓超)、七百弄郷政府(黄炳深)の諸機関の方々をはじめとして、ここに割愛せざるをえない多くの皆さんのご協力を得た。

次いで、未来開拓学術研究推進事業の推進委員会委員の諸先生、川那部俊哉(委員長・琵琶湖博物館長)、黒川洸(東京工業大学)、黒田昌裕(慶應義塾大学)、佐々木恵彦(日本大学)、中根千枝(民俗学振興会)、架谷昌信(名古屋大学)、(故)森田恒幸(国立環境研究所)、嘉田由紀子(京都精華大学)、および他のプロジェクトリーダーの吉岡完治(慶應義塾大学)、和田英太郎(京都大学)、大町達夫(東京工業大学)、森滋勝(名古屋大学)、大塚柳太郎(東京大学)の諸先生である。毎年の成果報告会、シンポジウムでは、アジア地域の環境問題の視点から貴重な、厳しい意見をいただいたが、このことが研究のねらいを絶えず検証し、修正する道標となった。研究終了直後に、森田恒幸氏が急逝された。ここに哀悼の意を表したい。

また、国際シンポジウムではコメンテーターである、長堀金造(岡山大学名誉教授)、鈴木基之(国連大学副学長)、富浦梓(新日本製鉄株式会社常任顧問)、永田信(東京大学)、山下興亜(名古屋大学)、花田麿公(モンゴル大使)、茅陽一(地球環境産業技術研究機構研究所長)、鈴木昭憲(秋田県立大学学長)、横山俊夫(京都大学)、大井玄(東京大学名誉教授)、日高敏隆(総合地球環境学研究所所長)の諸先生から、温かい、励みとなる意見をいただいた。

日本学術振興会研究推進課の飯塚千秋氏には、研究推進に際し慣れない事務上の諸手続きに有益な助言、協力をいただき、大過ない研究遂行ができたことに対し御礼申し上げる。

さらに、本プロジェクトの事務局の仕事を引き受けて、多くの煩瑣な事務手続き等を、精力的に協力していただいた方々、山本康貴(北海道大学)、林岳(農

林水産省農業政策研究所），および歴代の事務職員の梅林かおり，奥井直子，森美紀，神野智，福田由紀の皆さんに心より御礼申し上げる．原稿の取りまとめには，北海道大学大学院生の渡久地朝央君，および髙橋義文君の協力を得た．

　最後に，本プロジェクトは田村三郎先生（東京大学名誉教授・文化勲章受賞者）の研究に端を発している．田村三郎著『地球環境再生への試み──劣悪環境の現地に立って』（研成社，1998）において，初めて七百弄の紹介があり，編著者の但野利秋教授と現地を訪れ，特異な自然環境の下に暮らす少数民族の伝統社会が持続的発展をするための課題が指摘された．日中共同研究の開始当初から，田村先生からは様々な励ましを受けた．ここに改めて衷心からの謝意を表したい．

　なお，本書の出版には，「糠澤建次学術振興基金」の出版助成を受けた．また，北海道大学出版会の前田次郎氏には企画の段階からお世話になった．ここに衷心より御礼申し上げる．

2005年6月

著者一同を代表して　北海道大学大学院教授

プロジェクト・リーダー　出 村 克 彦

目　　次

はじめに ………………………………………………………………… i
 1．目的とその背景　i
 2．概　　要　iv
 3．謝　　辞　xiii

第Ⅰ部　アジア地域の環境

第1章　アジア・中国の環境問題 ……………………但野利秋……… 3
 1．地形的，気候的原因に人間活動が加わってもたらされる環境問題　3
 2．人間活動が主因になってもたらされる環境問題　7
 3．「アジア地域の環境保全」における本プロジェクトの位置づけ　10

第2章　広西壮族自治区七百弄郷の自然環境
 ………………………………………鄭　泰根・出村克彦……… 12
 1．行政区画と一般社会状況　12
 2．位　　置　13
 3．気　　象　15
 4．地質と地形　16
 5．水　資　源　18
 6．生態系の特徴　19

第3章　広西壮族自治区の石灰岩山岳地域の気象
 ………………………………………高橋英紀・山田雅仁……… 21
 1．広西壮族自治区の気候の特徴　21
 2．弄石屯の気候　22
 3．弄石屯における冬季低温現象の実態　24
 4．弄石屯における夜間気温の動態　27
 5．弄石屯における広域水収支特性　28
 6．ま　と　め　33

第Ⅱ部　森林環境と伝統社会

第4章　自然生態系と人間活動の新たな共存原理
 ――Carrying Capacity 概念による人間活動の観点から
 ………………………………………高橋義文・出村克彦……… 39

1．はじめに　39
　　2．自然生態系機能を活かしたモデルの特徴　40
　　3．環境収容力（Carrying Capacity）と持続可能性（Sustainability）　41
　　4．七百弄郷のエコロジカル・フットプリント分析　45
　　5．エコロジカル・フットプリントの試算　48
　　6．エコロジカル・フットプリントから見た4集落の状況　56
　　7．まとめ　61

第5章　七百弄における瑤族社会の歴史的変遷と現状
　　　　………………………………………鄭　泰根・出村克彦………65
　　1．はじめに　65
　　2．瑤族の起源と分布　66
　　3．都陽山脈石灰岩山岳地域における人間社会の歴史とその変遷　67
　　4．近代における中国社会の変動　71
　　5．人口の推移　72
　　6．瑤族の生産・生活様式の変化　77
　　7．七百弄郷社会における変化——瑤族社会の開放と移動　82
　　8．結　び　83

第6章　居住ドリーネにおける少数民族の農家経営と
　　　　農村振興………………………………黒河　功・山本美穂………87
　　1．はじめに　87
　　2．4つの居住ドリーネ群における農家経営　87
　　3．総合的得点に見る各居住ドリーネの特徴　96
　　4．2つの農家事例　98
　　5．結　び　101

第7章　広西壮族自治区の森林政策と森林管理・利用
　　　　………………………………………石井　寛・山本美穂………105
　　1．はじめに　105
　　2．中国の森林政策の動向　105
　　3．広西壮族自治区の森林政策　109
　　4．七百弄郷の森林管理・利用　113
　　5．結　び——七百弄郷の森林政策の課題　121

第Ⅲ部　物質循環と人間活動

第8章　七百弄郷居住ドリーネにおける物質循環
　　　　　──課題とその解決方法　……………安藤忠男・高橋恵里子……129

1. 桃源郷の人々　129
2. 七百弄郷に学ぶ　130
3. 弄石屯試験地の特徴　131
4. 物質循環システムの概要　140
5. 養分循環の実態　141
6. 七百弄郷の人間──自然共存原理　149
7. 変貌する七百弄郷　150
8. 新たな桃源郷を求めて　150

第9章　農業と食料消費における窒素循環と持続可能性
　　　　　………………………………………………波多野隆介……155

1. 人間活動の窒素循環への影響と持続的農業　155
2. 中国における窒素負荷の現状　160
3. 窒素収支と水圏への溶脱予測　162
4. 七百弄郷における窒素循環の実態　166
5. 結　　論　175

第10章　カルスト地域の水および物質循環と生活環境
　　　　　──弄石屯における生活用水の確保と農業活動
　　　　　………………………………………橘　治国・王　宝臣……180

1. ドリーネ地形と生活用水　180
2. 弄石屯の地形・地質　181
3. 水文環境と水利用　181
4. 弄石屯の水環境と水質　186
5. 飲料水の水質と安全性　195
6. 水循環，生活環境の保全から　196
7. 結　　び　198

第11章　バイオエネルギーの利用とその影響
　　　　　………………………………………松田従三・小畑　仁……200

1. バイオガス発生装置について　200

2. メタン発酵装置の導入とその利用に関する現地調査　206
3. 室内実験によるメタン発酵消化液の調製と肥料成分分析　219
4. 現地におけるメタン発酵消化液の肥料成分分析　224
5. ま と め　230

第Ⅳ部　森林の機能評価と再構築

第12章　七百弄郷ドリーネにおける土地利用・森林利用と水土保全……………………………笹　賀一郎・新谷　融……235
1. カルストドリーネにおける土地利用と水土保全の課題　235
2. ドリーネにおける水土移動と土地利用状況　236
3. 畑地および森林集水域における水分動態　241
4. 土層の分布と移動状況　247
5. 土地利用および森林利用の評価と環境保全のあり方　251

第13章　七百弄郷の地質・地形と樹林地土壌および生態環境の修復…………八木久義・丹下　健・益守眞也……257
1. は じ め に　257
2. 地質と地形形成要因　258
3. 樹林地土壌の分布状態と衰退・劣化の現状　263
4. 生態環境の修復　282
5. お わ り に　286

第14章　人為攪乱がもたらすカルスト地域生態系植生景観の変容と再構築………大久保達弘・西尾孝佳……289
1. 石漠化と農林業生産基盤環境の劣化　289
2. カルスト山地の地表形態の特徴　289
3. カルスト山地の土地利用と植生景観　293
4. カルスト地域生態系の攪乱とその要因　295
5. 攪乱が地域生態系の植生景観，植物群落のバイオマス量に及ぼす影響　299
6. 攪乱が地域植物相，植物群落の種組成，遷移系列に及ぼす影響　306
7. 攪乱の影響緩和に向けた植生景観の再構築オプション　320

第15章　衛星より見た土地利用と植生 ……………王　秀峰……331

1. はじめに　331
2. 衛星データについて　332
3. ランドサット TM データの合成カラー図による推定地上状態　335
4. ランドサット TM データ単独による推定植生状態　338
5. ランドサット TM データについて参照データ（日本の植生）を使用した推定植生状態　341
6. イコノスデータによる詳細な推定植生状態　343
7. 結　び　344

第Ⅴ部　持続的農業生産と人間活動

第16章　七百弄郷における持続的なトウモロコシ栽培の過去・現在・未来 ……………信濃卓郎・鄭　泰根……351

1. はじめに　351
2. 七百弄郷における農業生産基盤　353
3. トウモロコシ栽培の歴史と品種　357
4. 堆肥用量試験　357
5. 異なる窒素源の施用効果　361
6. 循環型食料生産システムに向けて　363
7. 結　び　366

第17章　伝統的農法と新たな農法による土壌特性と土壌養分の溶脱 ……………金澤晋二郎……369

1. はじめに　369
2. 地形および自然と栽培作物　370
3. 伝統的農法と土壌特性　370
4. 七百弄および北景試験地におけるリン化合物の組成　379
5. 七百弄および北景試験地の酵素活性　384
6. 七百弄および北景試験地における土壌養分の年間溶脱量　389
7. 結　び　395

第18章　伝統社会における持続的家畜生産 ……………大久保正彦……398

1．人間生存活動における家畜生産の役割　398
2．中国西南部山区における家畜生産とその役割　404
3．七百弄郷における家畜生産の実態と問題点　406
4．持続的家畜生産の展望　416

第19章　持続的生物生産の多様性を目指して
　　　　──新たな作物導入の可能性と課題　……………………中世古公男……420

1．はじめに　420
2．七百弄郷の環境条件と伝統的農法　421
3．七百弄郷における秋播小麦栽培の可能性　423
4．シカクマメ(四角豆)の導入──その多目的利用を目指して　428
5．飼料作物の導入──その失敗例　433
6．今後の課題──多様な作付体系の確立を目指して　434

終　章　伝統社会の持続的発展
　　　　──自然生態系と人間活動の共存に向けて……出村克彦・但野利秋……439

1．伝統社会の持続性　439
2．持続性への共存原理　440
3．動学シミュレーションによる持続的発展可能性への含意　448
4．結　　び──弄石屯の変容　451

あとがき　453

執筆者紹介　457

コラム

中国で体系化された物候学　34

Carrying Capacity　43

Ecological Footprint　44

長江文化と瑤族　70

森林破壊と再生のシナリオ　122

麦と木と人と　152

窒素循環　158

名水七百弄水　196

中国の石漠化と農林業生産基盤環境の崩壊　292

地球を観測する人工衛星，ランドサットとイコノス　346

作物の導入と普及　435

第 I 部

アジア地域の環境

坡坦屯の崖錐土壌。岩礫の間に土壌が詰まっており，草地として利用されている。傾斜 40 度

第1章　アジア・中国の環境問題

但野利秋

　環境問題はアジア地域や中国地域に限らず地球上のどの地域においても，①地形的，気候的，土壌生成的原因に農業を主体とする人間活動が加わってもたらされる環境問題と，②農業ばかりでなく工業生産や生活などからなる人間活動が主因になってもたらされる環境汚染問題の2つに分けることができる。

1. 地形的，気候的原因に人間活動が加わってもたらされる環境問題

　地形的，気候的原因に人間活動が加わってもたらされる環境問題の中で重要な環境問題としては沙漠化，塩類化，石漠化がある。
（1）沙　漠　化
　沙漠化は，降水量が少なく乾期が長く旱魃の常習地帯で，風や雨水による土壌の浸食—移動—堆積が激しく起こる地表面と貧弱な土層を持ち，植生がまばらな生態系の地域でしばしば起こる。
　したがって，沙漠化とは，地形的，気候的，人為的原因による土地の生態学的な悪化の過程で食料生産が可能であった土地の生産力が落ち，極端な場合には沙漠のような景観を呈し，そこで発展してきた社会が成り立たなくなるような土地の変化をいう。IPC (Intergovernmental Panel for Climatic Change；気候変動に関する政府間パネル) の1995年の報告では，UNCED (United Nations Conference on Environment and Development；環境と発展に関する国連会議) が1992年6月に採択した「沙漠化とは，乾燥，半乾燥，および半湿潤地域における土地の悪化で，気候変動や人間活動を含む様々な因子によってもた

らされる現象である」という定義を採用している。広義の沙漠化には塩類化も石漠化もともに含まれる。

　2000年の統計によると，中国における沙漠面積は262万2000 km^2（2億6220万ha）[1]であり，国土全面積の27.3%を占める。主要沙漠地帯は新疆ウイグル（全面積に対する沙漠面積の割合：56%），内蒙古(31%)，青海(5.8%)，甘粛(5.3%)，陝西(0.9%)，寧夏回族(0.5%)，吉林(0.3%)，黒龍江(0.2%)，遼寧(0.1%)の9省・自治区に分布しており[2]，タクラマカン沙漠がある新疆ウイグル自治区とゴビ沙漠がある内蒙古自治区の沙漠面積割合が飛び抜けて高い。さらに，これまで沙漠ではなかった土地の沙漠化が年々進行しており，中国全体としての土地の沙漠化は年間2460 km^{2}の速度で進んでいる。沙漠化の進行は乾燥地，半乾燥地や半湿潤地の生態系を悪化させて，それらの地域に分布する農耕地の面積を減少させ，食料生産を減少させ，その地域の住民の生活を脅かすという結果をもたらしている。

　沙漠化の進行過程は3段階に分けることができる。
① 　最初に起こる現象は，既存の沙漠や沙漠化していないが砂質土壌の地表面で軽度の風食と砂の移動が始まり，それが周辺の農耕地や牧草地に移動し，作物や牧草が移動してくる砂で損傷を受け，砂で埋められる作物・牧草が局所的に発生する。
② 　第2の段階では，局所的に集積した砂が強い風食によって再移動して中程度の堆積と作物や牧草の埋没が起こり，さらに流動砂丘が形成される。固定砂丘は半固定砂丘に変化し，砂丘と砂丘の間の低地では激しい風食が起こり，風食は強度を増して頻発し，飛砂は定常的に耕地や牧草地を襲って作物や牧草を枯死させたり，埋没させたりすることによって，耕地や牧草地に大被害を起こす。
③ 　最終段階では流動砂丘の形成が特徴的であり，砂の前進移動に伴って砂の堆積と埋没のスケールが大きくなる。低地にある小さな家屋が埋没することもある。さらに，形成された砂丘が新たな飛砂の発生源になって広範囲の農耕地，牧草地，集落，道路，建物を埋没させることもある。

　このような沙漠化の進行をくい止めるとともに，樹木による炭酸ガス固定能を高めるために，既存の沙漠地帯の外縁部に樹木を植林する多数の沙漠緑化プ

ロジェクトが中国の沙漠化地帯で展開されており，多数の日本の NGO や研究者グループも参画している。

（2）塩　類　化

　中国における塩類土壌の全面積は約 3700 万 ha[3] である。この面積には塩類集積土壌と集積した塩類が灌漑水や雨水によって溶脱されてアルカリ化したアルカリ土壌の両者が含まれている。塩類土壌の分布面積は新疆ウイグル，内蒙古の各自治区で最も多く，河北，吉林，山東，寧夏回族，甘粛，遼寧，江蘇の各省・自治区でも多く，黒龍江，河南，山西，陝西，青海，西蔵の各省・自治区にも小面積ではあるが分布している[3]。

　塩類土壌は土壌表層に NaCl，Na_2SO_4，$NaHCO_3$，Na_2CO_3，$CaCl_2$，$MgCl_2$，$MgSO_4$ などの塩類を集積している土壌の総称である。塩類土壌に共通して集積している塩類は NaCl であるが，内陸の塩類土壌では海岸域の塩類土壌と比べて Na_2SO_4，$MgCl_2$，$MgSO_4$，$CaCl_2$ の割合が高い。土壌表層に集積する塩類は降雨時や灌漑時に水に溶けて下方移動し，乾期や灌漑水が与えられない時期には土壌表層からの水の蒸発に伴う土壌水分の毛管上昇によって水とともに上方移動して土壌表層に再度集積する。植物葉の気孔を経由する蒸散も晴天下では常時活発に起こっており，それに伴って根から水が吸収されるために土層中の塩類の上方移動の重要な原因になる。このように塩類土壌においては水溶性の塩類が降雨，灌漑，土壌表面からの蒸発，植物葉からの蒸散によって，土層内で下方移動と上方移動を活発に繰り返している。

　土壌表層への塩類集積は地下水位と密接に関連しており，多くの塩類土壌では，地下水位が 3 m より浅い場合には毛管水が土壌表層までつながるために土壌表層に塩類が集積しやすく，3 m より深い場合には毛管水が上昇の途中で切断されて塩類は土壌表層まで達しないために土壌表層に塩類の集積は起こらない。

　半乾燥地帯や乾燥地帯に塩類土壌が生成する理由は，本来半乾燥地や乾燥地では土壌表層からの水の蒸発量が降雨による水供給量より多いために，土層中に含まれる塩類が土壌表層に集積しやすいことにある。このような気候的，土壌的原因に加えて，黄河下流域の場合には，記録にあるだけでも何千年も以前から平均して 250 年に 1 度の割合で黄河が大氾濫を繰り返してその経路を変え

てきていることも塩類土壌の面積を増加させている。すなわち，黄河の氾濫によって陸地が遠浅の渤海に向かって 100 km 以上も進出し，進出当初の地下水は海水であるので，現在でも浅層地下水の下層部が海水で構成されており，これが表層土壌の塩類化の主要な原因になっている。内陸部の塩類土壌地帯では，塩濃度の高い河川水を排水せずに何千年にもわたって灌漑してきたために多量の塩類が農耕地に集積したことが，塩類土壌が生成した重要な原因である。

作物に塩害が起こる土壌中の塩濃度は作物種の耐塩性によって異なるが，インゲンマメ，ダイコン，タマネギ，ミカン，イチゴなどの耐塩性が弱い作物や樹種では土壌飽和水の電気伝導度(EC)が 0.5～1.5 mS/cm 程度になると塩害が起こって生育は不良になる。耐塩性がやや強いソルガム，コムギ，カウピーなどでは 4～7 mS/cm，耐塩性が強いビート，オオムギ，ワタなどでは 7～8 mS/cm 程度まで栽培可能である。塩類土壌地域にはこれ以上の電気伝導度を示す土壌が広大な面積で分布している。そのような土壌では通常の作物は栽培不可能であるために放棄されており，塩生植物のみが生育している。

高濃度の塩類を含む塩類土壌で，近年，野菜として食用可能な塩生植物や種子中に不飽和脂肪酸を高濃度で含む塩生植物が栽培されて，食用作物あるいは油糧作物として利用され始めている。

(3) 石灰岩山岳地域における石漠化

中国西南部の広西壮族自治区，雲南省，貴州省には石灰岩からなる山岳地域が広く分布し，いわゆるカルスト地形を構成しており，その面積は広西壮族自治区のみでも約 1000 万 ha に達する。石灰岩山岳地域の山間部には古くから瑤族，壮族，苗族等の少数民族が居住しており，漢族も少数であるが居住している。これらの山間部に居住する人々の人口は広西壮族自治区だけでも 800 万人に達するといわれる。

石灰岩山岳地域はかつては豊富な森林に覆われていたが，人間が住み着いてからは長年にわたって住宅用材や燃料として樹木が伐採されたために森林が衰退した上に，1950 年代の「大躍進運動」の過程で土鋼法による製鉄用燃料として樹木が大量に伐採され，森林生態系の衰退は極度に進行した。石灰岩山岳地域は斜度の大きい急峻な地形からなり，さらに風化しやすい性質を持った石灰岩が母材であるために，そこに成立していた森林生態系が一度破壊されると，

亜熱帯特有の集中的な降雨によってそこに集積していた腐植に富む表層土壌が容易に浸食(エロージョン)されて流亡する特性を持つ。したがって，森林が極度に衰退した石灰岩山岳地域は，そこに樹木が自然再生するためにほかの土壌地帯と比較して著しく長い年月を必要とする自己修復力の弱い脆弱な地帯であるということができる。森林が破壊された後に傾斜地から流亡した表層土壌は山間部の平地に集積して農耕地としてそこに住む人々に利用されることになる。また，表層土壌が流去した後の山岳地域は文字通り石漠化地帯と化すことになる。そこに住む人々の年収は300元以下であって，貧困が森林の再構築をより困難にし，さらには森林樹木の伐採と外部の木材商人への販売による森林破壊を促進するに至っている。貧困と環境破壊の間に存在する悪循環は，沙漠化地帯や塩類化地帯にも共通している。

(4) 森林破壊

既に記載した沙漠化においても，石灰岩山岳地域における石漠化においても，ともに森林破壊が主要な原因である。しかし，中国においては人間活動の歴史が世界のほかの地域と比較して著しく長いために，森林破壊は沙漠化地帯や石漠化地帯のみにとどまらず，全土にわたって進行している。2000年における統計[4]によると，中国全土の森林被覆率は13.9%に過ぎず，世界平均の森林被覆率26.0%と比較しても極めて低い。長江上中流域が多雨に見舞われた際に下流域においてしばしば大洪水が発生する原因は，上中流域の森林伐採が極端に進行したことによるという一事を見ても，中国における森林破壊が環境に及ぼす悪影響はいかに深刻なレベルになっているのかを窺うことができる。

このような実態を改善するために，中国政府は封山育林政策を推し進めており，森林被覆率を2010年までに19.4%に，2030年までに24%以上にすることを決定している[5]。

2. 人間活動が主因になってもたらされる環境問題

農業ばかりでなく，人間の生活や工業生産活動が主因になってもたらされる主要な環境問題としては，①大気汚染，②水質汚染，③地下水の涸渇問題がある。

（1）大気汚染

　中国における 1 次エネルギー消費量は工業の急速な発展を反映して，1980 年に石油換算で 6 億 4000 万 t であったのに対して 1997 年には 13 億 2000 万 t に達し，この 17 年の間に 2 倍に増加した[6]．その結果，1996 年における CO_2 排出量は 33 億 6000 万 t に達し[7]，アメリカ合衆国の 53 億 t に次いで世界第 2 位であり，同 4 位である日本の 11 億 7000 万 t の約 3 倍の CO_2 を排出するに至っている．

　中国における 1 次エネルギー源は石炭に大きく依存しており，1997 年における内訳は石炭 74％，石油 19％，水力発電 6％，天然ガス 2％ である．石炭にはイオウ化合物が高含有率で含まれている．そのために脱硫を充分に行わないで石炭をエネルギー源として消費する場合には，酸性雨の原因ガスである SO_2 が多量発生することになる．1997 年における中国の SO_2 排出量は世界第 1 位の 2346 万 t であり，日本の 80 万 t と比較すると約 30 倍に達する．特に中国ではイオウ含有率の低い石炭は輸出に回し，イオウ含有率の高い石炭を国内消費用に回していることが，SO_2 の発生量を必要以上に多くしている一因になっている．

　実際，中国の主要都市で計測した SO_2 の年間平均濃度は 20（上海市）〜105（山西省太源市）ppb と高濃度であることが報告されている[8]．石炭を消費する場合の消費形態に適応した脱硫技術の開発と普及が強く望まれる．

　窒素酸化物（NO_x）も石炭や石油を燃焼することによって排出されて地球温暖化や酸性雨をもたらすガスである．中国においてはこれらの大気中濃度も高い．中国の主要都市における大気中 NO_x 濃度として 0.050（南京市）〜0.107（広州市）mg/m^3 という報告がなされている[9]．北京市や大連市も 0.100 mg/m^3 以上の濃度である．東京都で NO_x 濃度が最も上昇した 1978 年の大気中濃度が 0.08 mg/m^3 であったことを考えると，上記の濃度は極めて高いと考えることができる．

　2000 年度の農地面積と肥料使用量から算出した結果[10]では，中国においては全国の農地を平均した単位農地面積当たりの窒素質肥料施肥量が 172 kg N/ha と日本の 115 kg N/ha に比較して著しく多い．したがって，データはないが，農地からの N_2O 排出量も中国全域からの N_2O 排出量に対してかなり寄与

していると推定される．今後の研究課題である．

中国においては大気中の浮遊粒子状物質濃度が高いことも重要な大気環境問題である．1990年の調査結果では，粒径100μ以下の浮遊粒子状物質の大気中濃度は一般に北部で高く，年平均値で0.475 mg/(m^3・日)であるのに対し，南部で低く，0.268 mg/(m^3・日)である．北部で高い理由は黄砂などの砂塵が多いことによる．石炭の煤塵の寄与率は冬季で70%，夏季で40%程度であると推定されている．大気中の浮遊粒子状物質濃度が高い場合には，各種の呼吸器官障害にかかわる疾病の原因になる．

(2) 水質汚染

工業廃水と生活廃水の排出による河川水汚染が進行している．1999年度における全国の工業および生活廃水の排出総量は401億tと推定され，そのうち生活汚水排出量は204億t，工業廃水排出量は197億tと推定されている[4]．生活汚水および生活COD排出量が工業廃水および工業COD排出量を超えたのは1999年が初めてである．

中国の主要河川における有機性汚濁物質汚染は遼河，海河で最も重度であり，淮河がそれに次いで進行しており，黄河もかなり汚染されてきている[4]．7大河川について汚染程度が進行している順に並べると，遼河，海河，淮河，黄河，松花江，珠江，長江の順になる．河川水中の硝酸濃度の上昇やそれに伴う藻類などの増殖には工業廃水や生活廃水ばかりでなく，肥料の多量施用による農地からの硝酸流入もかなりかかわっていると推定される．

水銀，カドミウム，ヒ素などの重金属元素による河川水の汚染も進行している．1994年度の統計によると，水銀による水質汚染が特に深刻な省は湖南省，遼寧省の2省，カドミウム汚染が進行している省は広西壮族自治区，遼寧省，湖南省の3省，ヒ素汚染が進行している省は雲南省，湖南省，広西壮族自治区，江蘇省，チベット自治区，湖北省，安徽省，甘粛省の8省である．それぞれの重金属が河川水に排出された年間総量の最大値は，水銀では湖南省で3.73 t，カドミウムでは広西壮族自治区で57.2 t，ヒ素では雲南省で232 tに達する．

(3) 地下水，河川水の涸渇

中国中北部の半乾燥・乾燥地帯では，人口の増加に伴う水消費量の増加と地下水の農地灌漑のために，河川水を灌漑している農地以外の全域にわたって地

下水位が低下しつつあるが，特に大都市域の地下水位の低下が激しい。その結果，大都市域では地下水を汲み上げて飲料水にするのが困難になっている。また農地における地下水位の低下がさらに進行する場合には，地下水を汲み上げて農地に灌漑することが困難になり，旱魃による作物生産の低下が懸念される。

水の涸渇問題は地下水のみにとどまらず河川水にも及んでおり，黄河では1990年代の10年間のうち8年にわたって夏季に河川水が下流域にまで達しない，いわゆる断流が起こっている。断流の主因は農地に対する灌漑が増加したことによるものであり，さらにその原因を探ると人口の増加による食料需要の増加が根本的な原因である。当然のことではあるが，経済的に豊かになった中国人の食生活の改善も原因のひとつに挙げることができる。さすがの大黄河もこのような食料増産のための灌漑水としての河川水利用に応えることができない状態に達したのが現状であり，中央政府では黄河河川水の効率的利用を図るために委員会を設置して，上流から下流までの流域に分布する各省の黄河水利用を公平にするための努力を開始している。長江中流域から黄河中流域まで大運河を構築して，長江の水を黄河に導入することを中央政府が決定した理由には，北京，天津をはじめとする大都市域に対する水供給を確保するとともに，農村域における食料生産をも確保するねらいが含まれている。

3.「アジア地域の環境保全」における本プロジェクトの位置づけ

アジア地域の最も大きな特徴は人口密度が著しく高い点にある。その結果として，食料不足問題は深刻であり，人口の増加に歯止めをかけない限りこの問題の深刻さはますます深く大きくなる。食料生産活動もまた耕地の拡大によって自然生態系を破壊するとともに，現在農家レベルで採用されているような適正施肥量を大幅に上回る窒素肥料の多量施与は水質汚染や大気汚染をもたらす原因になる。本来，人間が生存すること自体が自然生態系を破壊するという側面を持っており，人口が増加して食料生産をはじめとする人間活動が増加するに伴って森林生態系の破壊と水質や大気の汚染問題は深刻になる。また，貧困と環境破壊の間に存在する悪循環問題は軽視できない課題である。したがって，自然生態系を含む環境の保全と人間の生存が両立しうるシステムのあり方に関

する研究が，特に人口密度の高いアジアの極貧農村地域で強く求められる。さらに，伝統的な固有の文化を持って長年にわたって成立してきた途上国の農村域に，近年，商業化の波が押し寄せてきており，それらが人々の生活様式および生産活動様式に変化をもたらし，ひいては新たな環境問題を引き起こすに至っている。

　本プロジェクトは中国西南部に分布する自己修復力の小さい脆弱な森林生態系からなる石灰岩山岳地域の山間部で，自然生態系と共存しつつ長年にわたって半閉鎖的な生活を営んできた社会が，近年の商業化の波にさらされて急速に開放系社会に変貌しつつある地域を対象として，商業化の波が押し寄せる以前に存在した人間活動と自然生態系の共存の原理を明らかにすると同時に，商業化の波にさらされて急速に開放系社会に変貌する中で発生している環境問題を明らかにしてその対応策を提示し，その過程で，森林生態系が持つ環境保全機能を明らかにすることを目的として開始したものである。さらに，本プロジェクトは前記の研究の結果に基づいて，農林業を主産業とする地域において自然生態系を含む環境の保全と人間の健全な生存が両立しうる持続的なシステムのあり方のモデルを提示することをも目的としたプロジェクトであると位置づけることができる。

引用・参考文献

［1］ 中日翻訳者協会(2000)：『中国環境問題・砂漠化と戦う』人民日報・日文版。
［2］ 真木太一(1996)：『中国の砂漠化・緑化と食料危機』信山社出版，大学図書。
［3］ 王遵親ほか(1993)：『中国塩漬土』科学出版社(北京)。
［4］ 日中環境合作研究会(2000)：『中国環境事情』vol. 3-4, No. 34, pp. 1-6。
［5］ 人民日報(日本版)，2000 年 6 月 20 日。
［6］ 『海外電気事業統計 1998』。
［7］ WRI(世界資源研究所)『1996 年度統計データ』より。
［8］ 環境ナビゲータ(1998)：中国各都市の二酸化硫黄の年平均濃度。http//eco.goo.ne.jp/navi/files/sanseiu03.html
［9］ 『中国環境年鑑 1994』，pp. 181-184。
［10］ *FAO Fertilizer Year Book* (2001), *FAO Production Year Book* (2001).

第2章　広西壮族自治区七百弄郷の自然環境

鄭　泰根・出村克彦

本書は七百弄郷[1]とそれが代表するカルスト地域における生態系の現状と再建について論述する。そこで，本章では七百弄郷社会，自然環境と地理位置および生態系の特徴について概述する。

1. 行政区画と一般社会状況

中国の地方自治はまず省，自治区，直轄市(日本の都道府県に相当する)に分けられ，その下に県があり，県の下に郷(鎮)がある。少数民族が比較的に多い場合に省ではなく自治区を設け，少数民族の自治権を最大限に認めるところもある。また，省や自治区内においても少数民族が多い県にはその地域に多数である民族の自治県を設けることになる。七百弄郷は広西壮族自治区大化瑶族自治県(以下，大化県)に属している。

広西壮族自治区(以下，広西)は全区の面積が23万km^{2}で，2000年11月1日の人口は4744.20万人で，そのうち少数民族は1721.10万人，全人口の38.34%を占めている。全区における都市人口が増加する傾向にはあるが，都市人口(鎮を含む)は28.15%に対して，郷村人口が依然として71.85%を占めている[1]。

大化県は1987年12月23日，中央政府の国務院の批准を受け，1988年10月に都安瑶族自治県の9の郷を分割し，また，巴馬県と馬山県の一部を取り込んで創立された新しい県で，大部分は都安県に属していた[2]。大化県は16郷と3鎮を管轄し，行政村は156村がある。総人口は41.01万人で，そのうち農

業人口は 35.02 万人である。人口密度は 151 人/km^2 で中国平均の 120.7 人/km^2 を超えている。1995 年，大化県の 1 年間の農業総生産額(総売上高)は 5 億 4632 万元で，1 人当たり 1332 元，農民の 1 人当たり純収入は 562 元しかなかった。大化県の 1 人当たり国民総生産額は 773 元で，全国平均の 1690 元の半分以下となっており，全国的にも最も貧困な地域である[2]。

　七百弄郷は 12 の行政村の 222 の村民小組を管轄し，全人口は 1 万 6525 人，そのうち農業人口は 1 万 6197 人で，全人口の 97.66％ を占めている。七百弄郷の民族構成は，瑤族が 53.5％，漢族が 25.9％，壮族が 20.6％ となっている[3]。七百弄郷には 12 の村(人民公社時代の生産大隊)がある。その下に村民小組(生産小隊)があり，一般的に屯と呼ぶ。現在，農業経営は個人経営になっているが，土地の使用権(中国では土地の所有権は国にある)は村民小組の共同所有になっている。その意味で，村民小組は中国農村における基本的な単位であると見なすことができる。本書で論じている弄石屯(ロンスートン)，弄力屯(ロンリートン)，歪線屯(ワイセントン)，坡坦屯(ポータントン)は村民小組で，人民公社時代の生産小隊に相当し，土地の使用権を所有している。

　七百弄郷の土地面積は 203 km^2，耕地面積は 935.33 ha，1 人当たりの耕地面積は 0.057 ha である。

2. 位　　置

　広西は，中国の西南部に位置し，東は広東省，西は雲南省，北は貴州省と湖南省，南はベトナムと接している。また，南東部は南海の北部(トンキン)湾に面している。広西は北回帰線をまたがり，亜熱帯地域である(図 2-1)。

　大化県の県城は広西の首府南寧市から西北 130 km に位置している。大化県は東経 107°9′8″〜108°8′24″，北緯 23°56′16″〜24°22′25″ にあり，土地面積は 2716 km^2 である。

　七百弄郷は大化県所在地からさらに西北に 90 km 入る山奥に位置している。大化から巴馬県に向かう道路を西北に行き，双福から分かれ，都陽—都安の国防道路に入り，「八里九湾」というところで山を攀じ登って七百弄郷に入る。七百弄郷の東は都安瑤族自治県で，西は紅水河が流れ，その向こうは板蘭郷で，

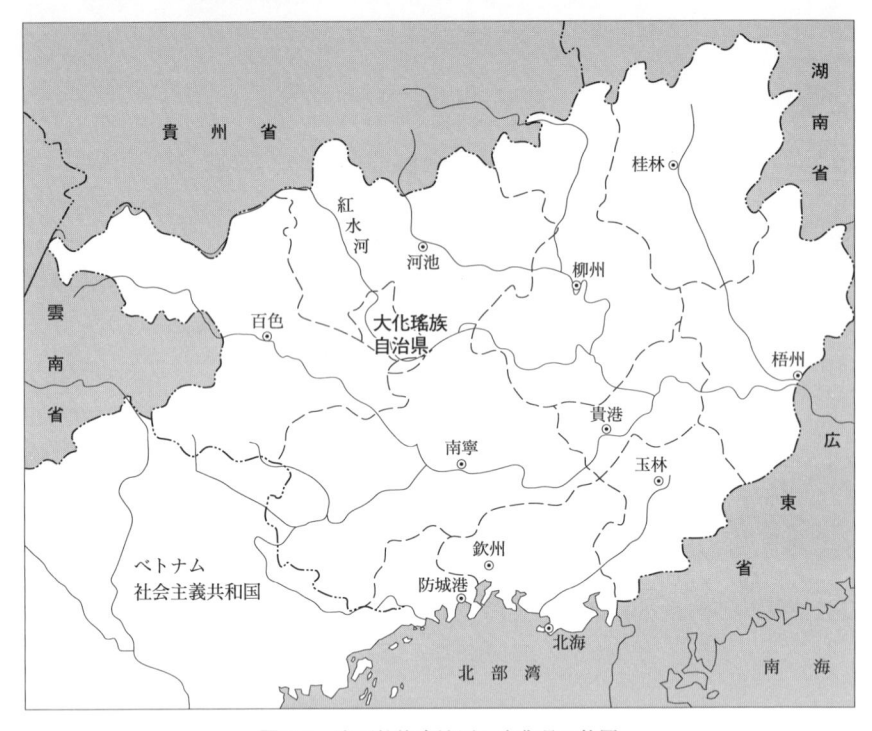

図 2-1　広西壮族自治区と大化県の位置

南西は北景郷と都陽鎮，南は鎮西郷，北は板昇郷とそれぞれ接している（図2-2）。七百弄郷は1965年に郷と都安県所在地を結ぶ国防道路と板昇郷を結ぶ道路が開通し，1968年には都安県と都陽鎮までの国防道路が全線開通した。それによって，完全に閉鎖的だった環境から外部との連絡ができるようになった。国道沿いの弄石屯，坡坦屯，弄力屯は交通が便利になった。しかし，国道沿い以外の多くの部落はわれわれが調査に入った1998年まで閉鎖的な環境のままで，輸送手段がなく，細い山道を歩かないと国道まで出られない状況が続いた。われわれが調査地であった歪線屯に初めて入る時には，山道を3時間も歩いてやっとたどり着いたわけである。2000年，七百弄郷では国道から村の所在地までの簡易道路が整備された。しかし，歪線屯はその村道からも1時間くらい歩かなければならない。

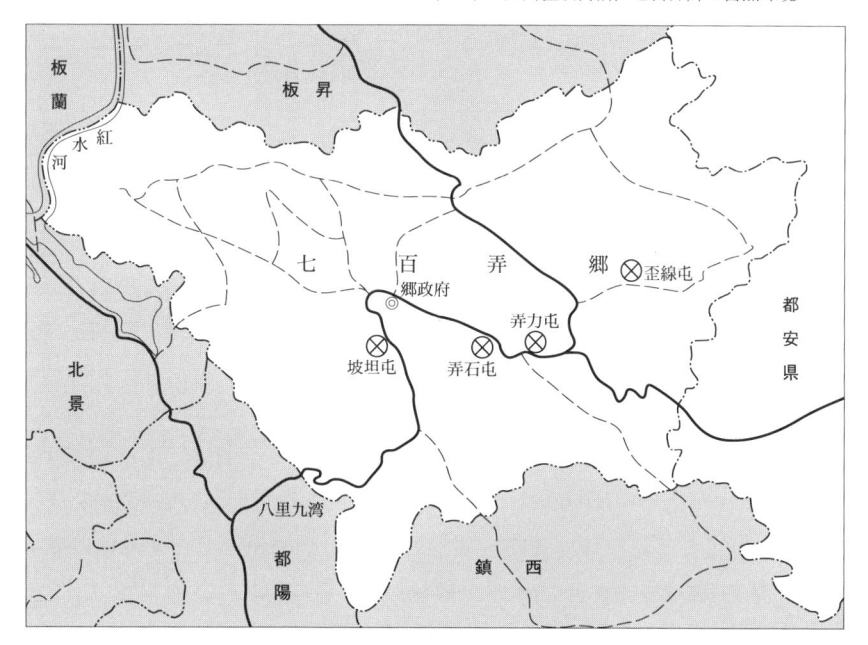

図 2-2　七百弄郷の位置と主な調査地

3. 気　象

　この地域は亜熱帯に属し，南アジア熱帯季節風気候区の北端に位置し，広西盆地から雲貴高原に過渡する傾斜にあり，過渡的な特徴を持っている。また，地質構造やカルスト地形，植生などの制約を受け，境内には小気候の特徴が目立っている。太陽総輻射能は 90〜110 kcal/(cm^2・年)である。年間日射時間は 1600〜1800 時間，年平均気温は 17〜22°C，無霜期間は 290〜365 日で，平均 347 日間である。10°C 以上の積算気温は 5000〜8000°C，15°C 以上の積算気温は 4500〜6500°C である。極端最低気温は零下に下がることもあり，10〜15 年に 1 回の確率で雪が降る。年平均降水量は 1738 mm である。しかし，雨は季節的に不均一で，4〜9 月の間に集中し，全降水量の 73% 以上を占める。特に 6 月は暴雨が多く，洪水や地滑りなど災害が多い。11 月から 3 月の間は雨が少

なく，飲み水まで不足することがしばしば起こる[3]。

4. 地質と地形

　炭酸塩岩の面積は世界の陸地面積の 12% と推定されている[4]。中国では，炭酸塩岩の面積は 206 万 km^2 で，地表下に埋没している部分も含めると 346.3 km^2 になり[5]，広く分布している。特に，中国の西南部の広西，貴州，雲南と湖南，四川，広東省の一部を含めて石灰岩地域が集中している。広西だけでも，8.95 万 km^2 の石灰岩山岳地域が存在し，全自治区面積の 37.8% を占めている。

　七百弄郷の地質構造は右江再生地槽の東側の都陽山の隆起によって形成され，広く分布している地層は泥盆系(Devonian)，石炭系と二畳系(Permian)によって形成されている。炭酸塩類の堆積物の厚さは 5300 m あり，全堆積厚さの 70% を占めている。現在の大化県を含む旧都安県の総面積の 91.5% が石灰岩地層である。

　七百弄郷は都陽山脈の東区間に位置し，紅水河とその支流である澄江の間にある七百弄―雅龍支脈に位置している(図 2-3)。地形は峰叢(Peak-cluster)とドリーネによって構成され，ドリーネは数個の山に囲まれ，分水嶺を境に外部と区画され，閉鎖的な環境を構成している(図 2-4)。このようなひとつの単位の中のドリーネを弄（ロン）と呼び，少し広い弄に人間が生活している。人間が生活している弄を通称「弄場」と呼んでいる。七百弄郷は総面積 304 km^2 であり，3570 の山が 1124 個の弄を囲んでいて，そのうち 324 個の弄に人が住んでいる。1 つの弄に平均 51 人が生活している。1 つの屯は数個から十数個の弄を所有し，農作業をする時は山々を越えなければならない。七百弄郷一帯の山の一般的な標高は 800〜1000 m の間で，平均 853 m であり，最高峰の弄耳山の標高は 1112.3 m である。ドリーネの底の標高は相対的に低く，山頂までの高さが浅いところでは数十メートル，深いところでは 400〜500 m もある。

　弄の大きさと形は様々で，小さいのは直径が十数メートルから数十メートルで，大きいものは数百メートルもある。その中の耕地は 1 a から数十ヘクタールあるが，一般的には 1〜2 ha の耕地がある。特に，山の中腹(斜面)の耕地は

第 2 章　広西壮族自治区七百弄郷の自然環境　17

図 2-3　石灰岩の岩峰が連なる都陽山脈

図 2-4　カルストドリーネ地形

小さく，分散し，岩石の隙間に存在している。1 枚の畑といっても実は 1 株か数株のトウモロコシしか植えられないものもたくさんある(図 2-5)。

　七百弄郷の主な産業は弄底の平坦部と傾斜地に点在する耕地における作物生産と山羊，豚，鶏などの畜産である。弄底は数畝[2]から数十畝と大きさが異なるが，その面積は限られている。1 つの集落，つまり村民小組(生産隊)は数個

図 2-5　斜面地の岩石の隙間に点在する畑でトウモロコシを播種する農民

の弄を所有し，土地面積は相対的に広いものの，耕地面積は狭く，耕地面積が土地面積に占める割合は非常に小さい。つまり，ほとんどの土地は急な傾斜地か岩石で，土が少なく，耕地として利用できる部分は少ない。人間の生活歴史が長く，耕地面積が相対的に広い弄石屯でも役畜で耕作できる耕地は 1.3 ha に過ぎない。多くの耕地は斜面地(山中腹)に存在し，トウモロコシを 1 株から数株ないし数十株しか植えられない岩石の隙間や石垣に囲まれた小さなところである。また，土壌層が浅く，平均 20 cm しかなく，作物や植物の水分と養分の提供できる容量も小さい。

5. 水 資 源

七百弄郷の西には紅水河が流れているが，その水は沿岸に住むごく一部の人にしか利用できなく，それ以外の人はほとんど利用できない。したがって，生活用水と生産用水は天然降水と地下水(湧水と地下河)の水を利用するしかない。

七百弄郷には石灰岩が広く連なり，また，多くの構造運動によって，岩石の断裂が形成されたため，高温多雨条件下で，石灰岩の溶解と浸食作用によって，

峰叢，ドリーネ，陥没等が形成されると同時に，相当規模の地下河が発達している。都安県(大化県を含む)で明らかになっている地下河だけでも38本あり，幹支流99本を数えることができる。毎年地下河に補給される雨水は74億tと推定される。多くの地下河の出口は地表面河とつながり，排水されている。七百弄郷の西を流れる紅水河に流入する水量は全地下排出量の50%を占めている。七百弄郷域内には地下河の出口は王烈1ヶ所しかない。七百弄郷ではその水を数十キロメートルのパイプラインで引いて利用している。

　湧水は七百弄郷の住民の生活用水の主要な水源である。湧水は永久あるいは半永久的なものと季節的なもの，および一時的なものに分類することができる。永久的な湧水は1年中水があるが，現在，森林生態系の崩壊に伴い1970年代から少なくなり，永久湧水水源がない部落が多くなっている。季節的な湧水は，雨期にのみ水があり乾期には湧水が途切れる水源を指す。しかし，近年，湧水が出る期間が短くなりつつある。一時的な湧水は，降雨時あるいは大雨の時だけ湧水が出る水源を指す。このような一時的な湧水は時間的には短いのだが水量が豊富なものが多い。そこで，1980年代から永久湧水の消失と季節的な湧水の期間が短くなっているため，水タンクを建設して貯水し，乾期の生活用水を確保している。それでも，乾期が長引く場合は断水し，数キロメートル離れたところまで水汲みに行かざるをえないことがしばしば起こっている。

　作物栽培に関しては天然降水に100%依存していて，灌漑は行っていないのが現状である。したがって，亜熱帯という気候に恵まれているにもかかわらず，トウモロコシ1作か，2作目として大豆など1作の作物を栽培するのみである。冬季は休耕する。その主な原因は多くの土地は傾斜地で土層が浅く，雨の少ない冬には旱魃によって収量が非常に少ないからである。

6. 生態系の特徴

　この地域における土壌，植生については後の章で述べることになるのでここでは略する。七百弄郷の生態系は以下の特徴を持っている。
① 半閉鎖的な特徴：この地域は地形的に弄を単位とする閉鎖系を構成している。現在外部との物流があるが，その量は少なく，未だその影響力は小さい。

② 森林-耕地複合生態系：空間配置的に，底と相対的に勾配が緩い山腹以下に耕地があり，その真上の山は林地である。したがって，空間的に水などの物質の流れによって，森林と耕地は密接に結びついている。
③ 石漠化：山の急な斜面と石崖には大面積の石灰岩が露出している。この地域は90％が石，10％が土の石山地区である。石灰岩は風化流失しやすく，残滓が非常に少ないため，土層が薄く，土層が残存している斜面でも土層が30〜40 cmしかない。水土流失後は石だらけの不毛な地，いわゆる石漠地になる。
④ 地表水の大量流失と季節的な水不足：平均して1 km² 範囲に3〜5個の陥没地(漏斗)，落水洞があり，岩石には多くの割れ目があるため，降雨の25〜40％が地下に漏れてしまう。また，年間降雨量は少なくないが，降雨は季節的に不均一で，それに加えて降水時に大量に流失するため，乾期には飲用水まで不足し，作物栽培はほとんど行っていない。

注

1) 七百弄郷は興隆土巡検司と安定巡検司に属した明，清時代には正式な地名がなかった。清の末，民国初期には地方で団局行政を遂行し，七百弄地域には7つの「百団」の行政単位を設置し，1つの百団が100個の弄を管轄した。7つの百団が「七百弄」に変化し，民国21年(1932年)に郷村制度に変わる時には七百弄を正式に郷の名称にした。七百弄に700個の弄が存在する意味に由来するものではなく，実際に七百弄には1000個以上の弄が存在する。
2) 畝は面積の単位で，1畝＝666.7 m²，1 ha＝15畝である。

引用・参考文献

[1] 広西自治区統計局(2001)：『第5次人口普査公報——広西』4.4。
[2] 『大化県瑤族自治県国民経済統計資料(1987-2002)』。
[3] 都安県瑤族自治県志編纂委員会(1993)：『都安県瑤族自治県志』広西民族出版社。
[4] 漆原和子(1996)：『カルスト』大明堂，p. 87。
[5] 袁道先(1993)：『中国溶岩学』地質出版社，p. 207。

第3章　広西壮族自治区の石灰岩山岳地域の気象

高橋英紀・山田雅仁

1. 広西壮族自治区の気候の特徴

　広西壮族自治区には雲南省，広東省とともに地区のほぼ中央部分を太陽の北回帰線が通っている。一般に南北回帰線に挟まれた地域を熱帯というが，中国では海南省全域とこれら3省が部分的に熱帯に属することになる。しかし，これらの地域は東アジア季節風域に入るため，冬季に蒙古高原やシベリアから東進，南下した寒気がしばしば流入し，最寒月である1月の平均気温が18℃を下回る。熱帯というよりも亜熱帯というべき地域である。

　地形的には雲貴高原の南東斜面にあたるため，北西からの冬の寒気は雲貴高原を越えてくるのではなく長江中下流平原を南下してから亜熱帯収束帯南側の偏東風に乗って北東から侵入する。一方，暖候期には西太平洋や南シナ海赤道域あるいは南西のベンガル湾から暖かく湿った気流が流れ込むために多雨となる。

　本書の舞台となっている広西壮族自治区中央部，大化県とその周辺はいわゆるケッペンの気候区分でいえば温暖湿潤気候(Cfa)と温暖夏雨気候(Cw)の境界地域にあたり，温暖湿潤ではあるが冬季には降水が少なく，北からの寒波の進入が懸念される地域である。

　広西壮族自治区を含む南中国では冬季に寒帯前線帯が気候を支配し[12]，1月に最も顕著な前線帯は広西壮族自治区と雲南省にかけて北北西から南南東に走る寒冷前線帯である。これは昆明停滞前線とも呼ばれるもので，南は北部(トンキン)湾に出て海南島から台湾南部を通って北太平洋の寒帯前線帯に連なっている。この前線帯付近では曇天あるいは霧雨が続き，陰鬱な天気となる。

この前線帯の北側は蒙古高原やシベリアに発達する寒冷な高気圧から流出する寒気が支配する。その寒気が強まると寒波となって，中国大陸を様々な経路を通って南に下り南中国各地に低温災害をもたらす。中国ではこれを「寒潮」と呼んでいる。大化県もこの前線帯と寒波の影響を受けているものと見られ，熱帯的要素を持つ既存の農業・林業・自然生態系への影響を把握しておく必要がある。また，同地域の生態系再構築にあたり，新たに導入する植物への温度ストレス・水分ストレスの評価が重要となる。

　中国広東省西部から西南部広西壮族自治区の大部分と雲南省に至る石灰岩を基盤とする地域では石灰岩地帯特有のカルスト地形が特異な景観を形づくっている。特にドリーネと呼ばれる漏斗状で急峻な斜面で囲まれた閉鎖型盆地は住民の居住地でもあり食料生産の場ともなっているが，斜面と盆地が形成する局地気候が農業生産・営農活動に影響を及ぼしている可能性がある。この地域の標高は500～1100 m で，長期的な気象観測が行われている標高170 m の都安県の気象観測値との相違も地域の農業あるいは生活に微妙な変化をもたらしているかもしれない。また，風化の進んだ基岩の上に薄く堆積している土壌は多孔質で水が浸透しやすく，基岩も空隙が多くて土壌層を抜けた水はそのまま地下を通って流域外に流出してしまうとされている。また雨期・乾期の降水量の差が大きく，乾期には厳しい水不足に見舞われる。

　このような観点から，研究の中心となった大化県七百弄郷弄石屯のドリーネ盆地底で気温・湿度・降水・日射・風向・風速の長期連続観測を行った。また気象の局地性を見るために盆地斜面山頂において気温・湿度・日射の観測を行ったが，観測許可を得るのに時間を要し，さらに観測開始後1年を経ずして観測機器が盗難にあい充分な観測を行うことができなかったが，得られた気象データをもとにこの地域の気候の特徴を明らかにする。

2. 弄石屯の気候

　弄石屯の盆地底における1998年7月から2002年9月までの4年3ヶ月の観測結果では地域の平均状態を把握したとはいえないが，一応平均値と見なし，長期観測がある都安（北緯23°58′，東経108°06′，標高170.2 m）の1961～70年

表 3-1 弄石屯・都安と日本の福岡における月平均気温と月降水量

月	弄石屯 気温(°C)	弄石屯 降水(mm)	都安 気温(°C)	都安 降水(mm)	福岡 気温(°C)	福岡 降水(mm)
1	11.5	30.5	12.6	57	5.8	73.0
2	12.1	32.5	12.7	67	6.4	70.0
3	15.9	35.9	16.7	108	9.5	98.4
4	20.0	90.6	21.4	163	14.6	126.5
5	22.4	164.6	25.8	156	18.8	144.1
6	24.5	306.9	27.0	247	22.3	256.2
7	25.8	264.9	28.4	250	26.9	257.6
8	25.1	196.4	28.2	176	27.6	165.9
9	23.5	57.9	27.4	206	23.7	175.2
10	20.7	121.0	23.3	118	18.2	96.0
11	15.8	50.0	18.6	75	13.0	80.0
12	12.3	16.8	14.2	45	8.2	60.7
年	19.1	1,368.0	21.4	1,668	16.3	1,603.6

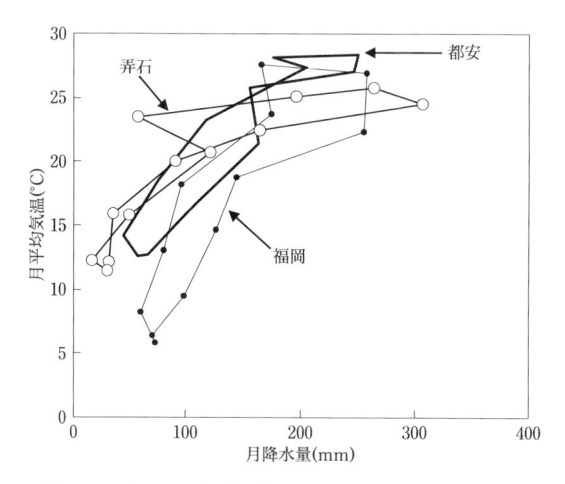

図 3-1 弄石屯・都安・福岡における気温・降水量の年変動を示すクライモグラフ

の準平年値，さらに日本の気候と比較するため福岡(北緯33°35′，東経130°3′，標高2.5 m)における1991～2002年の平年値を用いて月平均気温・月降水量の年変化を比較した(表 3-1，図 3-1)。

　弄石屯の年平均気温は19.1°Cで福岡の16.3°Cより2.8°Cも高く，都安

21.4°C よりも 2.3°C 低い。3 地点の標高が異なるため，気温減率 6°C/km を用いて海面での温度に換算して比較すると，弄石屯 22.8°C，都安 21.7°C となってやや弄石屯が高温となる。このことは弄石屯が都安より低温なのは標高差によるものであることを意味する。

　最寒月気温は 3 地点とも 1 月に出現し，弄石屯では 11.5°C，都安 12.6°C，福岡 5.8°C である。ケッペンの気候区分でいう温帯の条件である最寒月の平均気温 −3°C 以上，18°C 以下という条件に 3 地点とも入っているが，その差は大きい。

　最暖月に関しては弄石屯では 7 月で 25.8°C，福岡 8 月の 27.6°C よりも 1.8°C 低い。また都安 7 月の 28.4°C より 2.6°C も低温であることに留意する必要がある。年降水量は弄石屯で 1368.0 mm と，都安 1668 mm に比べて 300 mm も少ない。特に，12 月から 3 月にかけては弄石屯で合計 115.7 mm であり，都安 277 mm の半分以下である。冬季にかけて栽培される作物の水不足が懸念される。

3. 弄石屯における冬季低温現象の実態

　南中国では冬季に北からの寒気の侵入により一冬に何回かの低温に見舞われる。その頻度は緯度や周辺の地形により異なるが，最も南に位置する海南島でも年に 1〜2 回は最低気温が 10°C を下回る寒波が襲来する。広西壮族自治区では北に位置する南嶺山脈や雲貴高原に遮られて寒波の侵入はあまり頻度が高くないともいわれてきた。しかし，表 3-2 によると 1961〜70 年の 10 年間で 1 月の月最低気温の平均が 4.0°C でかなりの低温である。10 年間の最低気温極値としては 1968 年 2 月に 1.5°C が観測されている。標高 170 m の都安でこの値ということは，標高 620 m の弄石屯では少なくとも −1.2°C まで下がっていたこ

表 3-2　都安における 1961〜70 年の月最低気温の平均と最低値 (単位：°C)

	1月	2月	3月	4月	5月	6月	7月	8月	9月	10月	11月	12月
平均値	4.0	4.9	8.0	12.1	18.0	20.5	22.7	22.6	19.5	15.5	10.4	5.5
最低値	2.3	1.5	5.8	9.9	15.6	19.1	22.2	21.3	15.0	11.1	7.6	2.2

表 3-3 弄石屯盆地底における
日最低気温の極値

順位	年	月	日	気温(℃)
1	2000	2	1	0.4
2	2000	1	31	0.7
3	1999	12	23	0.8
4	1999	12	25	1.2
5	2000	2	2	1.4
6	1999	12	26	1.6
7	1999	12	27	2.1
8	2000	1	27	2.5
9	1999	12	24	2.6
10	1999	12	22	2.7

とになる。この節では弄石屯における4年3ヶ月の気温観測の結果から冬季の低温現象の実態を明らかにする。

表3-3は弄石屯の盆地底で1998年7月から2002年10月までの4年3ヶ月の間の日最低気温の極値10位までを示したものである。1998/99年，1999/00年，2000/01年，2001/02年の4回の冬季があったが，極値は1999/00年の冬に集中している。特に2000年2月1日には0.4℃を記録している。この最低気温を標高170mの都安の温度に換算してみると3.1℃に相当し，都安における1961～70年の10年間の記録によれば5回もこの温度以下に下がっていることがわかった。すなわち，1998～2002年の観測で得られた弄石屯の日最低気温で0.4℃を記録するのは同地域としてはさほど珍しいことではない現象といえる。

この寒波来襲時の気温経過を時系列で示したものが図3-2である。1999年12月18日頃から寒冷前線が南下してきたため日最高気温が20℃以下に下がり始め，それとともに最低気温も10℃を下回るようになってきた。寒冷前線に伴う雲の影響で最初の2～3日は日照もなく日中の気温もあまり上がらないため体感的には寒さを強く感じる天候となる。その後，寒冷前線がさらに南下して前線背後にある寒冷気団に地域全体が覆われると最低気温はさらに低下する。この気団は高気圧気団であるために天気は回復し，日照により日中の気温は上昇する。しかし，夜間には晴天静夜となるために放射冷却現象が起こり，

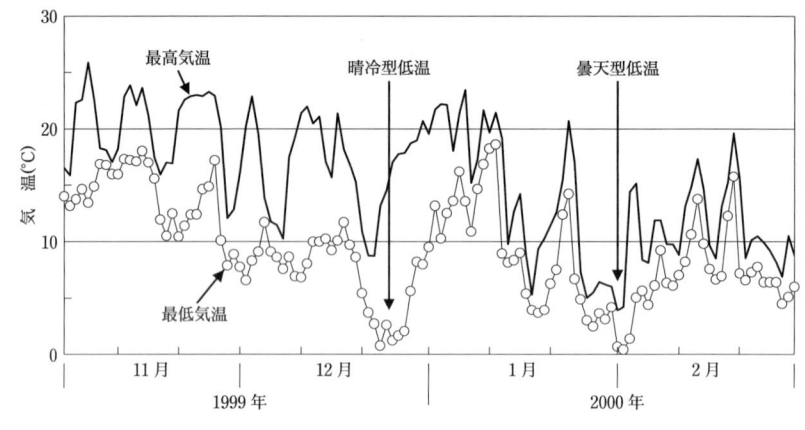

図3-2　1999/2000年冬季の日最高気温・日最低気温の経過

　特に弄石屯のような盆地地形の地域では盆地底での乱流熱交換が低下することにより放射冷却によって冷却した気層が盆地底に停滞し，冷え込みを一層加速させる。その晴冷型低温現象が12月22日から26日の最低気温に明らかに現れている。

　一方，2000年1月24日からは日最低気温が急激に下がり始め，1月24日には日最高気温17.0℃であったが翌25日には7.3℃となり，一気に10℃も低下した。日最低気温も低下したが，24日の6.3℃から25日の4.0℃で低下量としてはさほど大きくはない。その後，日最高気温・日最低気温ともに多少の上昇傾向は見られるものの，ほぼ同じような低温状態が3～4日続き，1月31日には追い討ちをかけるような寒波が地域を襲った。第1波の寒冷前線通過後の天候回復がなされないうちに第2波の寒波に襲われたため気温の低下はさらに進み，一部には降雪現象も見られる低温となり，翌2月1日早朝には弄石屯で日最低気温0.4℃を記録した。このように前線性の曇天あるいは降雨・降雪を伴う低温現象を曇天型低温という。

　ここで留意すべき点は，先に述べたように弄石屯で日最低気温0.4℃を記録したが，この気温は標高差を考慮すると長期気象記録のある都安では3.1℃に相当し，1961～70年の10年間に5回もこの温度を下回る日が出現していたことである。

4. 弄石屯における夜間気温の動態

　従来から，盆地の夜間冷却現象は数多く研究されてきた。しかしそれらの多くは，比較的広い盆地底面積を有する盆地地形での夜間冷却現象の解明であり，本研究地域のように周辺の斜面勾配が30～40度と急峻で地表水の流出孔を持たない閉鎖型盆地地形で盆地底の面積が数百平方メートルという典型的なドリーネ地形における研究例は極めて少ない。そこで，弄石屯盆地底と盆地斜面頂上における一連の気象観測データから盆地内の局地気候の特徴を述べる。

　弄底の気温が夜間に斜面山頂の気温より低くなる盆地冷却現象あるいは気温の逆転現象は高橋ら[9]，山田ら[10]により報告され，盆地冷却現象に周辺斜面からの長波放射の影響が無視できないことが指摘された。

　図3-3は2000年6月から12月はじめまでの期間中，盆地冷却現象が最も顕著に現れた11月初旬の弄底，山頂の気温経過を示したものである。また，図3-4はその間の弄底における純放射量の推移と風速の状態を示している。11月1日の天候はほぼ快晴で純放射は日中1.5 MJ/(m^2・時)に達しているが，日没とともに純放射は上向き（負値）となり－0.1 MJ/(m^2・時)前後で日の出まで推移する。その間，地上付近の土壌表層や接地気層の温度低下が促進される。夜間の風速がほとんど無風状態であることがこの温度低下を一層大きくしている。弄底では周囲の山または斜面の影響により，遮蔽物のない山頂に比べて日射量が20％少なく（図3-5），それに伴い，日中に地表で吸収される純放射量も少なくなる。それに対し，夜間には周辺斜面の影響で上向き純放射量は少なくなるとしても，実測結果によれば11月1日から10日間の上空から地表に到達する放射の総量は63.7 MJ/m^{2}であるのに対し，夜間に地表から放出される純放射量は13.1 MJ/m^{2}で，日中の入射に対し21％に達する値となる。

　この夜間における純放射による放熱は盆地内気温を決定する要因のひとつである。図3-6に示したように，夜間20時から翌朝5時までの平均純放射量と山頂-弄底気温差平均値はばらつきがやや大きいものの直線的な関係があることがわかる。すなわち，夜間の上向き純放射量が大きいほど山頂と弄底との気温差，弄底の冷え込みは大きくなることを示している。

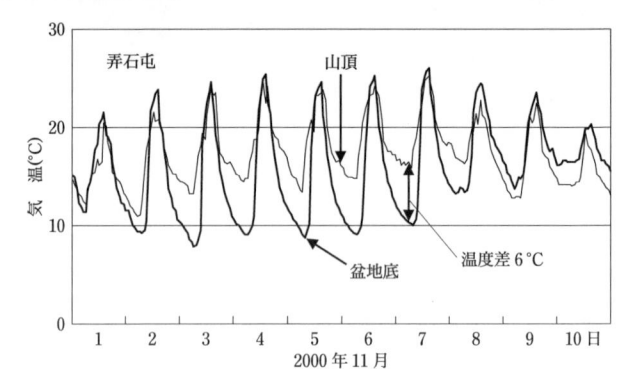

図 3-3 強い盆地冷却現象が出現した 2000 年 11 月 1 日から 10 日にかけての山頂観測点と弄底観測点の気温の経過

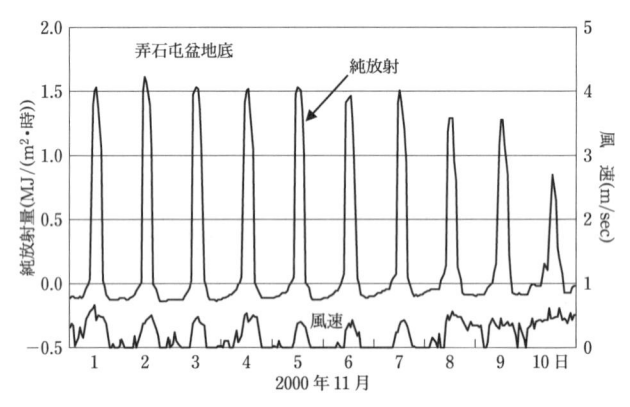

注）温度は観測値そのままであり，高度補正は施していない。

図 3-4 強い盆地冷却現象が出現した 2000 年 11 月 1 日から 10 日にかけて弄底観測点における純放射量と風速の経過

5. 弄石屯における広域水収支特性

　七百弄郷弄石屯における流域内の地形の特徴と流域における水収支の基本となる流域を確定し，流域内の標高別面積割合を明らかにし，併せて斜面勾配な

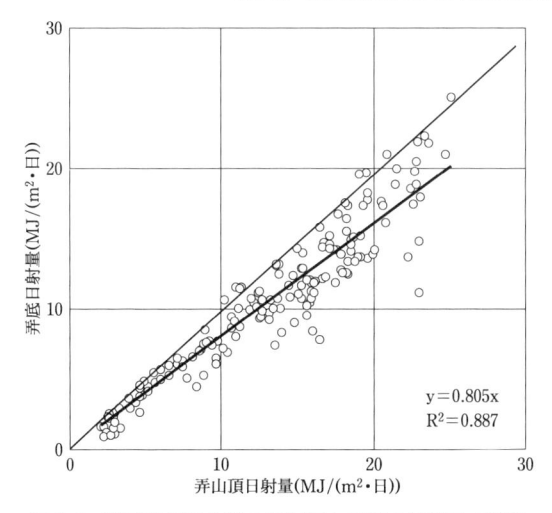

図3-5 弄石屯斜面山頂の日射量と弄底の日射量の関係
(2000年6月22日～12月4日のデータ使用)

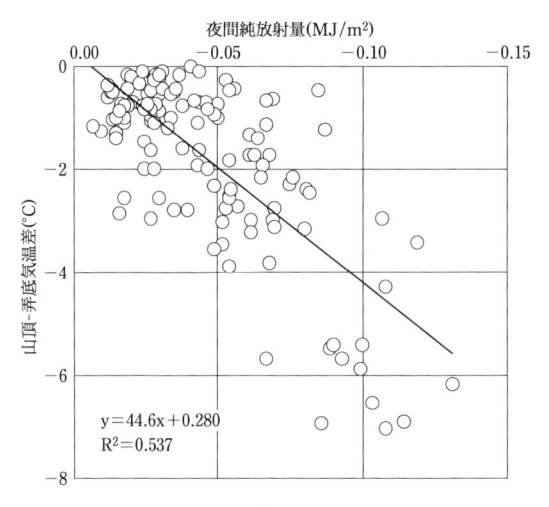

図3-6 弄石屯山頂と弄底の夜間気温差と同時間帯の
純放射量の関係(2000年6月22日～12月4日)

どの地形の特徴を明らかにする。

a）弄石屯の地形の特徴

　流域内の格子点地形要素は地形図をもとに各々の格子点で読み取った（図3-7）。なお勾配は格子点を挟む50m等高線の幅を測定して求めた。弄石屯の流域面積と標高別面積は地図を複写して流域部分を切断し，その重量から概算した。

　弄石屯の流域面積は 12.73 ha で流域内の標高別面積は表3-4に示すごとく，盆地底ともいえる標高 600〜650 m の部分の面積は流域面積のわずか 4.4% に過ぎないことがわかる。また格子点における標高（海抜），斜面勾配（度），斜面方位（北を0とする方位角）のうち斜面勾配を表3-5に示す。表を見ても明らか

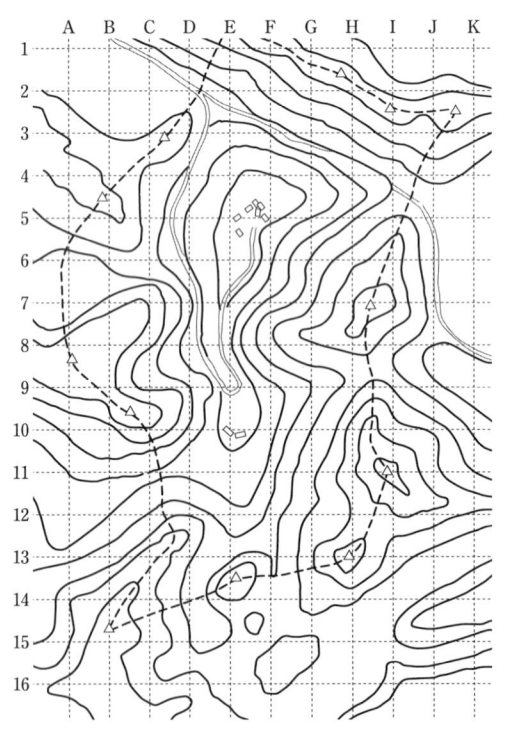

図3-7　弄石屯とその周辺の地形，および弄石屯の流域範囲（図内点線部分）

表 3-4 弄石屯流域内の標高別面積

標高(m)	面積(ha)
＞1,050	0.02
1,000〜1,050	0.14
950〜1,000	0.75
900〜950	1.74
850〜900	2.11
800〜850	2.43
750〜800	2.01
700〜750	1.72
650〜700	1.23
600〜650	0.57

表 3-5 弄石屯流域内格子点における斜面勾配 (単位：度)

格子番号	A	B	C	D	E	F	G	H	I	J
1					54	42				
2					40	38	40	42		
3				47	38	54	38	42	45	30
4			26	34	31	36	40	45	40	
5		54	34	29	6	6	54	61	45	
6	16	15	31	30	6	50	42	42		
7	16	54	47	54	50	54	50	42		
8	57	47	47	38	57	45	25	47		
9		38	38	38	7	38	40	47		
10			54	54	7	40	36	54		
11				21	20	57	38	45		
12				57	38	47	26	34		
13				54	40	25	45			
14				11						

なように，斜面勾配が10度以下の緩斜面あるいは平地は盆地底数箇所で見られるに過ぎず，流域の大部分は勾配30度を超える急斜面である。なお，全格子点での平均勾配は38.8度であった。

b) 流域の水資源量，1999年11月〜2001年7月の例

　2000/2001年冬季の降水量は11〜2月の合計116 mmで平年並みであったが，2月24日の29.0 mmと翌25日の17.5 mmが全体の1/3を占めていた。2001年暖候期の降水の特徴は6月8日の117.5 mm，7月3日の113.5 mmという大

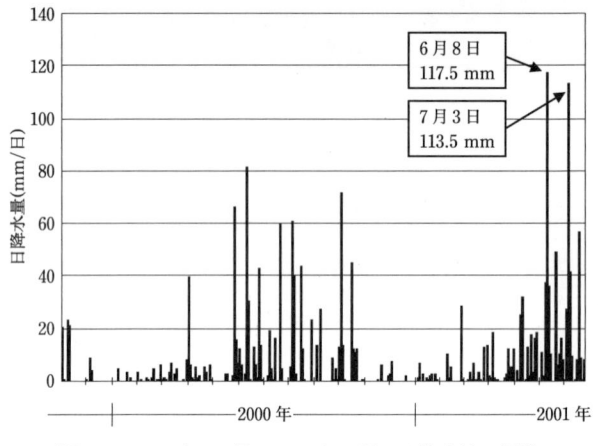

図 3-8　1999 年 11 月～2001 年 7 月の日降水量の経過

雨である。冬季 4 ヶ月分の降水量に匹敵する雨が両日とも 1 日で降ったことになる(図 3-8)。

　6 月 8 日の場合は，前日 6 月 7 日には 3～4 時間間隔に 0.5 mm 程度の弱い雨が観測されるに過ぎなかったが，8 日 1 時頃から降り始めた雨脚は強く，5 時には 1 時間当たり 48.0 mm の豪雨となった。その後 6 時過ぎには雨脚は弱まったが，その間 5 時間で 106.5 mm を記録した。

　一方，7 月 3 日の場合には，前日の夕方から 1 時間当たり 2～5 mm の通常の雨が降り続いていたが，3 日朝から次第に強まり 11 時には 18.0 mm を記録した。その後，1 時間当たり 5～6 mm ほどの雨が夕方まで降り続いたため 1 日の降水量としては大雨となった。しかし，降雨災害の視点からは 6 月 8 日の豪雨がはるかに危険であったといえる。

　降水量データをもとに弄石屯の流域(面積 12.73 ha)が獲得する水資源量を概算すると表 3-6 のごとくとなり，2000 年 7 月から 2001 年 6 月までの 1 年間の降水量により，流域内には 173.9×10^3 t の水資源の流入があったことになる。その間，月降水量が最も少なかった 2000 年 11 月には 1.7×10^3 t で，全年の 1/100 程度の量しか流入がなかった。

　月降水量が最も多かった 2001 年 6 月には 40.4×10^3 t が流入したが，その 37% にあたる 15.0×10^3 t が 6 月 8 日夜明け前の集中豪雨時に流入したことに

表 3-6 2000 年 7 月からの月別降水量と弄石屯流域内に入った水資源量

年　月	降水量(mm)	流　域 ($\times 10^3$ t)
2000. 7	174.0	22.2
8	221.5	28.2
9	65.5	8.3
10	201.0	25.6
11	13.0	1.7
12	14.0	1.8
2001. 1	23.0	2.9
2	66.0	8.4
3	47.5	6.0
4	70.0	8.9
5	153.0	19.5
6	317.5	40.4
合　計	1,366.0	173.9

なる。特にこの時の降雨の集中性は高く，6月8日午前4～5時の1時間に48.0 mm の降雨が観測されたが，流域水資源としては 6.1×10^3 t という値となった。

6. ま　と　め

　広西壮族自治区大化県七百弄郷弄石屯における気候とその局地性に関する研究は，1998年7月に弄石屯盆地底に気温・湿度・日射・風向・風速・雨量の基礎的な気象情報を得るために機器を設置し観測を開始した時に始まり，2002年10月に最後のデータ回収を行って終了した。その間，気象の局地性，特に盆地地形に特徴的に現れる夜間の放射冷却に伴う局地低温に関しては，係留気球観測や山頂における気象観測の実施，あるいは純放射を含めた熱収支観測の実施など，様々な試みを行ったが，観測許可が下りない，機器が盗難にあう，現地滞在型のフィールドワークができないなど，様々な制約や悪条件が重なり，充分な研究活動を行うことができなかった。そのような制約下ではあったが，地元の皆さんのご協力により何とかデータを収集し，まとめることができた。

　本研究の結果をまとめると以下のごとくとなる。

① 弄石屯で行った気象観測による 1998 年 8 月〜2002 年 9 月の気象統計によれば，最寒月気温は 1 月に出現し 11.5℃ であった。これは都安における 1961〜70 年の平均 12.6℃ よりも低温であり，主として標高差によるものと見られる。年降水量は弄石屯で 1368.0 mm と，都安 1668 mm に比べて 300 mm も少

中国で体系化された物候学

　日本では地震が起きる前に鯰が異常な行動をとると古くからいわれてきた。それは地震直前に地震流が発生し，それに鯰が反応するためだなど様々な理由が考えられている。その鯰の行動を科学的に把握しようとする試みが東海大学地震予知センターや千葉大学バイオシステム研究センターで行われているところをみると，根拠がないわけでもなさそうである。このように，自然の森羅万象を注意深く観察し，動植物の生態とそれを取り巻く気象・水文・土壌・地質などとの関連を明らかにしようとするのが物候学である。日本では生物季節学といわれ，毎年春に気象庁が発表するサクラの開花予想などが身近である。

　中国の古書で物候に言及したのが紀元前 470 年頃に編纂された『詩経』の中にある一文で，「四月草の花が咲き，五月蟬が鳴く」と記載されている。このような記載は生活の基本である農業と結びついて農暦となり農業を営む指針となった。秦始皇帝の時代，紀元前 239 年に呂不韋により編まれた『呂氏春秋』には現在でも使われている小寒に始まり冬至で終わる二十四節気が物候暦として登場した。

　物候を正確に記述しておくと，農作業の準備や気候の異変に対する対策などに役立つばかりでなく，季節の移り変わりに適応した生活リズムが整い，人々の健康維持などあらゆる面に利用できる。わが国では，最古の歌集『万葉集』に生活・恋愛などの感情に絡めて花・動物・気候などの森羅万象が歌い込まれている。それらの歌はその後，様々な経過を経て俳句へたどり着いた。俳句は物候学と人の感性が最大限に調和した歌の形なのかもしれない。

　古い物候の記録が近代になって科学的に解析・利用された例として平安時代に宮中で催された花見に関する記述がある。その開催時期をサクラの満開時期とすると，当時の気候は現在(1960 年代)と比べてかなり温暖であったと推定された。その推定はその後の様々な例証により確実であることが明らかとなったが，計器に頼らず，人の目で確かめた森羅万象を記載して，その現象が意味するところを解明する物候学は，今でも自然現象の物差しとしての重要な役割を担っている。

〈高橋英紀〉

ない。特に，12月から3月にかけては弄石屯で合計115.7 mmであり，都安277 mmの半分以下である。冬季にかけて栽培される作物の水不足が懸念される。ただし，以上の気象統計は観測期間が異なるため厳密な比較はできない。

② 1998年7月から2002年10月までの4年3ヶ月の間の日最低気温の極値として2000年2月1日に0.4℃が記録された。この最低気温を標高170 mの都安の温度に換算してみると3.1℃に相当し，都安における1961〜70年の10年間の記録によれば5回もこの温度以下に下がっていることがわかった。すなわち，1998〜2002年の観測で得られた弄石屯の日最低気温で0.4℃を記録するのは同地域としてはさほど珍しいことではない現象といえる。

③ 弄石屯などを含む七百弄郷を襲う冬季の寒波には，前線性の曇天・霧雨を伴う曇天寡照型の寒波と前線通過後の晴天がもたらす晴冷放射冷却型の寒波が認められた。

④ 弄石屯の盆地地形の特徴を示す集水面積を谷の深さの2乗で除した開空度 ω あるいは谷分水領の長さを谷の深さの1/3の高さの等高線長で除した開放比 Ω_0 の値は，人が居住する日本の盆地地形の1/10程度の値で，吾妻小富士などのカルデラ地形に匹敵する極めて閉鎖性の高い急峻な地形であることがわかった。

⑤ 降水量データをもとに弄石屯の流域(面積12.73 ha)が獲得する水資源量を概算すると，2000年7月から2001年6月までの1年間で流域内に 173.9×10^3 tの水資源の流入があったことになる。その間，月降水量が最も少なかった2000年11月には 1.7×10^3 tで，全年の1/100程度の量しか流入がなかった。

引用・参考文献

[1] Domroes, M. and Gongbing, P. (1988): *The climate of China*, Springer-Verlag, Heidelberg, p. 360.
[2] Monteith, J. L. and Unsworth, M. (1990): *Principles of environmental physics*, Arnold, New York, p. 291.
[3] Takahashi, H., Makita, H., Nakagawa, K., Hao, Y., Chin, L., Wang, P., Wei, F. and Yao, M. (1986): "Micrometeorology in a rubber plantation during cold wave weather condition," *Climatological Notes*, vol. 35, pp. 37-58.
[4] Yamakawa, S., Nakagawa, K., Takahashi, H., Makita, H., Chujo, H. and Xie, L.

(1988): "Local and synoptic meteorological characteristics on the motor-car traverse observations across Hian Island," *Climatological Notes*, vol. 38, pp. 87-102.

[5] Yoshino, M. M. (1975): *Climate in a small area*, University of Tokyo Press, p. 549.

[6] Yoshino, M. M., Tanaka, M. and Nakamura, K. (1981): "Formation of a cold air lake and its effect on agriculture," *Natural disaster science*, vol. 3 (2), pp. 1-14.

[7] 馬佩芝・李翠金・李小泉ほか編著(1985):『中国主要気象災害分析(1951-1980)』気象出版社, p. 271。

[8] 大和田道雄・石川由紀・中村達博(1995):「上川盆地の西側斜面における冷気の流出周期」『農業気象』vol. 51 (4), pp. 329-334。

[9] 高橋英紀・山田雅仁・曾平統・呂維莉(2000):「弄石屯における気温変化の特徴——特に低温現象に関連して」『中国西南部における生態系の再構築と持続的生物生産性の総合的開発 報告書平成11年度(第3報)』pp. 111-116。

[10] 山田雅仁・高橋英紀・呂維莉(2000):「七百弄における夜間冷却現象の季節変動とその特徴」『中国西南部における生態系の再構築と持続的生物生産性の総合的開発 報告書平成11年度(第3報)』pp. 117-125。

[11] 山川修二・高橋英紀(1997):吉野正敏編『熱帯中国』古今書院, pp. 105-130。

[12] 吉野正敏(1997):同上書, pp. 13-48。

第II部

森林環境と伝統社会

種播き時期の壮族の村・歪線屯

第4章　自然生態系と人間活動の新たな共存原理
　　——Carrying Capacity 概念による人間活動の観点から——

髙橋義文・出村克彦

1. はじめに

　本研究の目的は，森林の劣化が激しく自己回復力の低い森林生態系の環境下においても，長い伝統社会を形成してきた中国西南部に分布する石灰岩山岳地域の大化県七百弄郷弄石屯集落等（郷は複数集落群，屯はかつての生産小隊を意味する）を研究対象に，自然生態系と人間活動の共存原理を明らかにすることである。近未来において開放的経済社会へ加速度的に移行する中で，劣化した森林生態系の再構築を図り，耕地生態系の生産性を上げ，自然生態系に考慮した持続的な人間活動——新たな共生原理に基づくアジアの農業・農村の持続的発展方策——を提示することが求められている。この目的のために，日中共同研究によるプロジェクトを実施した。日本側は，主に自然生態系の諸機能の解析，および自然生態系と人間活動の共存原理の依存関係を実証的に研究した。中国側は森林生態系の再構築，食料生産性の向上方策，水・エネルギー等の生活水準向上技術の開発・普及の研究をしてきた。本書は共同研究の成果を活かした日本側の研究をまとめたものである。日本側は，人間社会グループ，物質循環グループ，生態系再構築グループ，持続的生物生産グループの4グループを構成した。これらの研究成果は，自然生態系と人間活動の共存原理の科学的知見と，アジア地域の開発と環境問題解決への実践的，普及的技術の開発に有益な示唆を与えるものである。

　本章の課題は，自然生態系と人間活動の関係を総合的指標として捉える環境収容力（Carrying Capacity）の概念を応用し，自然環境の持つ生態系機能と人間活動の総合的評価を行うものである。具体的には，一定の自然環境の下での

人間活動の限界を評価するために，最大扶養可能人口を求めることである。

2. 自然生態系機能を活かしたモデルの特徴

「貧困と環境破壊」の悪循環を断ち切り，持続可能な農業発展への take-off を図るためには，図 4-1 で記すような「基本的人間・生態系モデル」による共存原理の解明が基本となる。この基本モデルに従い，物質循環・窒素循環，森林機能，持続的生物生産，伝統社会における生産・人間活動の関係，そしてそれら要素の依存関係から生存水準を求めることにする。

具体的には，七百弄郷地域におけるモンスーン気候の気象条件(雨期の集中的多雨)は，S，N の結合や石灰岩の溶解をもたらし，二酸化炭素による地球温暖化に影響する。一方この気象条件は，森林生態系への養分供給，水供給にもなり，最終的に森林のバイオマスや食料生産に影響を与える。また人間活動，人口増加といった社会経済要因は，森林生態系への負荷を大きくするため，森林生態系の機能を維持しようとすると食料生産力は制限されてしまう。そのため新たな食料増産の手段として，外部からの化学肥料の移入を行い始めたが，化学肥料の投入は自然生態系への窒素負荷を高め，土壌汚染を引き起こす原因となった。いうなれば，環境劣化と貧困の悪循環を改善することの困難さはここにある。本研究の 4 つのグループは，動植物の食料生産性の向上と窒素負荷

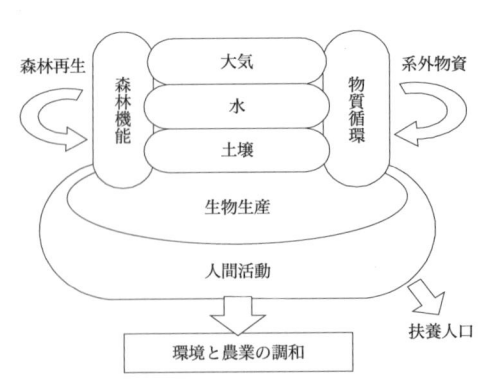

図 4-1 基本的人間・生態系モデル

の関係，森林機能の関係，バイオマス供給と水・エネルギー・養分の循環機能の関係などを明らかにした。

　すなわち，基本的人間・生態系モデルに従って七百弄郷を概観すると，七百弄郷の屯集落における養分供給は土壌（P, K），岩石（Ca, Mg），およびバイオマスにより供給される。土壌中に含まれる栄養分は限定されるが，系内のバイオマスによる循環を巧みに利用し，閉鎖的な屯内に長期間にわたり人間の生存を可能にした理由がここにある。ただし，窒素循環には汚染の問題もある。森林機能として，木質資源供給機能，水源涵養機能（特に湧水の安定供給），土壌浸食防止，林地から低地耕地への養分供給，生物多様性の保全等の機能が確認された。

3. 環境収容力（Carrying Capacity）と持続可能性（Sustainability）

　環境収容力（Carrying Capacity）（以下，CC）とは，自然生態系（地球）が収容できる許容限度を表す概念である。持続可能な人間活動を考える上で，自然生態系（地球）のバイオマス供給量と，人間活動による物質の消費量は調和のある関係でなければならない。地球のCCに照らして現在の人間活動の規模を考えると，この両者の関係はオーバーシュート（行き過ぎた状態）を引き起こしている。つまり，現在の環境問題の発生原因は，人間活動量が地球のCCを超過しているためであり，その関係性を表すと図4-2のようになる。このCCと人間活動の関係を検証する指標として開発された手法が，Ecological Footprint（以下，EF）分析である。EFとは，人間活動による自然生態系への様々な負荷を「陸域・水域面積」という単位で表す指標である。人間が持続可能な生活をするのに必要な土地面積量を推計する手法で，求められた推計量EFは，土地への踏みつけ面積（環境への負荷）を示す。すなわち，EFは自然生態系と人間活動の間の許容限界を見出すことを可能にする指標である。

　本章ではEF結果を用い，人口の扶養限界を求めることで，自然生態系と人間活動の共存原理のあり方を考察する。

42　第Ⅱ部　森林環境と伝統社会

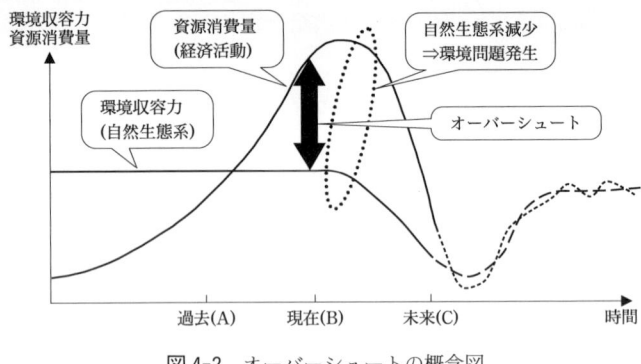

図 4-2　オーバーシュートの概念図
出典）Wackernagel and Rees [14]，一部加筆。

3-1. 共存原理と持続可能性の定義

　自然生態系と人間活動の「新たな共存原理」とは，自然生態系の諸機能により規定される CC を最大限に活用した持続的な生産・人間活動のあり方を求めることである。「新たな共存原理」の掲げる持続的な生産・人間活動とは，「環境を破壊・汚染することなしに，かつ伝統文化を尊重しつつ達成しうる単位面積当たりの最大扶養可能人口がどの程度であるのかを示す」ということである。つまり，「環境を破壊・汚染することなしに，最大扶養可能人口を達成するために望ましい森林・果樹園・草地・耕地・生活域からなる土地利用形態，農業生産形態，外部との物流形態，および物質循環がいかなるものであるのかを明らかにする」ということである。なお，この共存原理をより普遍化した概念として持続可能性の概念がある。持続可能性は，自然生態系機能と人間活動(特に経済活動)を扱うエコロジカル経済学(Ecological Economics)の基本的概念である。

3-2. 最大扶養可能人口

　ここで結論を先取りして述べる。七百弄郷の弄石屯を対象に EF 分析を行い，この集落における人口扶養力を推計した。分析結果である図 4-5 より，屯内で使用した土地面積は年間 136.02 a/人であった。また屯内から屯外への物質の

Carrying Capacity

　Carrying Capacity は日本語訳で「環境収容力」,「環境容量」などと訳される言葉である。その言葉は多分野にわたり利用されているため,多種多様な定義がなされている。しかしながら,Carrying Capacity を敢えて一言でいうならば,「閾値,限界域」が適当であろう。つまり,どのような状態であれ,Carrying Capacity を超えるような状態は環境的に好ましくないことを意味する。そのため,Carrying Capacity は持続可能性(Sustainability)を考える上で重要なキーワードとなっている。適用研究例としては,家畜生産や漁業生産などの資源管理の基本的な考え方として頻繁に利用されている。

　具体的な適用例としては,1 ha の牧草地から牛などの家畜何頭分の飼料が得られるか,家畜何頭分の糞尿なら浄化可能か,といった点から牧草地 1 ha 当たりの家畜の Carrying Capacity が推計される。同様に漁業生産でも,100 m³ の海水域ではマグロが何トン生息可能か? これはマグロの餌となるアジ,アジの餌となる動物性プランクトン,動物性プランクトンの餌となる植物性プランクトン,最終的には植物性プランクトンが受けることのできる太陽エネルギー量によって 100 m³ 当たりのマグロの Carrying Capacity が決定される。

　近年においては,Sustainable Development(持続可能な発展)の議論とともに,Carrying Capacity を応用した分析指標が開発されている。単一の要素のみで持続可能性を計る個別指標(Indicator)の代表的な手法としては,①Ecological Carrying Capacity があり,複数の尺度を統合した総合指標(Index)の代表的な指標としては,②エコ・スペース(Ecological Space),③エコ・リュックサック(Ecological Rucksack),④エコソン(Ecological Person),⑤エコロジカル・フットプリント(Ecological Footprint)などが挙げられる。　　　　〈髙橋義文・出村克彦〉

移出入関係を除いた結果,つまり,実際に弄石屯の住民が生活するのに必要とする土地面積(屯内外を問わず踏みつけた面積)は 159.39 a/人であった。その内訳は,食料生産に使用された土地面積が 99.18 a/人(農地へ投入した肥料を生産するのに必要な面積も含む),生活する上で使用した燃料から排出された二酸化炭素を吸収するのに必要な林地面積が 59.62 a/人であった。以上の EF 分析結果と弄石屯に現存する地目面積の割合から,表 4-3 で記すように弄石屯の最大扶養可能人口は 71 人と推計された。この最大扶養可能人口は,現在の

Ecological Footprint

　Ecological Footprint は，カナダのブリティッシュコロンビア大学の W. E. Rees と M. Wackernagel らの研究グループによって開発された指標である。Ecological Footprint は，Rees [10] によると「ある特定の地域の経済活動，またはある特定の物質水準の生活を営む人々の消費活動を永続的に支えるために必要とされる生産可能な土地および水域面積の合計」と定義されている。つまり，Ecological Footprint とは，人間が生きていくために消費したすべての財を生産するために使用した土地ないしは水域面積ということになる。そのため Ecological Footprint は「踏みつぶされた生態系面積」，「環境収容力要求量」，「環境面積要求量」などと訳され，自然生態系に与えた環境負荷量の大きさを表す代理指標として利用されている。

　また，Ecological Footprint の指標としての特徴には以下の3点が挙げられる。
① われわれがふだんから接しているなじみ深い面積単位に変換することで，自然環境に対する人間の環境負荷の大きさが容易に想像できる。
② 人間が生活するために必要な生産・消費活動(＝必要とされる土地ないし水域面積，つまりは需要量)と地球の Carrying Capacity(地球の利用可能な土地および水域面積，つまりは供給量)を比較することで，持続可能性を判断することができる。
③ 人間を含む自然生態系を包括的に見ようとする際，人間が主体となって価格づけした貨幣評価より，土地および水域面積といった物理量で評価した方が適当である。

　下表は，WWF [21] が行った約160ヶ国の Ecological Footprint 分析の一部抜粋である。

各国の Ecological Footprint

国　名	人　口 (百万人)	Ecological Footprint (ha/人) (A)	実際に供給 可能な面積 (ha/人) (B)	環境に対する 「負債」 (ha/人) (A－B)
世　界	5,744	2.85	2.18	0.67
日　本	125	5.94	0.86	5.08
アメリカ	269	12.22	5.57	6.65
ニュージーランド	3	9.54	15.80	－6.26
バングラディシュ	120	0.6	0.08	0.52

〈髙橋義文・出村克彦〉

弄石屯の人口である164人の半分以下である。現在の弄石屯において，最大扶養可能人口以上の人口が居住可能な理由は，詳細は後節に譲るが，屯内で過度な環境負荷を発生させ，また外部から物資を移入しているためと解釈される。

　本研究は，さらに，森林生態系を異にする3つの屯集落の分析結果の比較，生態系と人間活動の関連性を求めるものである。次節において，4つの屯集落のEFを比較し，生態系と人間活動の依存関係を分析する。

4. 七百弄郷のエコロジカル・フットプリント分析

4-1. 調査対象地の概要

　調査対象地である広西壮族自治区大化県七百弄郷の4つの屯集落(弄石屯(ロンスートン)，歪線屯(ワイセントン)，坡坦屯(ポータントン)，弄力屯(ロンリートン))は，起伏の激しいカルスト山岳地帯にある。そこには少数民族の瑶族，壮族，および漢族が住んでおり，500年以上も農耕文化を中心とした伝統社会を形成してきた。各屯集落の主な概要は表4-1と表4-2に

表4-1 各集落の概要

	弄石屯	歪線屯	坡坦屯	弄力屯
農家戸数	37戸	10戸	20戸	13戸
人口	164人	50人	74人	69人
農業状況	トウモロコシ・大豆・サツマイモなど	トウモロコシ・大豆・サツマイモなど	トウモロコシ・大豆・サツマイモなど	トウモロコシ・大豆・サツマイモなど
	豚・山羊・鶏・ウサギなど	豚・鶏・ウサギなど	豚・山羊・鶏・ウサギなど	豚・山羊・鶏・ウサギなど
	3,780 a	1,340 a	4,290 a	1,600 a
森林状況	多	豊富	少	中
	個人管理	共有管理	個人管理	個人管理
	7,750 a	9,610 a	3,190 a	3,220 a
街中心部	比較的近い	遠い	近い	比較的近い
燃料	薪中心	薪中心	薪中心	薪中心

出典）出村ほか[2] (pp. 19-23, 2001年)。
注）農地・林地面積は衛星(イコノス)の画像判読により推定した。森林状況の豊富，多，中，少は森林賦存量を表し，序列関係は豊富＞多＞中＞少の順である。

表 4-2　各弄の農地と人口の比較

		農　地	
		大	小
林地	大	弄石屯 164 人 (多)	歪線屯 50 人 (少)
	小	坡坦屯 74 人 (中)	弄力屯 69 人 (中)

注）大は面積が大きいことを，小は面積が小さいことを表す。

まとめられた通りであり，人口・面積は，弄石屯が 164 人・124 ha，歪線屯が 50 人・109 ha，坡坦屯が 74 人・80 ha，弄力屯が 69 人・48 ha である。作物生産はトウモロコシ・大豆・サツマイモなどを生産し，家畜生産は豚を中心に山羊・家禽を肥育している。家畜への給餌方法は，歪線屯以外の 3 集落で飼料を煮て与えている。燃料となる森林資源は歪線屯が豊富であり，坡坦屯は少なく，弄石屯・弄力屯は中程度である。森林資源の管理形態は歪線屯のみ共有管理である。

　過去においてこれらの集落は，物流の移出入は必要な物資のみで，それ以外は自給自足の生活をしていた。その理由は，標高差のある山岳地帯であったため物資を運ぶ交通手段がなかった点にある。次に図 4-3 で各屯集落を含む七百弄郷の人口動態を見ると，1962 年の七百弄郷の人口は 1 万 2956 人であった。その 6 年後，1968 年の国道の開通とともに外部との交流が活発になると，農

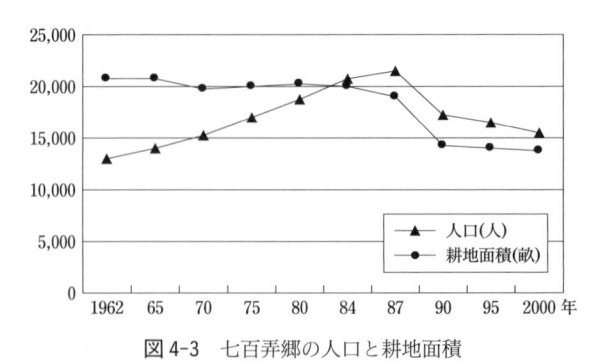

図 4-3　七百弄郷の人口と耕地面積
出典）都安県統計資料，大化県統計資料より作成。

産物の販売・購入が増え始め，野生生物・漢方薬などといった森林の副次産物の販売から，森林そのものを木材として販売するようになった。道路開通から19年間に，豊富な天然資源の販売などにより，集落内の人口は1962年の約1.7倍の2万1542人までに増加した。その増加し続けてきた人口をまかなう食料と家畜飼料を確保するために，今度は化学肥料を多投するようになった。しかし，1990年になると森林伐採などの環境破壊の認識が深まり移民政策がとられ，人口は減少した。森林被覆率に関しては，1949年当時は60%以上の緑豊かな地域であったが，1958年の大躍進運動により燃料として伐採され44.8%に減少した。その後，1960年代前後は木材の販売目的で伐採され，1980年以降は農業生産責任制の実施により山は自留地として分配された。しかし，それにもかかわらず，所得を得るためにさらに伐採が続けられ，1995年には平均森林被覆率は16.6%までに急減した。

4-2. 基礎データ

　分析に使用したデータは，1998～2002年の5ヶ年にわたる農学を主とした自然科学系の実験データと，4つの屯集落内の46戸に対する農家聞き取り調査によるものである。各集落における総面積の推定・土地利用区分は，衛星（イコノス）画像判読に基づき推計した。それ以外の主な調査項目は，家族構成，農業（各作物の作付面積と収量，投入窒素量，家畜への飼料量など），燃料となる薪などの消費量のデータであり，それらを用いて各集落のEFを推計した。

4-3. エコロジカル・フットプリント分析の概要と適用

　EF分析では，3つの土地カテゴリーに分けてEFの計測を行っている。第1のカテゴリーは農地であり，農地を起源とする生産物を対象としたEFの計測である。農地カテゴリーでは，農地から生産される財を耕種作物，家畜生産，その他の食品の3分類とし，それら3分類の食料を生産するために自然生態系へ与えた環境負荷を面積換算し，農地カテゴリーのEFを計測した。耕種作物に関するEFの計測にあたっては，既存研究にはない堆肥・液肥・草木肥などの有機肥料を面積換算するのに必要な係数も5ヶ年にわたる現地調査により独自に推計した。第2のカテゴリーは，森林を起源とする生産物と，人間活動の

結果生じた二酸化炭素を吸収するために必要な林地に関するEFの計測である。森林カテゴリーでは，主に森林の利用としてウエイトの高い薪材の燃焼により発生した二酸化炭素量の二酸化炭素吸収地を求めている。そして，第3のカテゴリーは建築物や道路などの生産能力阻害地のEFの計測である。なお，七百弄郷は内陸に位置し，海洋から非常に遠い位置にあるため，魚介類や海産物など海洋・淡水域を起源とする食料ないし加工品はほとんど消費されていなかった。そのため，本章では，EFの計測に海洋・淡水域を含んでいない。

次に中国農村部へのEF分析の適用であるが，本研究でのEF分析には以下のような意義がある。まず，自然生態系の持つCCと人間活動量を定量的に表すことが可能であるという分析手法の特徴である。また近年，急激に外部からの物資が増え，貨幣経済が浸透しつつあるが，未だ主たる生産活動が自給自足的な農業であり，主燃料が薪といった自然資源に依存している地域への分析である。分析手法に使用できるデータは貨幣経済データと自然資源の物量データに分けられる。しかし，貨幣経済で計測することは弱い持続性概念に依拠するため，急激に貨幣経済が広まりつつある地域では困難であり，1単位当たりの評価が貨幣単位ほど変化しない物量単位で行うのが適切である。すなわち，途上国におけるEF分析は物量単位によるデータで実施せざるをえず，この点は市場データに依存する先進国の分析とは別な困難性を有している。

5. エコロジカル・フットプリントの試算

本分析の重要な点は，第1に各集落の最大扶養可能人口が何人であるか，第2に各集落の人間活動がどのようになっているのか，第3にEFの移出入関係がどのようになっているのかである。この3点に注目して分析結果をまとめる。ただし，弄石屯以外の3つの屯集落は，データ制約の理由により，若干の仮定を置いて推計している。そのため本研究では弄石屯を中心に分析していくことにする。

第1に，各集落の最大扶養可能人口の推計結果は表4-3に記すようになった。弄石屯で71人，歪線屯で36人，坡坦屯で35人，弄力屯で33人であった。現在の居住人口とEFによる最大扶養可能人口の相対的な超過比を表す②を見る

第4章　自然生態系と人間活動の新たな共存原理　49

表 4-3　各集落の最大扶養可能人口と環境インパクト

集落名	弄石屯	歪線屯	坡坦屯	弄力屯
世帯人員（人/世帯）	4.8	3.9	4.7	5.3
①最大扶養可能人口（人）	71	36	35	33
④農地に規定される最大扶養可能人口	74.7	36.9	83.0	33.1
総農地面積(a)	3,780	1,340	4,290	1,600
1人当たりの農地の EF(a/人)	50.58	36.34	51.67	48.33
⑤林地に規定される最大扶養可能人口	71.6	64.8	35.1	35.6
総林地面積(a)	7,750	9,610	3,190	3,220
1人当たりの林地の EF(a/人)	108.22	148.20	91.01	90.43
②最大扶養可能人口超過率(⑥/⑦)	2.3	1.4	2.1	2.1
⑥人口（人）	164	50	74	69
⑦最大扶養可能人口（人）	71	36	35	33
③環境インパクト(⑧/⑨)	2.1	0.8	1.3	2.0
⑧集落全体の EF(a)	26,140	9,243	10,566	9,583
⑨所有する弄の土地面積(a)	12,410	10,950	8,030	4,860

注1）最大扶養可能人口とは，現在の消費水準で，その集落に最大何人住めるかを意味する。最大扶養可能人口超過率とは，本来の最大扶養可能人口に対する現在の人口の超過割合を表す。環境インパクトとは，集落の住民の人間活動が集落内の自然生態系に与えた環境負荷量を表す。数値が大きいほど自然生態系への環境負荷が大きい。絶対的基準ではないが1.0 が良好な数値である。

注2）ここでの最大扶養可能人口は，人間活動量である EF と集落内の農地・林地面積の割合から計算される。つまり弄石屯を例に挙げると，弄石屯の住民は年間 50.58 a/人の農地面積と 108.22 a/人の林地面積を使用して生活している。それに対し，弄石屯集落の実際の土地面積は農地 3,780 a と林地 7,750 a であるため，農地に関しては 74 人(＝3,780 a÷50.58 a/人)，林地に関しては 71 人(＝7,750 a÷108.22 a/人)が限界点となる。さらに，最大扶養可能人口はより低い数値の限界点に規定されるため，現在の弄石屯の人間活動水準では，林地に規定される 71 人が最大扶養可能人口となる。

と，森林が豊富で人口の少ない歪線屯が1.4 であり，ほかの屯は2倍強の過剰人口を抱えていた。しかし，いずれの屯も最大扶養可能人口の許容量を超えた過剰人口状態にあることが明らかとなった。次に屯が利用できる林地(草地)，農地すべての土地面積と，住民の活動から要求される EF の比率である環境インパクトを表す③を見ると，森林資源が豊かで人口の少ない歪線屯以外はいずれも環境への負荷が大きくなっていた。

第2に，各集落の EF 分析結果の内訳は図 4-4 に記すようになった。各集落における年間の EF は，弄石屯で159.3 a/人，歪線屯で184.8 a/人，坡坦屯で142.7 a/人，弄力屯で138.8 a/人であった。また，その内訳は，農地・林地バイオマスに関する EF と二酸化炭素吸収に関する EF で65％以上を占めてい

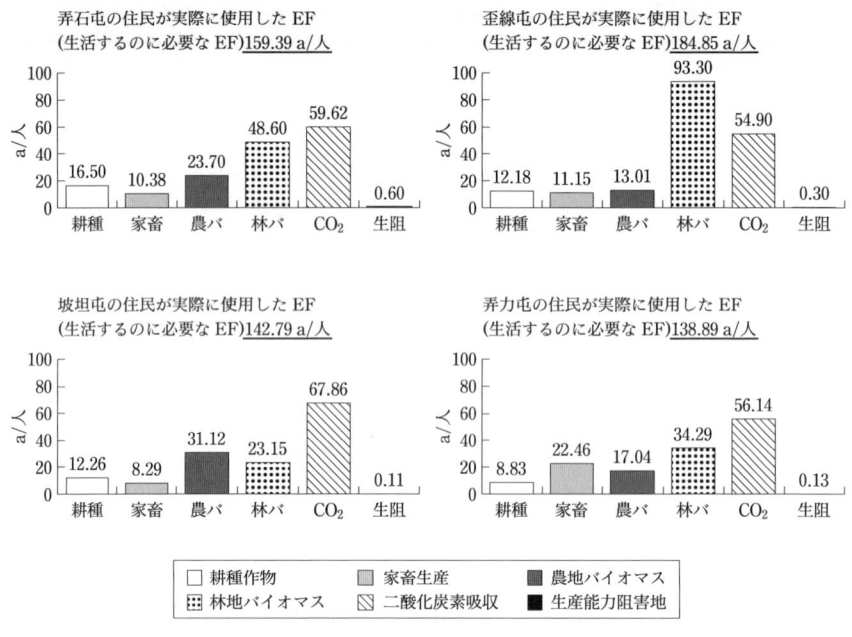

図4-4 各集落における Ecological Footprint (EF) 結果の内訳
注) 各集落の詳細な結果は髙橋[12]にまとめられてある。

弄石屯の住民が実際に使用した EF (生活するのに必要な EF) 159.39 a/人
- 耕種 16.50
- 家畜 10.38
- 農バ 23.70
- 林バ 48.60
- CO_2 59.62
- 生阻 0.60

歪線屯の住民が実際に使用した EF (生活するのに必要な EF) 184.85 a/人
- 耕種 12.18
- 家畜 11.15
- 農バ 13.01
- 林バ 93.30
- CO_2 54.90
- 生阻 0.30

坡坦屯の住民が実際に使用した EF (生活するのに必要な EF) 142.79 a/人
- 耕種 12.26
- 家畜 8.29
- 農バ 31.12
- 林バ 23.15
- CO_2 67.86
- 生阻 0.11

弄力屯の住民が実際に使用した EF (生活するのに必要な EF) 138.89 a/人
- 耕種 8.83
- 家畜 22.46
- 農バ 17.04
- 林バ 34.29
- CO_2 56.14
- 生阻 0.13

凡例：耕種作物、家畜生産、農地バイオマス、林地バイオマス、二酸化炭素吸収、生産能力阻害地

　た．次に各集落のEF結果の特徴を見ると，弄石屯はほかの3つの屯集落に比べて弄底部（平地面積）が大きいため耕種作物に関するEFが大きかった．逆に平地面積の少ない弄力屯では，急斜面でも生産活動が可能な家畜生産に関するEFが大きかった．坡坦屯は，燃料の燃焼によって発生した二酸化炭素を吸収するのに必要なEFが一番大きい結果となっていた．これは森林資源の賦存量が一番少ない集落であることから当然の結果といえる．歪線屯は窒素肥料の生産に関する林地バイオマスのEFが大きかった．この理由は，歪線屯の窒素投入量が多いこと，窒素を生産するのに必要な林地面積の推計が実際の地目割合に依存する仮定に従うためである．つまり，実際に窒素投入量が多く，かつ林地面積の大きな歪線屯では，林地バイオマスに関するEFが大きくなるのは当然であり，逆に，実際に林地面積の少ない坡坦屯では林地バイオマスに関するEFが低くなるのは当然の結果といえる．なお，図4-4は比較の簡略化のため

第 4 章　自然生態系と人間活動の新たな共存原理　51

付表 4-1　弄石屯の 1 世帯当たりの EF 分析結果 (4.8 人/世帯)

		V 総作付面積 (a)	VI 販売品作付面積 (a)	VII 購入品作付面積 (a)	VIII 自家消費用作付面積 (a)	IX 実際に使用した面積 V − VI + VII (a)
農地カテゴリー	耕種作物	68.64 14.26	0.55 0.11	11.31 2.35	63.14 13.12	79.40 16.50
	家畜生産	112.19 23.31	62.26 12.94	1.27 0.26	46.52 9.67	49.93 10.38
	農地バイオマス	60.40 12.55	0.10 0.02	53.76 11.17	59.64 12.39	114.05 23.70
森林カテゴリー	林地バイオマス	123.85 25.74	0.21 0.04	110.23 22.91	122.30 25.41	233.87 48.60
	林産物	───	───	───	───	───
	二酸化炭素吸収	286.64 59.56	0.00 0.00	0.27 0.06	286.64 59.56	286.91 59.62
生産能力阻害地カテゴリー		2.89 0.60	0.00 0.00	0.00 0.00	2.89 0.60	2.89 0.60
世帯当たりの EF 1 人当たりの EF		654.60 136.02	63.11 13.11	176.83 36.74	581.14 120.76	767.06 159.39

注 1)　───は推計できないため数値を計上しないセルを表す。
注 2)　この分析結果には，サービスの消費による自然生態系への負荷は計上されていない。なぜなら，サービスを生むような産業が存在しないためである。
注 3)　各項の上段は世帯当たりの EF，下段は 1 人当たりの EF を表す。
注 4)　生産能力阻害地カテゴリーは，家屋面積と道路面積の合計である。

に棒グラフで図示してあるが，EF の移出入などの詳細な数値は付表 4-1 にまとめられており，さらに付表 4-1 の各カテゴリーに対する計算過程は付表 4-2〜5 にまとめてある。なお，弄石屯以外の 3 集落の計測結果の詳細については髙橋[12]でまとめてある。

第 3 に，移出入関係の内訳を見ることにする。本分析では 4 つの屯集落の移出入結果を求めている。前述してあるが，弄石屯の精密なデータに比べほかの 3 つの屯集落は，データ収集の限界から（妥当ではあるが）若干の仮定条件を用いて計測を行っている。各集落とも弄石屯の結果と大きな差はなかったが，より精密な結果である弄石屯を中心に，EF の移出入結果である図 4-5 を用いて紹介する。移入した EF の大半を占めていたのは農地・林地バイオマスに関する EF であった。一方，移出した EF はほぼ家畜生産に関する EF であった。弄石屯以外の各集落も移入に関する項目は農地・林地バイオマスに関する EF が大きく，移出に関する項目は家畜生産に関する EF が大きかった。また移入

付表 4-2　茅石屯の 1 世帯当たりの耕種作物の消費に関する EF

分類	項目	I 総生産量 (kg)	II 販売量 (kg)	III 購入量 (kg)	IV 自家消費量 (kg)	V 総作付面積 (a)	VI 販売品 作付面積 (a)	VII 購入品 作付面積 (a)	VIII 自家消費用 作付面積 (a)	IX 実際に使用した面積 V-VI+VII (a)
	列番号						(1)	(2)	(3)	
A-1：耕種作物										
穀物類	トウモロコシ	1,175.63	0.00	446.25	1,166.25	27.39	0.00	9.70	27.17	37.09
	大　豆	39.75	3.38	0.00	30.38	6.25	0.53	0.00	4.78	5.72
	米	0.00	0.00	100.13	0.00	0.00	0.00	1.61	0.00	1.61
野菜類	サツマイモ	319.38	0.00	0.00	294.38	12.88	0.00	0.00	11.87	12.88
	バンショウイモ	408.75	0.00	0.00	360.00	5.54	0.00	0.00	4.88	5.54
	カボチャ	57.00	1.13	0.00	55.50	0.73	0.01	0.00	0.71	0.72
	ヒマ	6.90	0.00	0.00	6.90	1.83	0.00	0.00	1.83	1.83
繊維類		22.35	0.00	0.00	18.98	14.01	0.00	0.00	11.89	14.01
	EF 合計					68.64	0.55	11.31	63.14	79.40
A-2：化学肥料・有機肥料 (トウモロコシ)		総生産量、販売量、購入量に投入された肥料の量								
化学肥料	窒　素	***	***	88.83	***	***	***	163.99	***	163.99
	リン肥料	***	***	4.13	***	***	***	0.00	***	0.00
	カリウム肥料	***	***	0.00	***	***	***	0.00	***	0.00
有機肥料	堆　肥	2,452.50	0.00	0.00	2,432.94	109.62	0.00	0.00	108.74	109.62
	液　肥	444.38	0.00	0.00	440.83	57.01	0.00	0.00	56.56	57.01
	草木灰	1,008.75	0.00	0.00	1,000.71	13.96	0.00	0.00	13.85	13.96
					(18)	3.66	0.31	0.00	2.80	3.35
	EF 合計					184.25	0.31	163.99	181.94	347.92
(大豆) 有機肥料	草木灰	264.38	22.45	0.00	202.02	60.40	0.10	53.76	59.64	114.05
	世帯当たりの耕種作物のEF合計					68.64	0.55	11.31	63.14	79.40

肥料製造のための農地バイオマス

注 1) ＊＊＊は概念的・実質的に存在しないセルを、――――は推計できないためしないセルを計上しないセルをそれぞれ表す。
注 2) 化学肥料と有機肥料の投入を面積換算する方法は、付表 4-5 を参照。
注 3) ――→ は耕種作物が実際に作付けされた面積を、……→ は食糧生産のために投入された資本量を、………→ は投入された資本を作るための分類している。
注 4) トウモロコシと米の購入面積の計測には、中国の 2000 年のトウモロコシの反収 459.9 kg/10 a を、米の反収 622.5 kg/10 a を FAO データより求めて計測した。なお中国からの移入と仮定したのは、茅石屯で購入されている食料のほとんどに対して、中国は外国へ輸出を行っているためである。以降、購入品作付面積を求める際は、中国の反収を用いる。
注 5) 化学肥料はトウモロコシにのみ施肥されている。
注 6) 畜産の結合生産物として考えられる堆肥、液肥などの有機肥料を EF に計上した理由は、有機肥料は大部分がトウモロコシに施肥されていたが、一部大豆にも施肥されていた。液肥などの有機肥料を EF に計上した理由は、本来自然生態系の栄養分となる有機肥料を投入することが想定されるので本分析では計上した。
注 7) 必ずしも総生産量＝自家消費量＋販売量になるとは限らない。総生産量＞自家消費量＋販売量である時に生じる差分は来年への貯蓄分になる。

付表 4-3 弄石屯の1世帯当たりの家畜消費に関する EF

分類	項目	I 総生産量 (kg)	II 販売量 (kg)	III 購入量 (kg)	IV 自家消費量 (kg)	列番号	V 総給付面積 (a)	VI 販売品作付面積 (a)	VII 購入品作付面積 (a)	VIII 自家消費用作付面積 (a)	IX 実際に使用した面積 V−VI+VII (a)
A-3: 家畜生産											
食肉、酪農品、卵	雌豚	168.94	93.75	9.38	70.05	(1)	***	***	***	***	***
	子豚	0.45	0.00	0.15	0.45	(2)	***	***	***	***	***
	肥豚	1.50	11.25	0.00	0.00	(3)	***	***	***	***	***
	ウサギ	0.00	0.30	0.00	0.53	(4)	***	***	***	***	***
	山羊	10.58	4.91	0.11	5.51	(5)	***	***	***	***	***
	ハト	2.63	0.26	0.00	2.44	(6)	***	***	***	***	***
	鶏	1.13	0.00	0.75	1.13	(7)	—	—	—	—	—
	鶏卵	18.00	18.00	0.00	0.00	(8)	—	—	—	—	—
	アヒル										
	(役牛)					EF合計	0.00	0.00	0.00	0.00	0.00
A-4: 飼料生産		各生産量に投入した量									
飼料穀物 弄石屯内	トウモロコシ	2,692.50	1,494.17	***	1,116.45	(9)	***	***	***	***	***
	サツマイモ					(10)	***	***	***	***	***
	野菜(野草)					(11)	112.19	62.26	***	46.52	49.93
	酒かす					(12)	***	***	***	***	***
	パショウイモ					(13)	***	***	***	***	***
飼料穀物 弄石屯外	トウモロコシ	***	***	58.24	***	(15)	***	***	1.27	***	1.27
						EF合計	112.19	62.26	1.27	46.52	49.93

世帯当たりの家畜生産量		112.19	62.26	1.27	46.52	49.93

注1) ***は概念的・実質的に存在しないセルを、――は推計できないため数値を計上しないセルをそれぞれ表す。網かけは、農地カテゴリー内の耕種作物生産で人間が使用した部分ともなる家畜の飼料量の中に家畜の飼料量となる部分もカウントされているため、二重計算されるのを避けるために控除したセルを表す。

注2) ――→は家畜が実際に放牧された草地面積を、……→は飼育している家畜に与えた飼料の量、それぞれ分類して家畜を作るための面積をそれぞれ表す。

注3) A-3表の(I, 1)から(V, 1)までは飼育している家畜のうち、放牧される家畜は山羊、鶏、役畜である。本分析では山羊の放牧のみ対象にした。なぜなら山羊の放牧は年中行われており、鶏のように放牧場所が局所的でないからである。また役牛のように需要が伸びないと考えられる家畜は無視した。

注4) A-3群の(I, 1)から(V, 1)から(V, 8)までは飼育している家畜のフロー(増減した)量が計上されている。(V, 1)から(IX, 8)までは、家畜のストックとフロー量を産出するために施したA-4群に施された飼料量が計上されている。しかしながら、Wada[17]はLappéの計算式に従い、本研究でも、家畜に与える飼料の増加量には限界があるとし、牛:豚:家禽類:酪農品:卵=16:6:3:1:3という比率を応用して推計している。そこから豚、鶏、ウサギに与えられた飼料を推計した。また、ここではトウモロコシと購入した家畜に費やされた土地量が計上されている。購入した飼料面積に関係があるので、中国の反収を用いて購入品作付面積を推定した。

注5) 購入した家畜に費やされた土地量が計上されている。購入の家畜に与える飼料の増加量には関係があるので、中国の反収を用いて購入品作付面積を推定した。

付表 4-4 茅石屯の 1 世帯当たりの森林消費・二酸化炭素吸収に関する EF

分類	項目	I 総生産量 (kg)	II 販売量 (kg)	III 購入量 (kg)	IV 自家消費量 (kg)	列番号	V 総作付面積 (a)	VI 販売品作付面積 (a)	VII 購入品作付面積 (a)	VIII 自家消費用作付面積 (a)	IX 実際に使用した面積 V−VI+VII(a)
B-1：森林（一般財）	木材	—	—	—	—	(1)	—	—	—	—	—
	EF合計										
B-2：森林（二酸化炭素吸収地） 第1次生産	薪材	10,539.38	0.00	0.00	10,539.38	(2)	263.48	0.00	0.00	263.48	263.48
	茎葉	926.25	0.00	0.00	926.25	(3)	23.16	0.00	0.00	23.16	23.16
	木材		0.01	0.00	0.00	(4)	***	***	0.00	0.00	—
第2次産業	灯油	***	***	6.98	***	(5)	***	***	0.27	***	0.27
	ガス	***	***	—	***	(6)	***	***	—	***	—
	メタンガス	4.38	—	—	—	(7)	—	—	—	—	—
	EF合計						286.64	0.00	0.27	286.64	286.91
	世帯当たりの森林バイオマス						123.85	0.21	110.23	122.30	233.87
	世帯当たりの森林のEFの合計						286.64	0.00	0.27	286.64	286.91

肥料製造のための林地バイオマス ←

注1）***は概念的・実質的に存在しないセルを、——は推計できないため数値を計上しないセルをそれぞれ表す。
注2）森林関係に関するデータをまだ入手していないため、今回は多くまでも、人間活動が自然生態系に与えた負荷を求めたに過ぎず、森林資源の成長量の部分は計算していない。
注3）森林地面積の算定にあたっては Wackernagel と Rees [14]を参照にした。Wackernagel と Rees は、世界の森林の年間平均二酸化炭素固定能力 1.8 t/ha を使用して森林地面積を求めている。
注4）二酸化炭素の排出係数は、北海道環境生活部『北からの発信「減らす CO₂"北海道地球温暖化計画」(2000)よりデータを抽出した。
注5）灯油、薪材の燃焼により排出される二酸化炭素量の推定は、薪材＝茎葉＝木屑と仮定して計測した。日本での木材燃焼による二酸化炭素排出係数を使用しているため、多少の誤差が含まれていることが考えられる。
注6）メタンガスの単位は m³ である。

付表4-5 肥料単位当たりのエネルギー集約度

		窒素(N)	リン(P)	カリウム(K)
	(MJ/kg)	73.84	12.58	10.04
具体例				
硝酸カリウム 14.2176	(%) (MJ/kg)	13 9.5992	0 0	46 4.6184
尿　素 36.6	(%) (MJ/kg)			
炭　安 12.5528	(%) (MJ/kg)	17 12.5528	0 0	0 0
リン肥料 ———	(%) (MJ/kg)	———	———	———
カリウム肥料 ———	(%) (MJ/kg)	———	———	———
堆　肥 1.787866	(%) (MJ/kg)	1.97 1.454648	0.47 0.059126	2.73 0.274092
液　肥 5.131682	(%) (MJ/kg)	6.46 4.770064	1.43 0.179894	1.81 0.181724
草木灰 0.553506	(%) (MJ/kg)	0 0	0.17 0.021386	5.3 0.53212

出典) Wada [16], 出村ほか[2] (p. 25, 2002年)を改良した。
注1) ———は推計できないため数値を計上しないセルを表す。
注2) 尿素の計測結果はWada [16]で採用した値をそのまま計上した。
注3) 液肥, 堆肥のN-P-Kの構成比率は出村ほか[2] (pp. 188～189, 2001年)の結果を用いて計測を行った。
注4) 炭安(炭酸アンモニウム)は窒素のみから構成されており, N-P-Kの構成比率はN 17%であった。このデータは実際に使用されている化学肥料の袋から得た数値である。
注5) 草木灰のN-P-Kの構成比率は, 農林水産省生産局『ポケット肥料要覧——2001』データを抽出した。
注6) N-P-Kの構成比率を利用し, 化学肥料の生産のために使用されたエネルギー量を求め, 地球の地表面が太陽から受けるエネルギー量である41.86 MJ/aで除し土地面積を推計した。このエネルギー量の値は, 実際に調査対象地が受ける太陽総輻射量9,000～11,000 kcal/aに, 4.18605 J/calを乗じて算出したものである。年間のa当たりの太陽エネルギー量で除す理由は, すべての自然資本は太陽エネルギーをもとに, 自然生態系の循環によって構築されたものだからである。例えば, 木材を燃やしたエネルギーで化学肥料を生産する場合, 木材の持つエネルギー源は, 太陽エネルギーを受けた自然資本が自然界の食物連鎖を経て生産されたエネルギーだからである。

したEFと移出したEFの大きさを比較すると, 移入したEFの方が大きかった。実際に集落内の自然生態系に与える環境負荷量は136.02 a/人であるが, 弄石屯の住民が生活するのに必要な人間活動(環境負荷量)は159.39 a/人であ

56　第II部　森林環境と伝統社会

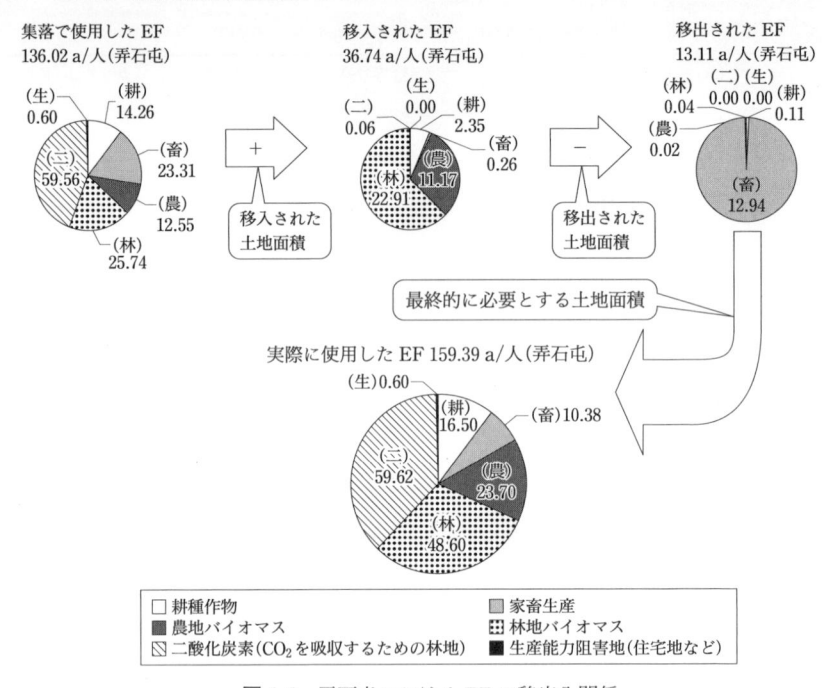

集落で使用したEF
136.02 a/人(弄石屯)
(生)0.60　(耕)14.26
(畜)23.31
(二)59.56
(農)12.55
(林)25.74

移入されたEF
36.74 a/人(弄石屯)
(生)0.00　(耕)2.35
(二)0.06　(農)11.17
(畜)0.26
(林)22.91

移出されたEF
13.11 a/人(弄石屯)
(林)0.04　(二)0.00　(生)0.00　(耕)0.11
(農)0.02
(畜)12.94

＋移入された土地面積
−移出された土地面積
最終的に必要とする土地面積

実際に使用したEF 159.39 a/人(弄石屯)
(生)0.60　(耕)16.50　(畜)10.38
(農)23.70
(二)59.62
(林)48.60

□ 耕種作物　　　　　　　　　　　家畜生産
■ 農地バイオマス　　　　　　　　林地バイオマス
▨ 二酸化炭素(CO_2を吸収するための林地)　■ 生産能力阻害地(住宅地など)

図 4-5　弄石屯における EF の移出入関係

注1)「集落で使用したEF」とは，集落内の自然生態系に与える人間活動量，すなわち環境負荷量を表している。「移入されたEF」とは，集落外の住民が集落外の自然生態系に与える環境負荷量である。しかし集落内の住民の需要に起因した環境負荷量であるため，集落内の住民の人間活動量を推計する場合は加算する必要がある。「移出されたEF」とは，集落内の自然生態系に与える環境負荷量である。しかし，集落外の住民の需要に起因した環境負荷量であるため，集落内の住民の人間活動量を推計する場合は差し引く必要がある。

注2) 図中の円の大きさは人間活動量(自然生態系に与えた環境負荷量)の大きさを表すものではなく，各カテゴリーの内訳を表すものである。

る。つまり，現在の弄石屯の生活水準は，集落外での環境負荷量を伴って生産された財に依存しており，現在進行中の開放系社会への移行とともに，この傾向は高まることになるといえよう。

6. エコロジカル・フットプリントから見た 4 集落の状況

　現在，七百弄郷の4つの屯集落は，1960年代に道路が開通したことにより，外部との交易や人口移動が容易になり，閉鎖系社会から開放系社会へと移行し，

貨幣経済が浸透してきた。しかしながら，基本的な生産活動，生活様式は，主食のトウモロコシを自給するなど伝統的な自給自足的活動を営み，周囲の森林資源・バイオマスを利用した人間活動が中心である。また，家畜(豚，山羊，鶏等)を販売したり，出稼ぎによって得た所得により，必要な生産資材(肥料)や食料(米)を購入しているのである。各集落における生産，人間活動の営みは，周囲の森林生態系(林地，草地)および耕地から供給され，植物バイオマスによる養分，エネルギー，そして水資源に依存しながら，所得制約内で購入可能な系外からの物資の移入により生存水準が規定されている状況にある。森林生態系の賦存状況，利用形態が人間の生産・人間活動とどのように関連し，またその活動水準を規定しているのか，EF 分析を通して考察する。

6-1. 森林・耕地・人口条件

表 4-3 より 4 つの屯集落の林地，農地および人口の状況を見ると，林地面積が大きいのは弄石屯と歪線屯，小さいのは坡坦屯と弄力屯で，農地面積が大きいのは弄石屯と坡坦屯，小さいのは歪線屯と弄力屯である。人口が多いのは弄石屯，少ないのが歪線屯，中程度が坡坦屯と弄力屯である。林地・農地面積の大小では弄石屯と弄力屯が対極に位置し，人口では弄石屯と歪線屯が対極にある。もともと最大扶養可能人口は，初期条件である実際の地目面積割合と推計された EF によって決定される。そのため農地面積の少ない歪線屯は農地面積の制約により最大扶養可能人口が決まり，森林面積の少ない坡坦屯は森林面積の制約により最大扶養可能人口が規定される。農地・林地面積がともに大きい弄石屯や，ともに小さい弄力屯では，実際の地目面積の割合と推計された EF の面積割合によって制約が変化する。実際の人口と EF から推計した最大扶養可能人口との超過比率は，歪線屯が相対的に 1.4 と低く，ほかの 3 つの屯は 2.0 を上回っていた。これは，歪線屯の総面積が比較的大きく，かつ人口が少ないためである。面積単位で環境負荷量を表した環境インパクトを見ても，歪線屯の環境負荷が 0.8 と少ないことから，人口の多寡や集落の土地面積の大きさが重要な意味を持っている。

しかし，いずれにしろ各集落とも人口圧が大きい状況下にある。それでは，自然環境に制約された人間活動がどのような EF の下にあるのかを詳しく見て

いくことにする。

6-2. 農地カテゴリーにおけるエコロジカル・フットプリントとその起源

　農地の利用内容は，耕種作物生産(トウモロコシ，大豆，サツマイモ，バショウイモ，カボチャ，バナナ，ブドウ，ヒマ等)，家畜生産(豚，ウサギ，山羊，鳩，鶏，アヒル等)，それに有機肥料となる植物バイオマス(農地バイオマス)である。

　作物生産に関する表4-4(2)を見ると，総作付面積に対する利用面積の比率(実際に使用した面積/総作付面積…⑤/①)が，弄石屯1.16，歪線屯1.10，坡坦屯1.08，弄力屯1.19であり，屯内の利用可能な面積のおよそ10〜20%を上回る面積を利用していた。この過剰分は屯集落外からの購入によるもので，購入率(購入品作付面積/実際に使用した面積…③/⑤)は，弄石屯14%，歪線屯17%，坡坦屯7%，弄力屯16%であった。購入率を見ると，坡坦屯の購入比が少ないことから利用面積比も小さくなっていると推察される。農地面積の少ない歪線屯と弄力屯の購入比が大きいのは，農地面積の少なさを集落外から移入(購入)することで補っているためと推察される。

　家畜生産に関する表4-4(3)を見ると，販売比(販売品作付面積/総作付面積…②/①)が弄石屯56%，歪線屯59%，坡坦屯75%，弄力屯55%と，ほぼ60%弱(坡坦屯は75%)であった。しかし，家畜飼養に必要な飼料購入量は，表4-5から弄石屯が58 kg，坡坦屯が81 kgと系外に依存していた。

　農地バイオマスに関する表4-4(4)を見ると，各集落とも総作付面積と自家消費はほぼ均等していた。しかし，系外からの購入(特に肥料)に大きな差異があり，系内の農地面積に対する実際の利用面積の比率(実際に使用した面積/総作付面積…⑤/①)は，弄石屯1.89，歪線屯1.66，坡坦屯4.85，弄力屯2.12であった。購入率(購入品作付面積/実際に使用した面積…③/⑤)は，弄石屯47%，歪線屯40%，坡坦屯79%，弄力屯53%と，坡坦屯の購入比が高い。実際に購入した化学肥料をEF換算すると，弄石屯164 a，歪線屯166 a，坡坦屯204 a，弄力屯143 aとなり，ここでも坡坦屯の大きさが顕著である。

表 4-4　EF と土地面積の比率　　　　　　　　　　　　　　　（単位：a/人）

(1) 人間活動の EF に関する各集落の比率

各カテゴリーの合計	弄石屯	歪線屯	坡坦屯	弄力屯
総作付面積……①	136.02	157.49	123.11	137.94
販売品作付面積……②	13.11	17.39	24.36	27.72
購入品作付面積……③	36.74	44.75	44.42	28.69
自家消費用作付面積……④	120.76	127.37	86.64	111.9
実際に使用した面積……⑤	159.39	184.85	142.79	138.9
実際に使用/総作付 ⑤/①	1.17	1.17	1.16	1.01
販売/総作付面積 ②/①	10%	11%	20%	20%
購入/実際に使用した面積 ③/⑤	23%	24%	31%	21%
購入/購入＋自家消費 ③/(③+④)	23%	26%	34%	20%

(2) 耕種作物生産の EF に関する各集落の比率

耕種作物	弄石屯	歪線屯	坡坦屯	弄力屯
総作付面積……①	14.26	11.05	11.38	7.42
販売品作付面積……②	0.11	0.94	0	0
購入品作付面積……③	2.35	2.07	0.88	1.41
自家消費用作付面積……④	13.12	9.15	7.57	5.23
実際に使用した面積……⑤	16.5	12.18	12.26	8.83
実際に使用/総作付 ⑤/①	1.16	1.10	1.08	1.19
販売/総作付面積 ②/①	1%	9%	0%	0%
購入/実際に使用した面積 ③/⑤	14%	17%	7%	16%
購入/購入＋自家消費 ③/(③+④)	15%	18%	10%	21%

(3) 家畜生産の EF に関する各集落の比率

家畜生産	弄石屯	歪線屯	坡坦屯	弄力屯
総作付面積……①	23.31	27.44	32.65	50.19
販売品作付面積……②	12.94	16.28	24.36	27.72
購入品作付面積……③	0.26	0	0.38	0
自家消費用作付面積……④	9.67	11.15	0	21.03
実際に使用した面積……⑤	10.38	11.15	8.29	22.46
実際に使用/総作付 ⑤/①	0.45	0.41	0.25	0.45
販売/総作付面積 ②/①	56%	59%	75%	55%
購入/実際に使用した面積 ③/⑤	3%	0%	5%	0%
購入/購入＋自家消費 ③/(③+④)	3%	0%	100%	0%

(4) 農地バイオマスの合計値に関する各集落の比率

農地バイオマス	弄石屯	歪線屯	坡坦屯	弄力屯
総作付面積……①	12.55	7.83	6.41	8.02
販売品作付面積……②	0.02	0.02	0	0
購入品作付面積……③	11.17	5.21	24.71	9.03
自家消費用作付面積……④	12.39	6.37	6.41	9.78
実際に使用した面積……⑤	23.7	13.01	31.12	17.04
実際に使用/総作付 ⑤/①	1.89	1.66	4.85	2.12
販売/総作付面積 ②/①	0%	0%	0%	0%
購入/実際に使用した面積 ③/⑤	47%	40%	79%	53%
購入/購入＋自家消費 ③/(③+④)	47%	45%	79%	48%

(5) 林地バイオマスの合計値に関する各集落の比率

林地バイオマス	弄石屯	歪線屯	坡坦屯	弄力屯
総作付面積……①	25.74	56.13	4.77	16.13
販売品作付面積……②	0.04	0.15	0	0
購入品作付面積……③	22.91	37.32	18.38	18.16
自家消費用作付面積……④	25.41	45.66	4.77	19.67
実際に使用した面積……⑤	48.6	93.3	23.15	34.29
実際に使用/総作付 ⑤/①	1.89	1.66	4.85	2.13
販売/総作付面積 ②/①	0%	0%	0%	0%
購入/実際に使用した面積 ③/⑤	47%	40%	79%	53%
購入/購入＋自家消費 ③/(③+④)	47%	45%	79%	48%

表 4-5　各集落における系外からの物資の移入量

(単位：kg/(世帯・年))

		弄石屯	歪線屯	坡坦屯	弄力屯
耕種作物	トウモロコシ	446.25	312	125	292.5
	米	100.13	80.7	88.5	63.75
化学肥料	窒　素	88.83	181.26	154	120
家畜生産	飼料穀物	58.24	0	81.6	0.9
森林バイオマス	メタンガス	4.38	***	***	***
	灯　油	6.98	15	10.2	11.93

注1）***は概念的・実質的に存在しないセルを表す。
注2）弄石屯のメタンガスに関しては，外部からの移入量ではなく系内での生産量を表している。

6-3. 森林カテゴリーにおけるエコロジカル・フットプリントとその起源

　森林の機能には，林地バイオマス供給と二酸化炭素吸収機能がある。
　林地バイオマスに関する表 4-4(5) を見ると，1 人当たりの林地バイオマスの総作付面積は，弄石屯 25.7 a，歪線屯 56.1 a，坡坦屯 4.8 a，弄力屯 16.1 a であった。これは林地バイオマスに依存できる割合を反映している。それに対して，系外からの購入は弄石屯 22.9 a，歪線屯 37.3 a，坡坦屯 18.4 a，弄力屯 18.2 a であり，特に坡坦屯と弄力屯では集落内の面積以上の購入（坡坦屯は 3.8 倍）があった。この結果，集落内の林地バイオマス面積に対する実際の利用面積の比率（実際に使用した面積/総作付面積…⑤/①）は，弄石屯 1.89，歪線屯 1.66，坡坦屯 4.85，弄力屯 2.13 となり，絶対的な林地面積の少ない坡坦屯と弄力屯は系外依存が大きくなっている。すなわち，林地バイオマスの購入割合（購入作付面積/実際に使用した面積…③/⑤）は，弄石屯 47%，歪線屯 40%，坡坦屯 79%，弄力屯 53% である。
　エネルギー源として林地バイオマス（薪炭）の利用のほかに灯油の購入がある。表 4-5 より灯油の購入量を見ると，弄石屯が 7 kg，歪線屯が 15 kg，坡坦屯が 10.2 kg，弄力屯が 11.9 kg であった。弄石屯の灯油量が少ないのはメタンの利用が 4.4 kg あるためである。エネルギーの利用量は各集落ともほぼ均等しており，これは森林資源に依存した集落の生活スタイルが，身の丈にあったシン

プルライフを反映した結果であろう．また，バイオエネルギーの利用はそれだけ林地バイオマスに対する節約効果をもたらすことを示している．弄石屯に設置したメタン発酵槽は，森林生態系に対する負荷を軽減する効果のあることを実証している．森林の二酸化炭素吸収のEFは，図4-4に記してあるが，1人当たりで弄石屯59 a，歪線屯55 a，坡坦屯68 a，弄力屯56 aと，やはりほぼ均等化していることがわかる．

7. ま と め

半閉鎖系社会にある七百弄郷の各集落において，自然生態系と人間活動の共存関係を，資源の利用形態，屯集落内外の物資の交易関係からまとめると，以下のような関係が描けるであろう．

各集落の現在の人間活動水準を1.0とした基準でまとめていく．表4-4より各集落とも販売比に比べて購入比の割合が大きかった．この結果は，各集落とも集落外の自然生態系に依存し，集落内の自然生態系だけでは現在の人口を扶養することが不可能であることを意味する．特に農地・林地バイオマスに関する購入比は，坡坦屯では7割強，ほかの集落でも5割弱であった．各集落の購入依存度の多くが窒素購入によるものであり，特に坡坦屯が7割強と単一の財しか購入できていない点は，他集落より貧しい生活水準である可能性を意味する．その証拠に，食料に関係する耕種作物の購入比に関して，坡坦屯は7%と非常に低い結果となっている．一方で，絶対的な森林資源量の豊富な歪線屯は窒素購入比が他集落と比較して低く，食料に関する耕種作物の購入比が一番高くなっている．森林資源量が歪線屯ほど多くない弄石屯，弄力屯でも同様のことがいえる．すなわち，森林資源の賦存量は最大扶養可能人口に制約をかけるだけでなく，人間活動の多様性にも大きな影響力を持つものと考えられる．しかしながら，森林資源が豊富であればよいとする極端なディープエコロジー主義的な考えは，生活利便性を向上させる道路の施工などの開発を阻害することになる．

本来，EFは自然生態系に与えた環境負荷量を指す指標であるため，その値が小さいほど好ましいとされている．その考えに従うならば，EFの値の一番

低い坡坦屯は自然生態系に一番負荷をかけていないことになる。しかし現実的には，坡坦屯の自然生態系(森林資源量)は他集落に比べて劣悪なものであった。つまり，坡坦屯の自然生態系の質の低さが，移入・移出などの人間活動の多様性を低くし，人間活動量自体(EF)を低下させていると推察できる。これは，人間活動が自然生態系に包含されており，経済の規模を規定するのは外側のシステムの自然生態系であると唱導しているエコロジカル経済学概念の実証でもある。

中国西南部七百弄郷を対象に分析した一考察のまとめとして，自然生態系(環境)の質，特に森林資源量とのバランスを考えることが人間活動の前提条件であるといえよう。また，生活利便性を向上させる道路の施工やEFに影響力を与える物資の移出入を改良させる開発が必要である。

EF分析は人間活動の受け皿を本源的資源である土地に還元した指標である。さらにここで求めた七百弄郷のEFは，現在の屯集落が既に劣化した森林，耕地環境を所与の条件として，また集落外からの交易によって得たわずかな生活物資によってまかなわれているエコロジカルな許容水準を表している。EFによって許される扶養人口は現在の人口をはるかに下回っている。過剰人口であるという事実の指摘は，EFを試算するまでもなく，食料の不足や低所得の代理指標で示すことで事足りる。問題は，過剰人口が自然生態系のどの部分に，言葉を替えると，生態系のどのような機能の制約を受けて，あるいは負荷を与えて現存しているかを問うことである。農業・農村問題は開発を念頭に置いており，環境的視点をこの問題に含めることは，これまでのような資源・自然を開拓する方法ではなく，自然生態系を保全し，自然循環機能を活用した持続的発展を目指すことを意味している。七百弄郷の現在のEF水準を規定している自然生態系の現状(環境収容力)と人間活動が自然とどのように関連しているのか，また制約を受けているのかを分析することが，持続的発展の原理を求めることになる。この課題は以下の各章で扱う。

最後に，EF分析の限界は，"snap shot"と比喩されるように，現状のEF水準を写真におさめることは可能であるが，"movies"のようにEFの動学的変化を表すことができないことである。持続的発展をEF指標により評価することは，動学的変化により検証しなければならない。この課題は終章で触れる

ことにする。

引用・参考文献

[1] Daly, H. E. and Cobb, J. B. (1989): *For the common good*, Beacon Press, Boston, pp. 62-84, pp. 194-199.
[2] 出村克彦(研究代表)(1999〜2002)：『中国西南部における生態系の再構築と持続的生物生産性の総合的開発　報告書平成10〜13年度(第1〜5報)』日本学術振興会未来開拓学術研究推進事業(複合領域)「アジア地域の環境保全」。
[3] Folke, C., Jansson, A., Larsson, J. and Costanza, R. (1997): "Ecosystem Appropriation by Cities," *Ambio*, vol. 26 (3), pp. 167-172.
[4] Folke, C., Kautsky, N., Berg, H., Jansson, A. and Troell, M. (1998): "The Ecological Footprint Concept for Sustainable Seafood Production: A Review," *Ecological Applications*, vol. 8(1), pp. S63-S71.
[5] Leitmann, J. (1999): *Sustaining Cities*, McGraw-Hill, New York, pp. 106-109, pp. 183-185.
[6] Leopold, A. (1949): *Sand County Almanac*, Oxford University Press, Oxford.
[7] Meadows, D. H., Meadows, D. L. and Randers, J. (1992): *Beyond the Limits*, Mills, Vs, Chelsea Green Pub.(茅陽一監訳『限界を超えて──生きるための選択』ダイヤモンド社)
[8] Parker, P. (1998): "An Environmental Measure of Japan's Economic Development," *Geographische Zeitschrift*, 86 Jg., Heft 2, S. 106-119.
[9] Perce, D. and Atokinson, G. D. (1993): "Capital theory and the measurement of sustainable development: an indicator of 'weak' sustainability," *Ecological Economics*, vol. 8, pp. 103-108.
[10] Rees, W. E. (1996): "Revisiting Carrying Capacity: Area-Based Indicators of Sustainability," *Population and Environment*, vol. 17 (3), pp. 195-213.
[11] Rees, W. E. (1999): "Commentary Forum Consuming the earth: the biophysics of sustainability," *Ecological Economics*, vol. 29, pp. 23-27.
[12] 髙橋義文(2005)：「発展途上地域における農業活動の持続性評価に関する研究──Ecological FootprintとEmergy Flow Modelによる分析」『北海道大学大学院農学研究科邦文紀要』vol. 27 (1), pp. 115-197。
[13] Turner, R. K., Pearce, D. and Bateman, I. (2001): *Environmental Economics: An Elementary Introduction*, Hervester Wheatsheaf, New York, London.(大沼あゆみ訳『環境経済学入門』東洋経済新報社)
[14] Wackernagel, M. and Rees, W. E. (1995): *Our Ecological Footprint: Reducing Human Impact on the Earth*, New Society Publishers, B.C. Canada.
[15] Wackernagel, M. and Rees, W. E. (1998): "Perceptual and Structural barriers to

investing in Natural Capital: Economics from an Ecological Footprint perspective," *Ecological Economics*, vol. 20, pp. 3-24.
[16]　Wada, Y. (1993): "The Appropriated Carrying Capacity of Tomato Production: Comparing the Ecological Footprints of Hydroponic Green House and Mechanized Field Operations," B.A. Dissertation, University of British Columbia.
[17]　Wada, Y. (1999): "The Myth of 'Sustainable Development': The Ecological Footprint of Japanese Consumption," Ph.D. Dissertation, UBC, B.C.
[18]　和田喜彦(1998):「エコロジカル・フットプリント分析――生態学的に永続可能な地球をめざして」『法政大学産業情報センターワーキングペーパー』No. 67。
[19]　和田喜彦(2002):「エコロジカル・フットプリントと永続可能な経済――大地の恵みのペースで生きる」『C&G』第6号, pp. 40-43。
[20]　WECD ed. (1987): *Our Common Future*, Oxford University Press, Oxford.
[21]　WWF (2001): *Living Planet Report 2000*, WWF.

第5章　七百弄における瑤族社会の歴史的変遷と現状

鄭　泰根・出村克彦

1. はじめに

　中国の西南部には石灰岩山岳地域が広がっていて，そこには多くの少数民族が昔から生活している。特に，広西壮族自治区の西北部の都陽山脈の都安県，大化県，巴馬県にはこの地域の先住民である瑤族が500年前から瑤族の伝統を保ちながら今日まで生活を営んできた。この地域は特殊な地質構造と地形によって風化が速く，地形や生態系が変化しやすい。人間の関与によって，その変化がさらに複雑化されている。森林の消失，高山の開発，道路の開通，耕作などによって，急激に生態系が変容している。このような変化は当該地域の生態系と人間の生活に影響を与えるだけでなく，地下水と下流域の生態系，人間生活環境にまで広く影響している。最近では，このような地域の人間活動が開放され，人間の行動範囲の拡大と物質交流によって，閉鎖的な社会から開放的な社会に大きく変わりつつある。この地域の自然生態系の変遷は，この地域の特殊的な自然条件とこの地域における人間社会の歴史および文化と密接に関連していると同時に，外部社会における大環境の変化の影響とも強く関係している。

　われわれは石灰岩山岳地域の住民の歴史，生産・生活の様式を調査した。本章では石灰岩山岳地域に生活している民族の歴史，文化と生態系の変遷から，かつては人間が自然生態系と調和した生活を営んでいた長い歴史を紹介し，また，人間社会が自ら人間と自然との調和を破壊し，人間社会の持続的な発展を困難にした経緯，および，現在，人々が模索している新しい道について論じたい。

2. 瑶族の起源と分布

　大化県七百弄郷には現在，瑶族，壮族，漢族が生活している。七百弄郷の開拓の先駆者は瑶族であるといわれている。また，瑶族が人口の半分を占めている。そこで，瑶族の発展の歴史を考察することにする。

　1982年人口統計によれば，中国の56の民族の中で瑶族人口は13位で，141万1967人である。そのうち86万3407人が広西壮族自治区に居住し，全人口の61.1%を占めている。その次に湖南省に20.2%が居住している。このように現代瑶族の活動の中心は広西とその周辺の各省になっている。1990年の統計では全国の瑶族の人口は213万4013人であった。また，広西と近隣しているベトナム(50万人)，ラオス，ミャンマー，タイなどの国々でも生活している[1]。しかし，瑶族の発展の歴史をたどってみると，現在の活動地域と異なることは明らかである。瑶族の起源に関して，5つの説があるが[1]，大多数の学者は「長沙，武陵蛮」あるいは「五渓蛮」，つまり，湖南省の湘江，資江，沅江流域と洞庭湖沿岸地域が瑶族の発祥地であると見ている。1970年代からの考古調査[2]により，中国の長江流域には黄河文明より2000年も前に素晴らしい長江文明が築かれていて，今から9000年前に稲作を行っていたことが明らかになりつつある[3, 4, 5]。長江文明は森を守り，水を大切にして，ほかの畑作牧畜文化と異なる稲作漁撈文化を築いた。これらの文化を築き，発展させてきたのが瑶族などの祖先である。また，瑶族の発祥の地である洞庭湖周辺は桃源郷の地でもあった。

　しかし，北方の畑作牧畜文化と南方の稲作文化は5000年前にやがて衝突し始め，瑶族の祖先は戦争と頻繁な移動を繰り返すようになった。瑶族の先祖である九黎族は炎帝族と戦い，炎帝族を河北省まで駆逐した[2, 5, 6]。その後，炎帝族と黄帝族が連合して九黎族と戦い，勝利した。戦争に負けた九黎族の一部は南へと移動せざるをえなかった。一部は北方に残り，その後，黎国を作り，一部は炎黄族の捕虜となり，いわゆる黎民となった。舜，禹時代には三苗に対する戦争があり，炎黄族，九黎，三苗との長期にわたる戦いは三苗が長江流域に撤退することで一段落し，瑶族の先祖は長江の中下流域を中心に発展するこ

とになり，湖南省とその周辺地域を活動地域とした。つまり，紀元前2000年から瑤族の先祖は長江中流域を活動地域として周の時代から迅速な発展を遂げた。春秋戦国，秦，漢の時代に瑤族は戦争と移動を繰り返しながら，西，北，東に移動した先住民が長沙，武陵を中心に居住するようになった。魏晋南北朝時代には瑤族の一部が中原に進出したが，それは主に湖北，湖南と江西省であった。唐，宋の時代に瑤族は南に移動した。元代には洞庭湖一帯から大量に南に移動し，広東，広西に入った。明代には瑤族の活動の中心は湖南省から両広(広東，広西)地域に移動し，栄えるようになった。その後，以前のような大移動もなくなり，発展し始めた。その結果，瑤族の人口の大半が広西に集中している。しかしながら，封建王朝との戦いが続き，部族間の争いも絶えなかった。そのため，瑤族は移動が頻繁な生活を強いられた。このような歴史的な背景があり，瑤族はその先人が生活していた長江中流域から南へと移動し，さらに各地に分散し，それぞれが発展を遂げてきた。瑤族の人口の分布は，①「大分散，小聚居」という特徴を持っている，つまり，大範囲では分散しているのに対し，小範囲では集落を作って集まって生活している，②大多数の瑤族は山岳地域に居住し，外部との連絡が少ない，③瑤族は戦禍から逃れるために山奥へと入り，「凌南無山不有瑤」(瑤族がいない山はない)といわれる地域分布となっている，④それに伴い，それぞれの地域で異なる言語が発展してきた。

　瑤族は生活地域，言語，源流などによっていくつかの系統に分かれている。言語による分類では，大きく4つのサブグループに分かれている。習慣的に瑤語支(支＝サブグループ)，苗語支，侗(Dong)水語支，漢語方言支に分けられている。瑤語支の人口は41万人あまりで，一番広く分布し，そのうち45％が広西壮族自治区に生活している。苗語支の人口は28万人あまりで，97％が広西に居住している。侗水語支と漢語方言支の瑤族は人口が少なく，主に広西と湖南省に分布している。大化県やその周辺の県は主に苗語支で，布努瑤といわれている。本書で論じている七百弄郷で生活している瑤族は布努瑤である。

3. 都陽山脈石灰岩山岳地域における人間社会の歴史とその変遷

　大化県には瑤族，漢族，壮族という複数の民族が生活している。七百弄郷の

民族構成は，瑶族が 53.5%，漢族が 25.9%，壮族が 20.6% と瑶族が最も多く，歴史も古く，七百弄一帯の先住民である。瑶族が大化県に移住してから既に 25 代，500 年以上の年月が経った[5]。大化県の瑶族は長沙と武陵を起源とし，布努瑶と呼ばれる部族で，蘭氏，蒙氏，羅氏が多数を占めている。瑶族は元代から南へ移動を始め，明の時代には広西が活動の中心地域となっていた。しかし，大化県七百弄一帯で生活し始めたのは周辺よりやや遅れ，東蘭県，河池市などを経由して，蘭氏一族の第 1 代の環珠 1 世が東蘭県から大化県に入植して 25 代，500 年以上，羅氏は宜山県から移住して 24 代，本プロジェクトの実施地である七百弄一帯に生活している蒙氏一族はこの地域に移住して 16 代をそれぞれ経ている（図 5-2）。

　最も旧い記載に残る，七百弄が属している都安，大化一帯の行政機構は，北宋の淳化 2 年（991 年）に現在の都安境内の紅水河左岸に設置された「富安砂監」である[5]。当時，この一帯では丹砂が産出され，鉱脈は白石の中に含まれており，人々は火で石を焼き，石を砕いて砂を取った。年間 1080 斤を生産した。富安砂監は丹砂税を徴収するために設置された行政管理機構かもしれない。慶歴 4 年（1044 年）に富安砂監が廃止され，柳州府馬平県に編入された。唐代の大文学者である柳宗元が官位を落として柳州の刺史を務めたことがある。馬平県は魏晋南北朝が桂中（広西の中部）に設置した行政区で，柳州府に属し，民国時代に至る。元代には今の都安一帯はまず田州路に管轄され，明の初期には思恩軍民府（後には思恩府に改めた）に属した。洪熙元年（1425 年），思恩土州牧である岑瑛は州域（現在の桂西一帯）に 13 の堡を設置し，現在の都安，大化は都陽堡と安定堡に属した。明の弘治年間（1487〜99 年）には七百弄がある地域である述昆郷で 72 峒（今の宜州，河池，都安一帯）の瑶族，苗族の一揆が起こった。これは当時この一帯に多くの瑶族同胞が住み，当地の土司の圧迫と差別を受けたことを物語っている。弘治 5 年，この一帯では州の下級機構である永順正長官司と永定長官司が設置され，瑶族，苗族の一揆鎮圧に功績があった鄧文茂と韋槐が長官司の長官（すなわち土官）となった。七百弄の瑶族はこの一揆が鎮圧されたことと関係しているかもしれない。戦争に負けた瑶族は深い山奥の森林に逃げ，自分の命を守るしかなかった。当時，七百弄一帯は森林が茂っていて，山は大きく，弄は深く，野獣の狩猟と弄地の耕作が可能だった。

戦禍から逃れて生存繁栄するのには格好の住処で，外来の侮辱に抵抗し，自分を温存させる理想の天地であった。

　明末清初は，今の広西西部一帯の土司勢力が膨張する時期であった。各地の土官，土目は対外的には城を攻め，土地を奪い，お互いに殺しあい，地盤拡大に懸命であった。内部では権力闘争が激しかった。その間，七百弄周辺の思恩軍民府，田州，泗城州の土官，土目の間の地盤拡大の騒乱はやがて明朝の広西西部における統治を脅かし，朝廷を驚かせた。思恩軍民府の土官岑濬は七百弄が属している永順正長官司と永定長官司の領地を占領し，さらに，田州の土官の内部闘争にまで干渉し，明の官兵（朝廷の兵士）と開戦し，上林土県と武縁県でも掠奪を行い，その後，田州にも攻め込んだ。岑濬ら土官の至るところでの掠奪と拡張行為は朝廷の統治を揺るがすことになった。弘治 18 年（1505 年），明朝廷は急遽，両広，両湖の兵士 10 万 8000 人を集め，6 路に分かれて思恩を攻めた。岑濬は戦さに負け，死亡した。七百弄は思恩付近の石山山区として戦乱から避難する格好の逃げ場となった。したがって，七百弄周辺の山区に移住した壮族の一部はこの歴史的な戦乱と関連していると推定される。

　岑濬が統治した思恩軍民府が明朝廷に鎮められた後，改土帰流（土官統治を改め，流官による統治）を実施した。しかし，鎮められた後も服さず，土目は相変わらず乱を起こし，そのうち思恩と田州の土目が連合して反明の勢いは盛大であった。嘉靖 6 年（1527 年），明朝廷は南京兵部尚書王守仁を派遣，武力鎮圧を主張する都御史姚膜を更迭し，思恩と田州で反乱する土目を宣撫して，大戦禍を回避した。明代の著名な哲学者である王守仁は，広西の土官による統治地域では流官を設置しても無益であり，思恩，田州は歴代において岑氏という土官の所有地であり，壮族，瑤族が多く，岑氏の子孫が治理する必要があると考えた。王守仁は思恩軍民府に，13 の堡を廃止し 9 の土巡検司を設置し，土巡検を世襲するようにした。七百弄は 9 の土巡検司のうち，都陽と安定巡検司に属することになった。これは実質的に土司の統治を回復したことになり，改土帰流は成功しなかった。このように地方勢力の反乱と瑤族と官との戦いは清朝が終わるまで絶えることはなかった。

　瑤族がいつの時期に七百弄に入ったかについては文献的な記載はない。しかし，七百弄一帯に住んでいる瑤族藍氏一族と蒙氏一族の「宗氏譜」（図 5-2）の

調査から七百弄に入植したのが今から25代前と16代前であることが明らかになり，述昆郷72峒の瑤族，苗族の一揆が鎮圧された後，生存者が七百弄の山奥に逃げ込んだのが始まりだと推定される。

壮族は広西の原住民である。しかし，居住地は主に平地と丘陵地帯で，山奥ではなかった。清朝の初期，康熙3年(1664年)，壮族と瑤族の蜂起があった

長江文化と瑤族

　伝統的な観点では，中華文明の起源は夏代から始まり，中原が発祥の地で，そこから周囲に拡大したと考えられてきた。しかし，1970年代初期に浙江省の河姆渡遺跡(紀元前5600年)の発掘をきっかけに長江流域の古代文明に関心が集まり，その後，雲南省昆明周辺から四川省までの上流域，中流域の湖北省，湖南省および下流域の至るところから次々と重要な発見があり，9000年前から既に稲の栽培を中心とした稲作文明が始まり，5000年前には都市文化が発達していたことが明らかになりつつある。こういう中国の長江流域に発展した文明を長江文明という。長江文明は中華文明の重要な源流であり，中華文明の発展に貢献をしたことと世界の文化に及ぼした影響が明らかになりつつある。

　古代長江文明は次の点に特徴がある。①稲作と狩猟を生活の基盤とし，「巣機構」生産方式の発達に伴い食料の大幅な増産を可能にした。②それによって，社会の分業が可能になり，都市文化を築くことができた。③蚕の飼育とか蚕糸の生産やカラムシ(チョマ)繊維の織物生産を利用した。④生漆を工芸材料として利用した。⑤こうして古代長江流域の人々は稲を馴化栽培し，食料を獲得し，動物である蚕を馴化し，カラムシを栽培して繊維を利用し，漆樹から漆液を取って工芸材料として利用することができた。⑥高床式建築(中国では干欄式建築という)は湿潤で森林に覆われた環境に適した建築で，人類文明の傑作である。⑦長江流域から出土した玉器や土器，銅器などの文物は長江流域における高度の文明を象徴するとともに，太陽と鳳凰を信仰していたことが理解できる。

　しかし，5000年前から，北方の牧畜畑作民族の南下に伴って，北方民族との戦いが絶えず，「九黎」と「三苗」は戦争に負け，北方牧畜畑作民に同化あるいは分散を余儀なくされた。明朝時代に入ると長江文明を担ってきた少数民族である苗族や瑤族は辺境地域や山奥に逃げ込んだ。明朝時代に洞庭湖周辺に活動していた瑤族は資江と沅江の上流域へ遡り，新しい天地を探し求め，広西壮族自治区を桃源郷として生活を始めた[2〜7]。

〈鄭　泰根〉

が，1670年に安定司に鎮圧された。その後も，18世紀まで戦乱が絶えなかった。この時期から，壮族も戦乱を避けるために，丘陵地や河川地域を放棄して山奥に逃げたと考えられる。七百弄の壮族は11の苗字に分かれていて，数回にわたって移住してきたと推定される。また，七百弄の壮族村における調査の中で，壮族が入植した当時には瑶族の墓が弄の中に既に存在し，瑶族が壮族より先に七百弄に生活していたことを証明している。

漢族に関しては，清朝の嘉慶年間に四川省の重慶府から龍氏の漢族が，湖南省から楊氏がそれぞれ七百弄に移住した。嘉慶15年(1810年)，貴州省独山一帯の漢族も七百弄に移住した。漢族がこの一帯に移住し始めたのは19世紀に入ってからである。七百弄の漢族は30の苗字があり，異なる地域，異なる時期にこの地域に入ってきたことを示唆している。漢族が七百弄に移住したのは自発的であり，商業活動によるケースが多い。

4. 近代における中国社会の変動

20世紀に入り，中国社会は激動の時代になった。1912年，辛亥革命により封建王朝は終わりを告げ，中華民国時代になった。しかし，広西桂系軍閥の統治下に置かれ，軍閥の戦争が絶えず，広西などは戦乱に惑わされ続けた。一方，中央政府や地方政府による統制は厳しくなりつつあった。民国5年(1916年)4月1日には安定，都陽土司全域とほかの土司の一部を合併して都安県が設立され，県警備隊が創立された。

1939年から第2次世界大戦が終結するまでは，日本軍による爆撃，掠奪による被害が多く，人々は山奥地を後方地として抗日戦争を行った。南寧が日本軍に占領され，軍の施設や一部の行政管理機構が都安県に移され，それに伴い，人口もこの一帯に集中するようになった。

1950年以降は，共産党による組織的な活動が民衆に浸透し，社会主義革命が起こり，1953年には土地改革が行われ，地主の土地を農民に公平に分配した。その後，1954年の冬に農業合作社が創立され，1956年には高級合作社に格上げされた。1958年に人民公社化と大躍進の風がここにも吹いた。1962年に人民公社の三級所有(三級＝人民公社，生産大隊，生産隊)と生産隊を基礎と

する所有形態が確立，実施され，生産隊が基本採算単位となった。

　1980年に農業生産請負制度が実施され，生産隊の経営から，農家個人による個人経営が実施され，農地と土地が個人経営となった。その後，中国の改革開放路線の実施に伴って沿海が急速に発展し，現金収入と仕事の場を求めて，農村から多くの農民が沿海部や都市部に移住または出稼ぎに行くことになる。

　近代中国社会におけるこのような変化は直接的，間接的に七百弄の人口，生産生活に大きく影響することとなり，ひいては人間活動を通して生態系に強いインパクトを与えることになった。

5. 人口の推移

　現在，地球規模で起こる生態環境問題の原因のひとつとして挙げられるのが人口の爆発である。人口の増加に伴う食料を解決するために森林伐採が起こり，沙漠化，石漠化，塩類化など農村部の環境問題と都市部のスラム化の問題が起きている。特に，アジアではこのような問題が顕著である。環境問題において人口問題はとりわけ難しい問題でもある。七百弄一帯では中華人民共和国成立後の1950年代までは森林が豊富で，虎を食物連鎖の頂点にする野生動物も豊富だった。七百弄という非常に限られた空間の中で，数百年にわたって，瑤族はどのようにして人口増加と自然との調和を図ってきたのかということは非常に興味深いことである。

　大化県と七百弄郷の人口に関する昔の統計データはない。大化県は1987年前までは都安県に属していた。明の時代には都陽，安定土司に属していた。大化県の人口の歴史的な変遷は，都安県の人口変遷から大化県や七百弄の人口の変遷を推察することが可能である。都安県の人口は15世紀から16世紀にかけた100年の間には変化があまりなかった。また，17世紀から20世紀の20年代までは，前述した人口の流入が続いたにもかかわらず，緩やかな変化を示している。しかし，1927年から1936年では人口が倍増し，その後，1987年大化県が成立するまでの60年間は人口が指数的に増加した（図5-1）[5, 8]。つまり，この一帯の人口は400年以上の長い歴史の中でかなり安定していたことが示唆された。

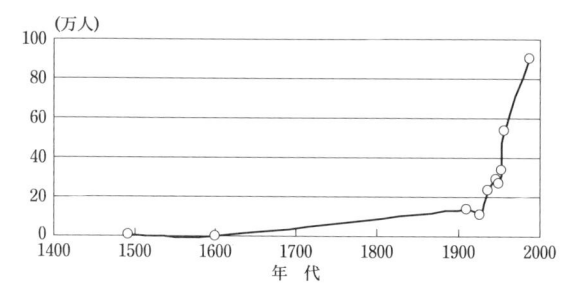

第 5 章　七百弄における瑤族社会の歴史的変遷と現状　73

図 5-1　都安県の人口推移

　都安県における人口の増加が 400 年間少なかった原因として，①前述したこの一帯で明代と清代において頻繁に起きた民族紛争や戦争などが重要な原因であると考えられる。②また，医療と栄養不足による自然死亡率が高かったことも自然増加率が低かった原因でもある。しかし，1 つの弄に数十アールから数百アールの土地しかない非常に限られた土地環境で数百年にもわたって豊富な森林資源を維持しながら自然と人間が調和して生活してきたということは，何らかの内因的なメカニズムが存在したことは間違いないはずである。

　七百弄一帯に早く入植した蒙氏一族が生活を始めた原点でもある弄石屯で，蒙氏一族の家系図を調べた。弄石屯では現在，蒙氏，蘭氏，班氏の 3 氏族が生活している。そのうち班氏は 1960 年代に引っ越してきた一家である。蘭氏も弄石屯での歴史はあまり古くはなく，20 世紀に入ってから移住してきた。蒙氏一族が一番古く，その子孫が多い。現在，蘭氏 2 戸と班氏 1 戸以外はすべて蒙氏一族の子孫である。蒙氏一族の 1 代目は現在の甘粛，内モンゴルの境に生活し，3 代目の蒙托万が息子 7 人を育て，その子孫をつれて，湖南省で 30 年間生活した後，広東省を経由して，広西に入り，6 代目の蒙托龍が息子と一緒に都安県一帯で生活し始めたと伝えられている。8 代目の蒙元党の三男である蒙三蒙久が七百弄の隣の板昇郷に移住した。8 代目の蒙花元 (二男である) が弄石屯に移住し，弄石屯での 1 代目となり，その子孫の 14，15，16 代目の多くが弄石屯で生活している (図 5-2)。つまり，蒙氏一族は都陽山脈に移住してから 23 代，500 年以上，弄石屯に移住してから 16 代，400 年以上の年月が過ぎたと推定された。ここで注目すべき点は，娘はほかの弄に嫁に行き，複数の息

子がいる場合は分家して，ほかの弄に移住することである。瑤族の場合はその他の民族と異なり，長男が必ずしも家系を継ぐことはなく，長男が分家してほかの弄に移住するケースが多い。これによって，弄石屯は1930年まで，戸数が4戸くらいの人口を維持することが可能であった。

蒙朝輝(1920年生まれ)の先代もその他の弄に移住し，1930年に再び弄石屯に戻ってきた。その時，弄石屯には4戸(蒙氏3戸と蘭氏1戸)の住民しかいなかった。蒙朝輝を入れて，400年に近い歴史を持ちながら，わずか5戸，15人が弄石屯で生活することになった。現在，弄石屯で生活している蒙氏の中で蒙朝輝と同様その他の弄に移住して，その子孫が近代になって弄石屯に戻ってきた人が多い(図5-2の中で中間の世代が途切れているのは他所の弄に移住してから戻った家系)。弄石屯蒙氏一族から分家して分かれてきた蒙氏の子孫が生活している弄屯である弄南屯，坡坦屯，弄魯などでその子孫の存在を確認することができた。

蒙氏一族と婚姻関係で深いつながりがある蘭氏「生播沙爹」一族も72峒の瑤族，苗族の一揆失敗後に七百弄一帯に逃げ込んだ大一族である。沙爹は前後に3人の妻と結婚し，7男2女に恵まれた。7人の息子はそれぞれ7つの弄(長男は板昇郷の弄立村で，その後，七百弄の保上一帯に拡大，二男から七男は七百弄の4村6弄)に分家移住し，その後，その子孫がさらに分家移住を繰り返すことで，現在は数個の郷に分散して生活し，8000人あまりの大集団を形成している。

瑤族は一夫一妻の婚姻制で，再婚は存在する。しかし，女性が再婚する時は財産を持っていくことは認められていない。一方，婿入りのケースも多く，息子と同じで，家族の一員である。昔，主に親が結婚相手を決め，早婚が多かった。特に布努瑤の娘は舅父(母の実家)に嫁に行く風習があり，もし，ほかの家に嫁ぐ場合は舅父一家の許しが必要である。ほかの民族との結婚はほとんどなかった。家族は親子2世代あるいは3世代が同居し，昔の中国によく見られる「四世同堂」の大家族はない。このような婚姻制度あるいは風習により瑤族は他民族との婚姻関係がなく，それが瑤族の血統と伝統を守り，瑤族の伝統社会を今日まで保ってきたひとつの要因でもある。

しかしながら，1930年代以降は分家して他所に移住できる環境は少なくな

図5-2 苹石屯蒙氏一族の家系図

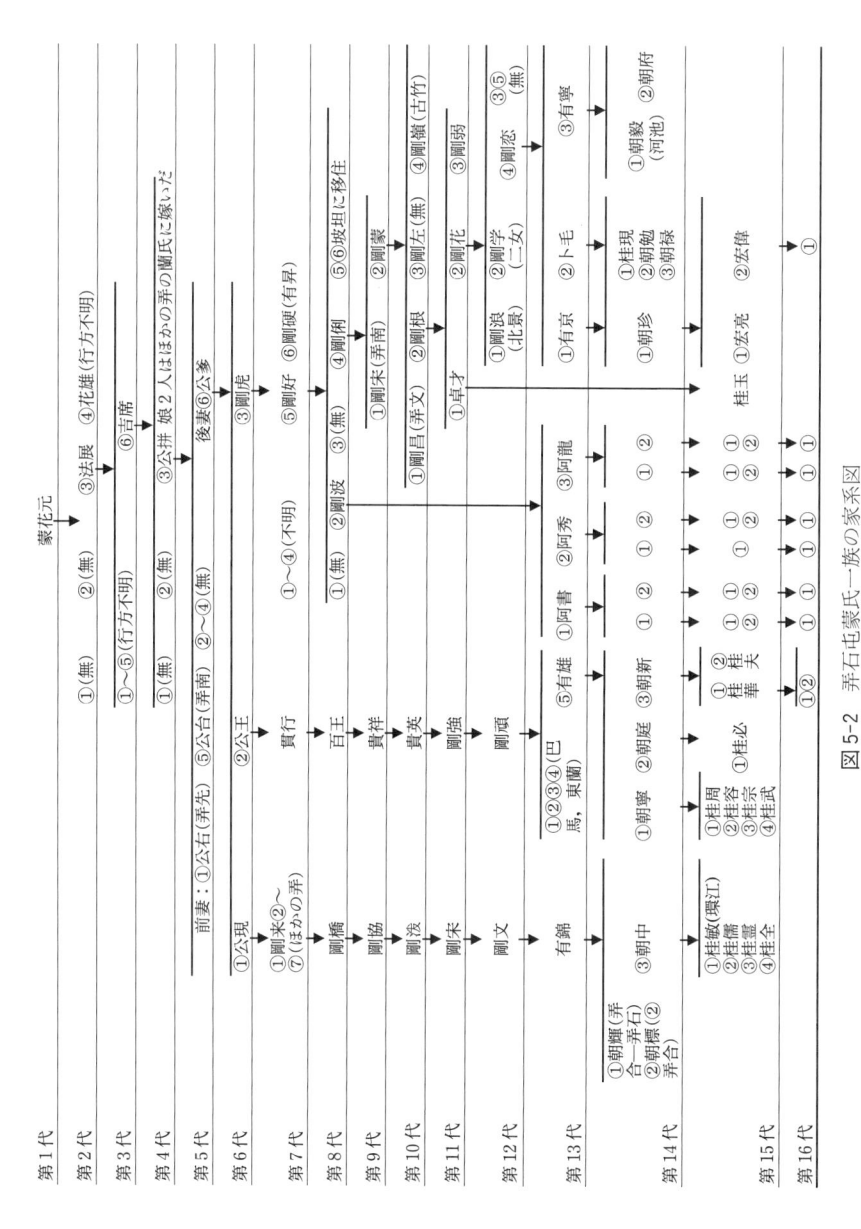

注：○内の数字は何番目の息子かを、（ ）内の無は息子がいないことを、地名はそこに移住したことをそれぞれ示す。数代にわたって途絶えているのは、その間、上そこに移住していたことを示す。

表 5-1 調査地の現状

項　目	弄石屯	歪線屯	弄力屯	坡坦屯
土地改革時の耕地面積(畝)	114		40	
耕地面積(畝)	116	34	26	43
農家戸数	37	10	13	20
人　口	164	50	69	74
住　宅	19	10	11	13
現住人口	93	20	43	
臨時出稼ぎ	19	17	17	
出稼ぎ移住戸数	8		1	
出稼ぎ移住人口	36		6	
移民戸数	3	1	2	
出稼ぎ総人口(%)	43	56	28	

表 5-2 七百弄の人口，耕地面積，穀物収量

年度	人口	耕地面積(畝)		トウモロコシ			
		総面積	畝/人	面積(畝)	収量(kg)	kg/畝	kg/人
1955	13,644						
1962	12,956	20,871	1.6				
1965	13,900	20,690	1.5				
1970	15,229	19,834	1.3	30,248	2,320,620	77	152
1975	17,017	20,031	1.2	28,637	4,002,360	140	235
1980	18,636	20,143	1.1	21,310	5,049,780	237	271
1984	20,636	20,007	1.0	19,802	5,002,860	253	242
1987	21,542	19,068	0.9	18,144	2,479,100	137	115
1990	17,226	14,138	0.8	14,143	2,480,400	175	144
1995	16,525	14,030	0.8	14,030	2,250,000	160	136
2000	15,473	13,806	0.9	13,806	2,090,000	151	135

り，人口が外に移住できなくなるだけでなく，戦争などによりむしろ外から人が移住してきた．それによって，人口の爆発が起こった．弄石屯は1930年の5戸，15人の人口から，1954年の土地改革当時の70人あまりに増え，現在は37戸，164人の人口を抱えることになった(表5-1)[8, 9]．表5-2に示されたように，七百弄郷全体で見ても，人口が1955年の1万3644人から1987年の2万1542人と増えた．しかし，耕地面積はむしろ減少し，1人当たりの耕地面積は1畝以下にまで減少している．人口の増加はもはや限界に至り，土地の生産力はその人口を養うことができなくなった．1960年代から中国の食料事情

が厳しくなり，食料生産の向上を図る政策が全国的に展開され，その波が七百弄の山奥まで及び，「墾四辺」（四方の隅々を開墾すること）運動が展開され，急な斜面の開墾が大々的に行われたが，農地に不適だった急斜面の農地は結局，浸食（エロージョン）によって流され，耕地面積があまり増えなかった。1990年代に入り，環境破壊が激しい現状に対する認識が深まり，また，中国の改革開放政策の成功に伴って，計画的な移民政策をとった結果，七百弄の人口は2000年には1万5473人にまで減少した（表5-2）。他方，出稼ぎやそれに伴う半永久的な移住のケースも増え始めている。これが現代における瑶族の大移動の始まりではないかという予感もするわけである。

6. 瑶族の生産・生活様式の変化

　七百弄一帯とその周辺の瑶族の生産・生活は瑶族の大移動の歴史と都陽山脈の独特の地形および森林と密接に関連している。瑶族は歴史的に中原から長江流域へ，さらに，凌南へと移動し，広西に入ってからも移動を繰り返してきた。七百弄に生活している布努瑶も宜州，河池，東蘭県から大化県へ移動し，大化県の中でも板昇郷から七百弄郷へと移動しながら生活をしてきた。したがって，その生活と生産様式はこのように頻繁に起こる移動に適した形でなければならない。しかし，瑶族は大移動をしながらも，生産レベルは低いものの，農耕文化を中心とした社会を築き上げてきた。一方，遊牧民とは異なる文化であり，狩猟と農耕を中心とした生産生活をしているので，ある程度一定の期間においては定住生活をし，簡易な住宅と農具および狩猟の道具で生活必需品を獲得するしかなかった。特に，石灰岩山岳地域に移住してから，焼畑（刀耕火種），狩猟や果物等の採取に大きく依存する生活をするようになった。したがって，農耕民の定住生活の性格と焼畑をしつつ移動する不安定な性格を同時に持ち合わせる生活をしてきた。

　このような生活に伴い，住宅も原住民である壮族の「全楼式平欄」，「半楼式平欄」や地上建築とは異なり，排架柱が人字型の屋根を支え，周りは竹や板で囲み，上下2段式の家で，2階には人が生活し，1階には家畜や雑物の置き場として利用する，いわゆる「干欄式」の，わりに簡単な構造の建物で生活して

いた。また，貧困な百姓は「竹籬茅屋」や洞穴での生活も余儀なくされた。1950年代以降，政府の新しい民族政策によって安定した生活ができるようになり，「干欄式」の住宅が普及し始めた。現在でも，七百弄では1つの村落には1軒から数軒の「茅屋」(草ぶきの家)が見られる。一方，森林資源の減少とブロック生産技術の導入により，現地の豊富な石灰岩を充分に利用したブロック住宅の建設を21世紀から始めている。

　昔，ここの住民は閉鎖的な環境で，交通手段がなく，隣の弄に行くにも山々を越えなければならなく，外部との交流はほとんどなく，輸送の道具は背負いであり，大量の物流が成り立ちえなかったため，自給自足の生活をした。しかし1968年，国道の開通に伴って外部との交流が可能になった。その結果，農産物の販売と購入が多くなり，特に，木材の販売が重要な収入源となり，昔は単純に森林の副産物(漢方薬，野生動物，果物)しか採集しなかったものが，森林そのものを伐採するようになった。しかし，人口の増加とそれに伴う1人当たりの耕地面積の減少，森林生態系の劣化によって，この地域の人々は貧困に陥り，政府の救済に頼らざるをえない状況になった。

　1980年代の中国の開放政策と市場経済の発展に伴い，特に1990年代から出稼ぎが現金収入の主な手段となり，閉鎖的な生活から半開放的な生活様式に脱皮しつつある。

6-1. 耕地面積の推移

　土地改革(1954年)前の耕地面積に関する歴史資料が乏しいため，耕地面積の歴史的推移を推測するのは難しい。土地改革当時，弄石屯では1人当たり1.2畝の農地が分配されたと当時の人は覚えている。つまり，5.6 haの地主の土地が農家に分配されたことになる。そのほかに一般の農家が所有していた土地も存在した。当時，複数の経験者の記憶によれば，弄石屯の耕地面積は114畝である。1960年代，国防道路建設に伴い，北斜面にある耕地が失われた。1960年代には政府の呼び掛けにより，周辺への開墾が行われた。また，弄石屯の弄石弄の傾斜地である弄良坡の農地が浸食によって60年代に失われた。現在の耕地面積は約8 haである(トウモロコシの播種量による推定)。つまり，弄石屯のように歴史が長い弄では，耕地開墾は常に行われていたにもかかわら

ず，土地面積はあまり増加していない。したがって，耕地面積は開墾と荒廃によって増減が繰り返されたと考えられる。また，歪線屯のように道路から離れた奥地の弄でも耕地面積が増加したとしても限界があることは明らかである（表5-1）。

　調査地である弄石屯，歪線屯，弄力屯，坡坦屯での，50～70歳の人に対する耕地の変遷に関する聞き取り調査によれば，1950年代から耕地の開墾を行い，特に60年代には「墾四辺」政策により，傾斜地への開墾が盛んに行われた。弄石屯では50年代子供の滑り台であった傾斜地が開墾され，トウモロコシや豆類が栽培されていた。しかし，現在確認してみると数箇所の傾斜地は既に石だらけの荒地になったか，石窪み（1ヶ所にトウモロコシを1株から数株しか植えられない）にトウモロコシを栽培するいわゆる畑になっていた。弄石屯，弄力屯は1965年の国道建設により，それぞれ4畝と18畝の耕地が失われたといわれている。それにしても，表5-1に示されたように，多量に開墾したにもかかわらず，耕地面積は土地改革時と比べてもあまり増えなかった。七百弄郷全体でも（表5-2），「開荒土地」（新しく開墾した土地）が統計に全部反映されない部分はあったとしても，1962年から耕地面積の変化はあまりなかった。弄石屯の弄石弄の底に1950年代に高さ2mの石があり，牛などを縛るのに使ったものがあるが，現在は土に埋もれて見えない。つまり，大量の傾斜地を開墾したが，実は水土流失により大半は荒れてしまい，荒廃したことにより，実質的には耕地面積は今になってみると結果的にあまり増えなかったことになる。

　1990年代に入り，七百弄の耕地面積は減少する傾向を見せている。傾斜地など生産力の低い土地の放棄や出稼ぎや移民政策によって，人口の減少に伴って荒廃していく耕地があるのが原因であると考えられる（表5-2）。

6-2. 作物栽培の歴史および生産様式の変化

a）主な作物の種類と栽培史

　七百弄郷弄石屯ではトウモロコシ，サツマイモ，高粱，大豆，黒豆，ヒマ，ソバ，ワタ，粟等の作物が栽培されたといわれている。広西トウモロコシ栽培に関する最初の記載は1531年の『広西通志』と1564年の『南寧府志』である。

したがって，広西では16世紀の半ばからトウモロコシが導入され，栽培が始まったと考えられる。また，1756年『鎮安府志』によれば，トウモロコシは山岳地域の人民の重要な食料であるとの記載から，トウモロコシは弄石屯の農家が先祖から栽培した作物であるとの伝えと一致している。

　サツマイモ：サツマイモの栽培歴史はトウモロコシより少し遅れて導入されたと思われる。1764年の『霊山県志』にサツマイモの栽培，食用の記載がある。

　大豆：広西における栽培歴史は1000年以上あり，品種も黒豆，青豆等がある。大豆は古くから山岳地域にも栽培された。七百弄では夏大豆が主体である。

　ソバ：別名三角麦，花麦。清の時代から広西で栽培された。

b）生産様式と生産レベル

　石灰岩山岳地域の瑤族は昔，狩猟と農耕を両立させ，その地域の自然と調和しながら生活してきたと考えられる。その時代には，人口が少なく，野生動物の肉が重要なタンパク源となっていた。もし，その時，少量の大豆と野生動植物を食料として利用した場合，1人当たりのトウモロコシの消費量が200 kgで間に合うと仮定すれば，単位面積当たりのトウモロコシの収量を100〜150 kg/畝で計算すると，20人未満の人口の弄石屯では2 ha前後の耕地で充分であった。したがって，耕しやすい平地だけで，生活が充分できたと推定できる。この時期には作物生産のために必要な養分は主に作物残滓を燃やして土壌に返すだけで，養分供給量が少なく，作物の収量は低かった。

　しかしその後，人口の増加に伴い穀物の需要が増え，傾斜地を開墾し急傾斜畑が増えた。しかし，急傾斜地で浸食が起こり荒廃した。特に，1950年代以降，土地の荒廃が進み，石積み段々畑や石囲い傾斜地での作物栽培が増加することになった。1970年代以降，化学肥料が使用されるようになり，80年代からの農業生産責任制の導入後，施肥量は急上昇し，トウモロコシの窒素施肥量が300 kg N/haにも達した。しかし，施肥量の増加に伴って，生産量は増加したものの，収量は依然と低く，生産効率はむしろ低下した（表5-2）。

6-3. 森林の大量伐採と生態系に及ぼす影響

　森林が大量に伐採された時期には以下の3つの時期があった。

① 1958年大躍進時期の「大煉鋼鉄」時であり，弄石屯の弄石弄周辺の弄の森林が伐採された。1949年当時，七百弄の森林被覆率は60％を超える緑豊かな地域であった。しかし1958年以降は44.8％以下に減少した。
② 1960年代後半，数本の道路開通に伴って，木材を販売する目的で伐採された。
③ 1980年以降，農業生産責任制実施の初期，多くの山が各農家に「自留山」の形で分配されたが，その政策の将来に対する不安と目先の利益を得るため，農家は多くの木を伐採し販売した。

森林の無謀な大量伐採によって，1995年の平均森林被覆率は6.6％までに急減し，森林生態系は減少，劣化してきた。森林生態系の劣化と急傾斜地の農地開拓はこの地域の生態系全体に大きな悪影響を与えた。まず，大面積の浸食が起こり，多くの傾斜地が荒廃し，回復不能となった。例えば，弄石屯では1958年の森林伐採により弄良坂に浸食が起こり，1953〜55年までトウモロコシ，サツマイモ等を栽培した耕地が1960年には耕作不能となり，荒廃した。一方，50年前に弄石弄の底に大きな鍾乳洞があり，人が20m以上も入ることができたが，1970年代には土砂に埋もれてしまった。

次に，森林の減少に伴う土壌の流失によって，水の涵養能力が失われ，1960年代末から70年にかけて，この地域の水環境が悪化し，七百弄郷の住民の飲用水不足が深刻化した。都安県は，1972年，七百弄郷の湧水源について調査を行った。当時調査を行った人の証言で，昔，通年湧水があった泉のうち162が季節的な泉となり，53ヶ所が涸渇したことが明らかとなった。

昔，七百弄一帯は野生動物資源が豊富な地域であった。1950年代までは虎，猿，イノシシ，狼，果子狸，野鶏などが生息していた。1950年代では虎が人に害を加えることを理由に大量に殺された。1952年だけで，都安県では21匹の虎を殺した。また，弄石屯でも虎が出没し，2匹の虎を殺し，虎を殺した山を殺虎山と名づけた。自然生態系の食物連鎖の頂点に立つ虎が1つの県の範囲でたくさん生息したことは，七百弄一帯の石灰岩山岳地域は，1950年代までは虎の住処となる広大な森林と虎の食物になる小動物や草食動物が豊富に存在し，生物の多様性に満ちた豊かな生態系であったことを語っている。しかし，森林の伐採とむやみな狩猟により，虎，狼は1960年代の初期にほぼ絶滅し，

イノシシはほとんど見られなくなった。今，猿は七百弄郷では2つの弄だけでしか見られない。

7. 七百弄郷社会における変化——瑶族社会の開放と移動

　1990年代に入り，七百弄の人々の生活は大きく変貌している。まず，1980年代から政府が進めている移民政策により多くの人が移住し始めた。それにより七百弄では既に3000人あまりが移民し，1987年の2万1542人から2000年には1万5473人にまで人口が減少し，移民人口は14％に達した。一方，1990年代に入り常時出稼ぎに行っている人は2500人，短期出稼ぎの人は1500人で，合計4000人，全人口の26％に達している。2000年には労働力の37％が出稼ぎで外に出て行った。このように，昔から閉鎖的な環境の中で自給自足の生活をしてきた七百弄の人たちは，外の世界に出て働き，現金を手に入れることが可能になった。それによって，外部から食料やその他の物質が弄内に入るようになり，弄内の人々の生活を大きく変えた。出稼ぎによって生活が少しずつよくなり始めている。一方，現金が手に入ったことで大量の化学肥料を購入することも可能になった。適当な化学肥料の使用は生物生産向上に役立つが，われわれの調査では，化学窒素肥料を300 kg/ha以上施肥していることが明らかになった。このような過剰な施肥は作物生産に無意味であるだけでなく，環境に窒素負荷を課すことになった。

　表5-1に示されたように研究調査地でも同様の社会現象が起こり，弄石屯や歪線屯では七百弄郷の平均値よりたくさんの人が移民したり，出稼ぎに行っている。また，生活レベルが相対的に高いこの2つの弄が弄力屯と坡坦屯より出稼ぎ人口割合が高いことが明らかとなった。つまり，農家の収入は出稼ぎと密接な関係があり，出稼ぎが主な現金収入源になりつつある七百弄の現状を物語っている。多くの若者は出稼ぎに行き，年寄りや女性が村に残り，農業や家畜の飼育，子供の教育を行っている。2002年夏，歪線屯には一番若い男性は42歳の人(彼も親が病気で看病中である)1人しかいなく，そのほかは50歳以上の年寄りばかりである。

　このように七百弄の人々は外部の世界と接することによって，彼らの考えも

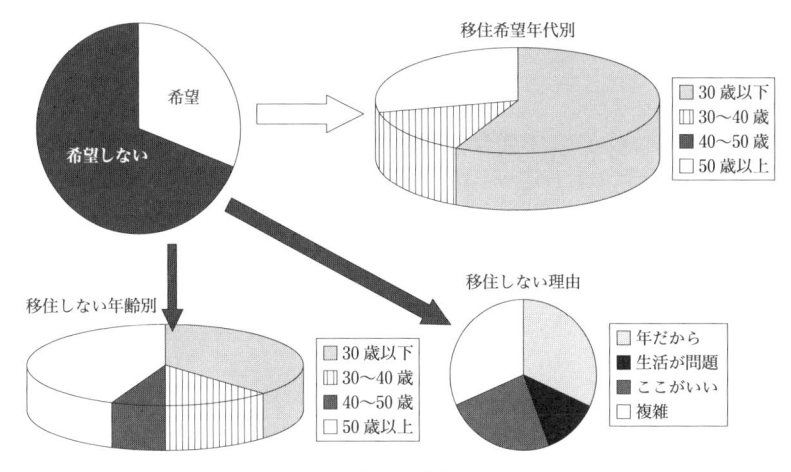

図 5-3　弄石屯農家の移住に対する考え

変化しつつある。弄石屯の人(現地に残っている人のみに対する調査で，既に移住，出稼ぎに行っている人は含まれていない)に対して意識調査を行ったところ，30％以上の人が移住を希望していることが判明した(図5-3)。そのうち7割が50歳以下の人であった。移住を希望していない人は40歳以上が半分を占めている。その理由は主に「年である」とか「ここがいい」という故郷を離れたくないことであった。しかし，20代，30代の人が移住しようとしない主な理由は特技も何もない自分が外に行って生活の保障がないことであった。弄石屯の既に移民あるいは出稼ぎ移住をしている43％の人も含めると，かなりの人たちが新しい天地と新しい生活を求めていることが明らかである。

8. 結　び

　七百弄一帯に人が住み始めてから既に500年以上に達し，人間活動の歴史が短くはないが，地球上の人類文明の歴史，特に生態系の形成と変遷の長い歴史と比べると本当に一瞬に過ぎないとしかいいようがない。しかし，人間の活動はこの地域の生態系に対して計り知れない影響を与えたことが明らかとなった。
　図5-4に示すように，石灰岩山岳地域に人間が入植するようになってから既

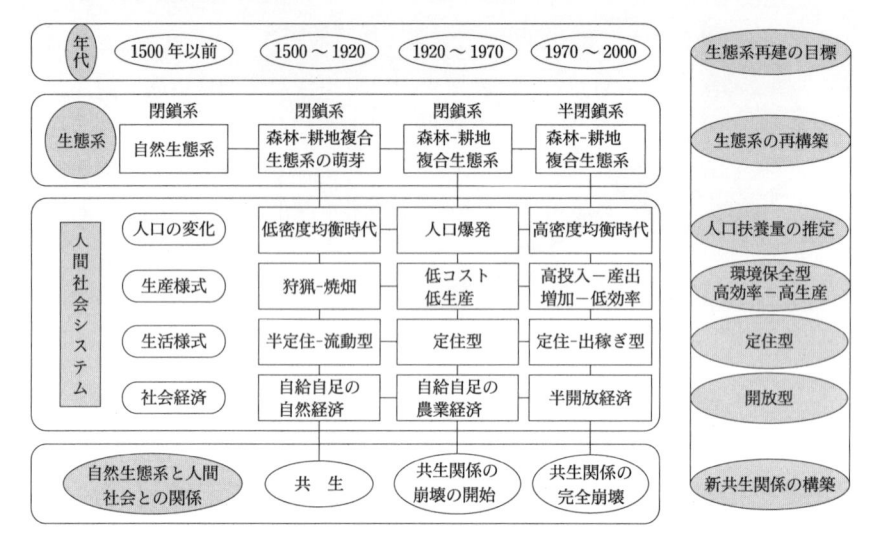

84　第Ⅱ部　森林環境と伝統社会

年代	1500年以前	1500～1920	1920～1970	1970～2000	生態系再建の目標
生態系	閉鎖系 自然生態系	閉鎖系 森林-耕地複合生態系の萌芽	閉鎖系 森林-耕地複合生態系	半閉鎖系 森林-耕地複合生態系	生態系の再構築
人間社会システム　人口の変化	低密度均衡時代	人口爆発	高密度均衡時代		人口扶養量の推定
生産様式	狩猟-焼畑	低コスト低生産	高投入−産出増加−低効率		環境保全型高効率−高生産
生活様式	半定住-流動型	定住型	定住-出稼ぎ型		定住型
社会経済	自給自足の自然経済	自給自足の農業経済	半開放経済		開放型
自然生態系と人間社会との関係	共　生	共生関係の崩壊の開始	共生関係の完全崩壊		新共生関係の構築

図 5-4　石灰岩山岳地域における自然生態系と人間社会システムの関係の歴史的変遷ならびに生態系再建の目標

に 500 年以上を経過し，そのうち，400 年くらいの間は半定住-流動型の生活様式によって，低密度で均衡を保ってきた．この地域の人々は自然に増加する人口をその他の弄に移住することで 1 つの弄に一定範囲内に人口を保ち，生態系の人口扶養力以内で生活をしてきた．それによって人々は生産性が低かったものの，狩猟と焼畑をしながら，自然と共存することができた．瑶族は，自分たちは自然から来て，自然の恵みで生き，死後は自然に返るとの生死観を持ち，人が亡くなった後，道公(宗教儀式などを担う人)が死んだ人の体の各部位がどんな動物や植物などの生物，土，石に化するかを占う儀式を行う．つまり，瑶族や壮族は，人間も自然の一部であり，自然を大事にする思想と伝統を持って，自然と共存できる社会を営んできた．

　1900 年以降，自然増加した人口を分散し，人間が生活できる弄が少なくなっていくと同時に，戦争やその他の原因で，外部からの人口の流入が多くなり，1930 年代からは人口の爆発によって，急峻な傾斜地を開拓し，森林-耕地複合生態系の中で主に耕地生産に依存する生活をするようになった．森林-耕地複合生態系の萌芽は 1920 年以前にあったが，この時代はまだ閉鎖的な環境

で自給自足の生活をしており，生産性は低く，急増する人口を養うことができず，さらに酷い掠奪を行った。その結果，1950年代の初期には虎，豹などが姿を消し，生活の重要な支えだった狩猟の資源が涸渇した。そのため，1950年代と60年代は森林の伐採と開墾を繰り返し，自然と人間との共生関係は崩壊し始め，わずか50年くらいで生態環境は劣化してしまい，人々は貧困生活から未だに脱出することができないままであった。

1970年代以降は，60年代末に開通した道路を利用して木材の販売を行い，化学肥料を利用して増産も図った。しかし，1980年代後半には人口と耕地面積がピークに達し，疲弊した土地は急増した人口を養える限界を超え，人々は新しい道を模索するようになった。1990年代以降は政府の移民政策と自主的な出稼ぎや移民をして外部に生活を求めている。

石灰岩山岳地域において自然生態系と人間社会システムが長い間共生してきた共存原理と近代における生態系崩壊のメカニズムを解明し，この地域における正確な人口扶養量を推定し，効率的な環境保全型持続的生物生産システムと技術を導入し，自然と人間が共生できる新しい生態系と共存関係を築くことを目標とすべきである。

9000年前に鳳凰と太陽をシンボルとして自然と共存を図っていた長江文明の子孫である瑤族は，畑作牧畜民の南下に伴い長江流域を拠点に5000年間生活し，元，明時代以降，桃源郷の地である湖南省の洞庭湖の周辺から南へと山奥へと新たな生活の場を求め，新しい桃源郷を求めて，また自然を求めて広西およびその周辺へと移動した。七百弄の布努瑤は七百弄を新天地として，500年間，自然と共存してきた。しかし，現在，地球規模で国際化が進み，環境問題がクローズアップされている状況と中国の改革開放政策による経済発展の波の中で，大化県瑤族社会は七百弄という「故郷」を桃源郷に戻すかあるいは外部世界で新たに桃源郷を見つけるかの岐路に立たされているといえよう。

引用・参考文献

[1] 黄鈺・黄方平(1993)：『国際瑤族概述』広西人民出版社．
[2] 李学勤・徐吉軍(1995)：『長江文化』江西教育出版社．
[3] 安田喜憲(1997)：『龍の文明・太陽の文明』PHP新書．

［4］　安田喜憲(2003)：『古代日本のルーツ・長江文明の謎』青春出版社。
［5］　都安県瑤族自治県志編纂委員会(1993)：『都安県瑤族自治県志』広西人民出版社。
［6］　範文瀾(1965)：『中国通史簡編——修訂本　第一編』人民出版社。
［7］　安田喜憲(1997)：『森を守る文明・支配する文明』PHP新書。
［8］　『都安瑤族自治県国民経済統計資料(1949-1988)』より。
［9］　『大化県瑤族自治県国民経済統計資料(1987-2002)』より。

第6章　居住ドリーネにおける少数民族の農家経営と農村振興

黒河　功・山本美穂

1. はじめに

　「過山ヤオ」と呼ばれ焼畑移動耕作と移住を繰り返してきた瑤族と広西壮族自治区にその多くが居住する壮族とが主に暮らす七百弄郷において，森林生態系の破壊，土壌浸食の進行，食料生産性の低下，生活用水の汚染と不足など様々な制約の中で，各農家はこれら諸条件とどのように向き合い定住してきたのか，また，閉鎖系を基調とした農村経済は今後どのように変貌を遂げていくのだろうか。

　本章は，4つの居住ドリーネ群における農家経営を概説し，経営の規定要素および各居住ドリーネの特徴を明らかにすることを課題とする。それらをもとに中国の経済発展における当地の位置づけと今後の農村経済の振興についての考察を加える。

2. 4つの居住ドリーネ群における農家経営

　2001年12月に，中国農業科学院を中心とするグループによって，坡坦，弄力，弄石，歪線の4つの居住ドリーネ群(屯)で合計47戸を対象とした農家経営調査が行われた。坡坦12戸，弄力9戸，弄石16戸，歪線10戸の協力を得た。日本側研究者はこの調査票作成に加わり，調査に先立って現地農家での個別的な聞き取りを行った。

2-1. 農家の概況

　表6-1に農家概況を示す。家族員数の規模は最大値9人・最小値1人，平均値は4.65人である。1998年統計によると中国全体の家族員数規模は平均3.64人，広西4.14人，2000年統計では全国3.44人，広西3.80人であるのに比べると，農村部・少数民族地帯であるために世帯規模は大きい。ちなみに1994年の中国農村部における世帯員数は平均4.5人である。広西壮族自治区における少数民族の占める割合は約4割(この比率は清末以来ほぼ一定している)であるが，大化県に限ってみれば少数民族は92%を占める。少数民族への人口優遇施策によって，特に農家における家族員数の規模は，今後とも大きくなっていくものと推察される。

　全国1世帯当たりの就業者は，都市部では1990年には既に1.98人と専業主婦が増えていることが窺え，農村部でも1990年2.92人，92年2.83人，93年2.87人と1世帯の就業者は減少傾向にあるが，それでも農村部では2人以下の兆しは見えず，夫婦2人と一部家族員が農業に従事していることが一般的である。調査対象農家群における農業従事者数は平均2.89人であり，地元での兼業機会に乏しく，家族員数の半数強が農業に従事している状況にあるといえる。

　中国の学校体系は，初等教育機関の小学校へは満6歳で入学し6年間就学する。中等教育がやや複雑で，一般コースの普通中学と，中等専業学校，農業中学・職業中学に分かれ，普通中学は日本の中学にあたる初級中学と高校にあたる高級中学に分かれている。高級中学と中等専業学校へは，初級中学および農業中学・職業中学の卒業資格を得て進学できることになっている(図6-1)。少数民族農村である当地での調査では学生のいる戸数は30戸となっているが，地元の小学校に通うものがほとんどで，中学以上の進学率は高いとはいえない。義務教育の小学校でさえも必要な学費を捻出できずに休学・中退する子供もいる。

　出稼ぎ兼業(出外打工；弄外への兼業)の件数は47戸のうち28人と，必ずしも全戸が出稼ぎ兼業を行っているわけではない。大化県市街に最も近い坡坦では11戸のうち7戸に七百弄郷外への出稼ぎ兼業が見られるが，4つの屯全体でも郷内での兼業は10人である。郷内での兼業機会は極めて少なく，他出就

表6-1 4つの居住ドリーネの農家概況

	平均値	(最小値, 最大値)
世帯主年齢(歳)	48.6	(20, 80)
家族員数(人)	4.65	(1, 9)
うち学生(人)	1.63	(1, 4)
うち農業従事(人)	2.89	(1, 7)
うち兼業(人)	1.40	(1, 3)
うち出稼ぎ兼業(人)	1.57	(1, 5)
耕地面積(畝)総耕地面積	3.31	(1, 6.9)
うち平地	1.29	(0.2, 3)
うち傾斜地	2.03	(0.5, 4.7)
林　地	9.35	(1, 40)
果樹園	0.25	(0.2, 0.3)
荒れ地	2.69	(1, 10)
開墾地	0.60	(0.6, 0.6)
住　宅(m²)	84.0	(20, 333.5)
平　地　面　積(畝) トウモロコシ	1.28	(0.2, 3)
大豆	0.90	(0.2, 1.6)
サツマイモ	1.16	(0.1, 3)
大麻	1.23	(0.5, 4)
旱藕(レンコン)	0.59	(0.1, 1)
芭蕉(バナナ)	0.16	(0.04, 0.4)
カボチャ	0.23	(0.1, 0.5)
ブドウ	0.05	(0.05, 0.05)
傾斜地　面　積(畝) トウモロコシ	2.07	(0.5, 4.7)
大豆	1.50	(1.5, 1.5)
サツマイモ	1.56	(0.4, 3)
大麻	2.20	(1, 4)
旱藕(レンコン)	0.93	(0.3, 2)
カボチャ	1.50	(1, 2)

	平均値	(最小値, 最大値)
総産量(斤) トウモロコシ	1,698	(250, 3,500)
大豆	67	(10, 150)
サツマイモ	662	(20, 3,000)
大麻	45	(16, 100)
旱藕(レンコン)	470	(100, 1,500)
芭蕉(バナナ)	138	(30, 400)
カボチャ	61	(24, 100)
ブドウ	60	(50, 70)
飼育頭数(ストック) 雌豚	1.2	(1, 2)
雄豚	1.0	(1, 1)
子豚	2.8	(1, 10)
肥豚	2.5	(1, 6)
ウサギ	14.7	(5, 24)
羊	3.1	(1, 8)
鶏	20.2	(1, 100)
鶏卵	35.0	(30, 40)
ハト	3.2	(1, 8)
役牛	1.4	(1, 2)
アヒル	5.5	(2, 9)
狗	2.0	(2, 2)
出稼ぎ兼業年総収入(元)	1,728	(300, 8,000)
農林畜産年総収入(元)	2,225	(0, 8,000)
農林畜産年総支出(元)	2,530	(60, 6,302)
その他支出　雑費(元/年)	328	(30, 1,200)
学費(元/年)	1,170	(70, 4,200)
交通費(元/年)	115	(10, 720)
医療費(元/年)	429	(10, 3,000)
公益労務出役(日/年)	17.4	(7, 30)

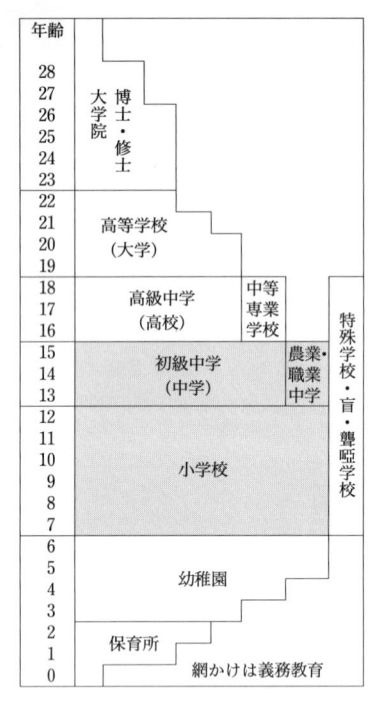

図6-1 中国の学校体系

業の機会は市街地との距離の遠近と関連しており，そのため世帯員の農業就業率が高くなっていると見られる。

　1952年における中国の1人当たり耕地面積は2.8畝であったが，1994年には1.2畝と半減以下となっている。農村人口1人当たりでも同期間に3.3畝から1.6畝に半減，さらに農業従事者1人当たりでは9.3畝から4.3畝とこれも半減以下となっている。この傾向は基本的には人口増加によるものであるが，また宅地，工場用地への転換，荒廃地化などもその規模縮小を助長してきたからである。

　調査地区の耕地面積の平均は世帯当たり3.31畝，農村人口1人当たり0.71畝，農業従事者1人当たり1.15畝と極めて零細規模で(1畝＝6.667 a)，そのうちの半分以上を傾斜地が占め，生産基盤は脆弱である。林地面積は平均で9.3畝となっているが，保有する戸数は38戸に過ぎず，坡坦では12戸のうち5戸

しか保有していない。

　作付作物は，トウモロコシを主体にして大豆，サツマイモが中心となっており，そのほかにヒマ(大麻)，旱藕(レンコン)，カボチャなどである。ごく一部に芭蕉(バナナ)，ブドウが見られる。保有されている家畜の中心は繁殖素豚であるが，全戸に行き渡っているわけではなく，耕地面積規模すなわち飼料基盤の強弱に拠ることが窺える。特に大家畜である牛は，47戸のうち2戸が役牛として飼養するのみであり，全体的に大家畜飼養の基盤は弱い。そのほかにも，鶏，羊，ハト，ウサギ，アヒル，イノシシなど若干の中小家畜の飼養が散見される。

　さて，1998年，中国全体で都市部と農村部の1人当たり年間所得はそれぞれ5425元，2162元であった。農村部の都市部に対する割合はおよそ40%であり，その格差は年々拡大してきている。また収入格差は「都市部が縮小気味，農村部は拡大気味」といわれ，都市周辺の農村が都市に併合されたり，優良農村が都市に昇格したりしたために，農村部の所得水準はますます相対的に低下し格差拡大を示すものと見られている。全国農村部における所得水準ワースト5は，西蔵自治区(1231元)，貴州省(1334元)，甘粛省(1393元)，陝西省(1406元)，青海省(1425元)であるが，広西壮族自治区農村部における1人当たり平均収入は1972元と，全国農村部平均の91%水準であるが，3直轄市・22省・5自治区の30地域のうち18番目に位置し，辛うじて最低所得水準地域であることを免れている。

　しかし，農林畜産年総収入から総支出を差し引いた農林畜産所得は赤字であり，農家所得は出稼ぎ収入を含めても漸く1423元，1人当たりでは306元と極めて低い。広西壮族自治区の中はおろか，全国の最低所得水準地域に比べてもその40%程度の水準である。これは零細な土地基盤しか持てず，限られた生産物は主として自給部門に充てられ，商品的生産部門は副次的な位置づけにとどまっていること，林地の活用においても経常的収益を得ることが容易ではないこと，出稼ぎは農家経済の中において重要な現金収入部門ではあるが，その機会はごく限られ，さらに農家経済を十全にまかなうような賃金水準ではないことなど，カルストのドリーネ群内に居住するという条件下における自然的，社会的，経済的影響を直截的に強く受けている。

2-2. 農家経営の諸条件の相互依存関係

農家概況を示す種々の指標間の相互依存関係に注目すると(表6-2)、①家族員数規模と、農業従事者数・林地面積・年間総収入・年間総支出、②農業従事者数と、家族数・林地面積・出稼ぎ人数・総収入、③耕地面積と、平地面積・傾斜地面積・トウモロコシ面積・サツマイモ生産量・旱藕生産量、④出稼ぎ人数と、農業従事者数・出稼ぎ収入・総収入・交通費、⑤年間総収入と、家族数・肥育豚・出稼ぎ人数・出稼ぎ収入・総支出・雑費・学費・交通費、⑥年間総支出と、家族数・肥育豚・出稼ぎ収入・総収入・雑費・学費・医療費などにおいてそれぞれ有意な正の相関関係が見られる。

相関係数は相互依存関係を示すものであるため、そのまま因果関係として解釈することはできないが、家族員数規模を基盤にして、農業従事者と出稼ぎのあり方、年間の総収入および総支出のあり方などが強く規定されていると見ることができる。しかし、家族員数規模は、林地面積と正の相関関係を有意に示しているが、耕地面積規模とは有意な相関関係は見出しがたい。弄の規模は基本的には林地面積の大きさに代表されるが、さらに耕地賦存のあり方は弄内の地勢などによって多様となり、家族員数規模による耕地配分のあり方は弄ごとにその単位のあり方が異ならざるをえないと考えられる。このように弄郷ごとの土地の賦存にはその規模と内容において大きな格差があり、各世帯への賦存のあり方も各弄ごとの固有条件に規定されていると見られる。

当然ながら、平地と傾斜地を合わせた耕地総面積は、トウモロコシ、サツマイモなど食料の作付面積および総生産量と正の相関を示し、このような食料生産のほとんどが自給向けと考えられるが、特にトウモロコシの生産量は総収入と正の相関を示し、それを販売して直接収入を得ているのか、自給食料を充分に確保することによって間接的に何らかの収入を得ることにつながるのかは定かではないが、やはり耕地面積の大きさは農家収入のあり方と関係していることが窺える。

調査地区では牛などの大家畜の飼養はごく希であり、中小家畜の飼養にとどまっているが、そのうち肥育豚および羊の飼養頭数規模が農家収入と相関関係を示しており、今後、これらの飼養拡大の可能性について検討されるべきであ

第 6 章　居住ドリーネにおける少数民族の農家経営と農村振興　　93

表 6-2　農家概況指標間の相関係数

			家族数	農業従事	総面積	出稼ぎ人数	出稼ぎ収入	総収入	総支出
世帯主年齢			−0.025	0.171	−0.020	0.144	−0.049	−0.045	−0.117
家族数(人)			1.000	0.655**	0.162	0.428*	0.288	0.416**	0.484**
うち学生(人)			0.296	0.007	−0.047	0.265	0.223	0.168	0.277
農業従事(人)			0.655**	1.000	0.330*	0.498**	0.241	0.387*	0.151
うち兼業(人)			0.102	−0.540	0.547	0.875**	0.557	0.464	0.496
うち出稼ぎ兼業(人)			0.428*	0.498**	0.256	1.000	0.622**	0.533**	0.284
耕地面積(畝)	耕地総面積		0.162	0.330*	1.000	0.256	0.096	0.249	−0.023
	うち平地		0.181	0.258	0.805**	0.272	0.260	0.263	0.142
	うち傾斜地		0.141	0.331*	0.947**	0.210	−0.001	0.203	−0.107
	林地		0.472**	0.634**	0.354*	0.183	−0.049	0.281	0.175
	荒れ地		0.372	0.531*	−0.167	0.075	0.313	0.595*	0.660**
住宅(m²)			0.018	0.060	0.566**	0.208	0.167	0.218	0.019
平地	面積(畝)	トウモロコシ	0.157	0.233	0.789**	0.259	0.283	0.277	0.163
		大豆	0.055	−0.037	0.393	−0.332	−0.468	−0.143	−0.160
		サツマイモ	−0.006	0.221	0.548**	−0.056	−0.215	−0.051	−0.087
		大麻	0.448	0.109	0.384	−0.254	0.645*	0.548	0.464
		早藕(レンコン)	−0.406	−0.279	−0.196	−0.023	−0.062	−0.123	0.179
		芭蕉(バナナ)	−0.319	−0.072	−0.144	−0.342	−0.072	−0.158	−0.114
傾斜地	面積(畝)	トウモロコシ	0.186	0.326*	0.947**	0.192	−0.008	0.228	−0.108
		サツマイモ	0.582*	0.632*	0.637*	0.138	0.173	0.056	0.069
総生産量(斤)		トウモロコシ	0.176	0.312*	0.720**	0.431*	0.263	0.395**	0.231
		大豆	0.174	0.200	0.349*	0.368	0.226	0.294	0.029
		サツマイモ	−0.210	0.009	0.535**	−0.011	−0.095	0.067	−0.090
		大麻	0.019	0.196	0.179	0.197	0.276	0.222	0.105
		早藕(レンコン)	−0.067	0.216	0.468**	−0.096	0.018	0.169	−0.101
		芭蕉(バナナ)	−0.050	0.349	−0.142	−0.151	0.323	0.505	0.239
飼育頭数(ストック；頭)		雌豚	0.374*	0.387*	0.463*	−0.209	−0.121	0.306	0.041
		子豚	0.195	−0.036	−0.421	0.017	0.116	0.291	0.207
		肥育豚	0.105	0.054	0.080	0.499*	0.453*	0.512**	0.589**
		羊	0.391	0.508*	0.204	0.504	0.646*	0.619*	0.313
		鶏	0.239	0.162	0.492*	−0.145	−0.101	0.030	−0.200
出稼ぎ収入(元)			0.288	0.241	0.096	0.622**	1.000	0.850**	0.605**
農業総収入(元)			0.416**	0.387*	0.249	0.533**	0.850**	1.000	0.712**
農業総支出(元)			0.484**	0.151	−0.023	0.284	0.605**	0.712**	1.000
その他経費	雑費(元/年)		0.157	0.164	−0.056	0.332	0.561**	0.463**	0.385**
	学費(元/年)		0.220	0.127	−0.059	0.248	0.533**	0.559**	0.780**
	交通費(元/年)		0.170	0.337*	0.014	0.529**	0.566**	0.567**	0.327*
	医療費(元/年)		−0.016	−0.239	−0.053	0.120	0.169	0.199	0.590**

注）＊は有意水準 5%、＊＊は有意水準 1% であることを表す。

ろう。

　農家収入と支出は密接に関連していることも示されている。農家収入の大きさは特に学費および交通費の大きさとつながりが見られ，農家収入の縮小は，即，通学および物的，人的交流の道を閉ざしてしまうことを示している。通学を中止してまで自家農作業に従事しなければならないという事態からではなく，最低限必要な学費さえも調達できないゆえに通学を中止するという実態である。このような教育を受けられるか否かの問題は，個別的農家経済のあり方に左右されるのではなく，社会的，公共的な次元で解消されるべきであろう。

2-3. 農家経営における総合的規定要素

　ドリーネに定住する4つの屯の農家経営について，以上の諸指標は全体としていかなる情報を持ち，どのように要約できるのかについて主成分分析を援用して，調査対象地域の総合的な特性を得ることを試みる。

　ここでは，同じような性格を持つ変量を重複して取り上げることによる情報の偏りを回避するために，土地，労働，資本(家畜)，および農家経済にかかわる19の指標のみに整理して俎上にのせている。また集約的な情報という趣旨から，抽出した主成分のうち情報量の多い順に4つの主成分(固有値1以上のもの)を取り上げて図示している(図6-2)。各主成分の固有値は，第1主成分から順に4.83, 3.40, 2.16, 1.53であり，それぞれ全体の26%, 18%, 11%, 8%の情報量を持つ。

　第1主成分の各特性値の係数はすべて正で，ドリーネに定住する農家の生活・生産活動および資源賦存における大きさを表す総合特性値(生活・生産活動・資源賦存規模)が抽出されている。言葉を替えていえば，この総合特性値の得点が多いほど生活が豊かであることを表すが，同時に，ドリーネに定住する農家間の資源賦存の格差は極めて大きなものであることを示しているといえる。第2主成分の各特性値の係数は，正・負の両極に分かれており，正はサツマイモ生産量・総耕地面積など，負は出稼ぎ人数・出稼ぎ収入などの特性値に代表される。傾斜地における労作対農外就労という農業・農外それぞれに対する家族労働力仕向のあり方に関する対極構造を示すものといえる(労働力配分のあり方)。

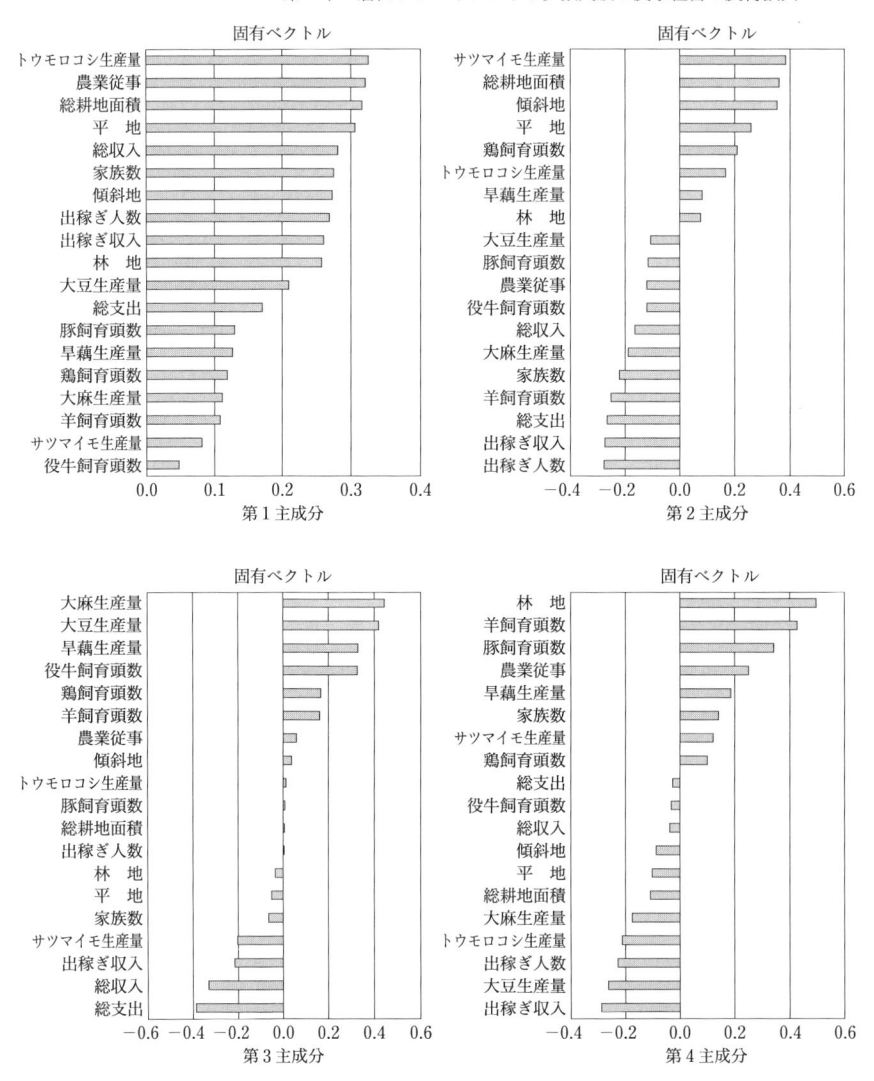

第6章　居住ドリーネにおける少数民族の農家経営と農村振興　95

図6-2　各主成分の特性値の構成

　第3主成分の特性値の係数は，大麻・大豆・旱藕などの生産量が正，総支出・総収入・出稼ぎ収入が負と，自給的作物生産対農家経済活動の側面という対極構造を示すものといえる(自給的，他給的局面のあり方)。第4主成分の特

性値係数は，林地面積・羊飼養頭数・豚飼養頭数などが正，出稼ぎ収入・出稼ぎ人数・大豆生産量が負と，林地の大きさなど資源賦存状況あるいは市街地への距離という，弄郷ごとの状況を反映したものといえる（居住条件）。

このうち第1主成分は最大の情報量を持つものであるから，居住ドリーネにおける諸局面の最大の規定要素は，土地面積と農業従事者を生産基盤とする主食であるトウモロコシ生産量の確保にあることを示唆し，基本的課題はいかに食料を自給しうるかあるいは調達できるかにあるといえる。そのような食料調達に関して，家族労働力を農外就業に仕向け，農外収入によってそれを達成するか（第2主成分），また食料をはじめとする生活必需品を一定程度自給するか出稼ぎ収入による他給依存であるか（第3主成分），などの行動軸が現れているといえる。

現状ではすべての農家の耕地面積規模は，充分な自給食料の確保・商品的作物生産をなしうるに足るとはいえず，出稼ぎ兼業の機会さえ得れば，優先的に家族労働力を出稼ぎ兼業へプッシュしているといえる。しかしながら，現状の土地基盤を改良・整備し，用水整備も行い，若干の生産手段の高度化がなされ，2～3毛作などの条件を活かした合理的な生産体系の確立，さらに有機的な林業生産の体制が整えられるなど諸条件が得られるとすれば，農業生産，畜産，林産における収益性向上が達成しうる可能性はあると考えられ，兼業に頼らず地元完結的農家経済活動の活性化も可能であるといえる。

したがって，農家経済向上の確保にとって，短期的には農外就業機会の創出，市街地への交通整備などが緊急の課題であるが，同時に，特に農業生産，畜産，林産の有機的結合あるいは生態系に配慮した環境維持型生産システムに関する総合的研究開発が，長期的な課題であるといえよう。

3. 総合的得点に見る各居住ドリーネの特徴

図6-3は，調査農家の第1主成分得点を縦軸，第2主成分得点を横軸にして得点分布状況を見たものである。第1象限は，資源賦存規模が大きく，主として農業生産を中心的に行うことによって農家経済をまかなっている農家群であると見ることができる。第2象限は，資源賦存の規模が比較的大きいにもかか

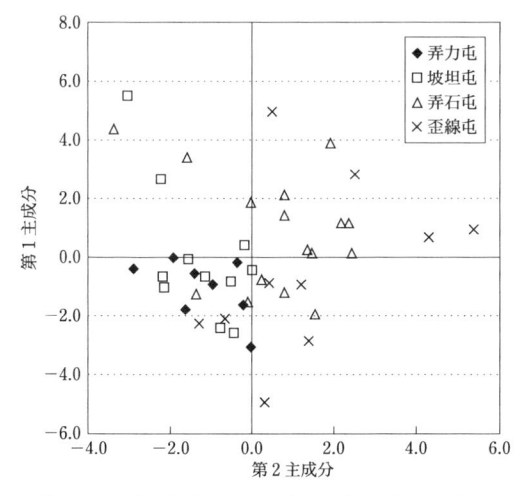

第 6 章　居住ドリーネにおける少数民族の農家経営と農村振興　97

図 6-3　主成分得点の分布（第 1 主成分-第 2 主成分）

わらず，同時に農外への出稼ぎ兼業も行って農家経済をまかなっていることを示す。第 3 象限は，資源賦存規模が小さく，もっぱら兼業・出稼ぎを行うことによって農家経済をまかなっている農家群を示すものである。第 4 象限は，資源賦存規模が小さいにもかかわらず，何らかの理由でもっぱら農業生産の場面において農家経済をまかなっている農家群であることを示している。

　資源賦存規模が最も小さい屯である弄力屯の農家はほとんどが兼業・出稼ぎが中心となっている（第 3 象限）。坡坦屯は，第 2・3 象限にまたがり資源賦存規模において多寡が見られるが，兼業機会を提供する大化市街に最も近いため，出稼ぎ兼業が中心となっており，また第 1・4 象限にまたがって分布し，同じく資源賦存規模において多寡が見られる歪線屯では，大化市街より最も遠距離にあるために，いずれにしても家族労働力はもっぱら農業生産を中心に配分せざるをえないことを示している。弄石屯は，大化市街地への距離は中間地点に位置しており，資源賦存規模についても多様に分布しているので第 1・2・4 象限にわたり多様に分布するものとなっていることがわかる。

　図 6-4 は，同じく縦軸に第 1 主成分得点，横軸に第 3 主成分得点を分布したものである。第 3 主成分の性格は自給・他給局面を表すと見てきたが，もっぱら壮族が居住する歪線屯の農家の分布は第 2・3 象限にまたがり，その資源賦

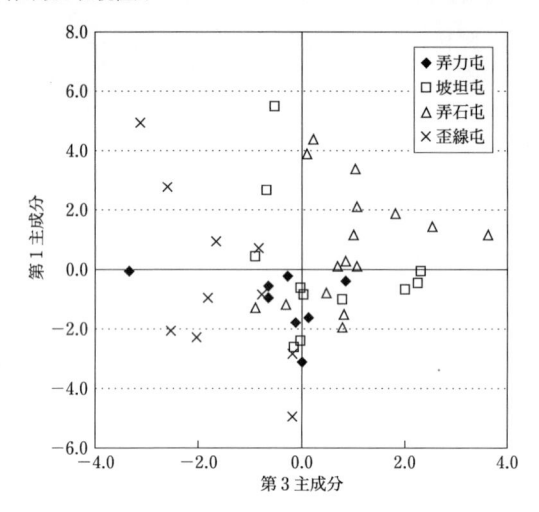

図 6-4 主成分得点の分布(第 1 主成分-第 3 主成分)

存規模は多様であることが見てとれるが，いずれも支出規模が多い他給的局面が大きなことがわかる。このように共通して農家経済規模が大きなことは，市街地から最も遠距離であるために生活(生産)経費が大きくなると見るか，社会的，経済的に民族的な特異性がその背景に存在すると見るかは不明である。

このように，居住ドリーネ間において農家条件・位置づけが相対的に異なり，農村振興の進め方においても居住ドリーネ内の農家の共通的特徴を活かすような方法が模索される必要がある。

4. 2つの農家事例

a) 弄石屯 A 家

瑤族が住む弄石屯における中心的氏族，蒙氏のひとり A 氏(36 歳)の家庭状況は次の通りである。5 人家族で構成は母(65)，長女(16)，長男(9)，および縁戚の子供(15)である。耕作面積は平地で 1.5 畝と傾斜地で 2.7 畝の計 4.2 畝である。山林(11 畝)は 4 ヶ所にある。1 期目はトウモロコシ，2 期目は大豆，サツマイモ，大麻などを作付けし，そのほかに芭蕉の木を持っている。肥料は

化学肥料も使用しており，特に個人請負制となってから増加している。

　家畜について，母豚を2頭持っており，肥育もするが子豚のうちに8割程度を販売している(若干の自家消費もある)。そのほかにウサギ(3)，鶏(20)，アヒル(6)なども飼っている。ウサギは自家消費，鶏は郷政府から紹介された観光客用の食材として供された。これら家畜の餌は，トウモロコシ，酒粕，サツマイモ，野菜残滓，サツマイモつるなどである。

　この家族の年収は1500元程度であり，うち出稼ぎ収入はおよそ半分を占めている。生産物の大半は自家消費に回されているが，さらにトウモロコシ，米などを買い足している。A氏のみが出稼ぎに出るが，ここ数年は腰を痛めて長期間の出稼ぎはできなくなっている(かつては炭鉱などへ2ヶ月ほどの出稼ぎで月に500元ほど得ていた)。収入に比べて支出の方がいくぶん超過してきており，現在，借入金が500元ある。そのため小学生の長男は学費節約のため現在通学をやめている。

　現在では道路が改善されたために家族全員で市場などへ徒歩で行けるようになっているので(それでも未だ自転車で行くのはアップダウンがきつ過ぎて無理である。バイクがほしいという希望)，今後は，観光振興による活路打開に期待するとともに，芭蕉栽培の拡張にも期待を寄せている。

ｂ）歪線屯B家

　歪線屯に住む壮族，B氏(61歳)の家庭状況は次の通りである。8人家族で構成は妻(59)，長男(36)とその妻(32)，二男(30)とその妻(23)，三男(24)，四男(中学生)である。長男夫妻と二男夫妻の4人が出稼ぎをしている。耕作面積は，平地で2.5畝，傾斜地3.5畝，計6畝である。家族規模が大きいためA氏よりは大きな耕作面積である。作付作物は，A氏とほぼ同様にトウモロコシ，大豆，サツマイモなどであるが，ここではブドウの栽培を行っている。化学肥料も使っているが，A氏同様，堆肥の使用量の方が多い。

　山林は20畝(4ヶ所)を持っており，薪としては自由に販売できるが，自家建築などのために大木を自由に伐採することはあるが，外部への販売は搬出が極めて困難なため事実上不可能となっている。家畜は，牛を1頭飼養しており，3〜8月は舎飼い，8〜2月は放牧となっている。母豚は2頭飼養し，ここでも子豚のうちに大半を販売している。

B氏の家族全体の年間収入は5000元強，うち出稼ぎによる収入は4000元，年間支出は4500元と，若干の剰余が見られる。A氏と同様に自給自足が基本であるが，食料および飼料の消費はほぼ自賄いによって調達できており，米についてのみ外部調達となっている（もちろん，食塩，食用油，調味料，あるいは灯油など，そのほかの必需品は購入している）。

　以上の2つの事例を直接比較することはできないが，家族の規模，耕作面積の規模，出稼ぎ収入の規模，家計経済の規模などにおいて対照的に見ることができる。そのほかの農家調査の結果も併せて見ると，以下のような点が特徴として挙げることができる。

① ほかの省など，特に漢族の農村に比べ，いくぶん大きな規模の家族員数を抱え，子供を含めて家族労働力によって農業が営まれている。

② 中学への進学率は低く，また省外などへ他出する農外就業は少なく，しかし郷村内・居住ドリーネ内における兼業機会は全く見られない。

③ 広西壮族自治区など中国南部地域は，全国平均に比べて概ね耕地配分面積は小さいが，七百弄郷内における配分面積のあり方は，居住ドリーネの持つ耕作条件によって強く規定され，居住ドリーネ間の配分面積の格差は極めて大きなものといえる。

④ 林地および草地の配分は，樹木の多寡・距離の遠近・標高などの質的な考慮がなされており，面積規模のみで見れば，農家間格差は大きなものとなっている。

⑤ 牛など大動物飼養はごくわずかであり，豚・山羊・鶏など中小家畜の飼養が大半である。

⑥ 年間収入水準は極めて低い。収入源は主として中小家畜によるもので，もっぱら農外収入に依存している。トウモロコシなどの耕種部門はほとんどが自給生産部門であり，主食および飼料となっている。

⑦ 山林は自家用あるいは販売用の薪炭として伐採利用されているが，大木は材木として外部に販売されていない。これは搬出が困難なためであり，そのため植林の概念はなく，植林もなされていない。

⑧ 主食としてトウモロコシのほかに，1980年代から米を食するようになっ

ているが，米はすべて外部からの購入に拠っている。また自給農産物と見られていたトウモロコシも，現在ほとんどの農家において不足分の購入がなされている。

⑨　販売するものは，豚肉，鶏肉，鶏卵などであるが，主として仲買人が来て買い付ける。自ら市場へ持ち込むことはこれまであまりなかったが，これは輸送における利便性が全く欠けていたためである。

⑩　農業生産としては，当面，売れるような野菜作，芭蕉・ブドウなどの果樹作などが耕地条件をはじめとする自然条件から展望される。また労働手段として，その地形的条件から，耕牛など大家畜の普及が望まれる。さらに交通手段として，同じく地形的条件からオートバイなどの普及が望まれている。

5. 結　び

中国における貧困層は年々減少してきていると見られているが，世界銀行による基準（1日消費1ドル以下）で見ると，未だ2億人以上もいると見られている。しかし1990年初頭に出された「奮闘目標」の3段階発展戦略のうち，何とか食っていけるぎりぎりのレベル「温飽」は既に確保し，第2段階は達成されているとされるが，2020年には，もう少しましな衣・食・住・文化・精神生活を保障するまずまずのレベル「小康」社会実現（半数以上の国民の1人当たりGNPを中進国水準に引き上げる）を目指している。

そのためには，特に国内総生産GDPに占める農業の比重が年々下がっており，人口の2/3を占める農民の収入増には期待できないので，むしろ農民を減らす方向を明確に打ち出してきている。すなわち出稼ぎの奨励，小都市化による都市への移住，臨海部から移転してくる「内移」企業の推進などである。

それらの推進の大きな柱として「農業と関連産業部門の一体化による農村合作組織化」による農村地域振興が図られ，この施策は主として沿海部地域において推進されてきており，その機能発現によって一定の成果をあげつつある。しかしながら，輸出ルートを確保しやすい沿海部とは異なり，閉鎖的な地形に置かれている広西壮族自治区のような内陸部地域においては，輸出という出口を見出しがたく，関連産業部門はおろか農業そのものが停滞しているのが実状

である。

　このような沿海部における経済発展システムは，内陸部においてはそのまま適用できるものではなく，そこにおける発展メカニズムがいかにすれば内陸部に波及・移転しうるかという接近と同時に，内陸部における内発的な発展メカニズムのあり方にかかわる接近について考察されなければならない。例えば，内陸部における「小城鎮建設」施策が加わることによって農村労働力の地域を超えた秩序ある移動を誘導させ，そのことによって一定の生活を保障し，その一方で，生態系維持を主目的とした農業を展開させ，そのことによって付加価値のある農村建設を実現することもひとつの長期的な戦略であろう。

　小城鎮建設については，浙江省温州地区はすでに比較的早くから開始され，市場メカニズムの展開や農民参加が積極的な地域であり，また河北省保定地区における小城鎮建設は比較的最近になって開始されたが，その発展のテンポの速いことが注目されている。さらに，遼寧省鞍山地区は工業化に重点を置いた展開であり，地域の持つ賦存条件を活かした独自性の見られる小城鎮建設といえる。

　それらに対して，広西壮族自治区においても，東南アジアや西ヨーロッパに最も近く利便性の高いことが注目されている防城港や北海港などの沿岸地域において，軽工業，輸出産業，観光業を中心とした産業開放政策，外資の導入などの戦略が立てられ，小城鎮建設構想も加えて，秩序ある新たな農村建設戦略が企てられた経緯を持つが，その展開は輸出産業育成の立ち遅れ，開発資金の不足，インフラ整備の脆弱性などのため，近年鈍化しつつあることが指摘されている。本章で取り上げた大化県についても，少数民族としてかつて内陸山中に追われたまま，現在においてもその置かれた社会的，経済的，地理的な条件は極めて閉鎖的なままであり，沿海部における経済発展の恩恵に浴するまでには至っていない。

　広西壮族自治区は，カルスト地形が織りなす景観美を誇る国際観光都市，桂林市を擁している。カルスト地形の中でも Peak-forest plain と呼ばれ平地が優先する桂林市のような地形とは全く異なり，Peak-cluster depression と呼ばれ岩峰と凹地が連続する七百弄郷のような地形は，そこに人が居住することによって希有な村落景観を形成し，世界遺産に匹敵すべき貴重な観光資源といえ

る。したがって、「農業と関連産業部門の一体化による農村合作組織化」あるいは「小城鎮建設」など国による農村振興施策をいかに有効化すべきかの課題と同時に、生態系維持を主目的とした農業展開など、このような地域の特異な条件をいかに整備して広西壮族自治区独自の農業・農村の振興を図るかは、内陸農村側が主体的に取り組むべき課題である。

いずれにしても、そのような農村振興への取り組みにおける推進力の確保、あるいは沿海地域におけるハイテク産業地域への労働力供給においても、基礎的要件として質の高い労働力確保が不可欠であり、特に少数民族地域における教育振興など人的要素にかかわる基本的、長期的な条件整備が鍵となっている。

引用・参考文献

[1] 中嶋誠一編(2002):『中国長期経済統計』日本貿易振興会。
[2] 加藤弘之・陳光輝著/渡辺利夫監修/拓殖大学アジア情報センター編(2002):『東アジア長期経済統計 12 中国』勁草書房。
[3] 三菱総合研究所編(2002):『中国情報ハンドブック 2002 年版』蒼蒼社。
[4] 平田幹郎(2000):『中国データブック 2000/2001——成長と格差』古今書院。
[5] 中国国家統計局編(1998):『中国統計年鑑(総第 17 期 No. 17)』中国統計出版社。
[6] 中国農業部著・菅沼圭輔訳/白石和良解説(1996):『中国農業白書激動の '79〜'95』農林漁村文化協会。
[7] 国際農林業協力協会(1996):『中国の農林業(1996 年版)』海外農業開発調査研究国別研究シリーズ No. 60, 国際農林業協力協会。
[8] 塚田誠之(1995):「広西チュワン族自治区」梅棹忠夫監修/松原正毅・NIRA 編集『世界民族問題事典』平凡社。
[9] 黒河功・山本美穂・鄭泰根・出村克彦(2003):「広西壮族自治区・大化県七百弄郷における農家実態」『日本学術振興会未来開拓学術研究推進事業研究成果報告書 複合領域 3 アジア地域の環境保全 中国西南部における生態系の再構築と持続的生物生産性の総合的開発』pp. 77-90。
[10] 山本美穂・石井寛・鄭泰根・黒河功・出村克彦(2003):「中国の山間条件不利地域における森林回復過程と住民による土地利用の変化——広西壮族自治区七百弄郷の事例より」『日本学術振興会未来開拓学術研究推進事業研究成果報告書 複合領域 3 アジア地域の環境保全 中国西南部における生態系の再構築と持続的生物生産性の総合的開発』pp. 91-99。
[11] 黒河功・山本美穂・鄭泰根・出村克彦・俞炳強(2002):「七百弄郷の農家・農業生産に関する統計的把握——坡坦・弄力・弄石・歪線における農家データより」『中国西南部における生態系の再構築と持続的生物生産性の総合的開発 報告書平成 13 年度(第

5報)』pp. 37-46。
[12] 黒河功(2002)：「中国広西壮族自治区の少数民族集落における農家実態——大化県七百弄郷における農家実態調査データ分析」『農業経営研究』第28号, pp. 127-139。
[13] 山本美穂・石井寛・鄭泰根・黒河功・出村克彦(2001)：「人間活動による森林へのインパクト——大化瑤族自治県七百弄郷における家屋構造と木材使用量」『中国西南部における生態系の再構築と持続的生物生産性の総合的開発　報告書平成13年度(第5報)』pp. 74-82。
[14] 鄭泰根・李作威・石井寛・山本美保・黒河功・出村克彦(2000)：「生態系を異にする複数弄の基本状況」『中国西南部における生態系の再構築と持続的生物生産性の総合的開発　報告書平成12年度(第4報)』pp. 19-23。
[15] 山本美穂・黒河功・鄭泰根・出村克彦・橘永久・李作威・譚宏偉・蒙炎成(2000)：「農業経営をめぐる問題群の整理」『中国西南部における生態系の再構築と持続的生物生産性の総合的開発　報告書平成12年度(第4報)』pp. 24-35。
[16] 鄭泰根・譚宏偉・出村克彦(1999)：「大化県七百弄郷生態系の歴史的変遷」『中国西南部における生態系の再構築と持続的生物生産性の総合的開発　報告書平成11年度(第3報)』pp. 15-25。
[17] 黒河功・出村克彦・鄭泰根・譚宏偉・信濃卓郎・波多野隆介・大久保正彦(1999)：「七百弄郷における農家・農業生産の基礎資料」『中国西南部における生態系の再構築と持続的生物生産性の総合的開発　報告書平成11年度(第3報)』pp. 52-58。

第7章　広西壮族自治区の森林政策と森林管理・利用

石井　寛・山本美穂

1. はじめに

　本研究プロジェクトが始まった1998年は中国の森林政策の一大転換年であった。また中国内陸部の発展を目指す西部大開発計画が実施段階に入ったのは1999年のことである。石山地域であり，全国有数の貧困地域でもあり，また森林政策の空白地であった大化瑤族自治県(以下，大化県)七百弄郷はこうした全国方針の展開を受けて，具体的には広西壮族自治区人民政府の方針を受けて，この間に急激に変貌を遂げている。
　この章では中央政府の政策が地方に与える影響が極めて強いという中国の特徴から，はじめに1998年を画期とする中国の森林政策の動向を見る。次に広西壮族自治区の森林政策の動向について分析する。そして土山地区である三江屯族自治県林渓郷の森林政策の現状について見るとともに，石山地区である大化県七百弄郷の森林管理・利用の現状と課題について聞き取り調査の結果を中心に述べる。

2. 中国の森林政策の動向

2-1. 林業部の改組

　1998年3月にそれまでの林業部が国務院直属の林業局に組織改編された。これは国家行政組織の合理化の一環であり，林業関係の行政組織が部から局に降格したものの，林業局が国務院直属の組織になったこと，森林をはじめとす

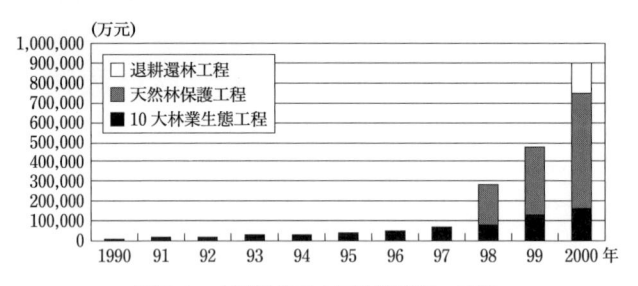

図 7-1 中国林業重点国家投資額の推移
出典）国家林業局(2001)：『中国林業発展報告』。

る生態環境を重視する中央政府の方針を反映して，森林への国家投資が増加傾向にあることが注目される．図 7-1 に見るように，1998 年から天然林保護工程を中心に林業の国家投資額が急増している．また林業局への組織改編の結果，人員削減が行われており，林業部時代 446 人いた職員は 200 人になっている．環境を重視する方針から林産工業を担当する部署がなくなっていることも重要な点である．

2-2. 森林法の改正

　1984 年に制定された森林法が 1998 年 4 月に中華人民共和国第 9 回全国人民代表大会常務委員会第 2 次会議で改正されている．

　主要な改正点を見ると，第 1 に個人や団体の権利が強化されていることである．具体的には第 7 条が新設されて，「国家は農林業の合法的権益を守り，農林業における負担を軽減させ，違法な料金や罰金を科することを禁止するとともに，収入の上納割り当てや強制的に集金することを禁ずる．また集体や個人の合法的権利や利益を守り，いかなる部門や個人も集体や個人の合法的林木所有権と利益を侵害することを許さない」とした．さらに第 15 条が新設されて，「森林，林木および林地使用権を法律に従って譲渡することができる．また法律に従って株式あるいは合資形態で造林や経営を行うことができる．しかし林地を非林地に変えてはならない」とした．これらの条項はこの間の経済改革路線の考えを反映したものである．

　第 2 に森林環境を保全する新たな制度を創設していることである．具体的に

は旧第6条を第8条にするとともに，新たに2項を加えて，「国家は森林の生態効益に関する補償基金を設立し，生態的効益を発揮する保護林，特殊用途林や林木の造成・保護・管理に充てる。補償基金は必ず割り当てた項目に専用し，専用目的以外に使用してはならない」としている。

第3に森林取り締まりに関する規定が強化されていることである。具体的には第20条を新設して，「国家の関連規定に従って，林区内に設立される森林公安部門は管轄区における社会治安と秩序を守るとともに，森林資源を守る」としている。また第38条を新設して，「国家は貴重な樹木，その製品や改良品を輸出することを禁止する」としている。

このように1998年森林法は個人や団体の権利を強める一方で，森林を取り締まる規定を強化しているのである。特に森林の生態効益を保護する新たな制度を創設している点が注目される。

2-3. 大洪水の発生と天然林保護，退耕還林

1998年夏に長江，松花江を中心に大洪水が発生した。全国の被害面積は2000万haにものぼり，死亡者数は約4000人であった。その主な原因として河川中上流部の森林破壊と中下流部の土砂堆積と河床の上昇が指摘されている。

こうした状態を長江について見ると[1]，中流部に位置する河北省西部地域の森林率は23.1％にまで減少している。そのために土壌流失面積は335万haに達している。また上流部に位置する四川省では過度の伐採と農地の開墾の結果，傾斜農地が457万haも存在し，そのうち25度以上の急傾斜地は180万haである。さらに雲南省では土壌流失面積が総土地面積の37％を占め，沙漠化と石山化が進行している。

森林破壊などを原因とする大洪水の発生は天然林保護政策を一挙に強める契機となった。林業部は1997年に天然林保護プロジェクトを作成し，1998年から実施した。その初年度に大洪水が発生したので，朱鎔基前総理は長江・黄河中上流の天然林伐採を全面禁止し，植生回復，水土流出の防止，災害の防止を図ること，長江・黄河流域の堤防を補強するとともに，川底を浚渫することなどを指示した。これを受けて1998年に組織替えした林業局は天然林保護プロジェクトを強化した。その後，国務院は2000年10月に表7-1に見るような長

表 7-1 長江上流・黄河中上流域の天然林保護国家プロジェクト（2000年）

実施地域	長江流域　雲南省，四川省，貴州省，重慶市，湖北省，チベット 黄河流域　陝西省，甘粛省，青海省，寧夏回族自治区，内蒙古自治区，山西省，河南省
実施期間	第1期　2000～05年，第2期　2006～10年
実施目標	3,038万 ha の対象地内の天然林伐採禁止。 森林，灌木林を封山し，検査ステーションの設置や個人請負制の導入により，効果的な保護と育成を行う。 植林などにより森林造成を実施する。封山育林 367万 ha，播種 713万 ha，人工造林 193万 ha。

出典：依光良三編著(2001)：『流域の環境保全』日本経済評論社，p. 212。

江上流，黄河中上流域の天然林保護プロジェクトを決定した。

　天然林保護政策の実施過程で注目されるのは，森林を分類区画するという手法が採用されていることである。具体的には禁伐区，限伐区，商品林経営区という区分である。これは理論的には森林を生態公益林と商品林に区分し，管理を行うという考えから出ているものである。

　天然林保護政策とともに重視されているのが退耕還林政策である。この政策は1999年に四川省，陝西省，甘粛省で始まり，2000年3月には雲南省，貴州省，青海省，寧夏回族自治区，内蒙古自治区，山西省，河南省などで実施されることになった。さらに同年6月に新たな通知が出されて，湖南省，河北省，吉林省，黒龍江省でも実施されるに至った。広西壮族自治区では2001年に試験的に実施され，2002年からは大化県を含めて本格的に実施された。

　退耕還林政策はその名の通り，25度以上の傾斜があり浸食の危険のある耕地を農民の協力の下で森林に復元しようとするものである。森林に復元する場合，経済林よりも公益林が重視され，公益林の割合は80%を下回ってはならないとされた。この政策を受け入れた農民には中央政府は食料と現金を毎年支給する。長江流域では1畝当たり150 kg，黄河流域では100 kg が支給され，管理費として1畝当たり20元が支給される。期間は経済林は5年であり，公益林は8年とされた。また種苗費として1畝当たり50元が支給されるとしたが，林業ステーションから苗木が現物支給されることが多いようである。

2-4. 中国の新たな林業論

このように 1998 年の大洪水を契機に中国の森林政策はこれまでの生産を重視する方針から生態環境を重視する方針に転換したが，そうした方針転換を擁護し，推進する新たな林業論が展開されているのが近年の特徴である。

江沢民前国家主席の妹であり，中国林業科学研究院の院長である江沢慧は 2001 年に『中国現代林業』という著書を編集し，出版した[2]。そこではブラジルで開かれた 1992 年の地球サミットで確認された持続可能な林業の推進という考えを踏まえ，生態環境の改善に貢献しうる新たな林業論を展開している。現代林業は生態工程建設，天然林保護，荒廃化防止，湿地と野生動物保護，商品林のための資源造成，森林資源の高度利用に貢献しなければならないとする。そして生態環境の改善という長期目標の下で，1999〜2010 年は生態環境悪化の抑制段階，2011〜30 年は生態環境改善段階，2031〜50 年を生態環境高度化段階と位置づけて，施策を実施すべきであるとしている。

また福建農林大学の教授である張建国と余建輝は 2002 年に『生態林業論──現代林業的基本経営摸式』を出版している[3]。その名の通り，生態環境を重視した生態林業の重要性を主張している。

3. 広西壮族自治区の森林政策

3-1. 森林率の推移と森林面積

2000 年に中国の第 5 次森林資源調査結果が公表された。ここで全国および広西壮族自治区の森林率の推移を図 7-2 から見ることとする。図に見るように 1989〜93 年以降，森林率が上昇しているが，全国と広西壮族自治区とでは森林率に段階差があることがわかる。広西壮族自治区の森林率は全国的には中位に位置しているものの，同自治区は高温・多雨という亜熱帯地域に位置しているので，この間に森林造成が進んでいることをこの図は示している。

ここで広西壮族自治区の森林面積を統計数字で確認する。第 3 次森林資源調査の結果によると 1988 年の森林面積は 523 万 ha である。第 4 次森林資源調

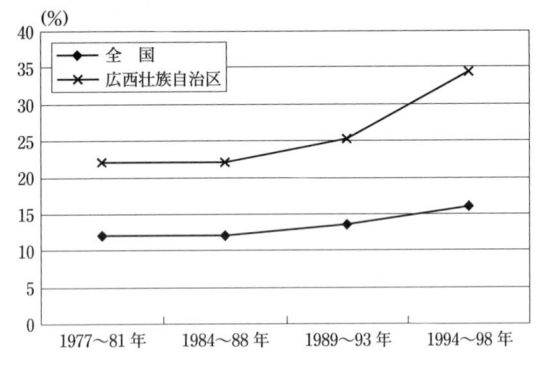

110　第II部　森林環境と伝統社会

図 7-2　全国と広西壮族自治区の森林率の推移

資料）第 2〜5 次全国森林資源調査より。
注）森林率＝有林地面積/総土地面積×100

査の結果によると 1993 年の森林面積は 602 万 ha であり，第 5 次森林資源調査の結果によれば 1998 年の森林面積は 817 万 ha である。このように統計的には 1988 年から 1998 年にかけて約 300 万 ha の森林が増加している。

　人工林と経済林面積の推移を見ると，1988 年の人工林面積は 85 万 ha，経済林の面積は 80 万 ha である。1993 年の人工林面積は 119 万 ha，経済林面積は 99 万 ha である。1998 年の人工林面積は 200 万 ha，経済林面積は 161 万 ha である。1988 年から 1998 年にかけて人工林は 115 万 ha，経済林は 81 万 ha 増加している。森林面積はこの間に約 300 万 ha 増加しているが，そのうち人工造林と経済林の造成によって，196 万 ha が増加している。

　また 1998 年の森林面積に占める人工林と経済林の合計面積の割合を見ると，44.2% である。ここで注意すべきは中国の定義では人工林はわが国の定義と同じであるが，経済林とはミカンなどの果樹林や茶油樹などをいっており，人工林と経済林を合わせた割合が 44.2% というのはかなり高い数値であることである。

　所有形態別に森林面積を見ると，1998 年の国有林面積は 81 万 ha，集体林面積は 736 万 ha であり，集体林面積が圧倒的に多いことが広西壮族自治区の特徴である。

　もうひとつ広西壮族自治区にとって重要なことは自治区の総土地面積 2400

万 ha のうち約 27％ が石灰岩からなる石山地区に属していることである。石山地区はその自然条件から土山地区とは異なる造林方針が採用されている。例えば土山地区ではプロジェクト造林，個人造林，外資造林などが実施されているが，石山地区では封山育林，石山造林などが主なものであり，造林の実績が少ないのが特徴である。

3-2. 森林政策の動向

　1998 年の大水害の発生に伴う生態建設重視の中央政府の方針は広西壮族自治区にも影響を与えているので，それについて見ると，自治区の林業局は自治区の共産党委員会の方針を受けて，1998 年末に緑色工程建設の方針を作成し，1999 年から実施することにした。その方針は次の通りである。
① 珠江流域と沿岸地域の防護林建設を加速するとともに，石山地域の封山育林に力を入れる。
② 中央政府の方針に従って，天然林，水源林，防御林の伐採を停止するとともに，林地の開墾を厳しく制限する。同時に退耕還林・還草を推進する。
　この方針を受けて，林業局は石山が広がる大化県，都安県，隆安県など 33 県を封山重点県に指定して，新たに 2000 年に 29 万 ha を封山育林地域に指定した。また監視体制を強化するために自治区全体で護林員を 1 万 3000 人増やすことにした。
　退耕還林政策について見ると，2001 年に東蘭と楽業の 2 県で試験的に実施し，2002 年には本格的に実施した。2002 年の面積は 16 万 ha であり，2003 年には 20 万 ha の耕地の退耕還林を計画している[4]。
　石山地域では退耕還林と封山育林に力を入れて，過度に薪を伐ること，乱伐することなどの行為を全面的に禁ずるとともに，薪の代わりにメタンガスの利用を広めるなど石漠化の防止に努めることとしている。なお退耕還林を実施した場合には農民に植えた樹木の所有権を与え，それを保障することは森林法に規定する通りである。
　2001 年の動きとして注目されることは，同年の 8 月までに自治区の約 1487 万 ha の林地が分類区画されていることである。公益林に区画されたのは 686 万 ha であり，商品林に区画されたのは 801 万 ha である[5]。

3-3. 三江屯族自治県林渓郷の森林政策

　先に広西壮族自治区の総土地面積 2400 万 ha のうち約 27% が石山地区に属しているとしたが，逆にいえば 73% が非石山地区・土山地区であり，広西壮族自治区の森林政策を見る場合，土山地区の状況について見る必要がある。土山地区の森林政策組織は同じ広西壮族自治区に属しながら，石山地区の森林政策組織とは比較にならないほど整備されている。

　三江屯族自治県は広西壮族自治区の北部に位置し，湖南省に接している。住民の多くは少数民族の屯族である。

　林渓郷について見ると，人口は 2 万 3894 人であり，総土地面積は 1 万 5311 ha である。そのうち水田は 740 ha であり，畑は 232 ha である。林渓郷は土山地区であり，水田も耕作されており，車道，電気，電話などの社会資本は既に整備されている。

　村の数は 15 であり，中学校は 1 校，小学校は 14 校である。

　林渓郷の政府には職員が 30 人おり，長く勤めている職員の月給は 700 元である。副郷長のひとりは森林政策を担当している。

　林渓郷には森林政策を担当する県の組織として，林業管理センターと林業検査センターが置かれている。林業管理センターは森林管理，伐採許可，火入れの許可などの業務を行っており，4 人の職員が配置されている。

　林渓郷の森林面積は 5613 ha であり，そのうち杉人工林が 542 ha，松人工林が 1474 ha，茶油林が 3346 ha で，この 3 つで 5362 ha である。特に茶油林の面積が大きく，現地での聞き取り調査によれば，茶油林は 1958 年の大躍進時に天然林を伐採し，その跡地に植栽したのが始まりであり，その後，徐々に面積が増えて，現在では 3346 ha になっている。なお茶油とは茶油樹の実を絞ってとる食用油のことであり，植栽すると，40 年ほど継続して油をとることができる。このように林渓郷の森林面積の約 96% が人工林と茶油林からなっており，林渓郷では人工林と経済林の造成・集積が非常に進んでいる。

　最近の林渓郷の木材生産を見ると，1996 年 1700 m^3，97 年 1646 m^3，98 年 1500 m^3，99 年 400 m^3 であり，天然林の減少に伴って，近年，伐採量が減少している。また造林面積を見ると，1996 年 273 ha，97 年 334 ha，98 年 193 ha，

99年169 haである。

　ここで聞き取り調査から伐採と火入れの手続きについて見る。立木の伐採は自家用でも40本以上伐採する場合には許可が必要であり，販売する場合には伐採許可と各種税金を納付しなければならない。その手続きは村民が伐採許可を得ようとする場合，「要求斫伐申請」という書類を村民委員会に出す。村民委員会は書類を林業管理センターに出し，同センターが伐採が伐採限度額の範囲内であるか，法規に違反していないかなどをチェックする。さらに書類は郷政府に行き，改めて伐採する立木が申請者のものかどうかを調べる。最終的には林業管理センターが伐採の許可証を出す。木材の税金としては林業税，土産税，国税などがあり，木材価格の約40％にあたる金額を村民は納めなければならない。県の林業局は「林業政策法規常識」というポスターを作り，村民各戸に配り，森林法の趣旨の徹底を図っている。

　火入れは1992年6月に制定された広西壮族自治区森林防火実施方法によって規制されており，2 ha以下の火入れは林業管理センターの許可が，2 ha以上の火入れについては県の防火指揮部の許可が必要である。

　ここで注目すべきことは広西壮族自治区林業局の方針で2001年に林渓郷の森林が生態公益林と商品林に区分されたことである。前者は森林面積の30％であり，後者は70％である。林渓郷のように人工林や経済林の造成・集積が進んでいる地域にも生態環境保全を重視する中央政府の方針が浸透し始めていることに注目すべきである。

4. 七百弄郷の森林管理・利用

4-1. 大化県の森林政策

　大化県は1988年10月に創設された新しい県である。同県の総土地面積は27万1000 haであり，1995年の人口は41万人である。森林面積は5万4000 ha，森林率は19.9％で，低い水準である。大化県の特徴は石山の割合が高いことであり，石山率は90％に達しており，同県は典型的な石山地域である。

　大化県林業局での2000年の聞き取り調査によれば，林業局の職員数は行政

担当77人，企業管理担当120人で，合計197人である。林業局は，営林，苗木・種子，森林病虫害，林政・資源管理，森林警察，森林防火，農村エネルギー，木材公司，苗圃，木材検査，財務の11部門からなる。2000年時点で9の林業管理センターが設置されていた。センターには平均3人の職員が配置されており，森林管理，伐採許可や森林保護の業務を行っている。また県が責任を持つ国営林場が1ヶ所，都陽鎮にあり，1958年に設置されている。

　森林の伐採限度額は5年ごとに決められており，広西壮族自治区林業庁から指示された伐採限度額を林業管理センターごとに割り振り，これを基礎としてセンターは伐採許可を与えている。近年の傾向として年間の伐採限度額が減る傾向にある。また薪炭材に対する需要は大きいが，石炭やメタンガスの普及を図って，薪炭需要を減らすように努めているとのことであった。

　大化県の特徴的な取り組みとしては1994年から龍眼を主とした経済林の造成を推進してきたことがある。実際に龍眼は紅水河沿いに植栽されており，ある程度定着しているといってよい。

　1998年の大洪水を契機に中央政府は森林を中心とした生態環境を重視しているが，こうした政策の変化は大化県の森林政策にも大きく影響を与えている。

　まず広西壮族自治区林業庁の方針に従って，2000年に大化県の約1000haの森林が封山育林地に指定された。また2002年には大化県として，1333haの退耕還林を実施すべきことが広西壮族自治区林業庁から指示された。

4-2. 七百弄郷の森林管理・利用

　七百弄郷の2000年の人口は3740戸，1万5473人である。住民の中で瑶族がおよそ半数を占めている。村は弄合村を含め，10村からなり，そこに222の村民小組がある。大化県では村民小組のことを屯と称している。

　七百弄郷の総土地面積は2万23haであり，耕地面積は920haである。また森林面積は614ha，森林率は3.1%であって，極めて低いのが特徴である。なお七百弄郷は非林区として行政的に位置づけられており，これまで森林政策が実施されてこなかったことに注意する必要がある。

　ここで七百弄郷の森林政策組織について見ると，七百弄郷を管轄する林業管理センターが都陽に置かれており，都陽鎮，七百弄郷，板昇郷，江南郷，古河

郷の5郷鎮を管轄している。これまで七百弄郷の政府には森林政策と森林管理を担当する職員はおらず、火入れの取り締まりも不充分にしか行われてこなかったが、2000年に七百弄郷の森林政策に大きな変化があった。弄騰屯から弄石屯にかけて15 kmにわたる道路際の森林が封山育林の対象地に指定された。その面積は約667 haであり、封山育林にかかわる1人の護林員が屯ごとに配置された。また七百弄郷を対象とする生態再建5ヶ年計画が樹立され、郷のあちこちに「封山育林」、「保護生態環境」というスローガンが掲げられるようになった。さらに2002年には退耕還林政策が七百弄郷でも実施されるようになり、弄合村を含めて3ヶ村で20 haの耕地が森林に復元され、2003年にはさらに事業規模が拡大されるとのことであった。このように、これまで森林政策の空白地であった石山地域の七百弄郷に対して、ようやく森林政策が実施され始めているのが現状である。

表7-2は調査を行った4つの屯の概況を見たものである。弄石屯、弄力屯、坡坦屯は弄合村に、歪線屯は弄良村に属している。この表から各屯の特徴を指摘すると、弄石屯は総土地面積と人口が最も多く、農家1戸当たりの耕地面積が3.1畝である。弄力屯と坡坦屯はほぼ同じ規模であるが、弄力屯の森林状態は比較的よく、山羊の飼育頭数が少ない。一方、坡坦屯の森林は少なく、劣化した状態にあるとともに、火入れが行われており、山羊の飼育頭数も多い。歪線屯には今なお歩道しかなく、4つの屯の中で最も交通条件が不便である。農

表7-2　調査屯の概況(2002年)

	弄石屯	弄力屯	坡坦屯	歪線屯
総土地面積(畝)	1,860	726	1,205	1,644
人　口(人)	164	69	74	50
農家戸数(戸)	37	13	20	10
耕地面積(畝)	116	26	43	34
農家1戸当たりの耕地面積(畝)	3.1	2	2.2	3.4
森林の多さ	中	中	少ない	多い
森林利用の形態	個別利用中心	個別利用	個別利用	共同利用
山羊の飼育(頭)	数十	3	26	なし
火入れの状況	なし	なし	あり	なし
民　族	瑤族	瑤族	瑤族	壮族

資料）現地での聞き取りから作成。
注）15畝が1 haである。

家戸数が少ないが，森林は豊富に存在している。

　ここで土地の使用権について見ると，1980年代初頭に家族構成や労働力を基準にして，村民小組全員の話し合いで，生産責任請負制を進める観点から，耕地と森林の使用権を農家に個別配分した。屯は今なお土地の使用権を再配分する権限を持っており，耕地は1990年代初頭に2度目の配分を行った。さらに弄力屯と歪線屯では2001年に3度目の配分を行っており，配分を受けた農民には大化県人民政府が発行した「土地承包経管権証」が手渡された。それによれば土地の利用権は30年間不変であるとしている。一方，森林は1980年代初頭に，木のあるところ，ないところ，近いところ，遠いところに分けて個別に配分したが，それ以降，再配分は行われていない。

　なお大化県林業局での聞き取りによれば，1980年代初頭の耕地と森林の配分は都安瑤族自治県の土地管理局が主導して，県土地管理局―人民公社―生産大隊―生産隊という系列で実施しており，県の林業局は関与していないとのことであった。

　森林の利用状況を見ると，弄石屯は個別利用が中心であるが，一部に共同利用が行われている。弄力屯と坡坦屯は個別利用である。歪線屯では1980年代初頭に森林の個別配分を実施せず，森林の共同利用を継続している。

　個別農家の聞き取り調査から明らかになった諸点は次の通りである。

　薪は食事や豚の餌の燃料として利用されており，平均1戸1日当たり25～50斤の使用量である。薪炭材は個別に配分された自留地から採取することが多い。近年，道路が建設されて交通条件がよくなったこともあって，薪が販売される事例が出てきている。

　住宅の建設時期を尋ねたところ，1960年代から70年代に建てられた家が多かった。家は2階建ての木造住宅が大半であるが，豊かな家ではブロック造りである。第2次世界大戦以前に建てられた歪線屯の家では天然林を伐採し，木挽きして家を建てている。1960年代に建てられた家は半分くらいは古材を利用し，残りの半分は森林を伐採して建てている家が多い。2000年の時点で家を建てるための伐採を弄石屯と弄力屯で見ることができた。なお2003年に広西壮族自治区の科学技術庁から弄石屯の各農家にコンクリートブロックが2万個無償付与されたので，コンクリートブロックを使った家への改築が進んでい

る。

　山羊を飼育しているのは弄石屯と坡坦屯である。山羊は肉用に飼育されており，トウモロコシが栽培されている時には草地や放牧地で放牧し，トウモロコシの収穫が終わったら，野菜を栽培しているところを囲って，耕地に放牧する。坡坦屯では草地に火入れを行っている。火入れによって柔らかな草の芽が出るからである。しかし繰り返し火入れを行うと，樹木が侵入できず，また雨が降ると，浸食しやすくなるなど，様々な問題が生じる。歪線屯では山羊を飼うと森林が荒れるので，今は飼っていないとのことであった。

　トウモロコシを繰り返し栽培していると，石山の土壌が少なくなると農民はいう。以前は石山にも土壌がたくさんあったが，水によって流されてしまったという。

　1958年の大躍進の時期に，弄魯屯に製鉄炉が作られて，弄石屯，弄力屯，坡坦屯で森林が伐採されている。その時には任豆や雑木が主として伐採されたが，香椿はあまり伐採されなかったとのことである。

　比較的森林が保持されている弄力屯では屯として，自分の山はきちんと管理する，勝手に伐るな，他人の山は伐るな，火入れをしないなどを申し合わせて，農民皆で守るようにしているとのことであった。

4-3. 農家の森林面積と薪の使用量

　2000年12月に農家調査を実施した。その農家調査から，農家の森林面積と薪の使用量を見る。

a) 弄　石　屯

　表7-3は弄石屯における耕地と森林面積の関係を見たものである。これによれば耕地規模では3〜5畝の農家が11戸あるのに対し，森林を持っていないという農家が1戸ある一方で，30〜50畝の農家が3戸あるというように，森林は非常に分散しているのが特徴である。なお前項で述べたように，各農家は使用権のみを持っているのであり，土地の所有権は持っていないことに注意すべきである。

　表7-4は弄石屯の1日当たりの薪使用量と10年生以上の所有樹木本数の関係を見たものである。この表によれば1日当たり薪の使用量が20〜50斤の農

表7-3 弄石屯の耕地と森林面積との関係　　　　　（単位：戸）

		森林						
		なし	1～3畝	3～5	5～10	10～30	30～50	計
耕地	0～1畝							0
	1～2	1						1
	2～3			1				1
	3～5		3	2	2	1	3	11
	5～7				3			3
	計	1	3	3	5	1	3	16

表7-4 弄石屯の1日当たり薪使用量と10年生以上の所有樹木本数との関係　　　（単位：戸）

		10年生以上の樹木本数						
		1～10本	10～30	30～50	50～100	100本以上	不明	計
薪使用量	1～20斤/日	2	2					4
	20～50		2	1	1	2	1	7
	50～100	1				2	1	4
	不明		1					1
	計	3	5	1	1	4	2	16

家が7戸と最も多いが，所有樹木本数は1～10本の農家が3戸あるのに対し，100本以上の樹木を所有している農家が4戸というように分散している。なお樹木には私的所有権が成立していることに注意すべきである。これらの樹木は家を新築する場合に使われ，場合によっては販売されることもある。

b）弄力屯

　表7-5は弄力屯における耕地と森林面積の関係を見たものである。これによれば耕地が1～2畝のものが8戸であり，弄石屯よりも零細規模に集中しており，また1～3畝の森林を持つ農家が4戸である。1日当たりの薪の使用量を見ると，1～20斤が1戸，20～50斤が5戸，50～100斤が2戸，不明が1戸であり，1日当たり20～50斤の農家が多い。

c）坡坦屯

　表7-6は坡坦屯における耕地と森林面積の関係を見たものである。これによれば耕地規模では3～5畝の農家が4戸であり，弄力屯の規模よりも若干大きい。坡坦屯で特徴的なのは森林がないとする農家が7戸もあり，ここから坡坦

表7-5　弄力屯の耕地と森林面積の関係 (単位：戸)

		森林				
		なし	1〜3畝	3〜5	5〜10	計
耕地	0〜1畝					0
	1〜2	1	4	2	1	8
	2〜3				1	1
	3〜5					0
	計	1	4	2	2	9

表7-6　坡坦屯の耕地と森林面積の関係 (単位：戸)

		森林				
		なし	1〜3畝	3〜5	5〜10	計
耕地	0〜1畝					0
	1〜2	2	1			3
	2〜3	2	2			4
	3〜5	3		1		4
	計	7	3	1	0	11

屯では森林が極めて少ないことがわかる。1日当たりの薪の使用量を見ると，1〜10斤が1戸，20〜50斤が9戸，50〜100斤が1戸であり，1日当たり20〜50斤の農家が多い。

d) 歪線屯

歪線屯では森林は個別分割していないので，耕地規模のみを見ると，0〜1畝が1戸，1〜2畝が2戸，2〜3畝が2戸，3〜4畝が1戸，5〜7畝が4戸である。弄石屯と比べても規模が大きくなっている。1日当たりの薪の使用量を見ると，1〜20斤が2戸であり，20〜50斤が8戸となっている。

4-4. 林木の生育段階と森林利用

調査を行った4つの屯において対照的な状況にある弄石屯と歪線屯を取り上げて，林木の生育段階と森林利用の関係を中心に，具体的に見ることにする。

弄石屯は七百弄郷の中心集落に近接し，本研究プロジェクトの試験地として近年，車道，水道，メタンガス，電気の敷設・整備が急激に進み，人口が増えている屯である。一方，歪線屯は中心集落からもまた車道からも離れており，

人口の減少が続いている。現在でも屯に直接通じる車道はなく，2000年にようやく敷設された車道から徒歩で約40〜50分の峠越え道をたどらなければならない。

a) 更新途上の萌芽林──放牧・火入れ

弄石屯では山羊の放牧は原則的に車道上部の共有地と自留山で行う。放牧に先立って火入れを行う習慣は以前にはあったが，現在では行われていない。一方，歪線屯では「山羊を飼うと，山が荒れる」という認識で，1970年以降，山羊の飼育をやめている。山羊が一番多かったのは1960年代末であり，約50〜60頭が飼育されていた。その場合でも放牧は無人の弄で行い，有人の弄では放牧も火入れも行ったことがないとのことであった。このような処置により林木の生育が促進された。

b) 灌木，小径木──薪採取

弄石屯における薪の採取は1980年代初頭に配分された自留山と共有地で行っているが，林木の枝葉や灌木などの薪であれば，他人の山でも採取できることになっている。弄石屯で特徴的なのは最近のメタンガスの普及により，熱源の利用方法が変わったことである。ある農家ではメタンガス導入前では9人の家族で1日80斤の薪を消費していたが，メタンガス導入後には60斤となり，さらに竈を改良してからは1日20斤しか使わなくなったという。薪は豚7頭分の飼料70斤を利用するためにメタンガスと併用して使い，人間のための調理はメタンガスで間に合っている。また夏場には薪をほとんど利用していない。

一方，歪線屯ではまだメタンガスが導入されていないために，山からの薪が主要な熱源になっている。1人当たり1斤の薪が必要であるとするならば，単純計算で人間の食料調理用だけでも50人で年間1万8250斤（9125 kg）の薪が消費されることになる。歪線屯では薪の消費量は人口の関数となっている。

c) 用材適木──用材採取

家屋用材の利用については，見た目だけでも弄石屯と歪線屯では用材の太さと使用量が異なっている。2001年に弄石屯1戸，歪線屯1戸について家屋の木材使用量を計測した。それによると，弄石屯の家屋は21.87 m^3（床面積102 m^2，1 m^{2}当たり0.21 m^3），歪線屯の家屋は44.8 m^3（床面積102 m^2，1 m^{2}当たり0.44 m^3）であった。

家屋用材として使用されているのは通直で成長のよい香椿，任豆，希に柏木などである。木材使用量の違いを決定づけているのは壁板と床板であり，弄石屯では壁に竹，ベニヤ，ブロックなど多様な材を使用しているのに対し，歪線屯では板をふんだんに使用している。屋根垂木部分も弄石屯では細い木を何本か束ねたもので代用しているのに対し，歪線屯では簡単に製材した杉角を使用している。

　前述の調査した弄石屯の家屋は2001年に移築されたものであり，その際に5m以上の材が42本使用されていた。42本の中身を見ると，31本が古材を使用しており，11本を自留山から伐採し調達している。板はすべて古材を使用している。なお自留地には用材として使用できる立木があと6本残されているとのことであった。木材は貴重材であり，繰り返し使用されている。

　このように林木の生育段階に対応して様々な森林利用が行われているが，常に森林には伐採圧がかかっているので，人口が多く木材利用が過度に行われている弄石屯では森林が用材適木段階に至ることはなかなか難しい状況にある。そうしたことから前掲の表7-2に見るように，弄石屯の森林の多さは「中」となっており，歪線屯では「多い」状態が現出することとなる。森林の再生・成長・成熟にとって，メタンガスなどの代替エネルギーやコンクリートブロックの導入などによる伐採圧の減少，封山育林や退耕還林などの実施が必須の条件である。

5. 結　　び──七百弄郷の森林政策の課題

　これまでの分析を踏まえて，大化県七百弄郷の森林政策の今後の課題について述べると，次の通りである。
① 　生態環境の保全，封山育林，退耕還林，そして森林法の目的と趣旨を農民に正確に理解してもらうこと。

　七百弄郷では森林利用が長く続けられてきたものの，森林政策・森林行政は行われてこなかった。多くの農民は生態環境の保全，封山育林，退耕還林，森林法の目的と趣旨を充分には理解していない。これらの事業の目的と趣旨について農民に理解してもらうことが前提である。そういう意味で，本研究プロジェクトの対象地となった弄石屯における各種事業に対する農民の理解の深ま

森林破壊と再生のシナリオ──U字型仮説と退耕還林政策
その1：森林の再生シナリオ

　経済発展の段階に応じて森林資源の利用が変化し，資源が回復していく過程は，論者によってU字型仮説，Uカーブ仮説などとして説明される。すなわち，経済発展の初期には燃料や用材，農業開発等のために伐開されて利用圧が高まり，工業化初期には激しい森林の劣化を経験するが，その後，農業生産力の向上，代替燃料の普及ならびに人工林の造成によって森林蓄積は回復していく。多くの先進国では，農業革命，工業化段階を経て，今やすべての耕地で生産力向上を目指すという生産力神話は消え，自然と人間との関係の再構築と新たな生産構造創出の局面を迎えている。他方で，森林からの1次資源に住民生活の多くを依存する途上国では，資源消失防止のための何らかの手だてがとられなければ，森林劣化のプロセスをとめられない状況下にある。大雑把にいえば，曲線が上向きに反転するか(再生)，そのまま推移するか(定常)，破壊へ向かって進んでいくか(破壊)という3つのシナリオが描ける(下図)。

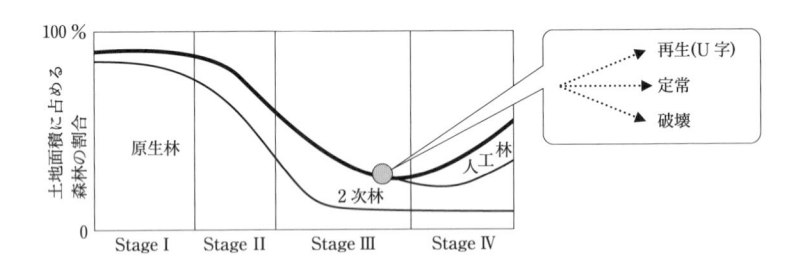

森林資源のU字型仮説と3つのシナリオ
出典）依光良三編著(2001)：『流域の環境保全』日本経済評論社の図に加筆。

その2：再生シナリオの2局面(弄石屯・歪線屯)

　森林への人間活動のインパクトを減らすことで，社会環境としての森林再生シナリオは整うが，当然ながら定住社会では様々に異なる局面を見せる。例えば，弄石屯と歪線屯は，全く逆の道のりを示しつつ，森林資源の再生過程をたどり始めている。
　定住以来500年の歴史を持つ弄石屯は，中心村落に近く，道路，水，電気，バイオガス，住宅の面でのインフラがモデル事業的に進められ，生産構造も生活スタイルも大きく変化した。それが呼び水になって，若者が村に戻り，女性が嫁ぎ，

新しい世代が誕生している．ドラスティックな構造改革によって，長い間続けられてきた農業および森林利用の形は大きく変わり，近代的定住条件の整備と引き換えに，集約的土地利用を伴う伝統的な生業の知恵が相対的に重要性を失う局面として捉えられる．

一方，歪線屯は，中心村落からは遠く，弄石屯のようなインフラは整っていない奥地集落である．若い世代はほとんど出稼ぎに行き，古老は都市部の息子のもとへ去り，残された老人と幼児がわずかな耕地で農作業を行っている．一見して豊かな森林資源は，かつての利用圧から逃れて，有人の弄の農地にも迫るように回復過程をたどっている．開基100年，第4世代目にして，歪線屯は，豊かな森林資源の面影を表す木造家屋を残しつつ，過疎と耕地保全，定住条件の模索という存亡の危機に瀕している．歪線屯における森林資源の再生は，このような文脈で理解できる．

その3：制度的「U字型」誘導としての退耕還林政策

1999年，中国政府は退耕還林政策を打ち出し，放牧や伐採など森林への過度な利用を抑えて森林資源の回復を図る大事業が開始された．傾斜25度以上の耕地で耕作をやめ植林を行う農民に対する直接補償方式がとられ，還草2年，還経済林5年，還生態林8年にわたり，1畝(0.07 ha) 150 kgの穀物と種苗費および保育費用が支給される．退耕還林政策は，森林資源への直接的な依存を続ける山村農民にとって，生活体系の大きな転換を要求するもので，国家レベルでは，国土利用および農林業の生産構造，定住条件の変革をもたらし，存続は国家財政に依存する大掛かりな仕掛けとなっている．

退耕還林政策の貧困山村による受けとめ方について，代替生活手段(畜産など)の展開の難しさ，補助政策の不備，保育管理の不備，補償期間終了後の不透明さからこのままでは失敗に終わるとの報告がある[2]．広西壮族自治区大化県の当郷においては，耕地面積1万3800畝のうち300畝が計画面積として出され，2002年から実施へ向けて取り組みが始まったが，退耕還林政策がいかに作用し，8年後にどのような村落社会を展望できるかについては，未知数である．当プロジェクトの目的ともかかわって最も注目されるところである．

人々と森林の動態，および制度的インパクトを超えて，より持続的な土地利用体系を構築するやり方は，土地に残る生産様式をヒントとすることができる．例えば，各々の自留地には生活に必要な多種多様な作物が植えられ，上層には用材にする高木も生育し，アグロフォレストリー的展開がごく当たり前に見られてい

る。また，退耕還林実施後もひそかに行われている植栽地での間作や放牧が，木の成長を促進し，従来の循環的な農法を継続させているとの向ら[2]の報告から，本来退耕還林する必要のない土地が組み込まれていること，逆に退耕還林が必要な土地が組み込まれていない懸念があること，が推測される。現場レベルでは，現地の事情にあわせた運用がなされる必要があると思われ，当局現場担当者の労苦が窺える。

　条件不利もしくは不要となった耕作地に植林し，農家への直接補償を行うという政策手法は，EUの農地造林などに代表的に見られるが，EUの場合，それは農業保護による財政悪化と食料過剰，農薬・化学肥料多投による環境汚染等を背景とした，いわば消極的な対応であった。これに対し，退耕還林政策は，長江や黄河の水利問題をきっかけとして起きた流域保全のための緑化への要請を背景とし，そこで生活の手段を得ている膨大な数の住民を直接巻き込みつつ展開する，積極的戦略として理解できる。土地利用転換，流域保全，農民の再生産構造の変化，市場の変化など，退耕還林政策は，多局面において大きなスケールで中国社会の構造を変えつつ，その評価を待つことになると考えられる。　〈山本美穂〉

りは重要な経験である。

② 七百弄郷政府に森林政策担当の副郷長を置くとともに，各屯に設置された護林員との関係を密にすること。村民委員会の協力を得て，森林の監視体制を強めること。

　広西壮族自治区の森林政策の先進県である三江屯族自治県林渓郷では郷政府に森林政策担当の副郷長を置いている。各屯に護林員を置き，森林監視活動において村民委員会の協力を得ることができれば，森林管理と監視のレベルは飛躍的に高まるであろう。

③ 退耕還林における植栽樹種を農民との協議の下で決定すること。

　退耕還林政策は農民の協力を得なければ成功しない。公益林80％，経済林20％という全国基準の下で，可能な限り多目的に利用できて，経済的に有利な樹種を選択することが重要である。七百弄郷には造林の経験がほとんどないので，広西林業科学院の技術指導が不可欠である。

④ 森林に関する権利関係について明確にするとともに，公益林・商品林の区

分を農民との協議の下で行うこと。

　森林に関する権利関係が明確でなく，現存森林をどのように保全利用するかの方針も明確ではない。現存森林について農民との協議の下で公益林・商品林の区分を行い，保全利用の方針を明確にすること。できれば公益林に指定された森林について広西壮族自治区の財政支援を得ること。

⑤　農民が継承している伝統的森林利用技術を掘り起こし，それを現在の技術視点から評価し，森林の保全と利用に関する今後の方針に取り入れて活用すること。

　農民が継承している伝統的な森林利用技術について，調査することができなかった。当然ながら，伝統的な森林利用技術は存在するので，それらを掘り起こし，評価した上で活用する必要がある。

注

1)　この部分の叙述は依光良三編著(2001)：『流域の環境保全』日本経済評論社，pp. 195-228 に拠っている。
2)　江沢慧編(2001)：『中国現代林業』中国林業出版社。
3)　張建国・余建輝(2002)：『生態林業論──現代林業的基本経営摸式』中国林業出版社。
4)　梁建平(2002)：「中国における退耕還林の概況と岩溶地区の生態系再構築への影響」『未来開拓推進事業国際シンポジューム発表論文』2002 年 11 月。
5)　国家林業局(2002)：『中国林業年鑑 2002』p. 463。

引用・参考文献

［1］　井上真(1994)：「経済発展の森林資源の変動──森林資源に関する U 字型仮説」永田信・井上真・岡裕泰『森林資源の利用と再生』農山漁村文化協会，p. 234。
［2］　向虎・関良基(2002)：「退耕還林政策と貧困山村」『2002 年林業経済学会秋季大会報告資料集』pp. 148-156。

第III部

物質循環と人間活動

弄石屯弄達の尾根にある地下水の出口

第8章　七百弄郷居住ドリーネにおける物質循環
――課題とその解決方法――

安藤忠男・高橋恵里子

1. 桃源郷の人々

　中国広西壮族自治区大化県七百弄郷に分布する石灰岩地帯には，1124もの巨大ドリーネ(弄(ロン))が存在する。そのうち324の弄に瑤族，壮族，漢族の人々が生活している。一般に弄では小面積の平坦な底部を勾配40度にも達する急峻な岸壁が囲み，鞍部と底部の標高差は100～300mに達する。岩峰が林立する様はまさに壮観であり，七百弄郷のパンフレットでは当地を「桃花源」として紹介している。現地の人に桃花源は桃源郷のことかと質問してみたところ，桃源郷は仙人の住む場所だとの説明だったので，両者は異なるのだろう。しかし，桃の花が咲き，霞ただよう巨大ドリーネ群は，まさに浮き世離れした桃源郷の感がある。

　各居住ドリーネには数十人規模の人々が屯と呼ぶ集落を形成し，トウモロコシ栽培と養豚を主体とした生活を営んでいる。弄内で生産されたトウモロコシや野菜を弄内の薪で調理し，弄内の降水や湧水を飲み，家畜を含めた排泄物や薪の灰はすべて弄内の耕地に還元し，自給自足的な生活をしてきた。家畜，木材，薬草などを販売して得た現金で塩等の一部の食品や生活必需品を購入しているが，収入が少ないため弄外から流入する物量は少ない。当地では500年以上も前に瑤族が定着したと考えられており[11]，極めて閉鎖的な環境下で人々が自然と共存しつつ今日まで社会を持続させてきた事実は驚嘆に値する。

　人々の生活は極めて質素で小柄な人が多いが，一般に健康で長寿であるといわれている。急斜面での採草や放牧などの労働に参加している高齢者もよく見かける。急な坂道を喘ぎながら登っているわれわれを，笑いながら追いこして

いく老人たちの健脚にはとてもかなわない。出稼ぎで村を離れている若者は多いが，若者たちの話を聞くと，将来は村に帰ってきたいという。都会では住みにくい事情もあるのだろうが，生まれ育った環境と文化に愛着が強いのではないだろうか。多くの住民が外部よりも当地での生活を希望していることは，七百弄郷の人口動態が比較的安定していることからも裏づけられる。

近年，道路が整備され，水道や電気が普及するにつれ，情報や物流は開放化し，人々の生活が大きく変わろうとしている。しかし一般の人々の所得水準は，1998年当時で年間1000元/人程度と低く，住居が粗末で教育費や食費の確保が困難な世帯も多く，所得の向上・生活水準の向上意欲が強い。また，数十年前までは大木が茂り虎も生息していたといわれる自然環境は，今は見る影もなく，林地の利用を制限して森林の育成を図る封山育林や急傾斜の耕地を林地に戻す退耕還林などによる森林の再生策が実施されている。現在の「桃源郷」では貧困の解消と生態系の再構築が重要課題である。

2. 七百弄郷に学ぶ

世界では地域レベルの，そして地球レベルの環境破壊が進行している。沙漠化，森林面積の減少，土壌の退化，生物種の減少など自然の喪失，種々の化学物質による大気・水圏・土壌の汚染，そして地球の温暖化やオゾン層の破壊等の地球システムの変化である。先進国は大量の資源消費により，また途上国は地域資源の不適切な使用により，これらの環境破壊を促進している。

そのため，多くの先進国は大量生産―大量消費―大量廃棄による資源浪費型の生活様式からの脱却を迫られている。一方，途上国の多くは，人口と人間活動量の急増による自然破壊・環境破壊の防止と貧困からの脱却が重要課題となっている。一方が物質の過剰による，他方が不足に起因する環境質の劣化と，原因も様相も異なるが，自らの生活基盤を確保するために人間活動と自然が調和した循環型社会の建設を迫られている点では共通している。

前述のように，七百弄郷では数百年もの長期にわたって社会を安定的に持続させてきた。先進国においても途上国においても循環型社会を建設するためには，七百弄郷社会に学ぶ点が少なくないものと考えられる。七百弄郷はそれぞ

れ独立性の強い多数の類似した集落(屯)で構成されており，定量的なデータを入手しやすく，実験社会学的な手法さえも適用可能である。そこで本プロジェクトでは，七百弄郷社会を多角的に解析し，人間と自然との共存原理を明らかにし，自然環境と調和させつつ人々の生活水準を向上させうる方策を検討しようとした。

人間と自然の共存原理を物質面から解明するために，プロジェクト内に「物質循環グループ」を設置し，七百弄郷弄石屯(ロンスートン)試験地を中心に近隣地域の現地調査を行い，試料などを採取するとともに室内実験等を行って，居住ドリーネにおける養分，水，エネルギーの循環・フローを解析した。筆者らは主に弄内外の養分循環を検討したので，そのプロセスや成果の概要を紹介する。

3. 弄石屯試験地の特徴

筆者らが弄石屯を初めて訪れたのは，1998年9月である。われわれのグループは，「対象試験地では土壌養分が生物生産の限定要因になっている」との前提に立ち，生物生産性の向上に利用しうる有機廃棄物などの養分源の探索とそれらの有効利用方法を検討することを主たる目的として調査を実施した。その結果，試験地およびその周辺では，有機廃棄物が利用方法に改善の余地はあるもののよく活用されており，したがって環境汚染も軽微であり，持続的な生活圏が成立しているように推測された。

しかしそれは外部生活圏からの投入が少なく生産性が低いために成立しているのであって，今後，生活水準の向上を目指して資源の投入量が増加すれば容易に崩壊する危険性が強いものであろうと思われた。そのため筆者らは，居住ドリーネの持続性を維持しつつ生物生産性，住民の生活水準，環境質を同時に向上させる場合の方法論を探る目的で，まず当該物質循環システムの概況と特徴を現地調査で明らかにしようとした。観察ならびに聞き取り調査によって明らかになった弄石屯の物質循環システムの概況と特徴は，以下の通りである。

3-1. 地　形

本試験地の物質循環システムは地形によって一義的に規定されていると考え

られる。試験地一帯は大規模なカルスト地形であり，屯は通常，数個のドリーネで構成されている。弄石屯は大小6個のドリーネで構成されており，合計集水面積は約 130 ha である。集水面積の大部分は 40〜50 度の急傾斜地であり，平地は各ドリーネの底部に存在する。最大の平地は標高 605〜660 m にわたって長さ南北約 800 m，幅東西 20〜140 m，4〜5 ha ほどの緩傾斜地である。河川は認められず，雨水は壁面および底部から地下へ浸透している。土壌浸透が良好のため，多雨時にあっても底部の一部が 2〜3 日程度湛水するに過ぎない。

　弄石屯ドリーネの壁面の大部分は，ほぼ垂直に岩壁が露出している部分を除き，1〜3 m² の表土を有する多数の階段状の窪地から構成されている。住民は窪地の中の岩石を岩棚として積み上げ，窪地を段々畑のように利用している。表土の厚さは一般に 20〜30 cm と薄いが，部分的には地下深くまで岩石の亀裂が入り，土壌が深層まで堆積しているところもある。岩棚の縁の岩石には地衣類が密に付着しており，多量の土壌が窪地から流出した形跡は認められない。このことから窪地に入った雨水は比較的速やかに地下へ浸透し，岩棚を溢出することが少ないものと予想される。ドリーネ底部の土壌の堆積も最底部を除き顕著ではないので，これらの岩棚は斜面の土壌浸食を防止する役割を果たしているものと考えられる。また，もし岩棚が地下部への水の浸透を促進しているとすれば，一方で岩棚部の保水量を増加させる役割も果たしているものと考えられ，これが山頂部や尾根部の樹木の成長や作物の栽培を支えているのではないかと推測された。

3-2. 地質と土壌

　七百弄郷の大部分が石灰岩地域であることが，物質循環系のもうひとつの大きな特徴となっている。地域の石灰岩の生成年代は不明であるが，貴州省の石灰岩の生成年代が 2〜20 億年前であるので，この地域の石灰岩も，2 億年以上前に熱帯の広大な浅海に生息していたサンゴ，層孔虫，腕足類などの石灰殻を有する生物の遺骸が海底に厚く堆積して石灰岩になり，地上に隆起したものと考えられる。石灰岩は生物起源の堆積岩であるので主成分は炭酸カルシウムであるが，生物体を構成していたリンなどの成分や浅海に流入堆積した種々の成分を含むものと推定される。

試験地の母岩の大部分は石灰岩と苦灰岩である[15]。しかし，なかには赤褐色の円礫を含む岩石や結晶構造の発達した方解石などが認められ，母岩も一様ではない。ドリーネの底部には直径1〜十数センチメートルの鉄分に富む赤褐色の円礫が多数認められる。地表に露出した石灰岩中の炭酸カルシウムは雨水の作用を受けて溶脱するが，その残渣は土壌化作用を受け，一般に石灰に富む塩基性土壌を生成する。この地域の土壌も塩基性であり，その組成は母岩とその風化作用の影響を強く受けているものと考えられる。

弄石屯では，500年以上もの長期にわたってドリーネ内の生産物に大きく依存した自足的な生活が営まれてきたといわれる。この場合には，作物の養分組成が土壌成分とその可給性に大きく支配され，したがって食品や土壌に還元される有機廃棄物や植物体残渣中のミネラルもその制約を受けることになる。ある種の養分が不足していれば，外部からの投入がない限りシステムを循環する当該養分が不足し，生物生産や住民の健康に影響することになる。また，重金属など過剰のものがある場合も同様に系内の生物生産や住民の健康に影響を及ぼす可能性が考えられる。したがって，系内を循環しているミネラルの種類と量を正確に把握することが，系内の生物生産性を向上させるために重要であろう。

3-3. 気　　象

試験地は北緯23〜24°と北回帰線近くに位置しており，地域的には亜熱帯に属する。しかし，標高が600 m以上と高く，また特有の盆地地形のため，微気象は標高と地形の影響を強く受けるものと想像される。特にすり鉢状の地形のため，斜面の方位による微気象や地温の差はかなり大きいと考えられ，生物生産面の留意点となろう。

系内の物質循環を規定する要因のひとつは降水量と降水分布である。本プロジェクトの高橋ら[10]によれば，試験地付近の年降水量は約1800 mmで，その80％が4〜9月の6ヶ月間に集中している。逆に10〜3月(冬季)の6ヶ月間の雨量は平均約360 mmと少なく，渇水状態になる。夏季には土壌成分の溶脱による損失が多く，冬季には生活用水の不足や土壌の乾燥が深刻になりうる状況である。系内の養分保有量はカルシウムなどを除き潤沢ではないと推定され

るので，夏季の多雨時には土壌養分，特に窒素の溶脱による損失を最小限にする必要がある。そのための作物栽培方式や施肥などの肥培管理技術が重要である。

　総降水量に不足はないので，水供給の平準化が必要となる。降水量や降水分布を変えることはできないが，集水域内の水の動態を変えることは可能である。筆者らが9月下旬に試験地北東壁の窪地土壌を観察した結果では，最上部の森林植生の直下から最底部まで標高が低くなるに従って土壌水分がむしろ減少しているように見受けられた。これが事実であれば予想外の結果である。住民の説明によれば，森林が豊富に存在していた1950年代以前では弄内の湧水が涸れることはなく，耕地への灌漑も不要で，気温も現在より低かったとのことである。現在でも尾根部に豊富な樹木が生育している弄良村歪線屯_{ワイセントン}では，弄石屯より一般に多湿に思えたのは筆者らだけであろうか。いずれにしても集水域内での水の動態に対して特に斜面上部の植生が大きな役割を果たしているように見受けられる。植生による水供給の平準化が少しでも可能となれば，系内の生物生産力も向上させやすい。

　冬季の水不足は生活上の大きな支障となっており，早期に解決する必要がある。弄石屯住民への聞き取り調査の結果では，1世帯が1日に使用する水量は約100 Lである。弄石屯では降水時の沢水と雨水を貯水したコンクリート製の貯水池から数世帯がビニール管で各家まで導水し，約100 Lの水甕に貯水し，飲用，炊事や洗濯などに利用している。排水は使用状況に応じて家畜用や畑の灌漑水として使い分けている。貯水池には沢水が入るためにpHが高く，細菌数も多いと考えられ，質的に問題がありうる。特に渇水期には質の低下が予想されるとともに，必要最小限の水需要もまかなうことが困難となろう。1世帯は5～6人で構成されているので，1日100 Lの使用水量は少ないが，当面これを満たす必要がある。しかし，貯水池の増設だけでは質，量ともに適切な用水の確保が困難なので，根本的な解決にはなりにくい。

3-4. 植　　生

　弄内の物質循環の原動力のひとつは植生である。水やエネルギーは系の通過物であるが，植生はエネルギー，水，養分の獲得・再循環システムとして最も

重要である．バイオマスが増大すれば，システム全体が獲得保有できるエネルギー，水，養分量が増加し，生活へのバイオマス利用が容易になって生物相が豊富になり環境浄化能が高まるため環境質の向上が期待できる．住民の話では，弄内に存在していた森林が除去されたことにより作物生産や環境に大きな悪影響が生じたとのことなので，森林植生の回復は最優先課題のひとつと考えられる．

弄石屯は前述したように約50年前までは胸高直径1mを超す大木（金剛木）を含む森林で覆われており，1950年代末の大躍進時に皆伐されて製鉄などの燃料源として利用されたそうである．巨木が1本も見当たらない現在では信じがたい話ではある．大木が過去に存在した証拠を探したところ，歪線屯内の斜面下部近くで直径約40cmの切り株を発見した．腐食がかなり進んでいたが，原形はとどめており，以前に大木が弄内にも存在していた証拠のひとつとなろう．切り株がほかにほとんど見当たらない理由は，地域の温暖多雨かつ好気的条件下では生物の活動が盛んで切り株の分解が速やかに進むためと考えられる．弄内の木造家屋が弄内の樹木を利用して建築されたとすれば，過去に大木が存在していた別の証拠となる．

弄底部に自生している香椿は樹齢8年で胸高直径が10cm以上である．樹木類の成長が速いので，適切な植樹と管理を行えば，やがてはかつての森林植生を弄内に再現することも夢ではないように思われる．森林は一般に生産力が高く，水土保持や気象緩和も期待できるので，過去に存在していたとされる豊かな生態系を再構築することが極めて重要と考えられる．

3-5. 住　　民

a）人　　口

聞き取り調査の結果では，弄石屯には1998年当時23世帯120人が居住していた．1世帯当たり平均5.2人であり，子供は2人ほどだという．以前は30戸以上存在したが，移住政策により貧しい家庭が隣県へ移住したそうである．弄石屯の戸数および人口に関する中国側の資料では，33戸146人となっているが，これらは今後の検討の基本となる数字なので正確な調査が必要である．夫婦の平均子供数が2.2人を上回ると人口は増加に転じ，人口増加が系内物質循

環システムの不安定要因となりうる。郷内では家族計画の必要性が叫ばれているので，急激な人口増加は生じないと考えられるが，過去および将来の人口動態調査が必要である。

　b) 健　　康

　住民の平均寿命，健康状態に関しては基礎となる資料が不足している。住民の話では弄内には80歳以上の高齢者が数人おり，100歳ほどの人もいるということなので，事実であれば比較的長寿と考えられる。乳幼児の死亡率が高い可能性もあるので，詳細な調査が必要である。村民を観察した結果では，一般に小柄で痩身ではあるが健康そうであった。筆者らが肥満と判断した人は事故により右下肢を失った40代の婦人1人であった。もし住民が長寿であるとすれば，食事と運動の両面が影響していると思われるので，食生活や生活行動の調査が必要である。

　c) 食料と農業・畜産

　塩や米などの一部食品を除き食料の大部分が弄内の生産物に依存している。耕地面積は1生産隊当たり120畝(約8 ha)であるが，そのうち平地に区分される耕地は36畝(約2.4 ha)に過ぎない。耕地の大部分が斜面の窪地であろうが，耕作している面積が極めて広範なばかりでなく，可耕地部分の形状が不定で岩石露出部分が多いので，正確な耕地面積の算出は容易ではない。平地ではトウモロコシ，サツマイモ，大豆，蔬菜類が主に栽培され，傾斜地ではトウモロコシやヒマ，カボチャが栽培されている。トウモロコシの平地収量は ha 当たり3.7 t(250 kg/畝)ほどであり，1世帯当たり年間1500 kg の穀物が必要なので，現在は自給可能とのことであった。1人当たり1畝の耕地で年間250 kg のトウモロコシを生産し，これを主食にして大豆やサツマイモ，野菜などで栄養を補っていることになるが，裏づけの調査が必要である。実際に食用に供しているものはタケノコや山菜類，野生動物など多様と思われる。

　主要な肥料である堆厩肥は ha 当たり1.5〜2 t 施用されている。化学肥料は，その後の調査でかなり多量の炭酸アンモニアや尿素が使用されていることがわかった。リン酸肥料やカリウム肥料はほとんど使用されていない。農業生産や環境汚染と関係が深い堆厩肥や化学肥料の使用量を正確に把握する必要がある。

　家畜は1世帯平均豚5頭，山羊5〜6頭，鶏10羽ほど飼育している。このほ

かに家によってハト，ウサギ，牛が飼育されている。牛が傾斜地に放牧されているのを見かけたが，役牛として利用しているのであろうか。豚や山羊は売却され，年間約2000元の収入源となっているとのことであったが，世帯によって異なるものと思われる。弄石屯ではいわゆる出稼ぎが少ないとのことなので，家畜の販売が主要な収入源になっていることは確かと思われる。そのほかの収入源として考えられたのは，薬草類や薪炭材の販売，人夫などの労働収入である。いずれも今後の詳細な調査が必要である。

d）住居と燃料

住居は木造家屋が多いが，煉瓦やブロック造りもある。多くの木造家屋では壁面がコモ状のもので覆われているだけであり，夏はよいとしても，気温が10℃以下に低下する冬季には寒さが厳しいと思われる。寝室はない場合も多いようで，各部屋に覆いつきの寝台が置かれている。電灯がないので日中も家の中はすこぶる暗い。そのせいか床が乱雑で，汚れている家屋もあった。しかし歪線屯では家人の服装も家の中も清潔であったので，住人の生活感覚に大きな差異があるのかもしれない。弄石屯では一般に居住性が著しく劣る家が多いように見受けられた。

竈（かまど）を備えた台所が独立している家もあったが，多くは囲炉裏風のものが室内にあり，炊事と冬季の暖房を兼ねているように思われた。燃料は樹木，トウモロコシやヒマなどの茎部が利用されていた。灰は農地に還元されるので養分循環の一部を燃料が担っているだろう。薪を軒下に多量に積んである家も多く，燃料が特に不足しているようには見えなかった。しかし量が多いので，採取にはかなりの労力を必要とし，また森林に与える負荷が大きいと考えられるので，薪炭利用量の把握が必要である。

多くの家が高床式で，居住部の下には豚，羊，鶏などの小屋が設けられていた。豚小屋の上に便所があって糞尿が豚に利用されているところもあり，さらに敷料としてトウモロコシの茎葉部が利用され，厩肥の製造に使われていた。別棟にいわゆる肥え溜と考えられる施設もあったので，人間と家畜の排泄物などの利用方法は単純ではないと考えられ，調査が必要である。いずれにしても，排泄物は全量が基本的に土壌に還元されて貴重な養分源となっており，系内の養分循環に重要な役割を果たしているものと考えられる。

e）教育と日常生活

　教育水準は低く，改善が必要である。弄内に住む学齢期の20人の子供のうち，通学者は8人に過ぎず，ほかの12人は学校へ行きたくとも年間約350元の費用を支払えないので通学できないでいるとのことであった。また，女児は将来，弄から嫁として出ていくので教育は不要との風潮もある。これを裏づけるような事実に出会ってびっくりした。筆者らが道路際で調査をしていた時，15～16歳の美しい村の娘が通りかかり，筆者らの作業を見ているので，持ち合わせたキャンディーを1つ与えた。にっこりと微笑んで筆者らに返した言葉が「ニイハオ」であった。そこで「シェシェ？」と聞き直すと彼女ははにかみながら「シェシェ」と答えたのである。発音の様子から判断しても彼女はどうやらこれらの漢語もよくわかっていないようであった。

　地域の言語は瑤族の言語であり，ふだんの生活には漢語は必要ないかもしれない。しかし，漢語が使用できなければ，瑤族＞漢族＞壮族の人口比率とは違って漢族＞壮族＞瑤族の順に社会経済上の影響力を持つ社会では，雇用の機会も活動の範囲も大幅に限定されることはまちがいない。新聞やラジオ，テレビなどのマスメディアが弄内で利用できるようになっても宝の持ち腐れとなるだろうし，子供の教育にもさしつかえるだろう。弄内の識字率や漢語能力が低いことは，人的資源を活用して生活水準を向上させる場合の重要な障害になりうるので，村民の教育水準の向上は早急に取り組むべき課題である。

　農閑期には時間的余裕がふんだんにあるようである。余暇にカードやマージャンなどの娯楽を楽しむほか，歌唱を得意とする。弄の地形がよい音響効果を発揮すると見え，青年たちの歌声は朗々と盆地に響きわたり，それは見事なものであった。余暇に椅子などの家具を製作している姿も観察された。作品は荒削りだが技術と設備が導入されれば，木工を貴重な現金収入源として育てることも可能と判断される。トウモロコシの醸造酒造りも盛んで，訪問した多くの家で酒を勧められた。農林畜産物の加工による高付加価値の商品の生産は，生活水準の向上を裏づける収入源として将来重要な手段となるだろう。

　住民に将来への希望を聞いたところ，水道と電気の導入，家の新築の希望順位が高い。家の新築となれば，まとまった資金が一時に必要となる。水道も電気も近い将来導入が可能な状況になっているが，問題は料金をまかなうに足る

収入を確保できるかである。

3-6. 地域資源

社会の発展を計画する場合，いかなる社会においてもその地域資源や地域特性を最大限に活用することが重要である。そのような観点から七百弄郷を見た場合，より高い生活水準の持続的な生活圏を建設する場合に利用できる地域資源としてどのようなものがあるであろうか。以下に思いつく資源を列挙した。

a）気候的資源

太陽エネルギー，風，降水が主な気候的資源であろう。太陽エネルギーについては光発電などの直接的利用のほかに，熱やバイオマスに変換して利用することが可能である。現在は，薪炭材などとしてわずかに利用しているに過ぎないので，より効率的利用方法を検討する必要がある。風力や水の落下エネルギーも電気エネルギーへの変換や動力として利用することは可能と思われる。

b）地形・地質的資源

景観が最も有望な地形的資源であろう。筆者らはこれほど雄大な規模のカルスト地形をほかに知らない。比較的近くの景勝地である桂林，石林に充分匹敵するものと思われ，将来の観光資源としての活用が期待できる。しかし，この場合には地域の伝統的な文化や生活などすべての地域資源が観光対象となり，農業的および工業的開発とは両立しがたいので，周到な計画と準備が必要である。石材およびセメント用原料としてだけ利用されている石灰岩は，加工方法によっては付加価値のより高い製品の製造も可能と思われる。

c）生物的資源

多くの生物的資源は既によく活用されているようだ。しかし，農業・畜産については改善の余地が大きく，実効ある具体策を検討する必要がある。漢方薬原料，花卉などの地域の特性を利用できる生産物も含め，それらの加工により付加価値の高い製品を生産することも可能なのでその方法を検討することも必要と思われる。

d）人的資源

人的資源の活用が最も重要である。住民の勤勉で社交的な性格と資質は能力の開発により数段優れたものに変えることが可能と判断される。物の加工や歌

唱などに優れた特性があるように見受けられるので，もし固有の伝統的文化があればそれらや知的生産能力とともに人的資源をより有効に活用することが可能と思われる。最大の問題点は住民が資質向上のための教育訓練を未だ充分受ける機会を与えられていないということである。

4. 物質循環システムの概要

以上は，筆者らが弄石屯を初めて訪れた時の観察と聞き取り調査の結果をまとめたものである。これらをもとに物質循環システムの骨格を示すモデルを作成した。システムの対象範囲を弄石屯に属する集水域とした場合，システムの構成要素は土壌，岩石，植物，家畜，人間，構造物である。これらはシステム外囲の自然物質循環系中の光，温熱，大気，水環境等とエネルギーや物質の交換を行うとともに弄石屯外の外部生活圏ともエネルギーや物質の交換を行っている。

人間がかかわらない場合，このシステムへ流入する主要なエネルギーは太陽エネルギーであり，系内の物質循環の主要な駆動力として働き，一部はバイオマス中に保存されるが，やがて長波長放射として系外へ流出する。水は大部分が降水として系内に流入し，その一部が蒸発散により流失するが，かなりの部分が地下へ浸透流出する。栄養塩は系内で主に土壌一植物間を循環していると考えられるが，降水などに伴って養分が流入し，浸透水に伴ってカルシウムや窒素などの養分が失われる。窒素は生物的窒素固定によっても系内へ流入し，脱窒やアンモニアの揮散によっても流出する。

物質循環システムに人間がかかわる場合は，系内の経路は複雑化し，関与の仕方によって保有量，流出入量ともに大きく変動する。調査開始時点の弄石屯では，電気や水道が導入されておらず，食料や肥飼料の購入量も農畜林産物の販売量もわずかで，かなり閉鎖的な物質循環システムであると推定された。しかし，系内では作物の栽培，樹木などのバイオマスの利用，貯水池の設置，耕作などの労働等，住民の生活に応じてかなり活発にエネルギー，水，養分が循環しており，保有量や循環量の変動も自然状態よりはるかに大きくなっている。

将来，生活水準が向上すれば当然外部生活圏との物質やエネルギーの交換量

が増大し，システムがより開放的になり，より大きな物質循環システムの中に組み込まれていくことは避けられない。したがって，現在のエネルギー物質循環システムを把握した上で現在の住民の生活上の障害を軽減する手段を見出す必要がある。その上で今後の社会発展シナリオを作成し，発展段階に応じて環境質を維持向上させつつ，住民の生活水準を向上させうる方策を探す必要がある。現実に採用される手段は地域の住民や行政が選択すべきものなので，われわれの役割はその選択肢を提供することであろう。

5. 養分循環の実態

　現地調査結果を考察することによって，弄石屯の物質循環システムが見えてきた。それを単純なシステムモデルとして示してみたが，これはもちろん仮説に過ぎない。この仮説の肉づけと検証が必要である。そのため，現地で養分の存在と循環にかかわる種々の調査を実施し，試料を採取して化学分析や実験を行った。その方法や具体的な成果については高橋[9]の報告や引用文献を参照していただくとして，以下に概要を紹介する。これらの調査を通じて，七百弄郷では既に多量の窒素肥料が使われていたこと[13]，しかし土壌中には窒素以外にリン，カリウム，イオウなどの養分が不足しているため，窒素施肥だけでは大きな増収は期待できず，施肥窒素が容易に溶脱して地下水の硝酸汚染を招く恐れのあること[3]，従来の農法では限られた養分を有効に循環利用する仕組みが存在すること[9]，住民の食生活は単純だが栄養学的にバランスのよいこと[8]などの新事実が判明した。

5-1. 養分存在量——養分は土壌，岩石，バイオマス中に存在

　養分は弄内の生物生産に最も強く影響する環境因子である。人々の生活を支える作物や樹木の生育を維持し，生産を向上させていくため不可欠な養分が，どこにどのくらい存在するのかをまず明らかにする必要がある。養分存在量は，以下のように岩石，土壌，作物，樹木，堆肥などのシステムを構成する物質の重量を推定し，採取した試料の養分濃度を測定して算出した。

　まず調査結果に基づいて弄石屯の土地利用図を作成し，平地畑，斜面畑，草

142　第Ⅲ部　物質循環と人間活動

図 8-1　弄石屯試験地の土地利用図
注）合計 132 ha の集水域を有する。

地，林地，岩石地，宅地・道路に区分して利用面積を推定した（図 8-1）。宅地や道路は養分の循環に関与しないと仮定して検討の対象から除外した。弄内では土地面積に占める露岩面積が大きいことから，土壌面積と露岩面積の比率を平地畑は 9：1，草地は 7：3，斜面畑と林地は 1：1，岩石地は 1：9 と仮定した。これらの比率は観察と 2, 3 の測定例を参考にして決めたものであるが，精度は大変低い。しかし不定形の露岩が不規則に存在している現地の状況では，ほかによい方法を見出すことができなかった。

岩石や土壌は地下深部まで連続しているので，どの深さまでを推定の対象とするかが問題になる．弄石屯における土壌試掘調査では，畑地でも 20〜30 cm で岩盤に突き当たることもあれば，土壌が 1 m 以上の場所もあったので，養分循環に関係する岩石および土壌の深さをともに 40 cm と仮定した．これも精度の低い推定値であるが，ほかによい方法を見出せなかった．これらの仮定によって岩石と土壌の容積を推定し，それぞれ実測した比重を乗じて岩石重量と土壌重量を推定した．例えば弄石屯の岩石面積は約 64 ha，比重は 2.53 で，全岩石重量は約 65 万 t になり，土壌面積は 66 ha，乾土容積比重は 1.09，全土壌重量は約 29 万 t といった具合である．ほかの研究者の測定例等も参考にして推定したバイオマス(乾物)量は，樹木 1970 t，作物 90 t，草類 66 t，家畜 3 t，人間 1.3 t で総乾物量は最大で約 2130 t である．バイオマスは時期によって変化するので，作物の収穫前の最大値を用いている．

養分濃度は，試験地の土地利用区分ごとに様々な地点から多数の試料を採取し，分析した．土壌は各地点深さ 0〜5 cm，5〜20 cm，20〜40 cm に分け，合計 59 検体中の窒素(N)，リン(P)，カリウム(K)，カルシウム(Ca)，マグネシウム(Mg)，鉄，マンガン，亜鉛，銅などを化学分析したほか，蛍光 X 線分析を行って，主要な元素の濃度を推定した．岩石も同様である．作物はトウモロコシ，サツマイモ，カボチャ，ヒマ，大豆を茎葉や子実などの部位に分けて分析した．樹木は大久保ら[6]の測定例を参考にして幹：枝：葉の乾物重比率を 13：5：1 と推定し，養分濃度の測定値を乗じて養分含有量を推定した．

これらを土地利用区分ごとに岩石，土壌，作物・草類・樹木，人間，家畜，堆肥などの存在形態別に養分存在量を推定した(図 8-2)．その結果，Ca，Mg の大部分は岩石中に，ほかの養分は大部分が土壌に存在していること，植物生産に関係が深い P や K はドリーネ底部の平地畑土壌で富化されていること等が明らかとなった．

5-2. 養分の可給性と作物生育限定養分

前記で推定した養分存在量は，植物に対する養分の潜在的な供給量を示すが，植物が吸収利用できる養分量を示すわけではない．いくら養分が多量に存在しても，岩石や難溶性の化合物中に存在するのであれば，植物はそれを吸収でき

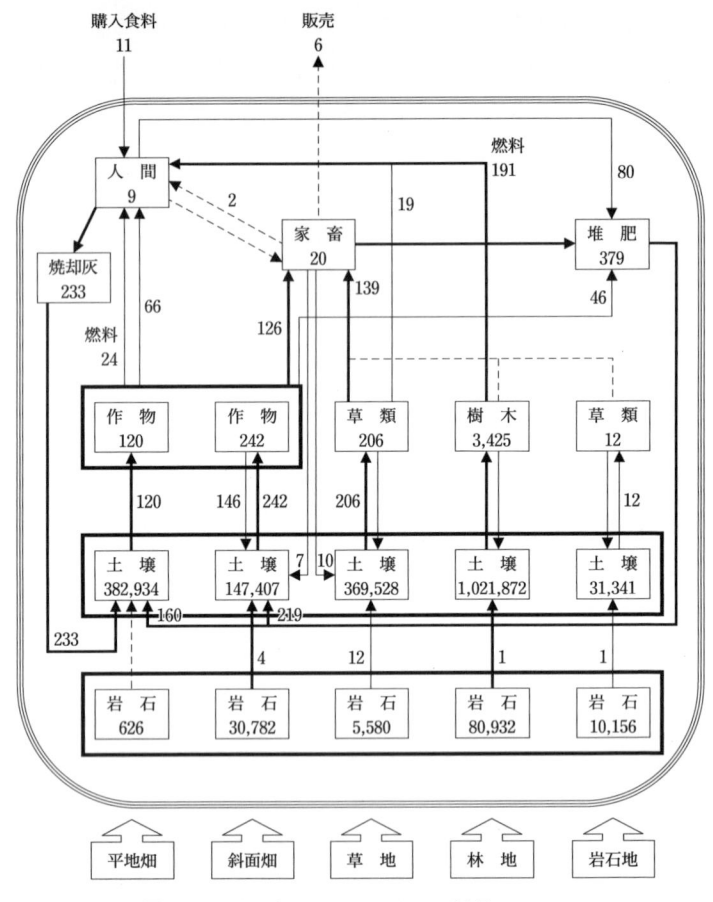

図 8-2a　弄石屯におけるカリウム循環(K, kg/年)

ない。そこで養分の可給性(植物に対する養分供給可能性)が重要となる。さらに土壌中に可給態の養分がいくら多量にあっても，ほかの養分の不足が作物の生育を制限しているような場合には，実際の養分吸収量は少なくなってしまう。この現象はリービッヒの最少律(Law of Minimum)と呼ばれ，作物の生育を一義的に制限している養分を限定養分と呼んでいる。したがって，あるシステムの養分循環を検討する場合には，潜在的な養分供給量を示す養分存在量とともに，養分の可給性や限定養分も把握しておく必要がある。

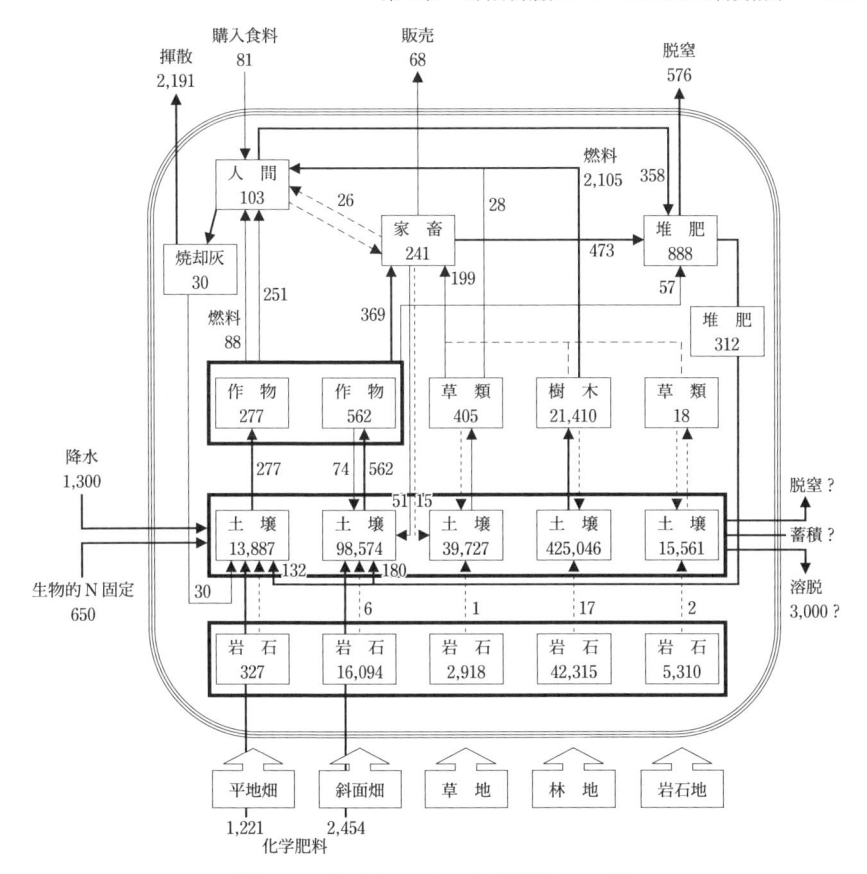

図 8-2b　弄石屯における窒素循環（N, kg/年）

　養分の可給性は化学的な方法でも推定できるが，実際の植物の土壌養分吸収量を測定する方法が最も現実に即している。作物生育限定養分は，特定の養分だけを与えずに植物を栽培すると，植物の生育量から限定養分とその強度を推定することができる。この調査では 200 mL ほどの現地土壌を用いて植物の栽培試験を行い，主要養分の可給性と限定養分を推定した。
　その結果，弄内で最も肥沃と思われる平地畑でも主要養分の可給態量は少なく施肥が必要なこと，その養分不足の程度は N＞S＞K＞P の順であること，微量要素は現状では生育の限定要因とはなっていないが，将来，生産量が増大

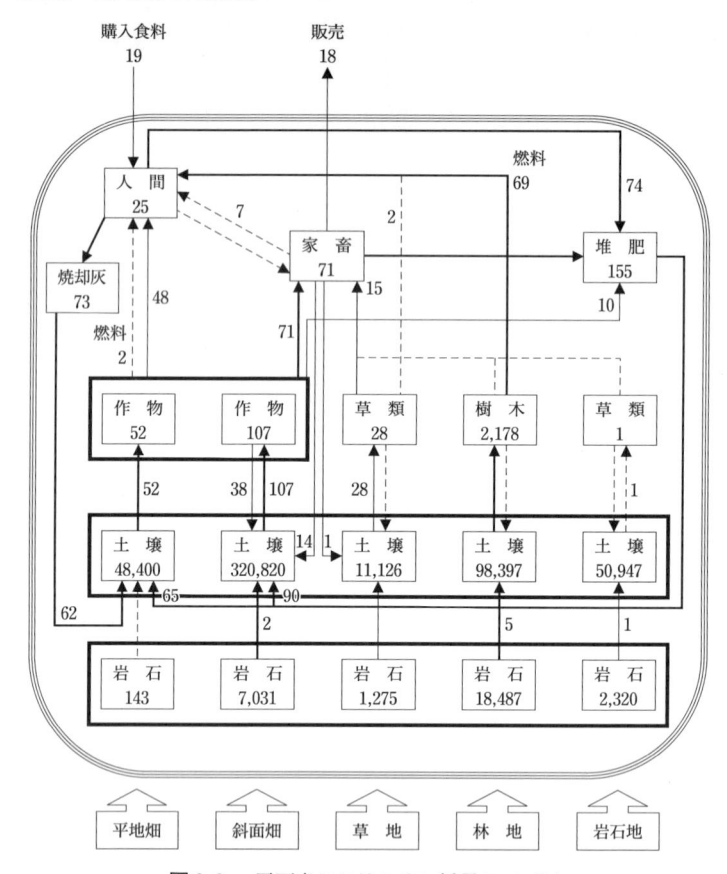

図 8-2c　弄石屯におけるリン循環 (P, kg/年)

すると微量要素が限定要因となりうること等が判明した[3]。

5-3. 養分循環経路と循環量

　養分の流れは，弄石屯と外部との間の外部循環と弄石屯内部の内部循環の2つに大きく分けられる。外部循環では，養分が雨水や購入物資等を通じて弄内へ流入し，販売物資や溶脱・揮散などを通じて弄外へ流出する。ここに示す外部循環は弄外の大きな循環システムの一部であり，地域の経済システムや自然環境等の影響を強く受ける。弄石屯では，その地形的，経済的制約のために，

河川を通じて養分が流入したり，多種多量の物資が購入利用されたりすることがないために，外部循環量の把握は比較的容易であった。

外部から流入する養分の中で最大のものはNで，炭酸アンモニアや尿素等の化学肥料が年間 3.7 t ものNとして流入しているほか，雨水や窒素固定等を含め合計 5.3 t ものNが流入していると推定された。流入窒素は植物に吸収されて弄内で利用されるが，弄内の土壌や樹木に蓄積されることは少ないと考えられるので，流入量とほぼ同量のNが土壌からの溶脱，脱窒，薪の燃焼に伴う揮散，などにより流出していると考えられる。弄石屯では施肥養分が窒素偏重であるために，植物の窒素利用効率が低く，施肥したNの多くが溶脱して，硝酸態窒素として地下水へ流入しているものと推定される。これは，環境汚染を招くだけでなく，貴重な現金収入の多くを肥料購入に充てている住民の家計に大きなマイナスとなっている。NとともにPやK，S等の養分をバランスよく施肥すれば，より小さな経済的負担でより多くの生産をあげられるだけに，施肥の合理化が重要である。

内部循環は，図 8-2 に示した養分存在形態間の移動量を土地利用区分ごとに推定した。そのため，作物体，食品，燃料の薪や作物残渣，堆肥など，養分循環に関係する物質はできるだけ多く試料を採取し，分析した。これらの分析値と聞き取り調査の結果を重ねあわせ，養分の循環経路と移動量を推定した。推定が困難であった岩石から土壌への養分移動量は次のように推定した。

弄内の主要岩石は石灰岩，苦灰岩と推定されているが，これらの岩石の存在比率や溶解速度は不明である。そのため弄内の湧水中のCaとMgの全量が岩石の溶解によって放出されたと仮定し，王ら[5]が降水量の少なくなった夏季に弄内各所から採水した湧水の分析結果をもとに岩石の養分放出量を推定した。湧水中の平均CaとMg濃度はそれぞれ 4.63 mg Ca/L，15.0 mg Mg/L だったので，石灰岩(1 kg 中に平均 313 mg Ca と 2.4 mg Mg を含有)と苦灰岩(1 kg 中に平均 228 mg Ca と 100 mg Mg を含有)のCa, Mg濃度から，土壌水に溶解する石灰岩と苦灰岩の重量比は 1：3.8 と算出された。さらに年間降水量のP割が岩石の溶解に関与すると仮定すると，湧水中のCaとMg濃度から岩石の年間溶解量 $R(kg/(m^2・年))$ も算出可能である。P=1，すなわち年間降水量の1割が岩石の溶解にかかわったとすると，年間岩石 1 m^2 当たり 33.5 g が溶

解することになる。岩石の比重を2.5とすれば溶食される岩石の深さは0.0134 mm/m^{2}である。漆原[4]は南大東島の土壌中に埋設した石灰岩片の溶解率が年1.29%だったと報告しているので、その石灰岩の比重が2.5であるなら、溶解岩石量は32.25 g/m^{2}となり、前述の推測値に極めて近いことになる。前記の岩石溶解速度から、岩石の養分供給速度を推定すると年間Ca 2.4 t, Mg 0.4 tと多いが、ほかの養分は植物生産にはほとんど寄与しないほど少ない量であると推定された。

　岩石以外のものも、測定できなかった部分については仮定の数字を当てはめて、推定を行った。その結果、次の養分循環が明らかになった(図8-2参照)。

- 窒素：系内循環量(約0.4 t N)は系通過量(約5.3 t N)よりかなり少ない。化学肥料(3.7 t N)が主要な流入源。ほぼ同量が揮散、溶脱、脱窒で流出。
- リンとカリウム：外部からの供給はわずか。大部分が系内を以下の2経路で移動。
  内部循環経路：耕地土壌→作物・飼料→人間・家畜→堆肥→耕地土壌
  内部非循環経路：林地土壌→樹木→燃料→草木灰→耕地土壌→内部循環経路
  ＊結果として耕地土壌にPやKが富化。
- 岩石の溶解による養分供給は年間Ca 2.4 t, Mg 0.4 tと多いが、ほかの養分は少ない。
- 土壌中の可給態イオウが不足しているが、降水、草木灰、堆肥により補給されている。

　土壌中に含まれる養分量は限定されるので、投入量が少ない条件下で植物生産を長期間維持するためには、系内で限られた養分を循環利用することが不可欠である。そこで弄内の養分の循環経路と循環量を推定した結果、前記のように養分がバイオマスに伴って巧みに循環利用されてきたことがわかった。特に注目すべきは、林地で樹木が吸収したPやKが薪の形態で供給され、草木灰が耕地へ施肥されることによって作物に供給されていたことである。この行為が耕地土壌でPやKを富化した主な理由と考えられる。室内の栽培実験の結果では、草木灰は肥料効果が大変大きい資材であることが確認された。また、限定養分であるSも草木灰や堆肥によって補給されているが、降水中の硫酸

態イオウが養分循環システムの貴重なイオウ供給源になっていることも推定された。

　降水によるS等の養分供給は今後も期待できるが，林地から耕地への養分の流れは，林地へ環流することのない一方通行である。いわば林地の収奪であり，やがて森林バイオマスの減少につながる危険性がある。また，薪中に含まれているNが燃焼時に揮散してしまうことも養分循環上は問題である。

　この養分循環システムで改善すべき最大の点は，Nの利用効率の向上である。わが国では通常，施肥窒素の約60％が作物に吸収利用される。しかし弄石屯では明らかに40％以下であり，施肥窒素の6割以上が作物に吸収されることなく溶脱したり揮散したりしているものと考えられる。化学肥料という貴重な資源をより有効に活用する技術の導入が必要である。農民は作物栽培について，ほとんど教育訓練を受けた経験がなく，伝承や経験に頼っている状況である。科学的な農業技術の早急な普及が望まれる。

6. 七百弄郷の人間——自然共存原理

　過去500年間，閉鎖的環境下で住民が自然と共存しえた主な理由は以下のように，住民が与えられた自然環境条件を巧みに利用し，自らの生活を適合させてきたことにあると考えられる。
① 50年前までは弄内に大木が多く，燃料や湧水が豊富であった。平地畑の土壌水分が豊富で作物生産に好都合であった。
② 人口が少なく，弄内のCarrying Capacity内にあった。
③ 長期にわたる養分の循環利用により，耕地の肥沃度を維持しえた。
④ 斜面畑の開墾や化学肥料による作物増産がその後の人口増加を支えた。
⑤ 住民は健康だが，小柄で粗衣粗食に耐え，重労働をいとわなかった。
⑥ 食生活の栄養バランスが理想的である[8]。

　その共存原理の基本となっている事柄は，そのシステムに与えられた資源を住民の知恵と汗で循環利用し，土地生産力を増強し，資源の浪費を抑え，与えられた環境に自分たちの生活を適合させてきたことにあると思われる。

7. 変貌する七百弄郷

　過去数百年間，七百弄郷は外部から様々な影響を受け，その自然環境や社会を変化させてきたに違いない。約50年前の大躍進時代には弄内の大木が皆伐され，弄内の微気象が変わったといわれている。また，近年の人口増加は土地利用方法を変え，食料の需給を圧迫させたに違いない。さらに最近は電気，水道，メタン発酵装置の導入や道路の建設などいわゆる近代化策が進められ，七百弄郷社会の基盤が変貌しつつあり，新たな対策が必要になっている。

① 道路の普及→弄外との物流量や人口移動量が増大。
② 外部情報量の増大→外部社会との格差の明瞭化，生活水準向上意欲増進。
③ 電気の導入→情報量の飛躍的な増大，住民意識の変化。
④ 所得向上意欲が増大→主要な収入源である生態系への負荷が増大。
⑤ 生態系の酷使→環境汚染や生活基盤の崩壊の危険性増大。

8. 新たな桃源郷を求めて

　環境や生活基盤を保全しながら住民の生活水準向上意欲を満たしていくにはどうしたらよいだろうか。住民の満足度は相対的なものであり，欲望自体にはほとんど限界がないので，住民の欲求に環境をあわせるわけにはいかない。環境の許す範囲(環境容量)内で，人間サイドの要求に応えることが妥当である。養分循環の視点からは，①既存活動による環境負荷量の減少，②環境容量の増大の2つによって新たなニーズに応ずる余地を作ることで，対応可能である。しかし，いずれも負荷の内容によって対応が異なる。現在の七百弄郷で問題となりうる環境負荷は，次のものだろう。

・過伐採や放牧による森林機能の減退
・窒素肥料の多施による地下水汚染
・作物生産や樹木伐採による土壌養分の収奪

　上記の環境負荷に対しては合理的な土地利用方式を確立した上で，次の対策を組み合わせて講ずれば，環境に大きな負荷を与えずに所得を増加させること

が充分可能と考えられる。
① 環境低負荷・高収益型作物生産方法の開発
・作物の養分要求に適合した土壌養分管理技術の普及
・生物的窒素固定能の高い作物品種の活用
・高カリウム吸収能作物品種の利用など土壌蓄積養分活用策の開発
・薬草，果実，野菜等，付加価値の高い作物の生産と販売
・灌漑による渇水期の作物生産
・養液土耕，水耕栽培などの先進的技術の導入
② 森林の育成と保全
・林地の計画的利用と植生保護
・高成長樹木の導入
・薪炭材消費量の減少
・メタン発酵装置のガス生産の安定化と効率の向上
・生飼料直接給与可能な豚品種の普及
・竈の改良によるバイオマス燃焼効率の向上
・林地の養分管理

本プロジェクトでは，中国側研究者らにより上記の対策の一部が着手され，有望な結果を得つつある。わが国のように，農業者自らが創意工夫を重ねて，地域に根ざした技術を開発普及するようになれば，将来の見通しは明るいであろう。その意味では人材の育成が将来の鍵を握っているように思われる。

自然環境と調和した人間活動の内容には，個人レベルから地域，国家レベルに至る種々のレベルが含まれる。上記は，屯レベルの対策の一例に過ぎない。地域社会が水道や電気などを普及させれば，水やエネルギーにかかわる問題の多くは容易に解決し，それらは屯レベルで努力するよりは合理的であろう。一方，土地利用に関するものは屯レベルの努力が中心にならざるをえないが，地域社会がベターな技術，資材，遺伝子資源などを提供すればより大きな効果を期待できる。様々な課題に対して個人，家族，集落，地域社会，国家が協力しあって解決し，七百弄郷が新たな桃源郷となり，アジアにおける優れたモデルになることを願っている。

本章では七百弄郷弄石屯における養分循環を中心に記述した。主検討対象は

麦と木と人と

　弄石屯の南端にある農家を訪問調査した。周囲に大木が数本あって涼し気である。入口の木の階段を上って部屋を覗くと，収穫したトウモロコシが部屋中にうずたかく積み上げられている。その脇で青年と老婆がトウモロコシの実を黙々と手ではずしては大きな籠に入れ，芯は別に積み上げている。実は粉にして粥に，芯は干して燃料にする。われわれが入っていっても2人は手を休めない。端正な顔立ちの老婆は北京語がわからないようで，ほとんど口をきかない。われわれの食生活調査に応じてくれた目鼻立ちの通った賢そうな青年は，蒙桂儒と名乗った。

　電灯もない煤けた室内は昼でも薄暗い。しかし，板の間の横の1坪ほどの小部屋を覗いて，私は目を見張った。手作りの木の本棚にたくさんの教科書やノートが整然と並んでおり，やはり手作りと思われる机にはびっしり書き込まれたノートが広げられている。まるで別世界である。蒙君と弟の勉強部屋であった。

　蒙君兄弟は，数年前に相次いで両親を亡くし，現在，祖母と3人暮らしである。生計を立てるために蒙君が耕作や出稼ぎに出ているらしい。しかし，師範大学へ進学して，将来教師になることが蒙君の夢だ。そのため寸暇を惜しんで勉強している。出稼ぎでためたお金を学資にしたいが，まだ600元ほど足りないという。600元といえば1万円ほどだが，平均年収が1人1000元ほどの村では大金である。私と同行した大学院生たちは，手持ちのお金を集めて彼に渡した。うっすらと涙を浮かべた蒙君は何度もわれわれにお礼をいった。

　「1年あれば麦を播け，10年あれば木を植えよ，100年あれば人を育てろ」とは，恩師石塚喜明先生(北海道大学名誉教授)から教わった言葉である。トウモロコシの端境期には食べ物に事欠き，燃料源や収入源になる樹木を伐採し尽くそうとしている弄石屯では麦も樹木も必要である。しかし，この村が極貧から脱し，居心地のよい村に変わるには，村の発展に情熱を注げる人材が不可欠である。麦と木と人を同時に育てることが必要なのだ。

　どうしたものか思案しながら，急勾配の岩棚を登って次の家へ向かった。後ろからは，数人の幼児たちが「イー，アール，サン，スー」，「エイ，ビー，シー」と大声で唱えながらついてくる。われわれを興味深げに見ていた子供たちに町で買った飴玉を与え，彼らの知っている言葉を大声でリズミカルに唱えると，彼らもそれを繰り返すのである。村の将来は，この子らが握っている。　〈安藤忠男〉

たかが 14 の養分元素に過ぎないが，その量や動きの背景には，弄に住む人々の暮らし，それを取り巻く自然環境と社会経済環境，そして数百年の歴史があった。七百弄郷では，これらの関係の重要性を学んだとともに，人間が自然とどのように調和しなければならないかについて示唆を得た。

引用・参考文献

[1] 安藤忠男(1999)：「七百弄弄合村弄石屯における物質エネルギー循環システムの特徴」『中国西南部における生態系の再構築と持続的生物生産性の総合的開発 報告書平成10年度(第2報)』pp. 101-115。

[2] 安藤忠男・高橋恵里子(2000)：「七百弄弄石屯における自然共生型物質循環システムの構築方法：試論」『中国西南部における生態系の再構築と持続的生物生産性の総合的開発 報告書平成11年度(第3報)』pp. 61-68。

[3] 安藤忠男・高橋恵里子・譚宏偉(2001)：「七百弄土壌の作物生育限定養分：栽培試験による解析」『中国西南部における生態系の再構築と持続的生物生産性の総合的開発 報告書平成12年度(第4報)』pp. 56-66。

[4] 漆原和子編(1996)：『カルスト──その環境と人びととのかかわり』大明堂，pp. 1-325。

[5] 王宝臣・大神裕史・蒙炎成・呂維莉・陳桂芬・橘治国(2000)：「百弄実験地の水環境」『中国西南部における生態系の再構築と持続的生物生産性の総合的開発 報告書平成11年度(第3報)』pp. 79-91。

[6] 大久保達弘・西尾孝佳・梁建平・陳国臣(2001)：「中国広西自治区大化県七百弄郷の弄地形の土地利用と森林構造」『中国西南部における生態系の再構築と持続的生物生産性の総合的開発 報告書平成12年度(第4報)』pp. 108-116。

[7] 小畑仁・安藤忠男・譚宏偉(2002)：「メタン発酵に関する弄石屯調査および室内実験」『中国西南部における生態系の再構築と持続的生物生産性の総合的開発 報告書平成13年度(第5報)』pp. 130-138。

[8] 片山徹之・安藤忠男(2002)：「七百弄郷における食生活の現状と課題」『中国西南部における生態系の再構築と持続的生物生産性の総合的開発 報告書平成13年度(第5報)』pp. 117-123。

[9] 高橋恵里子(2000)：「中国広西壮族自治区のカルスト台地ドリーネにおける養分循環システムの解析」広島大学大学院生物圏科学研究科環境循環系制御学専攻修士論文，pp. 1-172。

[10] 高橋英紀・山田雅仁・呂維莉(2000)：「弄石屯における降水と蒸発散能の季節変動」『中国西南部における生態系の再構築と持続的生物生産性の総合的開発 報告書平成11年度(第3報)』pp. 141-146。

[11] 鄭泰根・譚宏偉・出村克彦・但野利秋(2000)：「大化県七百弄郷生態系の歴史的変

遷」『中国西南部における生態系の再構築と持続的生物生産性の総合的開発　報告書平成 11 年度(第 3 報)』pp. 15-25。
[12]　南雲俊之・梁雷・波多野隆介・信濃卓郎・鄭泰根・大久保正彦・譚宏偉(2002)：「中国西南部カルスト地域における食料生産消費に伴う窒素循環」『中国西南部における生態系の再構築と持続的生物生産性の総合的開発　報告書平成 13 年度(第 5 報)』pp. 105-116。
[13]　波多野隆介・信濃卓郎・鄭泰根・大久保正彦・蒙炎成・譚宏偉(2000)：「七百弄農家系における窒素循環」『中国西南部における生態系の再構築と持続的生物生産性の総合的開発　報告書平成 11 年度(第 3 報)』pp. 69-78。
[14]　松田従三(2001)：「メタン発酵システムによる薪炭材との代替可能性」『中国西南部における生態系の再構築と持続的生物生産性の総合的開発　報告書平成 12 年度(第 4 報)』pp. 73-76。
[15]　八木久義・丹下健(2001)：「土壌特性の評価と土壌管理・改良方法の検討」『中国西南部における生態系の再構築と持続的生物生産性の総合的開発　報告書平成 12 年度(第 4 報)』pp. 164-171。

第9章 農業と食料消費における窒素循環と持続可能性

波多野隆介

1. 人間活動の窒素循環への影響と持続的農業

1-1. 地球規模での窒素循環の変化

　地球は閉鎖系であるので，生元素の供給には限界があるはずである。しかし，地球規模で見ると生元素は尽きることがない。これは，生元素が環境を通して再循環しているからである。われわれの体の構成元素は，以前は誰かの体を作っていたものである。

　農業は，その元素循環を高度に利用して営まれている。しかし，その生物生産過程と消費過程において環境への負荷が顕在化している。生元素の環境での循環量が大きくなりすぎているのである。特に人間活動によって地球の窒素循環は深刻なまでにアンバランスになっているとの証拠が増えている[44]。

　窒素はアミノ酸から硝酸まで-3から+5までの酸化状態をとることにより，あらゆる環境中に存在し，生物生存の最も重要な生元素である。GallowayとCowling[16]によれば1890年から1990年の100年の間に，化学肥料の出現とマメ科作物栽培の拡大，化石エネルギー燃焼によって，人為由来窒素の陸圏へのインプットは1500万tから1億2000万tに増加しているという（図9-1）。この間，自然生態系の減少により自然のマメ科植物による陸域へのインプットは1億tから8900万tに減少しており，現在では地球全体における固定窒素の供給のうち，自然プロセスによるよりも，人間活動によって供給される量の方が多くなっている。人間活動によって，陸上植物の吸収できる窒素量は少なくとも2倍に増加していることになる。それに伴い陸圏から水圏への流出は

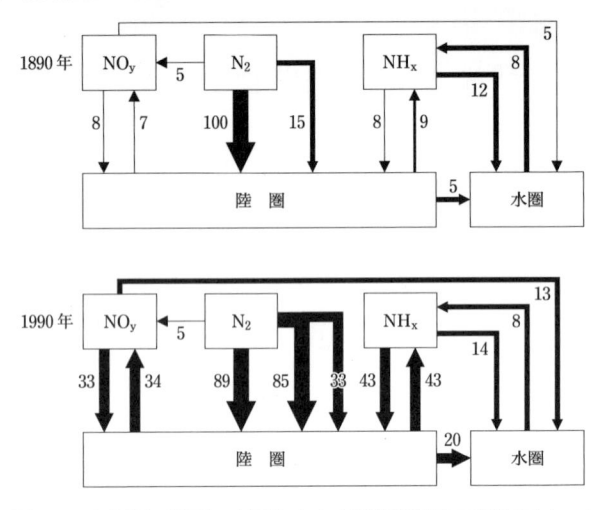

図 9-1　大気圏―陸圏―水圏をめぐる窒素循環量の変化(百万 t N)
出典) Galloway and Cowling [16] を一部改変。

500万tから2000万tに4倍に増え，大気圏―陸圏間のアンモニアの揮散と沈着，窒素酸化物の放出と沈着も5倍に増加している。

1-2. 環境への影響

人間起源の窒素全体の64%は無機窒素肥料である。世界全体の肥料使用量は1980年代後半よりは減少しているが，消費量は途上国でなお増加している。施用した窒素のうち植物に吸収されるのは半分以下で，残りは大気に逃げたり，地表水に溶けたり，地下水に溶け込んだりしている。マメ科作物の栽培が人為的窒素の25%，化石燃料の燃焼が約12%を占めている。そのほかのソースとしては，バイオマス燃焼，湿地の排水(土壌中の有機態窒素の分解)，林地の耕地への転換などが3%である[44]。窒素負荷の88%が食料生産と消費にかかわって生じている。

環境への窒素負荷が大きく増加したことから，以下の様々な問題が生じている。

① 淡水汚染：主に農業からの表面流去や廃水によって飲用水の窒素濃度の上昇が生じている。特に硝酸態窒素は幼児にヘモグロビン血症を発生させるため，

WHO は飲用水基準を 11.3 mg N/L に定めている．例えば，北海道の渓流水硝酸態窒素濃度は 0.2 mg N/L 以下であるが，農地や市街地を通ると，数倍から 100 倍に上昇する[49]．アメリカ合衆国北東部の主要河川では，今世紀初頭に比べて硝酸塩濃度が 10 倍増加し，人間の健康を保護するために，高額な浄化システムを要するようになっている[7]．世界的には河川で運搬される溶存無機態窒素量が 2〜4 倍に増加した[38]．2002 年の北海道の発表では，9528 ヶ所の井戸のうち 546 ヶ所で硝酸態窒素濃度が 10 mg N/L を超えたという[54]．

② 大気汚染：化石燃料の燃焼，森林火災によって排出される NO_x，糞尿や化学肥料から発生するアンモニアが主因となっている．一酸化窒素は，人間の健康や作物生産に非常に有害な光化学スモッグの成分である地表面オゾンの前駆体でもある．一酸化窒素は硝酸にも変換され，イオウの排出によって生ずる硫酸とともに，酸性雨として大気から洗い流される．アンモニアはアンモニウムイオンとなり硝酸や硫酸を中和するが，土壌中で酸化されると硝酸となり，土壌を酸性化する．イオウの排出については規制がなされたため，工業国における森林，土壌，地表水の酸性化は，窒素排出の結果として増えており，1990 年比 2015 年までにアンモニアで 19%，NO_x で 13% の増加が予測されている[5]．

③ 沿岸の富栄養化：窒素負荷とともにリンの負荷が上昇し，世界中の淡水生息地および沿岸で急速な植物生育によってほかの種を酸素欠乏にする富栄養化が進行している．それにはケイ素など土壌から自然供給される栄養元素とのバランスが崩れているために生じていることも指摘されている[42]．アメリカでは，状態の悪化した湖沼面積の約半分，河川面積の 60% で生じていると推定されている[7]．中国の 31 の大湖沼の 90% が富栄養化している[11]．

④ 森林の窒素飽和：集約農業と多量の化石燃料燃焼とが一致している北ヨーロッパの広大な面積は，現在，窒素飽和の状態になっており，植物がこれ以上の窒素を吸収できない状態にあるため，窒素添加を増やすと，植物に吸収されることなく増やした窒素は地表水，地下水や大気に単に流出するだけとなっている[10]．

⑤ 生物多様性への影響：窒素レベルが過剰だと，それを最もよく利用できる植物がほかの植物を抑えて生育を高めるため，植物の多様性が減少する[4]．

例えば，北ヨーロッパの広大な面積では高レベルの窒素の堆積によって，生物多様性の豊かなヒースの生い茂った荒野がわずかな種しか生育しない草地に変わってしまったという[47]。

⑥ 酸性化：窒素の堆積は生態系に対してもっと基本的なダメージを与えてい

窒素循環

　窒素は，生命に不可欠な元素であり，生物に使い回されているが，地球から消えることなく，大気組成は78％が窒素ガスで占められている。窒素は，炭素，水素，酸素とともにアミノ酸の構成元素である。アミノ酸から合成されるタンパク質や核酸は，すべての細胞へのエネルギー供給，生物構造体の維持，遺伝に深くかかわっている。窒素なくしては，いかなる生物も生きてはいけない。

　すべての生物は，生化合物に蓄えられたエネルギーを獲得しながら活動し，新たな有用な生化合物を合成している。すなわち生化合物はエネルギー貯蔵庫となっている。植物は光エネルギーを有機物に取り込み，土壌中の窒素固定菌は有機物の一部からエネルギーを得ながら大気から窒素ガスをアンモニアに固定している。アンモニアは水に溶けてアンモニウムイオンとなり，植物に吸収され同化されタンパク質となり動物に利用される。糞尿や遺体が土壌に還ると，土壌微生物はそれらを分解してエネルギーを得ながら増殖する。その過程で生成したアンモニアの一部は大気に揮散するが，雨水に溶けてアンモニウムイオンとなり植物に再利用される。アンモニウムイオンは，硝酸化成菌にも利用され，アンモニウムイオンを硝酸イオンに酸化しながらエネルギーを獲得して増殖する。硝酸イオンは植物にも利用されるが，陰イオンであるため土壌排水に溶けやすく溶脱しやすい。溶脱した硝酸イオンが，湿地や水田のように酸素の少ない土壌に入ると，脱窒菌が硝酸イオンの酸化力を利用して有機物を分解する。この過程で，硝酸イオンは順次酸化力を失い，最終的には窒素ガスとなって大気に放出される。このようにして，自然では窒素循環が完結している。

　植物は窒素を多く与えると光合成能力が高まり生育がよくなるものが多く，人類は土壌に窒素を与えて作物を生産してきた。さらに飼料を生産して家畜を飼養し，高付加価値のある栄養を得てきた。さらに，それらを流通させることで，都市を形成し文明を進化させてきた。しかしこれらの人間活動は，この100年間に地球上で植物が吸収可能な窒素量を2倍に増加させている（図9-1参照）。

〈波多野隆介〉

る。土壌中の窒素レベルが高まり，硝酸態窒素の溶脱が増加したことによって，植物生育を促進し，酸性に対する緩衝力に必須なカリウムやカルシウムのようなミネラルの溶脱を増やしている。土壌の酸性化が進むとともに，アルミニウムイオンが移動しやすくなり，やがて樹木の根を損なったり，アルミニウムが水系に流入して魚を殺すのに充分な濃度にまで高まるようになる[26]。

⑦ 炭素循環へのかかわり：窒素循環と炭素循環は相互に作用しあっている可能性がある。地球の排出炭素量と大気中に蓄積している量の差は海の吸収炭素量より多く，陸域が吸収している可能性が高いといわれている。その理由として，窒素は通常，植物生育の制限要因であり，利用可能な窒素が増加したことが，二酸化炭素濃度の上昇とともに，「施肥効果」となり，植生増加の可能性を高めていると IPCC [22] は述べている。

⑧ 亜酸化窒素による地球温暖化：亜酸化窒素は二酸化炭素の 310 倍の放射強制力を持つ強力な温室効果ガスであり，現在，温室効果の約 6% を占めている。対流圏に長期間残留し，その濃度は現在，年 0.2% から 0.3% ずつ増加している。成層圏では亜酸化窒素はオゾン層破壊にも貢献している。亜酸化窒素の多くは生物起源であり，土壌や地表水中の硝酸化成菌や脱窒菌によって生成されている。ただし，最近の排出量増加は，特に農業とその土地利用に関連した人間活動に起因している[33]。

⑨ 将来：現在の傾向から窒素関連の問題はますます悪化することが示唆されている。世界的に食料に対する需要は高まっており，遺伝子改変窒素固定作物の研究がなされているとはいえ，肥料使用量は増加し，流通消費は加速化されるため，問題が緩和される兆候はない。植物養分の管理についてはより効率の高い方法を開発するよう一層努力が払われるべきであるといわれている[13]。

1-3. 持続的農業

人間活動に起因する窒素循環の乱れは，温暖化，富栄養化，酸性化による環境変動を引き起こし，生物資源に大きな影響を与え，それはますます大きくなると予想されており，持続的な発展のためにはその改善が不可欠である。持続性に関する議論は 1980 年代に起こり，2001 年には OECD は持続的農業を以下のように定義した[35]。すなわち，①現状経済において実行可能な生産シス

テム，②農地に含まれる自然資源の保全，③農業に影響を受ける周辺の生態系の保全，④美しい景観の形成，である．そして，この4項目はどれかが優先されるものではなく，それぞれが等価に達成されなければならないとしている．いわゆる近代農業システムは生産性向上のみにその技術構築がなされてきた．しかし，窒素負荷の現状が示すように，これまで土壌に投入されてきた潜在負荷が飽和し，急速に顕在化してきている状態となり，環境に大きな影響を与えるまでになってきた．そのことが先進国を中心に持続的農業の流れを作り出してきた．わが国でも，環境保全型農業への流れが強まり，1999年に「持続性の高い農業生産方式の導入の促進に関する法律」が制定されている．世界貿易機関(WTO)においても，環境負荷を助長する農業保護は認めない原則を打ち出している．その評価のためにOECD[36]は対比可能な農業環境指標を提案している．農法，肥料使用量，農薬使用量，水利用量，土壌の質，水質，土地利用，温室効果ガス，多様性，野生生物，景観の項目により各国が対比され，持続性を失わせる方向に向かう政策を規制しようとしている．しかし，農業は本来，技術水準，生活水準と気候に依存する地域性の強いものであるので，それぞれの地域における窒素循環の構造を把握し，地域性を損なわず，環境が維持され農業の持続的発展が約束される農法を開発していく必要がある．

2. 中国における窒素負荷の現状

2-1. 窒素施与量

中国はアジア全体の24%，世界全体の9%を占める広大な農耕地を有する．FAO[14]によれば，2000年の化学肥料施与量は180 kg N/haと1961年比40倍，世界平均の3倍に達し，世界最大の化学肥料消費国である．しかし，収量は1961年比の4倍，世界平均の1.5倍でしかない．中国の畑地の35%が存在し，中国の総農業生産の32%を生産し，中国総人口の25%が住む長江流域では，化学肥料窒素消費は1980年の302万tから1996年の937万tへと3倍増加したが，作物生産量の増加は1980年の1.12億tから1996年の1.7億tの1.5倍でしかなかったという[27]．

WenとPimentel[48]は中国の伝統農業は1950年代までは窒素インプットとアウトプットはバランスよく適度に保たれてきたが，現在では作物吸収量の2倍の窒素が施肥されていることを示している。EllisとWang[12]は長江下流域の太湖地域での窒素施与量の変遷を詳細に調査している。それによると，西暦1000年から1950年代までは人間屎尿と家畜糞尿，作物残渣，雑草，水草，池の底泥などを堆肥に，70から100 kg N/haが施与された。1950年代後半に，窒素施与量は2倍になった。ほとんどが豚の増加によるものであった。さらに1970年代はじめには化学肥料が利用され始め，1979年に800 kg N/haとなり，現在は500 kg N/haが標準的に施用されている。日本の化学肥料施与量は108 kg N/haなので，この施肥量は異常に多いといわざるをえない。FuとMeng[15]は亜熱帯米作地帯の窒素施与量は264から805 kg N/ha，平均556 kg N/haと報告している。WangとShao[45]は中国南部の農村での標準的施与量は茶に150 kg N/ha，柑橘類に257 kg N/ha，スモモに73 kg N/ha，米に637 kg N/haと示している。

2-2. 河川への窒素負荷

　窒素施与量の増加は，水圏の窒素濃度を上昇させている。Yanら[50]は中国南部のChaohu湖で1976年の0.1 mg N/L以下から1991年には4 mg N/Lに上昇したことを示している。Dokulilら[11]は1992年の段階で中国の31の大きな湖の90%がTN＞0.6 mg N/LでChl-a＞7 μg/Lの富栄養状態にあることを示している。Zhangら[52]は，北部中国の14万km²の地帯にわたって地下水濃度が飲用水限界の11.3 mg N/Lを超えていることを示した。

　Jingshengら[24]によると長江の水質の変化は1980年代以降に大きく変化したと述べている。長江全体の平均硝酸態窒素は1960年代から1970代には0.23 mg N/Lから0.36 mg N/Lへと56%増加したが，1980年代から1990年代では0.35 mg N/Lから1.12 mg N/Lと3倍となった。Shuiwangら[39]は，硝酸態窒素の年間輸送量は世界の河川の総年間輸送量の18%を占め，その平均硝酸態窒素濃度は29年間で4倍に上昇し，特に1980年代に上昇していたことを示した。このことは窒素肥料施与量の増加，屎尿処理排水と工場廃水の増加によると指摘している。VarisとVakkilainen[43]はこの原因に，浸食を伴う土

地の劣化を挙げている。長江流域では，15年間で主に水食による浸食が2倍に増加している。

　長江の平均N/P比は100を示しており，プランクトン増殖のリン制限となる32以上をゆうに超えている。またSi/N比は上流では34であるが，河口から2500 kmで1となり，ケイ素制限となる2.7を下回り，富栄養化状態であることを示している[27]。

　Jingshengら[24]は，長江流域全体にわたり，TN濃度と窒素施与量には相関係数0.7から0.98の有意な正の相関関係を認めている。また，NH_4^--NおよびTNは人口密度と相関係数0.8および0.76の優位な関係も示した。さらに窒素施与量との間には，0.94および0.89の関係が認められている。

　さらに，三峡ダムの完成により1500の街が水没する[8]。三峡ダムには懸濁物質が堆積することになる。河川水中の窒素濃度は100万人の移民による人口増加で流域全域にわたり上昇すると考えられる。リンは堆積物由来のものが多いため，三峡ダムの建設で下流へのリン供給は制限される可能性がある。N/P比が32以上になるとリンが水生生物の生育の制限となるとされており，この比は現在でも流域全体にわたり100の値を示すが，2010年以降には300〜400に上昇すると見られる[27]。

3. 窒素収支と水圏への溶脱予測

3-1. 窒 素 収 支

　土壌中における生物的窒素形態変換過程も考慮した，食料の生産と消費に伴う窒素フローの計算に基づいた窒素収支を求める総合的アプローチが，農家，農村および地域レベルにおいて開発されてきている[18, 29, 30, 31, 32, 34, 46, 51]。

　図9-2は窒素フローモデルの概要である。モデルは流通システムとともに，自然や人為による窒素のインプットとアウトプットと連結した農家システム内部における窒素循環により構成されている。農家システム内部の窒素循環は圃場と作物，家畜，人間，堆肥を通しての窒素フローからなっている。流通シス

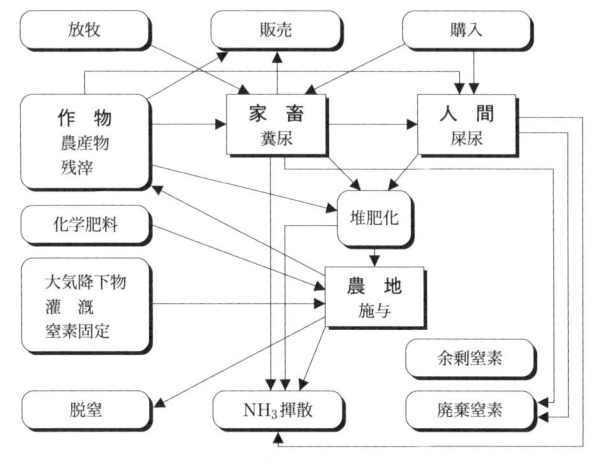

第9章　農業と食料消費における窒素循環と持続可能性　163

図 9-2　窒素フローモデル

テムは農業生産物の輸出および食料と飼料の輸入を通して窒素を交換する。圃場への窒素のインプットは，放牧による森林や草地からのインプット，大気降下物，窒素固定，堆肥や化学肥料施与である。圃場からの窒素のアウトプットは，脱窒，アンモニア揮散，溶脱である。窒素フローを計算するためには地域あるいは各農家の以下の項目に関するデータが必要である。すなわち，人口，土地利用面積，作物栽培法(作物，生育期間，播種量，化学肥料施肥量，堆肥施与量，液肥施与量，収量，残滓量)，家畜生産(種類，頭数，体重，飼養期間，飼料)，食料(自給項目，自給量，販売項目，販売量，購入項目，購入量)，飼料(自給項目，自給量，販売項目，販売量，購入項目，購入量)である。これらの項目のセンサスデータがそろっている場合にはそれを利用するが[34]，センサスデータがない場合には聞き取り調査を行う。また聞き取り調査の際に，それぞれの農家の収入と支出についても調査すると，出荷品目と購入品目の単価を用いて信頼性のチェックが行える[20]。

　東南アジアの年間の大気窒素降下物量は 10 kg N/ha と見積もられている[5]。植物吸収，化学肥料施与，堆肥施与，食料・飼料の輸出入および消費に伴う窒素フロー量は，乾物重と窒素含有率により求めることができる。糞尿尿窒素量は McKown ら[28]は摂取窒素の 80% としている。すなわち摂取窒素の 20%

が家畜と人間にストックされる。糞尿屎尿および作物残滓の堆肥化および堆肥散布中に生じるアンモニア揮散は，それぞれ全窒素の 28% と 10% とされる[3]。脱窒は化学肥料窒素施与量の 20% の値がある[41]。年間の窒素固定量は，水田，非マメ科畑，マメ科畑，草地でそれぞれ 30，5，140，15 kg N/ha[55]，林地で 10 kg N/ha の値がある[6]。

圃場の余剰窒素は次式により求められる。すなわち，

$$余剰窒素 = 化学肥料窒素 + 堆肥窒素 + 大気降下窒素 + 窒素固定 - 圃場からのアンモニア揮散 - 脱窒 - 植物吸収窒素量 \cdots\cdots (1)。$$

堆肥として施用されなかった未利用糞尿窒素は次式のように求められる。すなわち，

$$未利用糞尿窒素 = 輸入食料飼料窒素 + 放牧持ち込み窒素 + 化学肥料窒素 + 大気降下窒素 + 窒素固定 - 農産物輸出窒素 - 脱窒 - 圃場余剰窒素 - 圃場からのアンモニア揮散 - 糞尿からのアンモニア揮散 - 家畜および人間の増体 \cdots\cdots (2)$$

である。未利用糞尿窒素は堆肥板に貯留されたり，廃棄されたりする。

Matsumoto ら[29, 30, 31]と Matsumoto [32]は，日本の都市域では屎尿の廃棄が圃場の余剰窒素より圧倒的に高くなることを示した。Nagumo と Hatano [34]は，北海道の旭川での調査で，年間の農地の余剰窒素は 69 から 99 kg N/ha である一方，都市部の廃棄窒素は 2713 kg N/ha で，その廃棄窒素がごみ処理場を通して河川への点源になっていることを示した。一方，Guo と Bradshaw [18]は，中国南部太湖近くの小農村において年間の窒素収支を調査し，人間屎尿と家畜糞尿は水草，池の底泥とともに堆肥化され，化学肥料とあわせて施肥されており，その結果 155 kg N/ha の窒素が圃場に余り，池に溶脱した可能性があることを示した。ただし，余剰窒素量は水草と底泥由来の窒素量の 69% であり，水草や植物プランクトンは圃場からの窒素流出の回収に重要な役割を果たしている可能性のあることを示している。

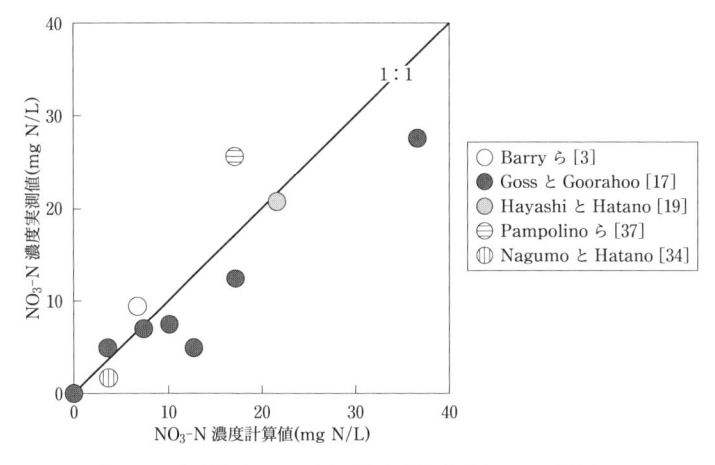

図9-3 余剰窒素による浸透水硝酸態窒素(NO₃-N)濃度の計算値と実測値の比較

3-2. 水圏への溶脱予測

近年のいくつかの研究において，圃場の余剰窒素量から硝酸態窒素濃度が見積もられることが示されてきた[3, 17, 19, 37]。毎年圃場の余剰窒素が無機化および硝化の後に溶脱すると仮定すると，年間の平均可能硝酸態窒素濃度は余剰窒素を排水量で除すことにより得られる。排水量は，年平均降雨と年平均蒸発散量の差により近似される。図9-3は，その余剰窒素量と圃場からの窒素流出量の関係を示している。

しかし，大規模流域における窒素流出量は，圃場の余剰窒素量より有意に低かった。このことは，たぶん河畔における脱窒や河畔林の窒素吸収によるものと推察されている[9, 25]。窒素溶脱には脱窒，有機化，無機化，イオン交換，水理学的分散，拡散などの土壌プロセスと関連しているが，窒素収支法による負荷予測はそのような反応は無視している。それゆえ，ここでの見積もりは，浸透水中の可能硝酸態窒素濃度だと考えられる。

4. 七百弄郷における窒素循環の実態

4-1. 七百弄郷の農家の特徴

　中国西南部の七百弄郷は，傾斜のきつい山岳カルスト地域にあり，薄い土壌層，石灰岩の割れ目を通る素早い水の流れにより特徴づけられている。そこには水田はなく，畑作と家畜生産により農業は展開されている。平坦地と傾斜30°以下の斜面に作られた段々畑では，トウモロコシとサツマイモ，あるいはトウモロコシと大豆の二毛作が行われている。傾斜地での段々畑ではトウモロコシのみが栽培されている。家畜飼養は豚と鶏が主用であったが，山羊と牛もわずかながら飼われていた。七百弄では，浅い土壌のために5月から6月にかけての豪雨は滝のような表面流去を引き起こすことが認められている。土壌に浸透した水も石灰岩の割れ目をつたって素早く流去する。飲用水確保のために，直径3m，高さ3mの水タンクが各村に設けられている。

　七百弄郷の中央部には国道が走っており，道路に隣接する弄石屯(NR)の13軒の農家に施肥についての聞き取り調査を行った。ほとんどの農家は後に示すようにかなりの量の化学肥料を投入していた。化学肥料投入への道路の影響を知るために，道路から離れた歪線屯(FR)の2軒の農家への聞き取りを行った。道路から離れた農家へは少なくとも徒歩で2時間，狭い山道を歩く必要があった。また比較のために，七百弄の外の平野部の2軒の農家(OC)でも調査を行った。その概要を表9-1に示す。

　七百弄の農家1軒当たりの人口は3から7人であり，七百弄外の農家と変わらなかった。豚と鶏が主用家畜であった。なお，1960年には家畜は飼養されていなかった。すべての農家は鶏を3から52羽飼っており，1軒を除き，豚を1から27頭飼育していた。山羊は道路に近い農村の65%の農家で飼養されていたが，道路から離れた農家や，七百弄の外の農家では飼養されていなかった。牛の飼養は，七百弄には水田がないため，あまり行われていない。

　1人当たり農地面積は0.022から0.2 haであった。中国の1人当たりの平均農地面積は1999年で0.10 haである(FAO [14])ので，ばらつきが大きい。主

表 9-1 調査農家の概要

	人口 capita/family	豚 head/family	鶏 head/family	山羊 head/family	牛 head/family	農地 ha/capita	収入 US$/family	支出 US$/family	農業収入が占める割合 %	化学肥料購入による支出割合 %
1960	7	1	5	0	0	0.067	0	0	—	—
NR01	5	6	3	3	0	0.043	123	116	31	33
NR02	6	27	42	0	0	0.054	518	500	43	11
NR03	4	0	10	0	0	0.067	140	153	0	20
NR04	3	2	13	1	0	0.067	924	385	9	8
NR05	3	1	9	6	0	0.053	140	127	0	18
NR06	7	7	7	5	1	0.038	205	248	79	18
NR07	3	4	27	0	0	0.022	475	279	47	3
NR08	7	3	9	5	0	0.043	496	448	100	12
NR09	4	3	11	3	3	0.080	130	144	57	26
NR10	5	20	52	4	2	0.056	328	302	83	11
NR11	5	13	20	0	0	0.040	290	178	100	21
NR12	4	3	3	4	0	0.053	140	124	0	29
NR13	5	16	14	0	0	0.033	1,127	377	6	15
FR01	2	20	33	0	1	0.200	230	208	73	4
FR02	4	8	4	0	0	0.050	132	150	53	3
OC01	7	21	14	0	0	0.024	1,556	1,488	77	7
OC02	7	3	14	0	3	0.057	1,175	560	100	13

注) NR：道路に近い農家，FR：道路から遠い農家，OC：七百弄の外の農家。

用作物の収量はトウモロコシで2.3から7.1 t/ha, 大豆で0.3から1.5 t/haで, サツマイモは新鮮重で葉が2.5から87 t/ha, 根が1.0から150 t/haであり, 家畜に与えられていた。これらの値は幅が大きいが, 現実的である。そのほか野菜も作られている。

農家当たりの年間の収入は123から1127 US＄であった。ただし, 道路に近い村の3軒の農家の収入は出稼ぎによる140 US＄でしかなかった。IEA統計[21]によれば, 中国の家族当たりの平均収入は1996年度で574 US＄である。農業収入は全収入の平均89％を占め, 農業収入は家畜の販売だけで占められていた。農家当たりの年間の支出は116から500 US＄であった。化学肥料購入が3から33％を占めた。化学肥料の割合は, 経済的に貧しい農家ほど高かった。収入と支出に差がある農家もあったが, ほとんどの農家で年間の支出と収入はバランスがとれていた。すなわち, ここで用いた聞き取り調査データは窒素収支を評価するに充分なものであったことを示している。

4-2. 圃場の窒素収支

図9-4に, 圃場における窒素収支を示す。窒素の総インプットは74から736 kg N/haの幅広い値を示した。ただし, 道路に近い村と七百弄外の農家の総インプットは100 kg N/ha以上であったのに対し, 道路から遠い村や1960年の総インプットは100 kg N/ha以下であった。1960年の総インプットは74 kg N/haであり, この値は, EllisとWang[12]およびZhu[53]の報告による中国の伝統的な農業における窒素施与量に等しかった。化学肥料施与量は総インプットの50％以上を占めた。1960年には化学肥料は使用されていなかった。

作物窒素吸収量は52から148 kg N/haであり, 総インプットの14.2から83.4％に相当した。それゆえ, 総インプットの16.6から85.8％は圃場から失われたことになる。脱窒は7.1から16.7％を占め, アンモニア揮散は0.2から4.4％であった。圃場の余剰窒素は4.1から463 kg N/haとなり, 総インプットの5.6から69.1％に達した。ただし, 道路に近い村および七百弄外での圃場の余剰は50 kg N/haを超えたが, 道路から遠い村, 1960年における値は40 kg N/ha以下であった。

圃場の余剰窒素量と作物吸収窒素は総窒素施与量と有意な相関関係があった

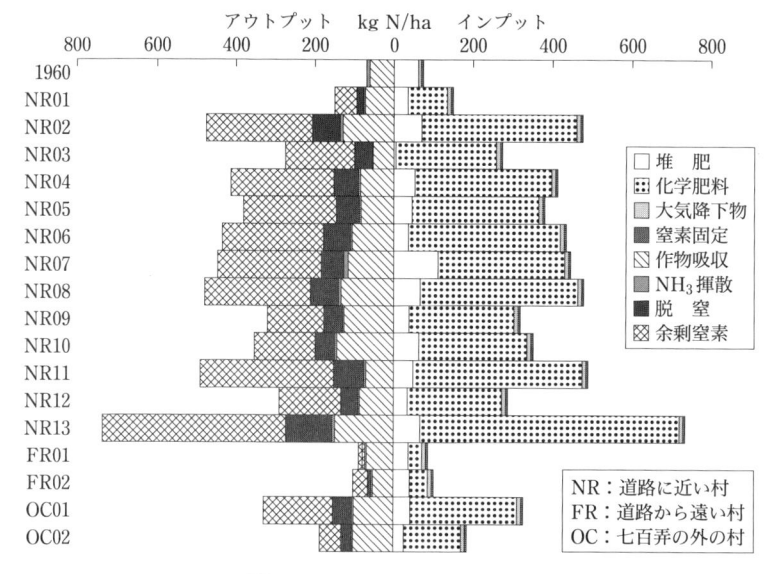

第 9 章　農業と食料消費における窒素循環と持続可能性　169

図 9-4　圃場における窒素収支

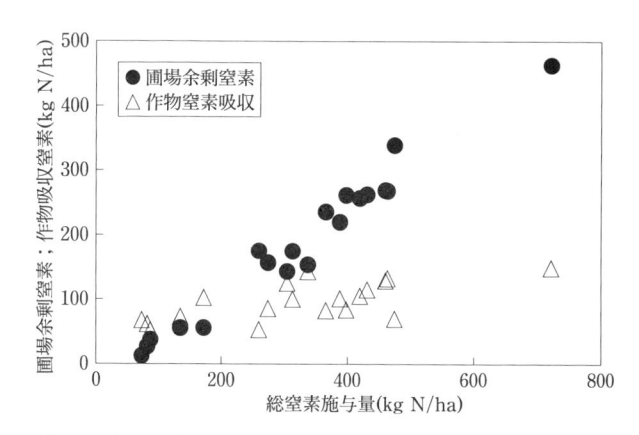

図 9-5　総窒素施与量と圃場余剰窒素および作物吸収窒素の関係

(図 9-5)。余剰窒素については，y＝0.70 x－39.0(R^2＝0.966，P＜0.001)であり，窒素吸収量については y＝0.12 x＋56.5(R^2＝0.464，P＜0.01)である。これらの式から，総窒素施与量が 55 kg N/ha 以下の場合，余剰窒素は見られず，160 kg N/ha 以上の窒素施与量になると，余剰窒素が作物吸収を上回ることがわ

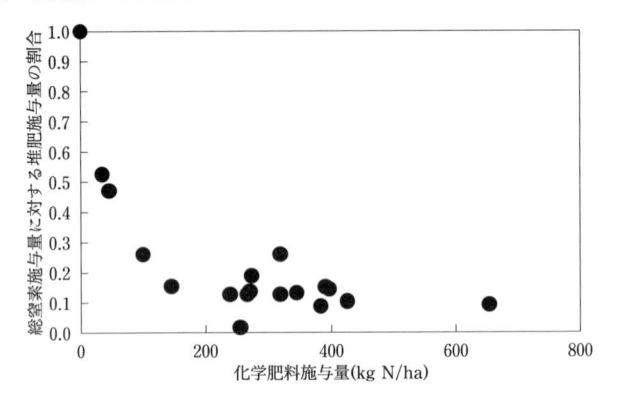

図9-6 化学肥料施与量と総窒素施与量に対する堆肥窒素施与量の割合の関係

かる。総窒素施与量のうち堆肥窒素が占める割合は，化学肥料窒素施与量の対数と負の相関関係が認められた。すなわち $y=-0.146 \text{Ln}(x)+0.977$ ($R^2=0.750$, $P<0.01$)である(図9-6)。これは，七百弄における圃場の総窒素インプットの増加が主に，化学肥料施与量の増加によるものであることを示している。

Zhu[53]による中国全体の窒素バランスの研究結果から，1952，1979，1983および1987年の余剰窒素量はそれぞれ19.0, 22.2, 38.8および50.0 kg N/haと見積もられる。総窒素施与量は21.3, 124, 143および151 kg N/haである。Abeら[1]，GuoとBradshaw[18]，Yanら[50]による1990年代の中国中央部および南部の農村スケールでの調査結果によれば，総窒素施与量が746, 433および682 kg N/haに対して，圃場の余剰窒素量は567, 155および397 kg N/haと見積もられる。図9-5に示した値にこれらの値も加えて総窒素施与量と余剰窒素の関係を回帰したところ，$R^2=0.947$, $P<0.001$の有意な相関が得られた。すなわち，総窒素施与の増加は単純に圃場に余剰窒素を増加させている。

EllisとWang[12]は中国南部の長江下流の太湖地域における窒素施与量の歴史的変化の調査により，Zhu[53]の値より高い値を示している。すなわち1950年代の窒素施与量は堆肥のみの70から100 kg N/haであったが，現在では化

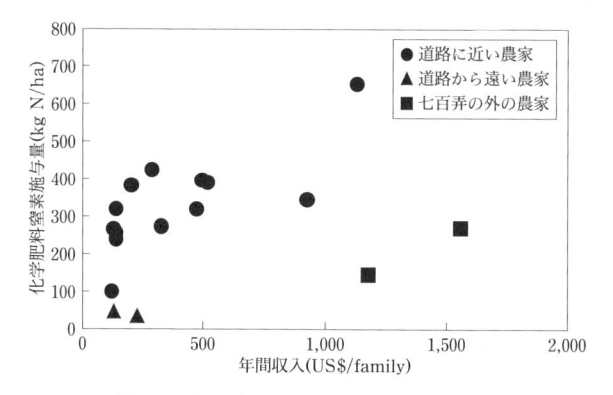

図9-7 年間収入と化学肥料施与量の関係

学肥料と堆肥により500 kg N/haに達している。1979年には最高800 kg N/haであったという。本研究で得られたデータでは1960年の窒素施与量は59 kg N/haであり，EllisとWang[12]の結果よりやや低い程度であったが，現在の七百弄での施肥量はEllisとWangの結果に相当する500 kg N/ha前後（最高700 kg N/ha）の値から1960年の60 kg N/ha程度の値まで大変幅広い値を示していた（図9-4）。このばらつきの原因について考えてみる。

図9-7は化学肥料窒素施与量と農家収入の関係を示したものである。化学肥料窒素施与量は，七百弄では収入が増加するにつれて増加しているのに対し，七百弄の外では収入にかかわらず200 kg N/ha前後であった。道路から遠い農家の収入は低いが，同程度の収入の道路に近い農家より化学肥料施与量が少なかったことから，流通が制限になっている可能性もある。以上のことから，教育的，経済的，地勢的因子が窒素施与を支配する要因であるかもしれない。

4-3. 農家の窒素収支

図9-8に農家全体の窒素収支を示す。総窒素インプットは52から736 kg N/haであった。1960年には，総インプットは52 kg N/haであり，化学肥料は施与されていなかった。道路に近い村および七百弄外の農家では，総インプットは150 kg N/haを超えており，その50%以上が化学肥料で占められていた。一方，道路から遠い農家では，総インプットは150 kg N/ha以下であ

172　第Ⅲ部　物質循環と人間活動

アウトプット　kg N/ha　インプット

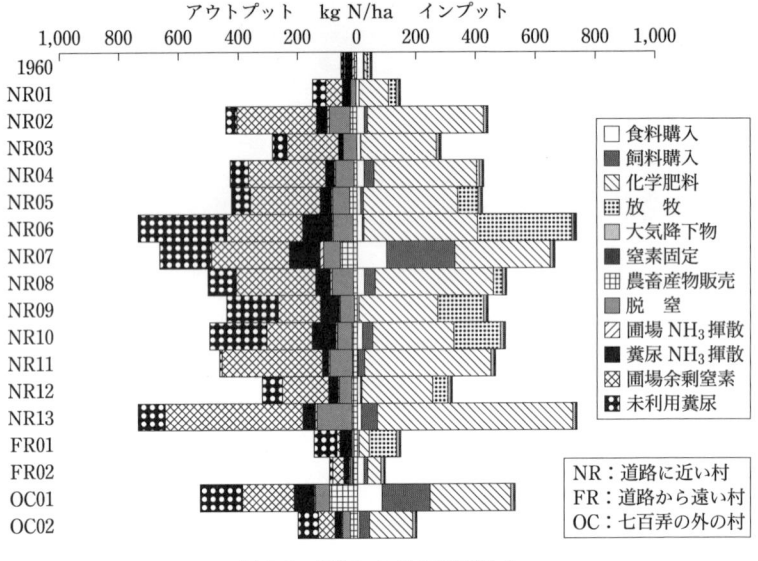

凡例:
- 食料購入
- 飼料購入
- 化学肥料
- 放　牧
- 大気降下物
- 窒素固定
- 農畜産物販売
- 脱　窒
- 圃場 NH$_3$ 揮散
- 糞尿 NH$_3$ 揮散
- 圃場余剰窒素
- 未利用糞尿

NR：道路に近い村
FR：道路から遠い村
OC：七百弄の外の村

図9-8　農家における窒素収支

り，そのうち化学肥料が占める割合も50％以下であった．森林と草地における放牧や採草により農家へ持ち込まれる窒素量は総インプットの62％に達した．大気降下物と窒素固定は総インプットの2.1から15.9％を占めた．

窒素のアウトプットのうち農畜産物の販売のみが経済活動に伴うものであり，それは0から56.1 kg N/haであった．72.8から668 kg N/haが村内部で移動し，蓄積するか環境へ排出すると見積もられた．家畜や人間に蓄積される窒素は5.8から80.4 kg N/haであった．未利用糞尿として蓄積される量は0から215 kg N/haであり，総インプットの0から62％に相当し，道路に近い農家で高かった．環境へ排出する窒素は，0から118 kg N/haが圃場で脱窒により放出され，6.9から104 kg N/haが糞尿のコンポスト化や堆肥施与の間にアンモニア揮散により排出されると見積もられた．圃場の余剰窒素は4.4から463 kg N/haであり，これが硝酸態窒素として地下へ流出する可能性があった．

未利用糞尿窒素は糞尿窒素と$y=0.611x-33.6$（$R^2=0.886$，$P<0.001$）の正の相関関係にあった（図9-9）．これは，糞尿の半分は利用されていないことを示している．さらに，未利用糞尿は飼料の窒素自給率と$y=-107\ln(x)-29.2$

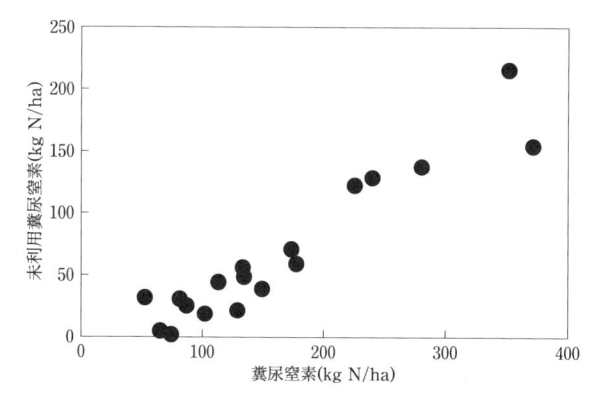

図9-9　糞尿窒素量と未利用糞尿窒素量の関係

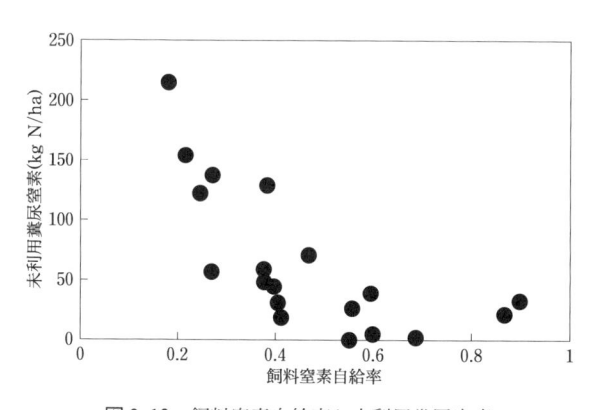

図9-10　飼料窒素自給率と未利用糞尿窒素

($R^2=0.654$，$P<0.01$)の負の相関関係があった(図9-10)。これらは，経済的に豊かな農家が，より集約的な畜産を行い，未利用糞尿を増加させていることを示している。ただし，未利用糞尿と窒素施与量の間には関係がなかった。

中国の伝統農業においては，土壌肥沃度を維持するために人間屎尿，家畜糞尿，作物残滓，雑草，水草，池の底泥などの有機物が圃場に施与されてきた[48]。しかし堆肥は化学肥料により代替されていき，堆肥施与量は化学肥料施与量の増加とともに減少し，それに伴い未利用糞尿量が増加してきた[12]。七百弄では総窒素施与量に対する堆肥窒素の割合は化学肥料窒素施与量の増加とともに低下していた(図9-6)が，この割合は未利用糞尿窒素とは関係なく，経

験的に必要量だけの堆肥が施与され，未利用糞尿窒素は単純に糞尿窒素量発生量の増加とともに増加していた（図9-9）。すなわち，家畜飼養頭数の増加が未利用糞尿窒素を増加させてきたと考えられる。さらに未利用糞尿窒素の増加は飼料自給率の低下に伴って生じる傾向があった（図9-10）。畜産物の販売のみが経済活動に関与していたことも考慮すると，家畜飼養は作物生産に関係なく個々の農家の経済活動だけで決まり，一方，作物生産は化学肥料施与を中心に行われることになったと考えられる。

4-4. 環境容量

浸透水中の可能硝酸態窒素濃度は窒素施与量と，$y = 0.078 x - 4.33$ ($R^2 = 0.966$, $P < 0.001$) の高い相関関係が認められた（図9-11）。これは窒素施与量が185 kg N/ha 以上で，可能硝酸態窒素濃度が飲用水限界の 11.3 mg N/L を超えることを示している。

Zebarthら[51]はカナダのブリティッシュコロンビアにおける研究で，最適な作物生産を得るための余剰窒素量は最低 50 kg N/ha 必要であることを示した。本研究では，160 kg N/ha 以上の窒素施与は作物吸収より圃場の余剰窒素を増加させた（図9-5）。これらの値は，最適な作物収量を得て，浸透水の硝酸態窒素濃度を適正にするための総窒素施与量を示している。いいかえれば，七百弄における最適窒素循環量を保つための環境容量は窒素施与量で160から

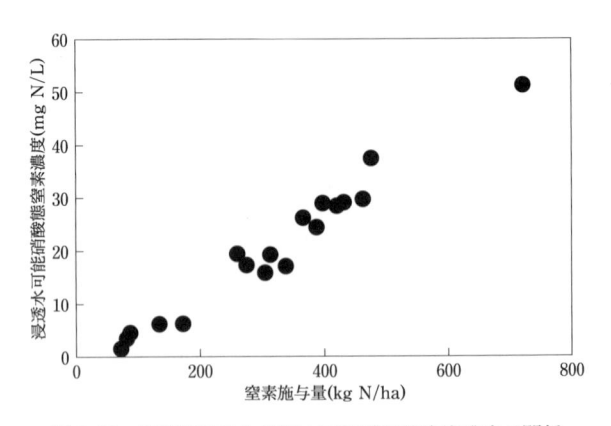

図9-11 窒素施与量と浸透水可能硝酸態窒素濃度の関係

185 kg N/ha である．その場合の余剰窒素量は，図 9-5 に示した圃場の余剰窒素と窒素施与量の関係を用いると，73 から 91 kg N/ha となる．これは作物生産を最適に保つ最低必要な窒素量であるとともに，浸透水濃度を適正に保つ最高の余剰窒素量である．Zebarth ら[51]が示した 50 kg N/ha との差はたぶん気候条件の違いであろう．七百弄における道路に近い農家の糞尿窒素の平均値は 171 kg N/ha であった．もしすべての糞尿窒素が満遍なく施用されると，化学肥料を使わずに最適窒素循環量が維持できることになる．

先に述べたように，飼料購入の増加は糞尿窒素を増加させる原因である．Aarts ら[2]は，地下水の硝酸態窒素濃度が 200 mg N/L を超えるオランダの酪農地帯において，飼料購入と化学肥料施与をそれぞれ 56%，78% 減らすことにより地下水中の硝酸態窒素濃度を 50 mg N/L に低下させることができたことを示している．作物生産を最適にし，窒素負荷を許容範囲に維持するためには，環境容量以内の窒素施与量を維持し，未利用糞尿を出さないことが極めて重要である．

5. 結　論

伝統的な農業は，すべての尿尿や糞尿を用いて最適な窒素循環を保ってきたことが示唆されてきた．化学肥料と飼料の購入は農業生産を増加させてきたが，農産物が固定するよりも大きな環境負荷も引き起こすことがわかってきた．化学肥料と購入飼料を使う現代農業には作物生産と家畜飼養の間の関係がなくなり，総合的に環境の質を維持する機能と構造が欠落している．さらに伝統的に続いてきた堆肥施与も化学肥料施与とともに行われるため，結果的に極めて過剰な窒素が農地に投入され，地下水汚染の原因を作り出している．これらのことは，環境質を維持する持続的生産体系を得るためには，窒素循環とのかかわりにおいて堆肥資源と農畜産物の生産性をモニターし評価するシステムの構築が重要であることを示している．

引用・参考文献

[1] Abe, K., Zhu, B., Tsunekawa, A. and Takeuchi, K. (1999): "Land cover changes and bio-resources utilization in a rural village in Sichuan Province, China," *Journal of Rural Planning Association*, No. 1, pp. 169-174 (in Japanese with English summary).

[2] Aarts, H. F. M., Habekotte, B. and van Keulen, H. (2000): "Nitrogenmanagement in the 'De Marke' dairy farming system," *Nutrient Cycling in Agroecosystems*, No. 56, pp. 231-240.

[3] Barry, D. A. J., Goorahoo, D. and Goss, M. J. (1993): "Estimation of nitrate concentrations in groundwater using a whole farm nitrogen budget," *J. Environ. Qual.*, No. 22, pp. 767-775.

[4] Bobbink, R. (1991): "Effects of Nutrient Enrichment In Dutch Chalk Grassland," *J. Applied Ecology*, No. 28, pp. 28-41.

[5] Bouwman, L. and van Vuuren, D. (1999): *Global assessment of acidification and eutrophication of natural ecosystems*, p. 52, UNEP/DEIA&EW/TR. 99-6.

[6] Burns, R. C. and Hardy, R. W. F. (1974): *Nitrogen fixation in bacteria and higher plants*, Springer-Verlag, New York.

[7] Carpenter, S., Caraco, N. F., Correll, D. L., Howarth, R. W., Sharpley, A. N. and Smith, V. H. (1998): "Nonpoint pollution of surface waters with phosphorus and nitrogen," *Issues in Ecology*, No. 3, pp. 1-12.

[8] Chetham, D. (2002): *Before the Deluge: The Vanishing World of the Yangtze's Three Gorges*, Palgrave Macmillan, New York.

[9] David, M. B., Gentry, L. E., Kovacic, D. A. and Smith, K. M. (1997): "Nitrogen balance in and export from an agricultural watershed," *J. Environ. Qual.*, No. 26, pp. 1038-1048.

[10] Dise, N. B., Matzner, E. and Gundersen, P. (1998): "Synthesis of nitrogen pools and fluxes from European forest ecosystems," *Water Air and Soil Pollution*, No. 105, pp. 143-154.

[11] Dokulil, M., Chen, W. and Cai, Q. (2000): "Anthrophogenic impacts to large lakes in China: the Tai Hu example," *Aquatic Ecosystem Health and Management*, No. 3, pp. 81-94.

[12] Ellis, E. C. and Wang, S. M. (1997): "Sustainable traditional Agriculture in the Tai lake region of China," *Agriculture Ecosystems and Environment*, No. 61, pp. 177-193.

[13] FAO (1998): *Guide to Efficient Plant Nutrition Management*, Rome, Italy, http://www.plantstress.com/Stuff/efficient_plant_nutrition.pdf

[14] FAO (2001): *FAOSTAT: FAO Statistical Database*, http://apps.fao.org/

[15] Fu, Q. and Meng, C. (1994): "Nutrient balance in farmlamd ecosystem under major rice-based cropping systems in subtropical zone in China," *Chinese J. of Ecology*, No. 13, pp. 53-56 (in Chinese with English summary).

[16] Galloway, J. N. and Cowling, E. B. (2002): "Reactive nitrogen and the world: 200 years of change," *AMBIO*, No. 31, pp. 64-71.
[17] Goss, M. J. and Goorahoo, D. (1995): "Nitrate contamination of groundwater: measurement and prediction," *Fertil. Res.*, No. 42, pp. 331-338.
[18] Guo, J. Y. and Bradshaw, A. D. (1993): "The flow of nutrients and energy through a Chinese farming system," *J. Appl. Ecology*, No. 30, pp. 86-94.
[19] Hayashi, Y. and Hatano, R. (1999): "Annual nitrogen leaching in subsurface-drained water from a clayey aquic soil growing onions in Hokkaido, Japan," *Soil Sci. Plant Nutrition*, No. 45, pp. 451-459.
[20] Hatano, R., Shinano, T., Taigen, Z., Okubo, M. and Li, Z. (2002): "Nitrogen budgets and environmental capacity in farm systems in a large-scale karst region, southern China," *Nutr. Cycl. Agroecosyst*, No. 63, pp. 139-149.
[21] International Energy Agency (2001): *IEA Selected Energy Statistics*, http://www.iea.org/
[22] IPCC (2001): *Climate Change 2001: The Scientific Basis. Contribution of Working Group I to the Third Assessment Report of the Intergovermental Panel on Climate Change*. Ed. J. T. Houghton et al., Cambridge University Press, Cambridge.
[23] Javis, S. C. and Pain, B. F. (1990): "Ammonia volatilization from agricultural land," *Proc. Fert. Soc.*, No. 298, pp. 1-35.
[24] Jingsheng, C., Xuemin, G., Dawei, H. and Xinghui, X. (2000): "Nitrogen contamination in the Yangtze River system, China," *Journal of Hazardous Materials*, No. A73, pp. 107-113.
[25] Jordan, T. E., Correll, D. L. and Weller, D. E.(1997): "Effects of agriculture on discharges of nutrients from coasted plain watersheds of Chesapeake Bay," *J. Environ. Qual.*, No. 26, pp. 836-848.
[26] Kaiser, J. (1996): "Acid rain's dirty business: Stealing minerals from soil," *Science*, No. 272, p. 198.
[27] Liu, S. M., Zhang, J., Chen, H. T., Wu, Y., Xiong, H. and Zhang, Z. F. (2002): "Nutrients in the Changjiang and its tributaries," *Biogeochemistry*, No. 62, pp. 1-18.
[28] McKown, C. D., Walker, J. W., Stuth, J. W. and Heitschmidt, R. K. (1991): "Nutrient intake of cattle on rotational and continuous grazing treatments," *J. Range Manage.*, No. 44, pp. 596-601.
[29] Matsumoto, N. and Hakamata, T. (1992a): "Evaluation of organic material flow in Toride city, Japan," *J. JASS*, No. 8, pp. 14-23 (in Japanese with English summary).
[30] Matsumoto, N., Satoh, K., Hakamata, T. and Miwa, E. (1992b): "Evaluation of organic material flow in rural area (Part 1). Change in organic material flow in the Ushiku Lake basin, Japan," *Jpn. J. Soil Sci. Plant Nutr.*, No. 63, pp. 415-421 (in Japanese with English summary).
[31] Matsumoto, N., Hakamata, T., Satoh, K. and Miwa, E. (1992c): "Evaluation of

organic material flow in rural area (Part 2). Local diversity of organic material flow in Ushiku Lake basin, Japan," *Jpn. J. Soil Sci. Plant Nutr.*, No. 63, pp. 639-645 (in Japanese with English summary).

[32] Matsumoto, N. (2000): "Development of estimation method and evaluation of Nitrogen flow in regional area," *Bulletin of the National Institute of Agro-Environmental Sciences*, No. 18, pp. 81-152 (in Japanese with English summary).

[33] Mosier, A., Kroeze, C., Nevison, C., Oenema, O., Seitzinger, S. and van Cleemput, O. (1998): "Closing the global N_2O budget: nitrous oxide emissions through the agricultural nitrogen cycle — OECD/IPCC/IEA phase II development of IPCC guidelines for national greenhouse gas inventory methodology," *Nutr. Cycl. Agroecosyst.*, No. 52, pp. 225-248.

[34] Nagumo, T. and Hatano, R. (2000): "Impact of nitrogen cycling associated with production and consumption of food on nitrogen pollution of stream water," *Soil Sci. Plant Nutr.*, No. 46, pp. 325-342.

[35] OECD (2001a): *Improving the Environmental Performance of Agriculture: Policy options and market approaches*, http://www1.oecd.org/publications/e-book/5101171E.PDF

[36] OECD (2001b): *Environmental Indicators for Agriculture — Volume 3: Methods and Results*, http://www.oecd.org/dataoecd/0/9/1916629.pdf

[37] Pampolino, M. F., Urushiyama, T. and Hatano, R. (2000): "Detection of nitrate leaching through bypass flow using Pan Lysimeter, Suction Cup and Resin Capsule," *Soil Sci. Plant Nutr.*, No. 46, pp. 703-712.

[38] Seitzinger, S. P. and Kroeze, C. (1998): "Global distribution of nitrous oxide production and N inputs in freshwater and coastal marine ecosystems," *Global Biogeochemical Cycles*, No. 12, pp. 93-113.

[39] Shuiwang, D., Shen, Z. and Hongyu, H. (2000): "Transport of dissolved inorganic nitrogen from the major rivers to estuaries in China," *Nutr. Cycl. Agroecosyst.*, No. 57, pp. 13-22.

[40] Stewart, W. D. P., Haystead, A. and Dharmawardene, M. W. N. (1975): "Nitrogen assimilation and metabolism in blue-green algae," in Stewart, W. D. P. (ed.): *Nitrogen Fixation by Free Living Microorganisms*, pp. 129-158, Cambridge University Press, Cambridge.

[41] Ryden, J. C. (1983): "Denitrification loss from a grassland soil in the field receiving different rates of nitrogen as ammoniumnitrate," *J. Soil Sci.*, No. 34, pp. 355-365.

[42] Tsunogai, S. and Watanabe, Y. (1983): "Role of Dissolved Silicate in the Occurrence of a Phytoplankton Bloom," *Journal of the Oceanographical Society of Japan*, No. 39, pp. 231-239.

[43] Varis, O. and Vakkilainen, P. (2001): "China's 8 challenges to water resources management in the first quarter of the 21st Century," *Geomorphology*, No. 41, pp. 93-104.

[44] Vitousek, P. M., Aber, J. D., Howarth, R. W., Likens, G. E., Matson, P. A., Schindler, D. W., Schlesinger, W. H. and Tilman. D. G. (1997): "Human alteration of the global nitrogen cycle: Source and consequences," *Ecological Appl*., No. 7, pp. 737–750.
[45] Wang, Z. and Shao, W. (1994): "Nutrient cycle in agricultural ecosystem of Shanyi village," *Rural Eco-Environment*, No. 10, pp. 57–60 (in Chinese with English summary).
[46] Watson, C. A. and Atkinson, D. (1999): "Using nitrogen budgets to indicate nitrogen use efficiency and losses from whole farm systems: a comparison of three methodological approaches," *Nutrient Cycling in Agroecosystems*, No. 53, pp. 259–267.
[47] Wedin, D. A. and Tilman, D. (1996): "Influence of nitrogen loading and species composition on the carbon balance of grasslands," *Science*, No. 274 (5293), pp. 1720–1723.
[48] Wen, D. and Pimentel, D. (1986): "Seventeenth Century organic agriculture in China: 1. Cropping systems in Jiaxing region," *Human Ecology*, No. 14, pp. 1–14.
[49] Woli, K. P., Nagumo, T. and Hatano, R. (2002): "Evaluating impact of land use and N budgets on stream water quality in Hokkaido, Japan," *Nutr. Cycl. Agroecosyst*., No. 63, pp. 175–184.
[50] Yan, W., Yin, C. and Zhang, S. (1999): "Nutrient budgets and biogeochemistry in an experimental agricultural watershed in Southeastern China," *Biogeochem*., No. 45, pp. 1–19.
[51] Zebarth, B. J., Paul, J. W. and Van Kleeck, R. (1999): "The effect of nitrogen management in agricultural production on water and air quality: evaluation on a regional scale," *Agriculture, Ecosystem and Environment*, No. 72, pp. 35–52.
[52] Zhang, W. L., Tian, Z. X., Zhang, N. and Li, X. Q. (1996): "Nitrate pollution of groundwater in northern China," *Agriculture, Echosystems and Environment*, No. 59, pp. 223–231.
[53] Zhu, Z. L. (1997): "Nitrogen balance and cycling in agroecosystem of China," in Zhu (ed): *Nitrogen in Soils in China*, pp. 323–338, Kluwer, London.
[54] 北海道(2002):北海道の水環境，硝酸性・亜硝酸性窒素による地下水の汚染について。http://www.pref.hokkaido.jp/kseikatu/ks-kkhzn/contents/mizukankyo/suisituh-ozen/syou/betu.htm
[55] 吉田富男(1981):「共生的窒素固定の意義」土壌微生物研究会編『土の微生物』博友社，pp. 305–310。

第10章 カルスト地域の水および物質循環と生活環境
――弄石屯における生活用水の確保と農業活動――

橘　治国・王　宝臣

1. ドリーネ地形と生活用水

　調査対象地域である広西壮族自治区大化県七百弄郷は，大陸を東西に走るカルスト地域に発達した盆地状のドリーネ地形にできた集落群である。一般に，弄のドリーネ底部において閉鎖性社会が形成されて屯が構成され，それぞれ独立して数十人～数百人が生活している。この弄での自給自足に近い生活レベルは極貧に近いと報告されている。1949年当時，この地域の森林被覆率は30％を超え，安定した農業生産があったといわれているが，1958年大躍進期の「大煉鋼鉄」時に多くの森林が伐採されてその被覆率が急減してカルスト地域の環境が劣化し，土壌流失や水の涵養能力の減少によって，住民の生産・生活用水の不足が深刻化したとされている[1]。

　筆者らは，七百弄のひとつである弄石屯を対象として，カルスト地形からなる弄内の不安定な水循環の中で，質・量的に安全な生活用水の確保をテーマに，広西農業科学院と共同で1999年から水質調査を開始した。生活用水使用後の排水の有効利用についても，弄内の物質循環の把握さらには肥料の流亡防止という立場で検討することとした。いうまでもなく生活関連用水の確保と利用は，弄内の水循環や物質循環と密接に関連しており，水質調査は弄内の湧水，貯留水，雨水そして降雨時地表面流出水等を広く採取し，調査することとした。また代表的農家の水使用実態についての聞き取り調査や弄石屯の水道使用実績調査から，生活用水の量的確保の実態を整理し，より効率的で良質な水確保について検討した。これらの成果は，居住者の労働が軽減され，そして安定した生活への基礎資料となるものと信じている[2～7]。

2. 弄石屯の地形・地質

本地域の地形と地質について，八木ら[8]の調査例がある。弄石屯を含む七百弄郷は，3～4億年前の古生界の石灰岩などからなるカルスト地形で，1つの弄は，直径数キロメートル，深さ数百メートルもあるロート状のドリーネのような底部が狭小な平坦面や緩斜面とそれを取り巻く広大な急斜面からなるとされている。そして弄間は，コックピット状の岩峰や岩峰を結ぶ尾根で区切られている。また弄石屯の地質を調査し，石灰岩と苦灰岩の両方からなること，そして北側の岩峰や尾根が石灰岩，また岩峰に続く凸形斜面は苦灰岩で構成されていることを明らかにした。このような地形・地質条件では土壌が未発達であり水分貯留能が低い。それでも七百弄地域の森林被覆率は30%を超えて安定した農業生産であったといわれているが，1958年の「大煉鋼鉄」時に多くの森林が伐採されてその被覆率が急減し，弄石屯の森林環境が劣化したといわれている。

3. 水文環境と水利用

七百弄郷一帯の降水量の分布には，高橋ら[9]の図3-8(本書32頁)に示す1999年11月から2001年7月の日降水量変化の観察結果に示される通り，11月から4月の乾期とそれ以外の雨期に区分され，大きな差異がある。高橋ら[9]の調査では，年間降水量を1366 mm(2000/7～2001/6)とし，乾期233.5 mm(17%)，雨期1132.5 mm(83%)と報告している。これらの雨水を生活や農業に利用するため現在4基の貯水槽が建設されている(図10-5参照)。このうち2基は筆者らが調査中の2000年に建設された。4基のうち2基(中日友好貯水槽と新給水用貯水槽)が飲用専用として利用され始めた。笹ら[10]は，古い貯水槽(村中貯水槽)の水位観察から日降水量20 mm以上で貯水が始まり，降雨時貯水効率(すなわち地表流量の割合)を約15%と推定した。また笹らの観察から，雨期前の貯水槽にはほとんど貯水されていないことが報告されている。調査報告からは，弄石屯では乾期の生活用水の確保が深刻であることがわかる。

図10-1 蒙桂夫宅の室内貯水槽

　一方，生活用水使用量については，橘ら[3]は聞き取り調査によって1人1日20 L (計算上は19 L)と報告している。調査した1998年当時は，生活用水は村中貯水槽から人手によって運ばれるか，あるいはゴムホース(通常の家庭用ガス管の太さ)を用いて圧力差で給水されていた。この水は室内の水槽に入れられ，使用した水のうち石けん水を含むもの以外は家畜用に利用されている。室内の水槽の設置状況を図10-1に示した。生活用水の確保は，2000年の新給水用貯水槽や中日友好貯水槽を水源とする簡易水道の建設から一変した。そこで筆者らは，水道実態調査をもとに，生活用水の利用状況について検討した。給水家族は，19家族92人で，居住人口は出稼ぎ者を差し引くと69人である。登録弄石屯総家族数は37，総人口は165人で，移住家族数13，移住人口56人を差し引くと，現在，居住総人口は109人となり，非給水家族は数家族で20人弱となる。水道水使用非登録者は，ほかの家族と共同して利用しているものと推測される。

　本弄の給水人口は出稼ぎ人口を差し引いた16家族69人となったが，中日友好貯水槽を水源とする4家族11人，新しく建設された新給水用貯水槽を水源とする12家族51人の給水データを確認できたので，表10-1は，16家族62人を総給水人口とし，1日1人当たりの水使用量をまとめた。1日の生活用水を前述の調査に基づき20 Lとし，使用量からこの分を差し引いた非生活用水

表 10-1 弄石屯における給水の実態 (m³/日)

総　合	使用量	0.0409
16 家族 62 人	生活用水	0.0200
	農業用水	0.0209
中日友好貯水槽	使用量	0.0786
4 家族 11 人	生活用水	0.0200
	農業用水	0.0586
新給水用貯水槽	使用量	0.0384
12 家族 51 人	生活用水	0.0200
	農業用水	0.0184

を家畜や農作物のための農業用水として区分してみた．まず水道設備ができることによって，大幅に使用量が増していることがわかる．現在は水道料金が徴収されていないので，ここに料金問題が絡むと大きな変化が生じるものといえる．また 2 つの貯水槽で使用量の差が認められた．利用する給水人口や畑地の勾配，さらにあと 2 ヶ所の貯水槽の存在などが原因といえよう．図 10-2 は，1 日水使用量を，水槽別に区分して示したものである．利用者が少ない中日友好貯水槽は生活用水分 0.02 m³ 以上で余裕が認められるが，新給水用貯水槽では，雨が降らない 11 月から 4 月の間は 0.02 m³ 近くでほぼ最低の必須生活用水量である．4 月の終わりには貯水槽がほぼ空なので，本弄の給水量はやっと最低限を保証された段階にある．いいかえれば，住民の今までの経験が，貯水槽を

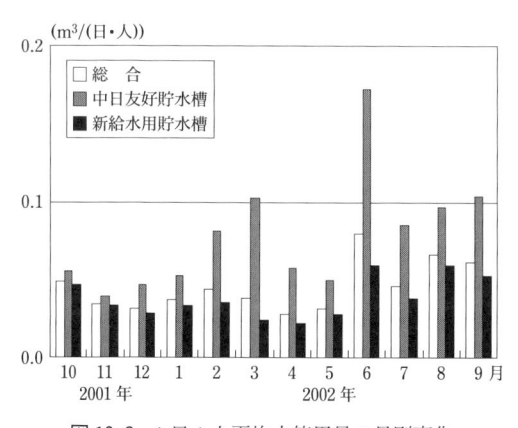

図 10-2　1 日 1 人平均水使用量の月別変化

表 10-2　弄石屯における月別給水の実態　　　　　　　　　　　（単位：m³）

平均1日1人	10月	11月	12月	1月	2月	3月	4月	5月	6月	7月	8月	9月
使用量	0.0484	0.0344	0.0317	0.0369	0.0438	0.0380	0.0280	0.0317	0.0796	0.0463	0.0661	0.0613
生活用水	0.0200	0.0200	0.0200	0.0200	0.0200	0.0200	0.0200	0.0200	0.0200	0.0200	0.0200	0.0200
農業用水	0.0284	0.0144	0.0117	0.0169	0.0238	0.0180	0.0080	0.0117	0.0596	0.0263	0.0461	0.0413

表 10-3　弄石屯の水利用の実態（2000年7月〜2001年6月）

年間総使用量	年間雨量	年間総雨量	年間15%可能貯水量	利用率
1,030 m³	1,366 mm	174,575 m³	26,186 m³	3.93%

注）流域面積　12.73 ha

表 10-4　貯水槽の容量と調査時貯水量　　（単位：m³）

	容　量	2000年11月1日 貯水量	2001年7月24日 貯水量
中日友好貯水槽	333.8	281.7	279.6
道路横新貯水槽	263.9	255.6	249.7
村横新貯水槽	302.2	292.6	292.6
村中貯水槽	535.9	350.0	503.1
合　計	1,435.7	1,180.0	1,325.0

うまく使っているといえる。

　表10-2に2貯水槽の平均としての月別内訳を示したが，総合的には生活用水としては余裕がある。今後は，残りの2貯水槽を加えた4貯水槽の利用や貯水槽への質量的に良好な流入水の確保を考慮した水管理が，より豊かな生活への転換になるだろう。

　ここで降水量に対する貯水量さらには生活用水量の確保という視点から，水利用について考えてみよう。笹ら[10]は，村中貯水槽の水位観測から有効貯水量を降水量の15%としている。すなわち貯水は降雨時のみ可能であり，それが雨期に限定される。一方，表10-1から年間総使用量は1030 m³となるが，これらをまとめたのが表10-3である。年間雨量は，高橋ら[9]の報告の1366 mm，これに流域面積（12.73 ha）を乗じ，さらに笹らの貯水槽流入量（表面流出量）約15%を乗ずると2万6186 m³になり，総使用量は4%程度になる。しかし，実際の貯水槽（貯水容量は約300 m³，表10-4参照）は，乾期の終わりには

図 10-3　道路横湧水

図 10-4　道路横新貯水槽

ほとんど空になっている．今後は，あちこちに存在する湧水による安定した，また濁りのない貯水が望まれる．例えば，図 10-3 の道路横湧水は，乾期にも常時 1 日 1700 L (2001 年 7 月) [5]～5500 L (1999 年 9 月) [2] が崖から流れ出しており，5 節で示すように水質も良好なので，このような水の貯留が望ましい (図 10-4 の道路横新貯水槽などで)．これで最低必要量を良質な状態で充分確保できる．降雨時にのみ貯留する居住者の気持ちもわかるが，長期的に飲料水を確保するという見方も取り上げるようになってほしい．村の子供もこの湧水

に気づき，私どもが捨てたポリ瓶でこの湧水を入れ始めた．

4. 弄石屯の水環境と水質

　日常生活には，充分な水量とともに水質が良好であることが望まれる．弄石屯では，居住域はドリーネ地形の谷底周辺と中腹部に分かれている．生活用水は，以前は山腹の湧水などに求めることがあったと聞くが，最近は新しく建設されたものも含め4貯水槽から供給され，水事情は大幅に改善された．しかし，さらに弄内の水循環や物質循環を考慮した水源確保が，安定した水量確保と安全で良質な水の供給のために必要である．また水質学的な意味も含め，ドリー

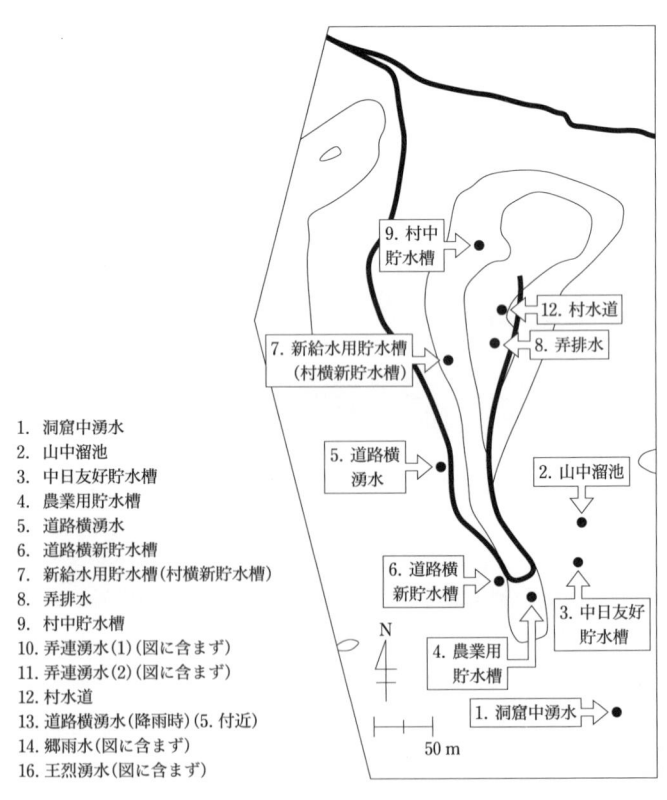

1. 洞窟中湧水
2. 山中溜池
3. 中日友好貯水槽
4. 農業用貯水槽
5. 道路横湧水
6. 道路横新貯水槽
7. 新給水用貯水槽(村横新貯水槽)
8. 弄排水
9. 村中貯水槽
10. 弄連湧水(1)(図に含まず)
11. 弄連湧水(2)(図に含まず)
12. 村水道
13. 道路横湧水(降雨時)(5.付近)
14. 郷雨水(図に含まず)
16. 王烈湧水(図に含まず)

図 10-5　主要採水地点

ネ地形の水質形成には興味が持たれる。このような背景で1999年以来，弄内の水質調査を実施してきた。図10-5には，筆者らが調査してきた主要採水地点を示した。また水質分析結果の一例を資料10-1(2001年)，10-2(2002年)にまとめた。2002年は降雨増水時の農地からの栄養塩の流出を重点に調査したものである。本章では，本弄の水質特性を2001年の分析結果を用いて説明する。2000，1999年の非降雨時水質分析結果については橘ら[6]を参照されたい。

4-1. 一般無機成分の動態

七百弄郷は典型的なカルスト地形であり，採取試料はカルシウム(Ca^{2+})，マグネシウム(Mg^{2+})のアルカリ土類金属濃度とアルカリ度で代表される炭酸塩濃度が高い。これは図10-6に示した水質当量濃度組成(トリリニアーダイアグラム)でも明らかなように，カルシウム，マグネシウムの濃度比が異なる以外(左下三角図)，すべてアルカリ土類金属炭酸塩域の同じ狭い範囲に集中して分布している。図10-7のCa^{2+}/Mg^{2+}から，弄を取り囲む山体ではMg^{2+}の割合が高く，山体からの湧水(溶出水)にはこの地域を構成する苦灰岩の影響が大きいといえる。八木ら[8]は土壌組成も苦灰岩と方解石の分布の差異を報告しており，カルスト地形といえども水質は均質ではない。塩化物イオン(Cl^-)濃度が低濃度で，弄の水源が内陸の降雨であることは明確である。弄からの排水孔や農業用貯水槽では，ナトリウム(Na^+)，カリウム(K^+)の割合が高く，また栄養塩濃度も高いことから，水質には農地からの人為的影響があるものといえる。このことは弄外への閉鎖域からの肥料の流亡を意味しており，肥料管理に工夫の必要なことを示唆している。一般土壌地域では高濃度のケイ酸濃度は数mg/Lと低濃度であった。いずれにしても降雨が山から流出する時点で多量のアルカリ土類金属と炭酸物質を含み，山腹の畑地で塩類や肥料などを含んで，大量の流出水とともに排水孔から弄外に流出するものといえる。

4-2. 栄養塩の動態(資料10-1，図10-8，図10-9)

本調査地の湧水は溶存性窒素のうち多くが有機態(＝DN－無機態窒素)として存在することが特徴的である。貯水槽や湧水など全窒素(TN)の40～80％が有機態で，新給水用貯水槽(村横新貯水槽)でのみ硝酸態が80％を占める。こ

第Ⅲ部　物質循環と人間活動

資料 10-1 水質分析結果

No.	地点名	時刻	Ta °C	Tw °C	pH	EC μS/cm	DOC mg/L	TOC mg/L	NH_4^+-N mg/L	NO_2^--N mg/L
1	洞窟中湧水	15：30	24.3	24.3	8.4	295	1.0	1.1	0.02	0.001
2	山中溜池	17：00	32.0	32.0	8.4	324	1.4	1.5	0.02	0.000
3	中日友好貯水槽	17：30	29.0	29.0	8.2	243	2.9	3.1	0.01	0.000
4	農業用貯水槽	8：30	26.5	26.5	7.1	56	3.8	6.2	0.04	0.000
5	道路横湧水	11：15	21.0	21.0	8.3	292	1.4	1.4	0.00	0.000
6	道路横新貯水槽	11：50	29.5	29.5	8.3	303	1.3	1.3	0.07	0.000
7	村横新貯水槽	9：30	28.7	28.7	8.3	314	1.1	1.1	0.06	0.000
8	弄排水	10：15	31.2	31.2	7.5	472	12.8	18.5	4.23	0.001
9	村中貯水槽	12：30	30.2	30.2	8.4	223	1.7	1.8	0.00	0.001
10	弄達湧水(1)	16：00			8.1	338	1.2	1.2	0.36	0.003
11	弄達湧水(2)	10：50			8.0	336	1.4	2.0	0.01	0.004
12	村水道(7に同じ)	12：00	24.6	24.6	8.3	303	1.2	1.2	0.11	0.002
13	道路横湧水(降雨時)	11：20	24.3	24.3	8.3	301	1.2	1.2	0.05	0.001
14	郷雨水	12：30	24.5	24.5	7.6	67	2.1	2.1	0.10	0.001
16	王烈湧水				8.2	319	1.1	1.1	0.10	0.000

資料 10-2 水質分析結果

No.	地点名	日	時刻	Ta °C	Tw °C	pH	EC μS/cm	DOC mg/L	TOC mg/L	NH_4^+-N mg/L	NO_2^--N mg/L
2	山中溜池	18	15：20		26.9	7.4	301	1.4	1.4	0.06	0.001
3	中日友好貯水槽	18	15：30		29.0	8.1	246	2.7	2.8	0.05	0.001
4	農業用貯水槽	18	15：40		28.8	6.9	68	6.5	9.5	0.55	0.957
5	道路横湧水	18	15：10	31.1	24.5	7.9	301	0.8	0.8	0.03	0.004
6	道路横新貯水槽	19	14：00	36.3	28.7	8.0	290	0.9	1.4	0.03	0.004
7	村横新貯水槽	19	13：30	29.7	28.2	7.9	309	0.7	0.9	0.03	0.008
9	村中貯水槽	19	14：00	26.8	27.6	7.8	230	1.7	1.8	0.20	0.003
15	郷政府水源	20	15：00	26.2	22.6	7.8	326	1.1	1.2	0.03	0.003
17	弄石崖湧水	20	15：30		21.7	7.8	283	1.1	1.3	0.03	0.067
18	弄良雨水(橘)	19	15：00	28.1	23.2	7.5	23	0.7	0.7	0.20	0.004
19	雨谷水(天下第一弄に近い道路)	19	16：00		22.1	8.1	256	1.6	1.8	0.22	0.007
20	雨後横水溜	19	15：30	25.9	26	7.4	144	2.5	4.4	0.06	0.018
21	崖湧水(雨後)	21	21：00	25.7	21.7	7.9	357	0.8	1.2	0.15	0.001
22	崖表流出水	24	7：00			7.5	74	1.8	3.7	0.07	0.018
23	農地流出水	24	7：30			7.7	296	1.1	18.3	0.03	0.016
24	貯水槽流入水	24	8：00			8.1	301	1.5	1.5	0.04	0.005
25	崖湧水	25	9：40	28.0	19.0	8.0	350	1.2	1.3	0.03	0.002
26	山中水池横湧水	25	9：40		19.1	8.0	437	1.6	1.7	0.03	0.004

第 10 章　カルスト地域の水および物質循環と生活環境　　189

(2001 年 7 月 24～27 日)

No.	NO$_3^-$-N mg/L	DN mg/L	TN mg/L	DRP mg/L	DP mg/L	TP mg/L	Cl$^-$ mg/L	SO$_4^{2-}$ mg/L	4.3 Bx meq/L	Na$^+$ mg/L	K$^+$ mg/L	Ca^{2+} mg/L	Mg^{2+} mg/L	SiO$_2$(比色) mg/L
1	0.06	0.37	0.38	0.001	0.004	0.004	0.5	2.9	3.80	0.3	0.0	34.8	22.9	2.8
2	0.02	0.32	0.42	0.002	0.004	0.007	0.7	3.9	3.78	0.5	0.0	50.0	19.1	3.4
3	0.00	0.39	0.55	0.003	0.003	0.009	0.7	3.6	2.70	0.5	0.7	31.9	15.4	2.5
4	0.02	0.78	2.00	0.005	0.032	0.130	0.9	1.6	0.46	0.6	1.7	6.8	1.1	3.5
5	0.04	0.29	0.29	0.001	0.002	0.004	0.8	5.2	3.33	0.6	0.2	43.7	16.7	0.0
6	0.22	0.49	0.54	0.002	0.015	0.017	0.6	4.6	3.99	0.7	0.4	51.8	15.7	0.0
7	1.78	1.99	2.13	0.001	0.000	0.001	1.1	3.8	3.52	1.3	0.2	60.8	10.0	2.7
8	0.01	6.15	6.57	0.169	0.247	1.447	7.0	0.7	5.15	2.3	37.0	66.4	14.7	5.7
9	0.46	0.82	0.90	0.002	0.009	0.022	0.7	3.2	2.35	0.6	0.5	38.6	8.6	1.0
10	1.84	2.41	2.56	0.002	0.008	0.014	1.3	2.9	3.59	4.4	1.9	70.8	6.3	2.5
11	1.53	1.81	2.20	0.004	0.014	0.042	1.9	3.6	3.55	5.0	2.7	70.4	6.4	2.3
12	1.66	2.28	2.40	0.007	0.007	0.007	0.6	3.7	3.29	1.8	0.2	59.8	9.6	2.3
13	0.03	0.36	0.36	0.000	0.000	0.000	0.5	5.1	3.29	0.5	0.2	45.6	16.8	2.4
14	0.11	0.79	1.10	0.009	0.020	0.071	0.3	1.5	0.63	0.3	0.4	13.9	0.4	1.8
16	0.86	1.09	1.11	0.002	0.007		1.0	2.8	4.53	0.8	0.2	72.9	2.9	7.1

(2002 年 7 月 18～25 日)

No.	NO$_3^-$-N mg/L	DN mg/L	TN mg/L	DRP mg/L	DP mg/L	TP mg/L	Cl$^-$ mg/L	SO$_4^{2-}$ mg/L	4.3 Bx meq/L	Na$^+$ mg/L	K$^+$ mg/L	Ca^{2+} mg/L	Mg^{2+} mg/L	SiO$_2$(比色) mg/L
2	0.00	0.21	0.26	0.002	0.002	0.011	0.5	5.2	2.98	0.3	1.1	33.7	15.8	2.3
3	0.00	0.19	0.22	0.001	0.001	0.007	0.4	4.4	2.45	0.4	1.5	26.4	14.1	2.6
4	0.02	1.67	2.57	0.072	0.090	0.246	1.6	1.1	0.46	1.9	2.2	7.6	1.5	1.6
5	0.01	0.09	0.09	0.000	0.000	0.000	0.4	6.7	1.08	0.3	0.9	39.4	15.5	2.9
6	0.16	0.24	0.28	0.000	0.000	0.005	0.5	6.3	2.97	0.4	1.1	37.2	14.6	2.5
7	2.10	2.19	2.52	0.001	0.001	0.008	0.7	4.9	2.98	0.6	0.5	46.6	8.7	2.7
9	0.19	0.56	0.63	0.000	0.006	0.011	1.0	4.1	2.22	0.7	0.6	31.1	8.4	2.1
15	1.10	1.28	1.28	0.002	0.005	0.010	1.0	4.2	3.31	0.6	0.6	64.5	1.2	6.4
17	2.35	2.45	2.72	0.010	0.014	0.019	0.7	4.3	2.69	0.6	0.4	45.8	5.6	2.6
18	0.06	0.33	0.33	0.001	0.002	0.005	0.4	0.5	0.22	0.2	0.2	6.7	0.8	0.2
19	0.61	0.83	0.83	0.001	0.003	0.015	1.1	4.1	2.47	0.9	0.3	31.4	10.8	3.7
20	0.94	1.37	1.40	0.018	0.090	0.169	0.6	3.1	1.81	0.6	0.3	36.2	3.4	0.7
21	0.06	0.21	—	0.000	0.004	0.005	0.4	6.8	3.65	1.0	0.4	47.3	17.9	2.6
22	0.01	0.36	0.47	0.019	0.168	0.216	1.1	1.3	0.67	0.9	0.3	10.2	3.8	0.8
23	0.06	1.37	3.08	0.001	0.232	0.513	0.7	4.2	2.88	0.5	0.4	51.5	6.6	3.4
24	0.22	0.36	0.54	0.000	0.005	0.009	0.5	3.8	3.16	0.7	0.4	52.5	10.1	3.2
25	0.14	0.21	0.35	0.000	0.002	0.004	0.4	7.0	3.96	1.1	0.4	49.5	18.6	2.7
26	0.09	0.18	0.19	0.000	0.003	0.006	0.8	6.0	4.49	1.3	0.4	47.3	24.6	3.2

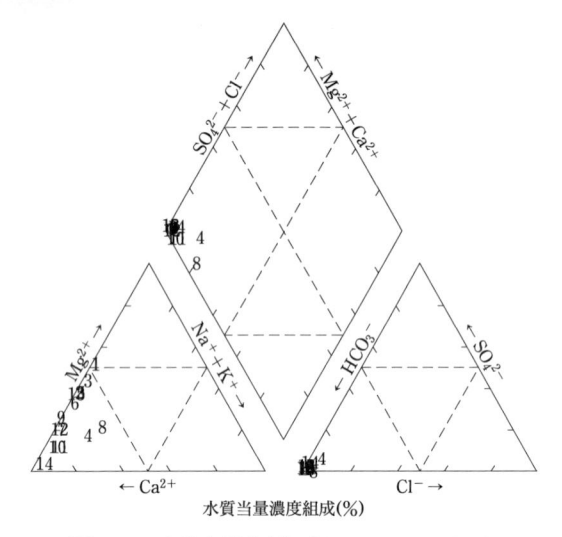

図 10-6　水質当量濃度組成（番号は図 10-5 参照）

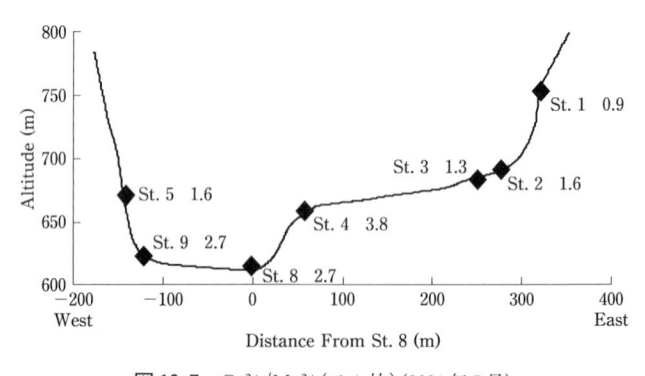

図 10-7　Ca^{2+}/Mg^{2+}（モル比）（2001 年 7 月）

のように湧水の無機態濃度の割合が低いことから，本弄の土壌では微生物活性の低いことがわかる．新給水用貯水槽への流入水は畑地を流下するため，土壌微生物によって有機態窒素が分解されたものといえる．また弄排水孔，農業用貯水槽，隣屯の弄達湧水（隣の弄の畑地内湧水）など農業地域（図 10-10 参照）の湧水や排水では，栄養塩濃度が高く特徴的である．新給水用貯水槽ならびに村水道の窒素濃度も高い．これらも水源となっている崖沿いの農地浸出水の影響

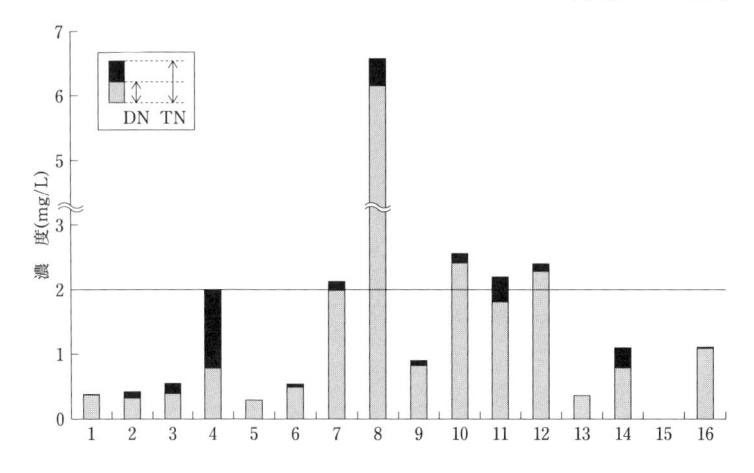

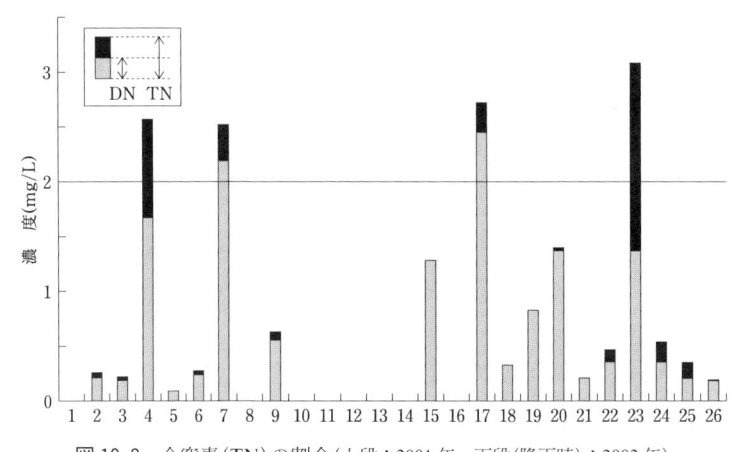

図10-8 全窒素(TN)の割合(上段:2001年,下段(降雨時):2002年)

と推測される。弄排水孔については，TN，TP濃度が高く，窒素についてはアンモニア態割合が高くなるなど，家畜糞尿による堆肥や人為的汚染等の直接的影響が認められる。このように清澄な湧水も畑地を流下するにしたがって，かなりの栄養塩を含むことになり，降雨時に多量の栄養塩が弄外に流出するものと推察される。

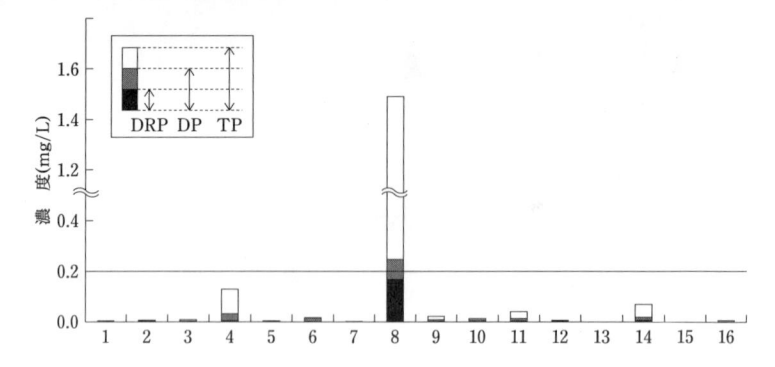

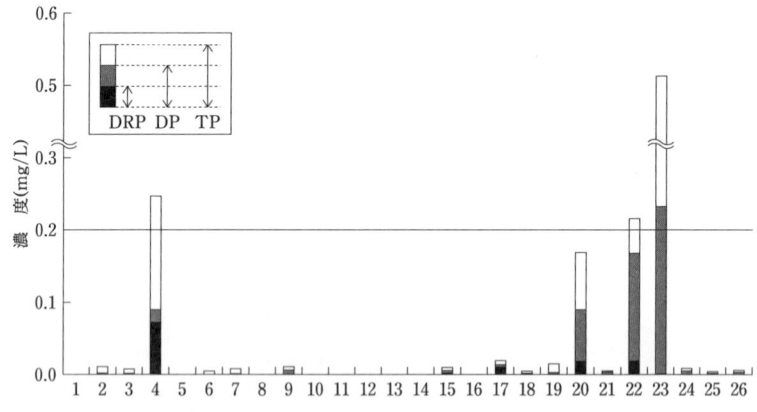

図 10-9 全リン(TP)の割合(上段:2001年,下段(降雨時):2002年)

図 10-10 弄内畑地

図 10-11　降雨時の地表流出
　　　　（2002.7　道路には水溜まりはない）

図 10-12　降雨時の道路横崖からの雨水流出
　　　　（2002.7　滝の水が途中で消える）

4-3. 降雨時の水質

　2002年は，降雨時の山林・農地からの流出水の水質解析を中心に調査を組んだ(資料10-2，図10-8，図10-9)。それは，降雨水が地表を流出する際に，大量の地表蓄積物を地下に排出するからである。調査時の状況を，図10-11，10-12に示す。森林が破壊されて地表流出分が卓越するようになると，その掃流力によって地表の土壌懸濁物，懸濁態の水質成分，土壌蓄積水質成分が容易に流出することは，橘の観測によって明らかにされている[11]。

194　第Ⅲ部　物質循環と人間活動

表 10-5　2001 年，2002 年の調査日付近の日雨量

(単位：mm)

2001 年 7 月

	20 日	21 日	22 日	23 日	24 日	25 日	26 日	27 日
日合計降水量	0.0	1.0	0.0	8.5	0.0	0.0	0.0	2.0

(単位：mm)

2002 年 7 月

	15 日	16 日	17 日	18 日	19 日	20 日	21 日	22 日	23 日	24 日	25 日
日合計降水量	0.0	3.0	0.0	0.0	16.0	11.5	8.5	6.5	4.0	10.0	4.5

　2001 年，2002 年の調査日付近の日雨量を表 10-5 に示した。2002 年は 7 月 18 日から 25 日まで降雨時を対象として調査を行ったが，降雨時の状況をつかめたのは 24 日，25 日のみで，それも現地調査に出ておられた広西農業科学院土壌肥料研究所の蒙炎成氏の協力によるものであった。降雨は短時間であり，それにあわせた調査は難しい。畑を流出する水には，高濃度の栄養塩の存在が認められた。例えば農地流出水(資料 10-2　試料 No. 23)で，TP 0.513 mg/L，DP 0.232 mg/L，TN 3.08 mg/L，DN 1.37 mg/L と，この地域では通常は観察できない高濃度であった。また村中貯水槽への大量の降雨地表面流出水(No. 24)も，降雨による希釈は認められず，平水時と水質成分濃度は変わらず平常

図 10-13　降雨時の溜まり水

時の貯留水に近い水質である。また道路横溜まり水(No. 20, 図 10-13)も, TN, TP とも相当な濃度である。これらが, 弄排水孔前の池で貯留されれば, 肥料の流亡を防ぐことができると考えられる。なお水道として村に供給されている新給水用貯水槽の TN 濃度が極めて高い。雨期に多量の栄養塩が農地から排水として流入するものといえる。この意味では, 前報告[2〜5]で指摘したように人間の飲料水としては好ましくないと思われ, 今後, 道路横新貯水槽(No. 6)に切り替えることが望まれる。また興味深いのは, 多くの弄排水を地下水として集めた郷政府水源(No. 15)である。この水は, ほかの試料と比較すると栄養塩濃度が高く, 降雨時の地表水の流入の影響を受けていることがわかる。水道水源として長期的に考える時, この水を良好に保つには森林域の環境保全が関係してくるものといえる。

5. 飲料水の水質と安全性

新しく水道が新給水用貯水槽(No. 7)から導水され, 貯水(井戸)型の生活が流水(給水)型に代わり, これからの住民の生活に大きな変化が予想される。しかし新給水用貯水槽への流入水の水質が悪く, また供給能力は給水人口が多いためあまり高くないようである。農地の崖湧水から取水しているこの新給水用貯水槽そして村水道(No. 12)は硝酸態窒素を中心として窒素濃度が高い。これは畑地流出水の影響であることはいうまでもない。豊富な涵養量を持つが道路横湧水(No. 5)は新給水用貯水槽より水質もよく, 新給水用貯水槽から道路横湧水への切り替えが問題になるだろう。そして水源についての理解が深まれば, 日常の生活パターンが洗濯や入浴という人間生活の余裕として変わってくるだろう。急激な生活の変化が, より人間の要求を加速させると思われる。

住宅地域での身近な水使用と排水の農地散布は, 貯水槽の水質悪化を引き起こす可能性がある。窒素濃度を中心に水道水源を見ると, 道路横新貯水槽(No. 6), 中日友好貯水槽(No. 3)の方が新給水用貯水槽より良好な水質である。現実を考えると, 水使用と併せて水源の保全が必要である。今後, 排水や流出汚泥の肥料への還元を考えると, 貯水槽を飲料用と畑地用, 家畜用に区分することも必要であろう。

名水七百弄水

　日中の懇親会で大化県の有力者が，七百弄の水を世界の名水として売り出したいと息巻いた。確かに同じカルスト地形のわが国山口県秋吉台別府弁天地湧水は日本列島百名水に入り，お茶などで親しまれ，また喫茶店でも利用されていると聞く。七百弄のひとつ，弄石屯の蒙さん宅を調査させていただいた時，新しく完成した貯水槽から配水された水道水を，これも各家庭で新しく完成したメタン発酵装置からのガスを利用して沸かし，お茶としていただいた。村の方々にとっては，名水以上の喜びの，そして貴重な飲み物である。傷のあるガラスコップいっぱいの熱いお茶を何とか1杯飲んだ。私にとっては自慢の1杯である。客人としてもてなしていただいたありがたさが身に滲みた。この地の暑い気温を考えると，冷たい水をもう1杯いただきたいとも思った。ところで同じ時期，子供たちがわれわれが調査中に飲み干したペットボトルを一生懸命集めていることが気になった。子供たちはボトルを持って，崖から滲み出る水を集めに行った。崖からの湧水は冷たく，暑い日差しの下では，きっと甘いに違いない。われわれの水質分析では，飲み水としては満足できる水質であった。この次に訪れることができたら，この甘い水を集めた貯水槽の水を，沸騰させずに飲ませていただきたい。世界の名水として七百弄水あるいは弄石水は世界に広がっているかもしれない。お茶の国，中国に期待したい大きなテーマである。　　　　　　　　〈橘　治国〉

6. 水循環，生活環境の保全から

　これまでの観察結果から，雨水流出率があまりにも大きいこの特殊な水循環の中での有効な水利用について考えてみたい。水道水源として畑地からの肥料の流亡のない地点を選ぶことが重要であることは既に述べた。さらに弄全体の物質循環を考え，農業と飲料水環境を両立させることについて考えた。水環境を，現在とより良好な物質循環の将来を比較したのが，図10-14である。

　将来においては，畑地を経由しない飲料用水の確保，また最終排水孔の手前に池を設置し，栄養を含んだ流出水や蓄積した汚泥を，肥料を補う意味で畑地に還元する。もちろん飲料後の排水や廃棄物は従来通り畑地に散布する。この可能性は，前述したように排水孔に溜まった水中の栄養塩濃度が極めて高いこ

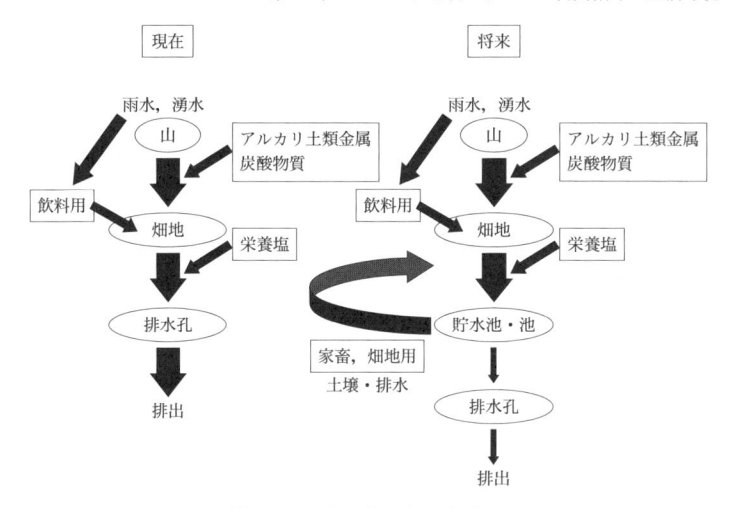

第10章 カルスト地域の水および物質循環と生活環境　197

図 10-14　水・物質循環概念図

図 10-15　排水孔近くに建設中の池

とによる。現在，魚養殖用として排水孔付近に池が建設されているが(図10-15)，まさにこの池の沈澱池への転用である。

7. 結　び

　カルスト地形の発達する弄石屯では，降雨や湧水を水源としているが，これら清澄な水も山から流出する時点で多量のいわゆるアルカリ土類金属と炭酸物質を含み，そして畑地を流下する間に肥料や排水の混入によって，栄養塩濃度が増す。降雨時にはかなりの栄養塩が排水孔から弄外に流出するものと推察される。本弄のように充分な水を確保することが難しいカルスト地形において，水源を涸渇させずに安全な水を供給するためにも，また肥料流出防止のためにも適切な水管理が要求される。そのひとつとして，清澄な湧水の飲用としての選択利用と，排水孔付近の池の建設とこの池や既存の貯水池の汚泥や排水の循環利用など，新しい水および物質循環システムの構築が提案できた。現実的にも，水道用としての貯水槽の建設や排水孔付近での池の建設などが始まった。われわれが指摘した点を考慮し，さらに効率的な運用が望まれる。

　カルストドリーネ地形という特殊な環境の地域において，多くの人が自給自足に近い生活をしている。それは，計算されたものではないにしても，効率的に，またバランスよく成り立っている。第2次世界大戦後，この弄の環境は破壊され生物生産性が低くなり，貧困と隣り合わせの生活となった。これには様々な事件があったといわれるが，少しずつ緑豊かな環境に戻りつつある。問題は，住民の方がさらにゆとりある暮らしをするために，われわれがどんなお手伝いをできるかである。地元の研究者の方と最後に議論して到達したのが，池の建設とこの池と貯水槽の堆積汚泥の利用であった。実際には魚の養殖ということで既に池の建設が始まっていた。豊かな生活への要求が，目的が少し異なったとしても，われわれの提案と一致していたわけである。今後の，地元研究者によるさらなる基礎的研究の継続と，これに基づく行政によるバランスのとれた生活文化の向上と環境保全対策を期待したい。

引用・参考文献

　[1]　陳桂芬・蒙炎成(2001)：「石灰岩地域の水資源および水質調査報告」『中国西南部に

おける生態系の再構築と持続的生物生産性の総合的開発　報告書平成12年度(第4報)』pp. 86-94。
[2]　橘治国・王宝臣(1999)：「岩灘ダム湖と七百弄試験地の水環境」『中国西南部における生態系の再構築と持続的生物生産性の総合的開発　報告書平成10年度(第2報)』pp. 122-130。
[3]　王宝臣・和泉充剛・蒙炎成・呂維莉・陳桂芬・橘治国(2000)：「七百弄実験地の水環境」『中国西南部における生態系の再構築と持続的生物生産性の総合的開発　報告書平成11年度(第3報)』pp. 79-91。
[4]　橘治国・大神裕史・王宝臣・蒙炎成・陳桂芬(2001)：「中国広西荘族自治区大化県七百弄郷の水環境　2000年七百弄調査報告(10月29日〜11月5日)」『中国西南部における生態系の再構築と持続的生物生産性の総合的開発　報告書平成12年度(第4報)』pp. 77-85。
[5]　橘治国・和泉充剛・王宝臣・陳桂芬・蒙炎成(2002)：「中国広西荘族自治区大化県七百弄郷の水環境　2000年七百弄調査報告(10月29日〜11月5日)」『中国西南部における生態系の再構築と持続的生物生産性の総合的開発　報告書平成13年度(第5報)』pp. 124-129。
[6]　橘治国・王宝臣・和泉充剛・大神裕史・蒙炎成・陳桂芬・江沢普(2003)：「弄の水環境——生活と環境の関係について　中国広西荘族自治区大化県七百弄郷・弄石屯1998-2000年水環境調査報告」『日本学術振興会未来開拓学術研究推進事業研究成果報告書　複合領域3　アジア地域の環境保全　中国西南部における生態系の再構築と持続的生物生産性の総合的開発』pp. 148-159。
[7]　平成10〜14年度日本学術振興会未来開拓学術研究推進事業「アジア地域の環境保全」(複合領域)中国西南部における生態系の再構築と持続的生物生産性の総合的開発写真・資料集，2003。
[8]　八木久義・丹下健・益守眞也・野口亮・羽根崇晃・譚宏偉・蒙炎成(2003)：「土壌特性の評価と土壌管理・改良方法の検討」『日本学術振興会未来開拓学術研究推進事業研究成果報告書　複合領域3　アジア地域の環境保全　中国西南部における生態系の再構築と持続的生物生産性の総合的開発』pp. 177-194。
[9]　高橋英紀・曾平統・蒙炎成(2002)：「弄石屯における広域水収支特性」『中国西南部における生態系の再構築と持続的生物生産性の総合的開発　報告書平成13年度(第5報)』pp. 175-197。
[10]　笹賀一郎・新谷融・小池孝良ほか(2002)：「中国広西壮族自治区弄石屯ドリーネ「村中貯水槽」集水域における水分動態」『中国西南部における生態系の再構築と持続的生物生産性の総合的開発　報告書平成13年度(第5報)』pp. 188-196。
[11]　Tachibana, H., Yamamoto, K. Yoshizawa, K., and Magara, Y. (2001): "Non Point Pollution of Ishikari River, Hokkaido, Japan," *Water Science & Tech*., vol. 44 (7), pp. 1-8.

第11章　バイオエネルギーの利用とその影響

松田従三・小畑　仁

1. バイオガス発生装置について

1-1. はじめに

　バイオガスはメタン発酵によって発生するメタン約60%，炭酸ガス40%の混合ガスであり，発熱量は約24 MJ/m^{3}である。メタン発酵法は，古くて新しい技術で，ヨーロッパにおいては1667年に汚泥などのバイオマスから，1806年には家畜糞尿からバイオガスを取得して燃焼させている。1896年にはイギリスで下水汚泥からのバイオガスによって街灯（ガス灯）が作られている。1900～50年は主として下水汚泥を原料とした試験が，1950年以降は主として家畜糞尿を原料とした試験が多くなり，1970年以降はフルスケールのプラントが作られるようになった。メタン発酵は1950, 1970, 1990年代とほぼ20年ごとに，世界中で盛んに研究されてきている。1950年代は第2次世界大戦後のエネルギー不足，70年代は石油危機，90年代は再生可能なエネルギー源として，メタン発酵は世界のエネルギー問題と深くかかわっている。今回の世界的なブームといえるようなメタン発酵への強い関心は，エネルギー問題よりも地球温暖化防止のための炭酸ガス排出量削減に伴う環境問題への懸念が加わって，今までより関心が強いように感じられる。

　メタン発酵は世界的に見ると，中国が最も盛んであり，一説には500万基のメタン発酵施設があるといわれている。中国に次いでインド126万基，ネパール6000基が稼働中といわれている。これらの国の施設は主として無加温の小型発酵槽（6～12 m^3）で，取得されたバイオガスはほとんどが炊事用，照明用に

使われている。また台湾でも相当数のメタン発酵槽が稼働中である。ヨーロッパでは1950年代はじめから特にドイツで研究・普及が盛んであった。現在ではドイツで個別型が約2500基，デンマークでは共同型20基，個別型42基，イタリアでは個別型50基，スウェーデンでは共同型10基，個別型6基が稼働中といわれている。いずれの国でも原料としては家畜糞尿が主体で，これに食品廃棄物，生ごみなどが加えられている。

　わが国のメタン発酵は，1950年代から盛んになり，1962年には鹿児島県から岩手県までに180戸のメタン発酵実施例が報告されている。当時の原料は人間屎尿，家畜糞尿，農業残滓で，生ごみはほとんどない。この時の普及はプロパンガスなど石油エネルギーの供給によって途絶えた。1970年代後半から再び研究が盛んになり，プラントもいくつか建設されたが，これらもオイル供給が問題なくなると中断した。そして1990年代後半から電気エネルギーを取るためのバイオガスプラントとして建設され始め，北海道内にも乳牛糞尿を主体としてメタン発酵槽は40基程度になった。

1-2. 中国南部におけるメタン発酵槽の普及

　中国南部でのメタン発酵槽の普及はめざましい。広西科学技術出版社の『南方沼気池総合利用新技術』(1998)によれば，広西壮族自治区には今まで28万基のメタン発酵槽が建設されているという。また同自治区の農村では1985年以来，メタンガスを利用することを中心に畜産と野菜栽培を発展させ，家畜の糞尿をメタン発酵槽に入れて発生させたガスは照明，炊事に，液体と残滓(汚泥)は肥料に使って，家畜飼養―メタンガス―栽培の形の生態農業システムになって，著しい効果をあげたと報告している。同自治区恭城県のメタンガス発酵槽の建設は1989年以来，毎年3000基の割合で増加し，1995年は2万9070基，1997年10月までには3万352個に達し，これは県内農家の61％に達するとしている。

　恭城県のメタン発酵槽の導入には次のような効果があった。
① 牧畜業の発展：メタンを総合的に利用する技術は豚を飼育する産業を急速に発展させ，豚の出産率は1992年1088万匹，1995年4581万匹と3年間で4倍になり，当時では出産率，肉の生産量，生産増加量等が自治区で1位になっ

② 果物の生産量の増大：果物の生産量が3年間連続して50%ずつ増加し，1992年に289万t，1995年には1082万tになり，農民1人当たり果物の生産量も自治区で1位になった。
③ 生態環境の改善：メタンガスの利用は薪をバイオガスに代替することによって，森林を保護することができ，森林の維持率は1987年の47%から1996年の70.8%に増加した。この結果，県内4河川の流水量は1996年には1985年より15%増加したとしている。
④ このほかには穀物生産高の増加，地域経済の発展，衛生状態の改善，発酵液（消化液）利用による化学肥料減少などの効果をあげている。

広西壮族自治区では石油と石炭の資源は乏しいが，光，熱，水資源が豊かで，気温も暖かくて，メタン発酵槽を備える条件は整っている。中国の無加温型の発酵槽は10～26℃で運転されており，同自治区の平均気温17℃に合っている。材料としての家畜糞尿は多く，発酵槽の建設材料であるコンクリートと砂が豊富であり，同自治区の人口のうち85%は農民であるため，メタン発酵槽を建設しやすい条件がそろっているといえる。

1-3. メタン発酵槽

（1）メタン発酵の原理，原料

メタン発酵法とはメタン細菌の作用によって，液状または固形状の有機性廃棄物を嫌気状態に保ってバイオガスを発生させる方法である。

メタン発酵は大きく分けて2段階の反応から成り立っている。第1段階は可溶化過程と呼ばれており，これは脂肪，炭水化物，タンパクなど複雑な有機物が糖類，アミノ酸，高級脂肪酸など単純な有機物に分解する加水分解過程と，それらが酢酸，プロピオン酸など低級脂肪酸や有機酸，アルコールおよび水素，硫化水素，炭酸ガスなどに分解する酸発酵過程とからなっている。

第2段階はメタン発酵過程と呼ばれる特殊な偏性嫌気性菌であるメタン細菌によるメタンガス生成過程であり，第1段階で分解生産された酢酸など低級脂肪酸が，メタン細菌の作用によってメタンガスに変換されたり，水素，炭酸ガスからメタンガスが生成される過程である。このうち酢酸からメタンガスに変

換されるのが約70%，水素，炭酸ガスからメタンガスになるのが30%といわれている。このような液化とガス化がコンビネーションよく進行するのがメタン発酵である。

　メタン発酵法を固形分濃度で分類すると湿式メタン発酵と乾式メタン発酵とがあり，湿式メタン発酵は固形分が10〜12%以下で運転する現在一般的に用いられている方法である。一方，乾式メタン発酵は固形分濃度を20〜40%に濃縮したものであって，近年，生ごみ，汚泥，屎尿，古紙などの高固形分処理用として開発されたものである。

　メタン発酵は適温に保つことが必要である。メタン発酵による発熱はごくわずかであるため，発生したバイオガスなどにより，発酵槽内を最適温度に加温するのが一般的である。メタン発酵の適温は，一般に，中温発酵と高温発酵とに分かれ，その最適温度範囲は，それぞれ37℃前後，50〜55℃の範囲にある。

　現行のメタン発酵槽は，下水や屎尿処理も含めると，95%以上が中温発酵法を採用している。しかし，近年，55℃を中心とした高温域で運転するメタン発酵槽が，特にヨーロッパでの共同型バイオガスプラントで家畜糞尿，食品廃棄物などの処理用として普及している。その背景には，断熱技術，熱交換技術の進歩，さらに発酵槽の温度制御技術の飛躍的進歩などが挙げられ，また，共同型プラントはいろいろな原料が持ち込まれるため，発酵が終わった消化液の有機質肥料としての圃場還元に際し，衛生面から殺菌効果の高い，高温発酵処理の評価が高まったことも大きな要因と考えられる。

　これら中温，高温以外に20℃程度の低温発酵や全く無加温の発酵槽もある。中国の発酵槽は，この無加温のものが多いが，保温のために南側の日当たりのいい場所に地下式で作ることが多い。発酵温度が高いほど有機物の分解は速く，したがって発酵槽の平均滞留時間は，高温発酵で15〜20日，中温で25〜30日，無加温では60〜180日が多い。

　メタン発酵の原料としては，バイオマス系廃棄物なら発酵の難易性はあるものの受け入れ可能であるが，一般的には下水汚泥，家畜糞尿を主原料としている。そのほかには，屠畜場，野菜・果物加工場，ビール・ワイン工場，乳製品工場，製紙工場などからの残渣，あるいは古紙，生ごみが原料として用いられている。これら原料によって分解速度，バイオガス発生量も異なっている。

（2）中国型メタン発酵槽

　中国型発酵槽については次項でも述べるが，ここでは簡単に種類を紹介する。中国型発酵槽は水圧式メタン発酵槽といわれ，基本的には材料投入口，消化液排出口，上部にガス室を持った発酵槽からなっているが，かなり多くの種類がある。広西壮族自治区で普及しているものを次に挙げる。

ａ）Ａ型メタン発酵槽（図 11-1）

　広西桂林地域で普及している型で，消化液の貯留槽が大きく，操作が簡単で，発酵槽を品質よく建設できるといわれている。また建設するには施工が簡単で，施工速度が速いという特徴を持つ。

ｂ）消化液を下層から排出するメタン発酵槽（図 11-2）

　このタイプは広西賀州地区で普及している。この型は大量の消化液の排出がスムーズにいくもので，排出時に発酵槽の蓋を開ける必要がない。

ｃ）自動消化液排出メタン発酵槽（図 11-3）

　このタイプは初めて広西蒙山県から普及したものである。

　図 11-3 のように排出側には排出口と水圧口の 2 口が付いたものが現在は一

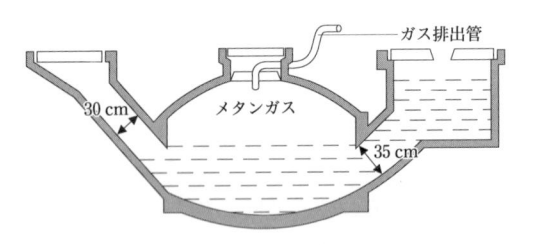

図 11-1　Ａ型メタン発酵槽

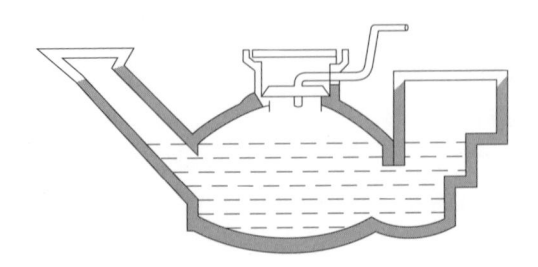

図 11-2　消化液を下層から排出するメタン発酵槽

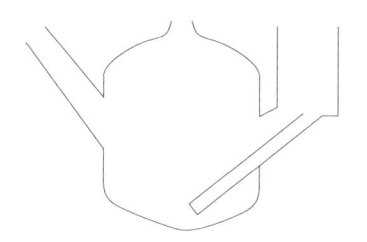

図 11-3　自動消化液排出型メタン発酵槽

般的である。

　自動消化液排出型は大量の消化液を排出するという難しい問題を克服している。この装置は，液体が圧力の作用で低いところへ流れる原理，残滓排出器の減圧作用，ガスと水の残滓に対する圧力作用を利用してできた装置である。バイオガスの発生と材料投入で，発酵槽の液面は上下に揺れ，自動的に底部の汚泥状の残滓を排出する。またこの作用は，発酵槽にとっては攪拌作用になる。

　恭城県における 1997 年当時の 6 m^3 メタン発酵槽の建設コストを表 11-1 に

表 11-1　6 m^3 メタン発酵槽の建設コスト

項　目	使用量	単価(元)	合計(元)
セメント	650 kg	400	260
太目砂	1.5 m^3	50	75
細目砂	1 m^3	50	50
卵　砂	1 m^3	70	70
鉄　筋	8 kg	3	24
ホース			40
コンロ	1 個	250	250
ランプ	1 個	14	14
小　計			759
人件費と別料金			133
屋根用 1300 個煉瓦			60
ビニールフィルム	23 m^2		17
技術者施工費			172
食費代			115
小　計			529
合　計			1,300

示す。

d）メタン発酵槽の容量

発酵槽容量は，一般的に50 kgの豚3頭では，6 m^{3}の発酵槽を作るのがよいとされている。一例を挙げると1世帯4人で，50 kg豚3頭，あるいは50 kg豚2頭と牛1頭を飼育している場合は，6 m^{3}の発酵槽が適当とされる。1世帯5～6人で，50 kg豚6頭と牛1頭を飼育している場合は，8 m^{3}の発酵槽が適当とされる。1世帯7人で，50 kg豚8頭を飼育している場合は，10 m^{3}の発酵槽1基か6 m^{3}の発酵槽2基が適当とされる。

2. メタン発酵装置の導入とその利用に関する現地調査

2-1. 調査項目

（1）七百弄郷弄石屯におけるメタン発酵槽

a）メタン発酵槽の構造

弄石屯には，表11-2に示すように2002年7月現在，メタン発酵槽が21槽設置されている。この発酵槽は基本的には図11-4に示すような形状をして，直径3.4 m，深さ1.8 m，実容積10 m^{3}の圧力式の発酵槽である。この発酵槽には，一方の投入口(送料口，送料管)から有機物が投入され，他方に設けられた排出口(出渣間，自動出渣池)から消化液を排出する。また排出口に隣接して発酵槽内の圧力を調整するための圧力調整口(水圧間，水圧池)が設けられている。バイオガスは発酵槽頂上部(蓄水圏)からビニールチューブによって室内まで導かれている。図11-4に示すような手押式ポンプ(抽液器)がついているものもあるが，数はまだ少ない。このポンプによって，消化液を汲み出し，発酵槽内に散布して消化液の表面にできる硬いスカムの発生を防止している。このスカムの発生はバイオガスの発生を抑制するので，このポンプの設置は効果があると思われる。ただ後述するが，この弄石屯のメタン発酵槽では，水分を多く投入しているため消化液の濃度は薄くスカムの発生はないかもしれない。このポンプでは消化液を汲み出して便所に通すようになっており，用便後に発酵槽に流し込むようになっている。図11-5に装液池と抽液器を示す。後ろに建て

表11-2　七百弄郷弄石屯メタン発酵槽設置農家(2002年7月22日)

			ガス発生量 (m³/日)	CH₄ (%)	CO₂ (%)	H₂S (ppm)
1	蒙桂華	新旧槽混合ガス量	1.43	70	30	300
2	蒙桂華	旧発酵槽		72	28	430
3	蒙桂華	新発酵槽		63	37	75
4	蒙桂夫	使用せず		100		
5	蒙桂周			72	28	15
6	蒙桂儒			71	29	430
7	蒙桂献			71	30	27
8	蒙桂陸		0.26	73	28	95
9	蒙朝府			71	29	50
10	蒙朝珍			73	27	100
11	蒙正文			70	30	440
12	班成儒			74	27	795
13	蒙朝陸		0.78	72	28	175
14	蒙桂宁			71	30	65
15	蒙朝恩			70	30	95
16	蒙桂宗			73	27	100
17	蒙宏亮			71	30	130
18	蒙正合	原蒙桂璜		71	29	150
19	蒙桂祥			70	30	90
20	蒙桂香	ガス発生なし				
21	蒙桂必	ガス発生なし				

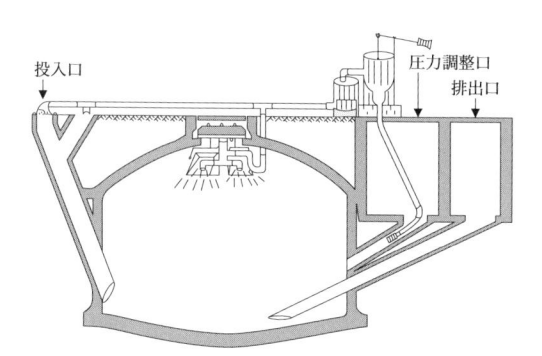

図11-4　七百弄や大化県に導入されている最新型の装液池・抽液器つきの発酵槽

208　第Ⅲ部　物質循環と人間活動

図 11-5 装液池(右側)と抽液器(左側ポンプ)，後ろに建っているのが便所，写真右端にメタン発酵槽中央部の蓋が見える

いるのが消化液を流す便所である。

　今回の調査で発酵槽に投入する材料は，豚糞尿，屎尿，豚の敷料，台所排水であった。1999年の調査では大きな植物の葉や茎を入れているものが見られたが，今回は見当たらなかった。これは発酵槽の詰まりや汚泥の堆積などを防ぐために，そのような材料を入れないように指導がなされたのかもしれない。

　発生したバイオガスは，ビニールチューブで室内に導かれ，小型の脱硫器で脱硫されている。これにはNaOHが入っており，$H_2S + 2NaOH \rightarrow Na_2S + 2H_2O$のように脱硫する。しかしいずれの発酵槽でも，このNaOHは既に効果がなくなっており，液の交換はなされていなかった。脱硫後のバイオガスは圧力計も設置されている分岐管を通って，ガスコンロ，ガス灯に導かれている。2002年現在は電気が通ったためガス灯はほとんど使用していないとのことであった。

b) メタン発酵槽運転例の調査

　今回の調査では，バイオガス発生量，メタン濃度，投入液と排出液の性状調査を実施した。バイオガス発生量(使用量)は，乾式ガス流量計で測定し，ガス成分は北川式ガス検知管にて，炭酸ガス濃度，硫化水素濃度を，ガス圧は設置されているメーターで測定した。メタンガス濃度は100%から炭酸ガス濃度を差し引いて求めた。また発酵槽の投入液，消化液(排出液)を採取し，北海道大

学に持ち帰って性状を分析した。測定項目は，固形分(TS)，pH，有機物量(VS)，ケルダール窒素(TKN)，アンモニア態窒素(TAN)，E. coli(糞便性大腸菌)，腸球菌である。

2-2. 調査結果

(1) 七百弄郷弄石屯におけるメタン発酵槽の稼働状況

a) バイオガス発生量およびガス成分

表11-2に2002年7月22日に測定したガス成分と7月22日前後の5日間のガス発生量から求めた1日当たりのガス発生量を示している。これによればメタンガス濃度はほとんどが70%以上と高く，良好な値を示している。図11-6にガス成分測定風景を示す。これは豚糞尿と屎尿が主原料のためと思われる。現在，北海道内で稼働している乳牛糞尿を材料としたメタン発酵では，このようにメタン濃度の高いバイオガスを発生させることは難しい。またH_2S濃度も(なかには約800 ppmの高い値も示しているが)100 ppm程度と一般的には濃度が低い値を示している。この程度のH_2S濃度のバイオガスであれば，ガスコンロの傷みも少ないであろうし，安全性の面から考えても弄石屯の農家の家では換気がよいため，たとえガス漏れが発生しても問題はないであろう。しかし，できればNaOH液と取り替えて脱硫する方が望ましいことはいうま

図11-6 ガス成分測定とガス流量計(左上)

でもない。

　ガス発生量は表 11-2 に示すように 2・3 農家の新旧混合ガスが 1.43 m³/日（したがって 1 槽当たりでは 0.7 m³/日），8 農家では 0.26 m³/日，13 農家では 0.78 m³/日であった。これらの農家のバイオガス発熱量は，メタン濃度 70% とすれば約 28 MJ/m³ となる。したがって 1 槽当たりの発熱量はそれぞれ 19.7 MJ/日，7.1 MJ/日，21.8 MJ/日となる。

　このガス発生量，利用可能ガス発熱量は，計画値よりも少ないものと考えられる。表 11-3 には，2002 年 10 月 29 日に測定したガス濃度および 7 月末から 10 月末までの約 3 ヶ月間のガス発生量の 1 日当たりの平均値を示している。これによればガス発生量，メタンガス濃度，H_2S 濃度は 7 月の測定時と大きく変わっていないことが示されている。ただ，この調査時点に 3 日間ガス使用量を測定した 6 農家のガス発生量は，1 m³/日であった。この値は無加温のメタン発酵槽で，しかも有機物負荷が低い割合には発生量は多いと評価できる。

　発酵槽のガス圧は，ガス使用前では，3.5〜3.8 kPa（水中圧 350〜380 mm）であり，使用後には 1.5 kPa（水中圧 150 mm）に低下することも明らかになった。

b）メタン発酵槽の投入液，排出液の性状

　表 11-4 に示すように 4 戸の農家の投入口の液と排出口の液の性状を調査した。これによると 8 農家と 13 農家以外は，投入液，排出液とも非常に薄いものであることが判明した。現在，北海道内で稼働しているバイオガスプラントでは，材料を乳牛糞尿としているが，その投入口液の固形分（TS）は 13 農家と同程度の約 7% である。調査農家のうち 2・3 農家は特に TS が薄い。これは有機物量（VS）も薄いのでバイオガス発生量が少ないのは当然の結果といえる。これに対し 8 農家と 13 農家は投入有機物量が大きく 2・3 農家と比べて 17〜24 倍と高いが，ガス発生量は逆に小さくなっている。この数値からは投入物の濃度はわかるが，投入量が把握できず，メタン発酵槽への有機物負荷（kg VS/(m³·日)）が判明しないので，ガス発生量が少ない理由は未だ判明しない。ただ 8 農家は極端にガス発生量が少ないことから，発酵槽からあるいはガス管（ビニールチューブ）から漏れている公算が大きい。

　VS はいずれの農家でも，投入液に比べて排出液の方が低いことから，有機物の分解はなされていることが明らかである。

表11-3 七百弄郷弄石屯メタン発酵槽バイオガスの性状(2002年10月29日)

		CH₄(%)	CO₂(%)	H₂S(ppm)		ガス発生量(m³/日)	ガス圧(kPa)	材 料
2 蒙桂華	投入口				新旧槽混合	1.43	3.8	豚糞尿, 屎尿, 敷料, 家庭雑排水
	排出口	71	29	365	2000.4 旧槽建設(新旧2槽保有)			
3 蒙桂華	排出口	68	32	50	2001.5 新槽建設(新旧2槽保有)			
6 蒙桂儒	投入口							豚糞尿, 屎尿, 敷料, 家庭雑排水
	排出口	71	29	210		1.01	1.5	
8 蒙桂陸	排出口	69	31	100		0.18	1.5	
12 班成儒		73	27	900				
13 蒙朝陸	投入口							豚糞尿, 屎尿, 家庭雑排水
	排出口	70	30	110		0.67	3.5	

注) 8 蒙桂陸:うまく稼働していない。ガス漏れしているらしい。投入量も少ない。

表11-4 七百弄郷弄石屯メタン発酵槽投入液・排出液の性状(2002年10月29日)

		E. coli (log(CFU)/g)	腸球菌 (log(CFU)/g)	pH	TKN (mg/L)	TAN (mg/L)	TS (%)	VS (%)
2 蒙桂華	投入口	4.5	5.1	7.0	201	72	0.4	0.25
	排出口	3.5	4.0	7.8	482	385	0.6	0.24
3 蒙桂華	排出口	3.0	3.3	8.0	793	620	0.7	0.30
6 蒙桂儒	投入口	4.5	4.2	6.6	1,115	375	2.5	2.06
	排出口	2.1	1.5	7.6	508	471	0.3	0.12
8 蒙桂陸	排出口	0.0	3.3	7.5	2,055	465	6.8	4.37
13 蒙朝陸	投入口	6.0	5.6	6.1	3,222	1,072	7.2	6.09
	排出口	3.6	4.2	7.7	3,082	1,042	6.6	4.17

ケルダール窒素(TKN),アンモニア態窒素(TAN)もTSが低い農家は低く,TSが高い農家は高い値を示しているが,これらの値は通常の値である。衛生指標細菌であるE. coli(大腸菌)と腸球菌も測定した。E. coliは低温でも死滅する細菌であるが,腸球菌は高温にも耐性のある菌である。これらの測定結果はメタン発酵槽の液としては極端に細菌が多いとはいえないことを示している。ただ13農家の値はTSも高いこともあってE. coliがやや高いといえる。しかしいずれのメタン発酵槽でも,細菌は発酵後には減少しており,発酵槽の衛生的効果は少しはある。ただこれらの値では加熱しないで食用に供する作物に利用するには高い数値なので,その場合は注意が必要であろう。

（2）七百弄郷弄石屯における省エネルギー型竈(かまど)の導入効果

　図 11-7 は，最も簡易な旧型竈である。この竈にかかっているのが豚飼料であるサツマイモのつるを煮ているものである。それより進歩した竈が一般的には使われ，さらに最近，図 11-8 に示すような省エネルギー型竈が導入された。このように竈は主に豚飼料調製用として用いられている。

　メタン発酵槽によるバイオガス利用によって，薪使用量は 80 斤/日から 60 斤/日に減少したが，さらに省エネルギー竈の導入によって薪使用量は 60 斤/

図 11-7　旧型の竈

図 11-8　省エネルギー型最新式竈

日から20斤/日に減少した。このようにバイオガスは薪の20斤分を代替している。特に料理用の燃料としては，ほとんどバイオガスが使われている。これは薪に比べて簡単に熱を供給させてくれ，簡単に使用できることが理由である。バイオガスコンロは，主食の調理用に圧力鍋を1日2回，副食調理用に同じく1日2回，それぞれ各15分ずつ1回計30分間，1日合計60分間利用するところが多い。ちなみに住民の主食は，普通はヒマの粉あるいはトウモロコシ粉の粥のみである。これを圧力鍋で煮る。この時バイオガスを使用する。副食は家の周りで栽培している野菜を塩茹でして食する。筆者は今回の調査で赴いた農家で昼食に白米を供せられたが，これは客用の特別食であった。またその時，鶏を1羽つぶして副食として出されたが，これも非常な特別食とのことであった。

以上の結果より，薪の使用量を減少させたのは，バイオガスの利用よりも，新しい省エネルギー竈の方が効果が大きいことが判明した。しかし使用の利便性からいうとバイオガスの方が高いため，料理用にはずっと用いられるものと考えられる。竈の利用は，特に豚の飼料である。ちなみに豚飼料はサツマイモのつるを細かく切断し，これを大きな鍋で煮る。これを「旱藕」(レンコン)という。この時は竈を用い，薪を燃料とする。これに別な小さな鍋で煮たトウモロコシ粉と残飯の混合物を加える。これを「紅薯叶」という。これを冷やして適量，豚に与えるものである。

(3) 七百弄郷弄石屯のメタン発酵槽調査農家の概況

a) 1～3農家　蒙桂華(表11-2)

ここは合計9人の3家族からなっている。

図11-9にメタン発酵槽を示す。発酵槽材料は，豚糞尿，屎尿，敷料(乾草300斤)であり，食器や食材の洗い水は豚の餌になる。この農家には，新旧2基のメタン発酵槽があり，ガスは両方の槽から合流させて使用している。

豚：現在5頭(母豚3頭各200斤，子豚2頭各60斤)である。豚の出産は年2回，したがって3頭×2回×10頭＝60頭出産する。通常は15から20斤に肥育して出荷する。この豚頭数は，この屯では中規模である。

b) 6農家　蒙桂儒(表11-2)

ここでは母豚5頭を飼育している。敷料は使用していない。調理用の流しの

図 11-9　ブロック建ての豚舎(左側)と地下式メタン発酵槽(七百弄郷弄石屯)

水は発酵槽へ入れるが，身体を洗った水は捨てる。ガス使用量は1日3回，1回30分であり，ガス使用前のガス圧は3kPa程度であるが，使用後は1.5kPaに低下する。この農家で調査中に3日間ガス発生量を調査したが，最もガス発生量が高かった。

c) 8農家　蒙桂陸(表11-2)

　ここは3人家族で，母豚3頭を飼育している。そのためか投入量も少ない。ここのメタン発酵槽はうまく稼働しておらず，ガス漏れが発生しているかもしれない。

d) 13農家　蒙朝陸(表11-2)

　6人家族で，夫婦と子供3人，老人1人が同居している。母豚を5頭飼育している。メタン発酵槽には，敷料を必要としない新品種の母豚4頭と子豚9頭の糞尿が投入されている。旧品種豚は敷料が必要であり，この敷料入り糞尿は堆肥として使われている。

(4) 2000年のメタン発酵槽調査農家の概況

a) 大化県農家調査A

　大化県の農家は，家族構成は成人3名，老人1名，高校生1名，小学生2名の7人家族であり，家畜は母豚1頭，子豚2頭(30kg)，鶏3羽というものであった。子豚は25kgまで育てて売却し，値段は6元/kgとのことである。残

した子豚は8～10ヶ月かけて(子豚の段階からでは6ヶ月)100 kgまで肥育し,売却するとのことである。

豚の飼料は,主として購入飼料であり,トウモロコシ15％,ふすま10％,丸大豆7％,魚粉2％,残りはもみ殻とぬかの配合飼料である。この配合飼料2～2.5 kg/日に野菜を混ぜて,母豚に給与される。また子豚には同じ配合飼料を1 kg/日給与している。

糞尿排泄量はこの飼料給与量から求めた方がいいのかもしれないが,ここでは固形糞を母豚3 kg/日,子豚1 kg/日,人間0.4 kg/日排泄すると仮定した。10 m^{3}容量のメタン発酵槽には,これらが毎日投入され,野菜類(雑草など)は5 kgが毎日投入されると仮定すると,表11-5に示すようなバイオガス(メタン60％,炭酸ガス40％)が発生するものと算定される。

バイオガスの発熱量は24.0 MJ/m^{3}と計算されるので,この農家の発酵槽からは29.4 MJ/(日・戸)が得られることになる。この農家では調理はすべてこのバイオガスで行われており,通常では薪は使用していない。来客などで人数が増えた時だけ薪を使用するとのことであった。バイオガスの使用量は,ガス灯(60 W相当)が3～4時間/日,調理が3回/日×40分/日＝2時間/日とのことである。ガスコンロのガス消費量は,定格で0.50～0.55 m^3/時(0.4～2.4 kPa)となっており,ガス灯の消費量を0.10 m^3/時とすると,合計で1日のガス消費量は1.4 m^3/日となって,表11-5の1.22 m^3/日とほぼ一致する。

メタン発酵槽の運転は,槽のガス圧を冬は4 kPa(0.04 kgf/cm^2),夏は6 kPaになるように調節しているとのことである。ただ調査時の圧力は3 kPaであった。また夏はガス発生量が多くなってガス圧も上がるため,8 kPa以上になった場合は消化液(発酵液)を抜いてガス圧を下げるように指導されている。また

表11-5 バイオガス発生推定量

	員数 (頭,人,kg)	排泄(出)量 (kg/日,頭,人)	乾物量 (kg/日)	有機物率	有機物量 (kg/日)	ガス発生単位 (L/kg VS)	ガス発生量 (L/日,頭,人)
母豚	1	3.0	0.28	0.87	0.73	450	329
子豚	2	1.0	0.28	0.87	0.49	450	219
人間	7	0.4	0.28	0.87	0.68	500	341
野菜	5	5.0	0.20	0.95	0.95	350	332
合計					2.85		1,222

図 11-10 便所の中にある装液池(左側)と抽液器(右側ポンプ)

冬は逆に発酵槽温度が低下してガス発生量が下がるため，温水を投入して槽温度を上げることを勧めている。この農家では，2日に1回の割合で，50〜60°Cの温水約 50 kg を装液池(便所に設置されている抽液器(手押しポンプ)によって汲み上げられた消化液を排出する桶状の器，発酵槽の上部に位置している)に投入している(図 11-10)。

b）七百弄郷弄石屯農家調査 B

牛2頭(母牛 150 kg，子牛 75 kg)，豚3頭(母豚，子豚2頭)，山羊(雌)4頭，鶏2羽を飼育している農家である。これらの飼料は，牛は使役の時は刈り取った飼料(59 kg/日)を与え，それ以外は山羊と一緒に放牧していた。母豚にはトウモロコシ 1 kg/日，野菜(山からとってくる雑草のようなもの)20 kg/日，肥育豚は基本的には母豚と同じ飼料で，子豚は 0.5 kg のトウモロコシを給与している。山羊は放牧のみで飼料は給与していないとのことである。

メタン発酵槽は4月5日から使用開始しており，最初に牛糞と敷料(いわゆる草)と山羊の糞と敷料を 800 kg 投入している。今後は3ヶ月ごとに 80 kg ずつ投入するように指導されているとのことであった。ちなみに発酵槽容量は弄石屯ではすべて 8 m^3 であった。ガス使用量は，調理の3時間/日，ガス灯1時間/日とのことであった。

七百弄郷では豚には煮た飼料を給与しているため，バイオガスは人間の料理

用とガス灯用に用いられており，豚飼料の煮炊き用には薪を使用していた。発酵槽ガス圧は，いずれの家でも 4 kPa 以上であった。材料の種類や投入量は不明であり，糞尿だけを投入している家や野菜くずも投入している家など様々である。しかし材料の投入量，投入間隔などに関しては 4～5 日ごとに入れるように指導されたり，全く指導がなかったり，まだ統一した指導はなされていないようであった。

2-3. バイオガス発生量の予測と薪炭材との代替可能性

表 11-6 に標準的農家(家族 4 人，母豚 1 頭，子豚 2 頭と仮定)からの排泄物と野菜残滓(山からの雑草など)を投入した場合の予想バイオガス発生量を求めている。

これによれば，1 日に 1.4 m^3 のバイオガスが取得できることになる。この発熱量は，1.4×24.0 MJ＝33.5 MJ となる。この発熱量は大化県の農家より多く，調理用およびガス灯用としては充分なものと考えられる。しかしながら七百弄での聞き取り調査では，薪の使用量は平均して 32.5 kg/(日・戸)である。これは発熱量に換算すると 202～328 MJ(水分 50～20%，発熱量 12.6 MJ/kg 固形分として)となる。この発熱量は取得バイオガス発熱量の 6～10 倍となる。七百弄郷では前述したように豚の飼料を煮てから給与するため，この 5～9 倍の熱量は豚の飼料用燃料となる。したがって今後も豚に煮沸した飼料を給餌するのであれば，バイオガスで薪炭材全量を代替することはできないことになる。将来，豚の飼養方法が変わり生飼料を給餌するように変更すれば，バイオガスで燃料すべてを代替できることになる。

2002 年の調査で薪炭材節減に最も効果が大きかったのは，省エネルギー竈

表 11-6　バイオガス発生推定量

	員　数 (頭,人,kg)	排泄(出)量 (kg/日,頭,人)	乾物量 (kg/日)	有機物率	有機物量 (kg/日)	ガス発生単位 (L/kg VS)	ガス発生量 (L/日,頭,人)
母 豚	1	3.0	0.28	0.87	0.73	450	329
子 豚	2	1.0	0.28	0.87	0.49	450	219
人 間	4	0.4	0.28	0.87	0.39	500	195
野 菜	10	10.0	0.20	0.95	1.90	350	665
合 計					3.51		1,408

の導入であった．聞き取り調査によれば，バイオガス利用によっての薪炭材節減は1日20斤であったが，この竈によって40斤の節減になったとのことである．このためメタン発酵槽と省エネルギー竈を導入した農家では，薪炭材80斤の使用から20斤に節減できている．したがってエネルギー的には省エネルギー竈の方が効果は大きいことがわかった．しかし豚飼料の煮沸は午前中に1回あるいは隔日くらいに行われている．それに対し人間の食料の準備は1日3回であるため，消費するエネルギーは小さくとも調理の便利さも考慮されなければならない．この観点からは，調理用にバイオガスが用いられるようになった効果は大きなものといえる．

2-4. バイオガス発生量の増加と安定性

　バイオガスを大量に安定的に産出するためには，材料の発酵槽への定量・定期的供給および温度の安定管理が大切である．2002年度の七百弄郷農家調査と2000年度の大化県農家調査を比べると，大化県農家の方が投入量は少ないのにもかかわらずバイオガス発生量は多くなっている．これは発酵槽の温度の違いと考えられる．地理的にも大化県農家の方が暖かであり，その上この農家では，冬期間には2日に1回の割合で，50〜60℃の温水約50 kgを図11-10に示す装液池に投入している．これは発酵槽の温度上昇に大きな効果を現していると考えられる．また材料の安定的投入のためには農家への情報提供と教育が必要である．さらに発酵槽の温度安定化のためには，発酵槽の設置場所の決定，断熱材による保温，ビニールハウスなどによる加温などが必要であろう．

　さらにまた今回の調査では調査した10戸の農家のうち4戸の発酵槽がうまく稼働していなかった．これは農家への指導・教育とともに，発酵槽の管理体制を整える必要がある．今回の調査では，発酵槽のガス圧は3.8 kPaが最高であったが，2000年の大化県農家ではガス圧を冬は4 kPa，夏は6 kPaになるように調節していた．またその時の弄石屯発酵槽のガス圧も4 kPa以上であった．このことよりも，農家の発酵槽に対する関心の薄れとそれに伴う保全管理の不足が考えられる．

3. 室内実験によるメタン発酵消化液の調製と肥料成分分析

バイオガス生産の副産物として消化液が多量に発生する。物質循環を元素のレベルで考えると，バイオガス生産は，未利用有機物のうち易分解性の部分から炭素をメタンの形で回収し，燃料として有効利用しようとするものであるため，難分解性の有機物とそのほかのミネラル成分および微生物菌体が消化液・汚泥として回収される。本節では，中国における現地調査と併行して，消化液の肥料成分濃度変化に対する発酵資材の影響を検討し，肥料としての有効性について検討する。そのため，小規模のバイオガス生産装置を実験室内で稼働させ，発生するメタンガス濃度等を調べるとともに，得られた消化液の肥料成分量を調べ，また植物栽培上の問題点を検討した。

3-1. 方　　法

(1) 実 験 装 置

小型の発酵装置(1 L の三角フラスコに，発酵資材投入口，消化液取り出しおよび圧力調節用ガラス管，ガス取り出しチューブを設けたシリコン栓をしたもの)を組み立てた。発酵資材として，均質性を保証できる豆乳粕好気発酵残滓(紀文㈱)を風乾したもの，および市販の乾燥鶏糞を用い，それぞれ100% と50% ずつ混合したものを比較した。発酵資材(風乾物)100 g に水 300 mL を加え，温度は品温 30°C で 47 日間実験を継続した。

(2) ガス成分濃度ならびに消化液中イオン濃度の測定

実験開始直後から，発生するガスを注射器で採取し，ガスクロマトグラフ(GC-3A 島津製作所)で二酸化炭素ならびにメタン濃度を測定した。用いたカラムは，ポラパック Q (CO_2)ならびに MS5A (CH_4)で，キャリヤーガスには窒素を用いた。

2 週間おきに消化液を採取し，肥料成分濃度等(pH，NH_4^+，NO_3^-，PO_4^{3-}，K^+，Ca^{2+})を測定した。分析には RQ フレックスプラス(メルク)とそれに付随する分析キットを用い，説明書に従って操作した。実験開始に先立って濃度既知の溶液の測定ならびに消化液に一定濃度の被検イオンを添加しその回収を調

べることにより，本測定方法の消化液への適応の可否を判断した。この実験はいずれも5連で実施した。

(3) **植物栽培試験**

栽培実験には肥料成分のバランスが最もよかった混合区の消化液を用いた。土壌は畑土壌の下層土を用いた。ガラス製の200 mL容器に土壌を詰め，消化液をアンモニアが硫安として10，50，100 kg/10 aになるように土壌に添加し，ここに播種後2週間経過したコマツナ苗を移植し，人工光下25℃で3週間栽培した。対照として硫安10 kg/10 a相当を添加した区を設けた。その後，植物体地上部と地下部を採取し，新鮮重測定後75℃で通風乾燥し，乾物重を測定した。

3-2. 結果・考察

(1) **RQフレックスプラスの消化液への適応可否に関する予備検討結果**

濃度既知の標準溶液を測定したところ，表11-7に示されるように93から111％の測定値が得られた。Ca^{2+}で値が110％を超えており，やや不正確さが感じられたが使用可能と判断された。消化液に含まれるマトリックス成分による干渉の可能性を検討するため，一定量の既知濃度のイオンを添加し回収実験を行ったところ，アンモニウムイオンとカルシウムイオンを除いてはほぼ妥当な回収率が得られた（表11-8）。アンモニウムイオンならびにカルシウムイオンは25％ほど高い値を示した。このうちカルシウムイオンについては標準溶液の場合にも高い値を示したので，今後，何らかの補正が必要と考えられた。アンモニウムイオンの場合には，被検液のpHが高いため実験操作中に添加されたものの一部が揮散した可能性が考えられ，さらに詳しく検討する必要があろう。またこれらの測定は5連で行ったので，分析の精度を判定するため相対標準偏差を求めたところ，アンモニウムイオンとカルシウムイオンを除いては3％程度で，アンモニウムイオンの場合に10％，カルシウムイオンで15％となった。

この分析法は本来，電源設備のない中国の現地での測定を主目的とした簡易分析法であるため，この程度の測定値でも一応の結果を出せるものと判断し，以下の実験に用いた。

表11-7 RQフレックスプラスによる消化液中栄養塩類濃度測定の正確さに関する予備実験結果(標準溶液の測定)

塩類の種類	濃 度 (mg/L)	測定された濃度 (mg/L)	比 率 (%)
NH_4^+	2,250	2,100	93.3
NO_3^-	7,750	7,800	100.6
PO_4^{3-}	3,490	3,240	92.8
K^+	1,440	1,510	104.9
Ca^{2+}	1,360	1,510	111.0

表11-8 RQフレックスプラスによる消化液中栄養塩類濃度測定の正確さに関する予備実験結果(標準添加法による測定)

塩類の種類	添加濃度 (mg/L)	回収された濃度 (mg/L)	回収率 (%)
NH_4^+	1,130	1,420	125.7
NO_3^-	3,880	3,860	99.5
PO_4^{3-}	1,740	1,690	97.1
K^+	720	700	97.2
Ca^{2+}	680	850	125.0

(2) メタン生成

メタンガス等生成の経時変化を表11-9に示した。豆乳粕100％区および混合区では，実験開始後18日目で二酸化炭素生成がピークに達し，その後メタン生成が進み始め，47日目で約80％のメタン濃度に達した。これは燃料とし

表11-9 発生したバイオガスの組成 (単位：％)

	No.	発酵材料	二酸化炭素	メタン	計
0日目	1	豆乳粕100％	31.8	0	31.8
	2	50％ 50％	16.4	0	16.4
	3	鶏糞100％	8.0	0	8.0
18日目	1	豆乳粕100％	65.4	4.8	70.2
	2	50％ 50％	70.5	3.4	73.9
	3	鶏糞100％	59.6	3.4	63.0
30日目	1	豆乳粕100％	40.6	53.7	94.3
	2	50％ 50％	36.3	61.2	97.5
	3	鶏糞100％	66.9	23.3	90.2
47日目	1	豆乳粕100％	17.9	82.2	100.1
	2	50％ 50％	15.9	79.7	95.6
	3	鶏糞100％	31.6	64.8	96.4

て充分使用可能な濃度である。鶏糞100%区では，二酸化炭素生成のピークが1週間遅れ，それに伴ってメタン発生も約1週間遅れて，47日目のメタン濃度は65%であった。鶏糞を発酵資材とするとメタン発酵が遅れることは一般に知られているが，豆乳粕を50%以上含むことによりメタン発酵が進みやすくなることが認められた。

(3) 消化液の肥料成分(イオン性のもののみ)

肥料成分イオンの分析結果を表11-10に示した。発酵液のpHは当初6.5に調整して開始した。18日目まで大きな変化は見られなかったが，その後増加し47日後に豆乳粕100%区では8に達した。混合区および鶏糞100%区はそれに追随して漸増した。pHの上昇は次に述べるアンモニア生成によるものと考えられ，溶存二酸化炭素および硝酸，有機酸の消長がpHを決定したと考えられるが，それらの実測は行っていない。発酵開始直後には豆乳粕100%区と鶏糞100%区間でアンモニアおよび硝酸濃度には著しい差異は認められなかった。これは酸化還元電位が高いため窒素が酸化された状態にとどまったためと考えられる。リン酸およびカリウムは鶏糞で多いことが認められた。

発酵開始から18日後になると二酸化炭素の生成量がピークに達し嫌気条件になり，アンモニアが急激に増加し，硝酸濃度は激減した。還元状態下での有機物分解進展に伴いアンモニア化成が進み，硝酸イオンは脱窒により失われたものと考えられる。またリン酸およびカリウム濃度も18日後には数倍増えて

表11-10 各処理区における養分イオンの経時的変化 (単位：mg/L)

	No.	発酵材料	pH	NH_4^+	NO_3^-	PO_4^{3-}	K^+	Ca^{2+}
0日目	1	豆乳粕100%	6.5	227	180	96	432	88
	2	50% 50%	6.5	284	200	496	1,260	212
	3	鶏糞100%	6.5	228	255	720	1,870	280
18日目	1	豆乳粕100%	6.2	3,070	6	320	576	142
	2	50% 50%	6.5	2,340	56	896	1,860	378
	3	鶏糞100%	6.5	1,500	30	992	3,390	412
30日目	1	豆乳粕100%	7.0	3,300	5	28	396	154
	2	50% 50%	7.2	2,080	41	572	1,800	362
	3	鶏糞100%	6.6	1,760	28	1,150	3,140	426
47日目	1	豆乳粕100%	8.0	3,540	10	22	484	126
	2	50% 50%	7.6	1,760	26	704	1,320	348
	3	鶏糞100%	7.2	1,480	41	748	2,090	316

おり，カルシウム濃度にも同様の結果が見られることから，実験開始直後には発酵資材がまだ水となじんでいなかったものが，実験の継続とともに水になじみイオンが水中に溶け出したものと考えられた。18日目以降いずれのイオン濃度も顕著な変化が見られなくなったが，リン酸はピークとなりその後減少した。

　これらの結果から，食品工業の廃棄物である豆乳粕が有用な元素を多量に含む優れた肥料となりうることが実証された。しかし豆乳粕について窒素・リン酸・カリウムのバランスを考えた場合，窒素に対してリン酸とカリウムの割合が低いことが認められた。これに対する解決法として比較的高濃度のリン酸ならびにカリウムを含む鶏糞の，発酵資材への添加を試みたところ，カリウムの濃度に関してはほぼ満足のいく改善が見られ，リン酸に関してもかなりの改善が見られた。リン酸に関してはわが国では熔リン等の緩効性リン酸肥料の併用により問題点は解決できるものと考えられ，実用化に向けて検討を進める価値が高まったといえよう。なお本結果は溶液中の無機イオン濃度のみを測定しており，微生物菌体等の有機態で存在する肥料成分は測定していない。今後，試料を酸化分解して全肥料成分量を求める必要がある。

(4) 消化液による植物の栽培

　本検討では窒素成分にのみ着目し，対照として硫安区を設け，それと同等の窒素を消化液で与えた場合と，5倍，10倍量を与えた場合で比較した(表11-11)。その結果，地下部よりも地上部で顕著な生育の差異が見られた。硫安のみを与えた区よりも5倍，10倍量の消化液を与えた場合，顕著によい成長が見られ，消化液が優れた肥料となることが確認された。今後，窒素以外の成分

表11-11　消化液がコマツナの生育に及ぼす影響

	地上部		地下部	
	新鮮重	乾物重	新鮮重	乾物重
対　照	0.88±0.18	0.19±0.03	0.59±0.09	0.08±0.00
硫　安	1.75±0.09	0.34±0.03	0.82±0.19	0.11±0.03
消化液×1	1.29±0.11	0.28±0.03	0.75±0.04	0.10±0.01
消化液×5	3.17±0.14	0.44±0.06	0.76±0.09	0.10±0.01
消化液×10	3.17±0.18	0.64±0.04	0.83±0.09	0.11±0.01

濃度をそろえて比較実験を行い，消化液の有用性について検討を進める必要があろう。また，今回の実験では全量を元肥で与える方法によりコマツナの生育を検討したが，消化液が毎日少しずつ生産されることから，追肥をこまめに行うことによって生産性を上げることが期待でき，中国現地で実際に応用可能な技術の開発が期待できる。

　発酵資材の種類によって消化液の肥料成分濃度が顕著に変化することが認められたことから，七百弄郷弄石屯における発酵資材の年間変動と，得られた消化液の肥料成分濃度の変動についてさらに詳細に検討を進める必要があろう。また消化液の肥料成分濃度の変化に対応した施肥法の開発も重要と考えられるが，今後，息の長い研究の必要性を感じる。

4. 現地におけるメタン発酵消化液の肥料成分分析

　肥料成分のうち特に窒素成分は，有機物分解の後アンモニアとして消化液中に含まれている。そのほかの栄養塩も含めて，これら塩類は弄では貴重な肥料としての活用が考えられたので，本節では，七百弄郷弄石屯の農家へのバイオガス生産装置導入前後の各農家の作物栽培等の状況を調査するのにあわせて，バイオガス生産開始半年後と1年後の一応定常状態に達したと考えられる発酵槽から消化液を採取し，栄養塩濃度を現地において分析して，肥料として用いる場合の有効性と問題点を整理しようとした。

　消化液は，水圧池よりよく撹拌の上，採取した。試料は現地において直ちに簡易分析法で肥料成分（イオンのみ）について分析し，肥料としての有効性を考察した。分析には，3節に述べた通りRQフレックスプラス（メルク）とそれに付随する分析キット（NH_4^+，NO_3^-，PO_4^{3-}，K^+，Ca^{2+}，pH）を取り扱い説明書通りに使用した。

4-1. バイオガス生産装置利用開始より0.5ヶ月以内における肥料成分濃度

　七百弄郷弄石屯における稼働開始直後の試料分析の結果を表11-12，1・2の農家に示した。NH_4^+，NO_3^-，PO_4^{3-}，K^+，Ca^{2+}のいずれの成分においても下層と圧力槽の消化液間に濃度の大きな差異は認められなかった。本発酵槽は使

表 11-12　バイオガス生産装置稼働開始直後および 5 ヶ月後における肥料成分濃度

(単位：mg/L)

No.	農家名		pH	NH$_4^+$	NO$_3^-$	PO$_4^{3-}$	K$^+$	Ca^{2+}
1	蒙桂献	下層	8.3	13.6	2	20.5	14.2	15.8
2	蒙桂献	圧力槽	8.2	9.6	2	25	14.2	15.7
3	蒙朝珍		8.2	17.6	0	14.5	7.2	17.1
4	蒙桂緑		8	6.9	3	9	7.6	14.5
5	蒙桂夫		8.5	7.6	11	5.5	8.9	5
6	蒙桂現		8.3	7.2	5	6	8.7	8.6
7	蒙朝府		8.7	8.1	11	3	9	5.6
8	蒙桂華		8.8	19.1	11	6.5	8.2	8.8

注) 1・2：稼働開始直後(2000 年 4 月測定)七百弄郷弄石屯，3～8：バイオガス生産装置稼働開始後 5 ヶ月(2000 年 8 月測定)七百弄郷弄石屯。

用開始後，日数が経っていないため，発酵槽内での層の分離がまだ進んでいないことが主たる原因と考えられる。またこれらの数字を現在使用されている水耕液と比較してみると，窒素ではホーグランド液の約 1/20 で，濃度が極めて薄い春日井氏液とほぼ匹敵する値となっている。リン酸は前者で約 1/3，後者でほぼ同じ程度，カリウムでは前者で 1/10，後者でほぼ同じ程度となった。したがって液肥の濃度としてはかなり薄い。しかし本分析で検出されるのはイオン状の成分であって，本消化液の場合，未分解の有機体またはそれらに吸着された形での当該元素の量を測定する必要がある。4 月訪中時，消化液の窒素濃度は 0.03%，8 月には 0.105% および 0.200%（新鮮重当たり）であり，本液を灰化して分析することも必要と考えられる。

　5 ヶ月後の試料は 6 戸の農家から採取されている。先に試料を得た農家とは異なっているものの，分析結果を見ると両者間に大きな差異は見られなかった（表 11-12，3～8 農家）。現段階では家畜糞尿や人尿尿の発酵槽への投入はまだ行われていないように見受けられ，したがって窒素，リン酸，カリウムのような肥料成分の富化は進んでいないと考えられた。これらの点を確かめ，かつ肥料成分の年次変動を知ることによって肥料の分施を的確に進めることが必要と考えられた。

4-2. バイオガス生産装置利用開始より 1.5 ヶ年後における肥料成分濃度

　バイオガス生産開始から約 1.5 年経過した 2001 年 8 月における，七百弄郷弄石屯における消化液の肥料成分(イオン状のもののみ)分析結果を表 11-13 に示した。

表 11-13　バイオガス生産装置稼働開始より 1.5 ヶ年後における肥料成分濃度

(単位：mg/L)

農家名	pH	NH_4^+-N	NO_3^--N	PO_4^{3-}-P	K^+	Ca^{2+}
蒙桂儒	7.8	311	1.1	63	178	181
	8.0	278	0.7	60	ND	145
平　均	7.9	295	0.9	62	178	163
蒙桂華	8.2	653	2.7	33	138	152
	8.1	692	2.9	33	106	123
平　均	8.2	673	2.8	33	122	138
蒙桂夫	8.1	412	2.3	26	164	101
	8.0	528	2.3	28	174	91
平　均	8.1	470	2.3	27	169	96
蒙桂献	8.2	1,130	0.7	34	81	227
	8.2	1,230	0.7	31	69	181
平　均	8.2	1,180	0.7	33	75	204
蒙朝府	8.2	598	0.9	36	112	181
	8.1	754	0.7	37	88	186
平　均	8.2	676	0.8	37	100	184
蒙朝珍	8.2	435	1.8	20	208	192
	7.9	420	1.6	20	195	177
平　均	8.1	428	1.7	20	202	185
蒙桂緑	8.5	1,420	0.7	12	110	152
	8.5	1,180	1.1	10	80	160
平　均	8.5	1,300	0.9	11	95	156
蒙桂府	8.3	451	4.5	20	205	144
	8.1	435	4.1	19	188	115
平　均	8.2	443	4.3	20	197	130

バイオガス生産開始後半年以内であった2000年と比較すると，すべてのイオン濃度が著しく上昇した。特にアンモニア態窒素は300〜1300 mg/L含まれており，消化液は優れた窒素質肥料である。還元が進んでいるため硝酸態窒素はほとんど含まれていなかった。カリウムイオンは100〜200 mg/Lで窒素の約1/5，リン酸態リンは10〜60で窒素の1/25しか含まれていなかった。複合肥料として見た場合，リン酸およびカリウムの含量が極端に低いといえる。カリウムに関しては，本プロジェクトにおける分析結果より，土壌中および植物体中の含有率が低く，それを反映した結果と考えられる。カリウムは絶対量が不足しているが草木灰の形で供給されており，より厳密な栄養診断を実施してその適正な配分が肝要である。栄養診断を行って一時的に化学肥料を投入しカリウムを付加した上，その後消化液の使用に戻すことも考えられよう。リン酸は決定的に低濃度であるが，本実験ではイオン状のもののみしか測られていないので，同じ試料の全分析の結果を見て判断する必要がある。

4-3. 考　　察

　調査時点で肥料成分濃度はほぼ定常状態に達しているものと推定されるが，家畜の導入はまだ途中で，今後，成分濃度に変化があることが予想された。家畜糞尿や敷料・人糞尿はすべてバイオガス生産装置に投入され，バイオガスならびに消化液として回収されていた。消化液の肥料としての利用も充分なされていた。

　農家によると，消化液は野菜に施用すると成長が速いとのことで，化学肥料単独または堆肥施用よりも優れた肥料であると評価されているようであった。このことは，消化液の肥料成分からも妥当と考えられる。七百弄郷弄石屯で化学肥料は塩（固体）のまま作物の株もとの土壌表面に施されており，雨が降らないと根域に到達しないため有効化してくるのが遅れる。また堆肥は緩効性であってやはり即効的な肥効は期待しがたい。これに対し消化液は水に溶けたアンモニアを施すためすぐに肥効が現れ，また現地で栽培されている野菜が葉菜類が多いため葉の色調等に変化が現れてわかりやすく，農家の「優れた肥料」との評価につながったものと考えられる。

　弄における肥料の施用状況を調査したところ，消化液の有効利用が始まり，

また従前より堆肥が有効に用いられている反面，最近導入されたと予測される化学肥料が窒素肥料のみを極めて多量に投与する形で用いられている実態が明らかとなった。農家によって化学肥料の使用量にはかなりのばらつきがあるが，300 斤/畝としすべて炭酸アンモニウムと仮定すると窒素にして 65 kg/10 a となり，植物栄養学的に見て問題の多い施肥法であって改善する必要が認められた。現地は石灰質の土壌であり pH がかなり高いため，リン酸の利用率低下，アンモニアの揮散，微量要素の不可給化などが予測される。さらに，前述の通り化学肥料が炭酸アンモニウムのみを表面に施用し，土と混ぜることもしない方式がとられているため，アンモニアの揮散および雨期の強い雨による表面流去，地下浸透による溶脱が予想される。窒素質肥料の損失は，化学肥料購入費が農家経済を圧迫し経済的に極めて大きい損失であるばかりでなく，肥料成分が天水に依存している飲料水を汚染する危険性をはらんでいる。現に表面流去水が入った水のアンモニア・硝酸濃度が高いことが，今回の調査でも指摘されている。この点は早急に改善する必要がある。この観点からも消化液を主軸とし，なるべく化学肥料を使わない施肥法を確立することが農家の経済上，環境保全上，極めて有効となろう。

　文献的には，消化液は 3 要素のバランスのとれた優れた肥料で，衛生上問題がないとされている。堆肥化と異なり窒素の損失もほとんどなく，かつ微量元素の含有も見込まれ，家畜糞尿・人糞尿から完全な自給が可能で，資源に乏しい弄に極めてふさわしい肥料である。しかし，消化液の利用を基軸とした施肥法の開発は全く手つかずの状態にあり，肥料成分濃度が徐々に明らかにされていることから施肥法に関しても今後早急に研究を進め，主たる作物について施肥設計の確立を図る必要がある。肥料要素の利用率を低下させる原因として，速効性肥料の元肥全量施用がある。いわゆる先進国型の農業の場合，労力の節減と経済性重視の観点からこの方向に進んできたが，環境汚染が指摘されて緩効性肥料の開発も進められている。消化液の場合，生産は毎日行われているわけで，分施をうまく行えば，有効成分の利用率向上を図ることが可能で，作物生産のための肥料の有効利用と飲料水等の生活環境保全の両方を満足することができよう。そのためにも，消化液利用を基軸とした施肥法の確立が望まれる。

　現地では従来，人糞尿貯留物が液肥として多量に有効利用されてきたが，液

肥は平地にのみ用いられていた。現地の段々畑が極めて急峻であることを考えると，これは実態に即したことと思われるが，同様に液体である消化液の場合，肥料成分濃度を高めることができれば，運び上げることのできる畑面積を増やすことが可能となろう。カルスト台地外のバイオガス生産装置既導入農家を調査した際見た方法(雑廃水を一切加えないで，消化液の表層に溜まる透明な溶液をポンプアップしてその液で発酵資材の流し込みを行う。液体は家畜や人の尿を加えるのみ)が肥料成分濃度を高めることができ有効と考えられ，研究室レベルでもさらに検討を進める必要がある。このことはまた，乾期には水が極端に不足する現地において優れた方法といえる。弄石屯のバイオガス生産装置は汲み上げポンプのついていない型であるため(2001年8月現在)，さらに改良の余地が残されている。メタン発酵装置は見方を変えると家庭廃水の処理装置としても有効であって，特に降水の少ない期間に極めて貴重な水資源を一時的に貯留し，必要に応じて利用できる貯留槽としての役割を果たすことができる。

　本調査は微生物活性の最も高い盛夏期に行われたものであって，限られた時期のものである。季節的に人の食事内容や豚飼料の材料の種類が異なることが考えられ，消化液の液肥としての有効成分濃度に変化が生じる可能性も考えられた。これらの調査は今後現地の中国側の研究者に期待したい。しかし聞き取り調査の結果，人の食事は正月や来客時以外，年間を通じてトウモロコシ粥と簡単な野菜炒め(または野菜の塩茹で)のみであり，豚の飼料も限られた場所から採取したサツマイモの茎や可食野草にトウモロコシ粉を加えたものであって，今後現地の経済状態が大幅に改善されない限り，資材的にはそれほど大きな変動はないことが予想され，したがって肥料成分にも極端な変化は生じにくいものと考えられた。

　有機物を燃料として燃焼させた場合はいうに及ばず，堆肥化した場合にも炭素ならびに窒素が失われる。肥料成分として最も重要な窒素は，一旦酸化されて硝酸態になった後還元されて窒素ガスとなり脱窒によって失われる場合と，アンモニアになって揮散する場合があり，家畜糞の場合2〜4割が失われること，脱窒の効果が大きいことが知られている。メタン発酵の場合には強還元状態にあって窒素は失われにくい。

生物資源はエネルギー資源として再生産可能な唯一のものであり，生物資源をバイオガスとして利用することは，21世紀型のエネルギー問題を考える上で問題提起が可能な，また資源循環を検証する優れた研究対象になるものと考えられる。また，栄養塩類を作物生産に有効利用することにより，ヒト（人）を含む生態系に与える負荷を小さくできる物質循環型の人間生活の方策を立てることが可能となる。これによって20世紀に資源の使い捨てによって生じた様々な負の遺産を解消し，21世紀型の循環型社会の構築が可能となる。

5. まとめ

聞き取り調査の結果，現地では作物栽培のための肥料が不足している。従来，人間の糞便を溜めた液肥，家畜の厩肥とそれから作る堆肥が自家肥料として利用されてきたが，最近，化学肥料が導入された。化学肥料の購入のための支出が農家の現金収入を圧迫しており，農家経済の上で問題となっている。また化学肥料の偏った施用が，かなりの程度閉じた系である弄の環境に負荷を与える結果となることが予想された。資源循環型の技術であるバイオガス生産とそれに伴う消化液の生産は，物質循環に負荷をかけることが少なく，現地に極めて有効な技術であるばかりでなく，未来の人類の生存に資するものと判断された。

室内実験で，発酵資材の種類によって消化液の肥料成分濃度が顕著に変化することが実証され，肥料としてのバランスをとるため，発酵資材を組み合わせる必要があることが明らかにされた。そのため，七百弄郷弄石屯における発酵資材の年間変動（人，家畜の数とその食物の種類等）と，得られた消化液の肥料成分濃度の変動についてさらに詳細に検討を進める必要があろう。また消化液の肥料成分濃度の変化に対応した施肥法の開発も重要と考えられ，今後も日中双方における息の長い研究の必要性を感じるものである。

引用・参考文献

[1] 胡海良ほか(1998)：『南方沼気池総合利用新技術』広西科学技術出版社。
[2] 植物栄養実験法編集委員会編(1990)：『植物栄養実験法 3』博友社。
[3] 本多勝男ほか(1993)：『エネルギー利用システム 農業技術大系 畜産編8 環境対

策』農山漁村文化協会，pp. 415〜454 の 14。
[4]　高橋英紀ほか(2000)：「弄石屯における気温変化の特徴――特に低温現象に関連して」『中国西南部における生態系の再構築と持続的生物生産性の総合的開発　報告書平成 12 年度(第 4 報)』pp. 126-134。
[5]　片山新太ほか(2001)：「牛糞厩肥リサイクルシステムにおける窒素の環境負荷量の推定」『環境科学会誌』vol. 14，pp. 373-381。

第Ⅳ部

森林の機能評価と再構築

石漠化の状況(坡坦屯)

第 12 章　七百弄郷ドリーネにおける土地利用・森林利用と水土保全

笹　賀一郎・新谷　融

1. カルストドリーネにおける土地利用と水土保全の課題

　中国広西壮族自治区の大化県七百弄郷は，広大なカルスト地域(石灰岩地帯)にあり，ドリーネ(溶食凹地)と呼ばれる石灰岩地帯特有の巨大なすり鉢型地形が連なっている。ドリーネ地形は急峻で凹凸の少ない斜面から構成されており，明瞭な渓流地形などは存在せず，流水経路も極めて不明瞭な地形となっている。したがって，水利用においては，渓流のような継続した流れから取水する方法は不可能であり，降水と降水時に一時的に発生する地表流および一部に存在する湧水に頼っている。ドリーネ内の湧水地点は少なく，量的にも不充分であることから，降水と降水時の地表流が水利用対象のほとんどを占めている。なお，降水は夏の雨期に集中することから，貯水槽による降水や地表流の貯留が行われ，この貯留水で冬の乾期も含めた年間の利用水をまかなおうとしている。貯水槽に蓄えられた水は，生活用水だけでなく，家畜や農作物への農業用水としても使用される。そのため，冬の乾期には貯留水が絶えてしまうことも多く，その際には水の残っている集落から運び込むといった緊急対応もなされることになる。

　また，七百弄郷ドリーネにおいては，農業中心の自給的な生活が営まれている。平坦地はドリーネ底にわずかに存在するだけであることから，ほとんどが急傾斜の斜面を対象とした農業となっている。貧困な生活の克服を目指して，農業生産の増大が追求され，段々畑の造成による積極的な農地拡大が行われている。その結果，農地の拡大は傾斜 40 度の斜面にまで及び，森林区域は著しく縮小するに至っている。現在の森林は，耕作不可能な 40 度以上の急傾斜地

に残存する状態にある。生活向上のためには農地の拡大と森林減少はやむをえない措置と思われながらも，水資源の確保や環境保全においては大きな問題を含んでいるように思われる。降水や地表流の貯留に頼らざるをえない水利用状況においては，水資源の確保と森林や土地利用との関連が正確に把握される必要がある。また，急傾斜地における畑地造成のあり方や保全のためには，表土の分布や移動状況と森林や土地利用との関連が把握される必要がある。さらに，土地利用や森林利用の経過の把握から，七百弄郷ドリーネで進められてきた土地利用や森林利用の評価を行い，自然との共存についての対応過程や今後の方向を探ってみることも必要と考えられる。

2. ドリーネにおける水土移動と土地利用状況

2-1. 七百弄郷ドリーネの概況

　古生代から中生代にかけて堆積したとされる石灰岩地帯が地中海沿岸からトルコ・中国華南地方にかけて広がっており，本研究対象地である中国広西壮族自治区大化県七百弄郷はその東端部に位置している。七百弄郷の総面積は約304 km^2 であり，3570 もの急峻な山々が1124 個のドリーネを取り囲んだ典型的なカルスト地形(Peak-cluster depression)となっている。ドリーネ地形は，底部の標高は約600 m で，頂部は900 m 以上にも達する。200 ha 以上の面積になるドリーネが多いが，大部分が傾斜角40 度を超える急傾斜地で，平坦地は底部の4 ha 程度に過ぎない。

　この地域は亜熱帯気候に属し，4月から9月までが雨期，10月から3月までが乾期となっている。七百弄郷の東40 km 地点に位置する都安気象観測所の資料(1961～70 年)によると，年平均気温は21.4°C であり，夏の日平均気温は25°C，冬の日平均気温は12.6°C と温暖である。ただし，冬季には，最低気温が5°C を下回る日も年に数日ほど出現し，最低気温極値としては0.3°C が観測されている[19]。年降水量は1793 mm，日最大降水量は250 mm であり，かなり降雨強度の高い豪雨が発生する場合もあることを示している。

　ドリーネを構成する岩石は，石灰岩のほかに苦灰岩(ドロマイト)または両者

の中間的性質を持つ岩石も多く混じっており，ドロマイトを主体とした岩石がドリーネ地形の岩峰部分を形成しているとされている[22]。溶食地形であることを反映して，土壌は薄く，露岩の間にわずかに堆積した状態で分布している。

中国西南部の石灰岩地帯は，生態系の劣化した石漠化地帯とされ，環境ならびに貧困問題解決の重点地区のひとつに数えられている。大化県七百弄郷は特にカルストドリーネ地形の発達した地域であり，住民はドリーネ底のわずかな平坦地とそれを取り囲む傾斜40度以上の急斜面を利用することで生活の基本的な部分を維持している。自治県人民政府からは，急激な人口増加と農地造成や放牧などによって森林生態系が劣化し，土壌浸食の進行とともに土地生産力が低下し，住民の生活が一層困窮化するといったプロセスが報告されている[3]。したがって，環境破壊の正確な実態把握と，森林の復元や生態系の修復により，地域住民の生活安定と向上を図ることが急務とされることになる。また，この地域における1998年の大水害の発生は森林破壊による影響が大きいとして，国家林業局の森林保護政策の下に自治区林業局の「緑色プロジェクト」(1999)が実施され，封山育林政策の強化や2002年からの退耕還林政策[14]が実施されることになった。土地利用と環境保全や森林の復元・利用のあり方は，住民の生活様式とも関連して，中国の農業生産性向上と環境保全とにおける国家的重要課題のひとつとなっている。

2-2. 水土保全に関する研究と観測方法

本研究は，七百弄郷のカルストドリーネを対象に，土地利用と環境保全および森林利用に関する基礎的な研究として，降雨時における水分動態と土壌の移動状況および森林影響の把握を行い，これらの成果をもとに水土移動形態との関連におけるカルストドリーネの土地利用状況の評価と森林利用のあり方について検討を試みようとしたものである。特に，水利用との関係を明らかにするために，降水時を対象とした特定集水域における地表流出や蒸発散量・地中浸透量の割合（水収支）の把握を行おうとした。また，ドリーネ斜面における土層分布の把握と，地表流出との関係も含めた土層の移動状況の把握を行い，水分動態や土壌移動における森林および植生の影響を明らかにしようとした。さらに，水分動態と土壌の移動状況および森林影響に関する研究成果をもとに，カ

ルストドリーネの地形的特徴との関連も含めて，ドリーネ内で展開されている土地利用状況についての評価と森林利用のあり方についての検討を試みようとした。

カルストドリーネ地形における水文学的研究は，地表河川の代わりに地下水系が発達するといった地形的特徴から，必然的に石灰岩の溶食[17, 21]や地下水系[4, 5, 6, 9, 11, 16, 23]および湧水[2, 10]などを対象とした研究が行われてきた。しかし，すり鉢状の特殊地形で水文観測も困難であることから，ドリーネ斜面における水分動態や表土の移動・水分動態や表土移動に対する森林や植生の影響などに関する観測は，ほとんど行われていない。ただし，ドリーネにおける土地利用や環境保全の評価や対策の検討のためには，ドリーネ斜面における水分動態の把握や，水分動態に関連する表土移動の把握が不可欠と考えられる。本研究においては，水分動態と土壌の移動状況および森林影響の把握を行い，これらの成果をもとに水土移動形態との関連におけるカルストドリーネの土地利用状況の評価と森林利用のあり方についての検討を試みようとした。

研究は現地観測を主体に行い，水文観測によりドリーネ斜面における水分動態と森林の影響を把握し，ドリーネ斜面における土層分布の把握と定点観測から表土移動状況の把握を行った。さらに，これらの観測データと，ドリーネ内の地形(傾斜)区分や土地利用状況・植生状況などを総合することにより，土地利用や環境保全状況・森林利用状況の評価を行い，併せて森林利用方法のあり方を検討しようとした。

水分動態の把握については，貯水槽の設置されている農地と森林の2つの集水域を設定し，降水時における貯水槽への流入量の観測を行い，降雨時の地表流下量の把握を行った。観測対象地は，図12-1に示したように，弄石屯（ロンスートン）ドリーネの村中貯水槽と歪線屯（ワイセントン）ドリーネの弄軒貯水槽の集水域である。地表流出量の把握は，集水域の地表流が流入する貯水槽の水位変化の観測から行った。水位変化の観測は，圧力式水位計を貯水槽の底部に設置し，10分間隔で水位の変化を記録した。貯水槽への流入量は集水域における地表流下量そのものであり，集水域における総降水量との比較から地表流下量の割合を算定した。また，弄石屯ドリーネ最底部の排水孔における降雨時の集水状況を観測し，ド

第12章　七百弄郷ドリーネにおける土地利用・森林利用と水土保全　239

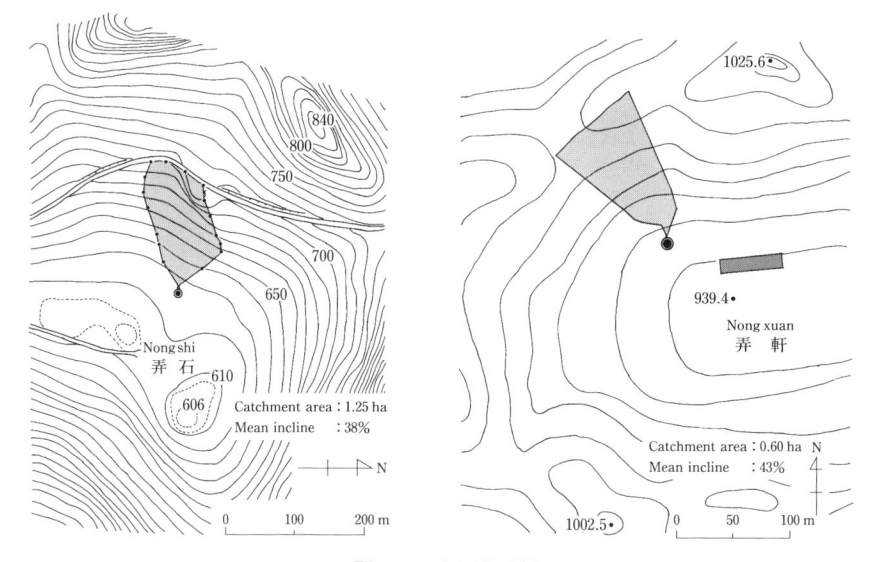

図12-1　観測集水域

リーネ地形全体における水分動態把握を行えるようにした。降水量については，高橋ら[20]による弄石屯での観測データを使用した。

　弄石屯ドリーネの村中貯水槽の集水域面積は，1.25 ha である。ドリーネ斜面においては集水域が不明瞭であり，地形図のみによる判別は不可能であった。そのため，村中貯水槽集水域の最終的な決定は，詳細な現地調査から行った。この集水域の上部には道路が作設されているが，この路面と道路より上部斜面で発生する地表流はすべて道路の山側に沿って流下しており，対象集水域には流入していないことが確認された。また，この集水域内での湧水点は確認されず，このことからも本集水域への周辺地域からの水分流入はないものと判断された。したがって，村中貯水槽には，この集水域内で発生した地表流のみが流入し，貯水されていることになる。集水域の平均勾配は30度であり，貯水槽近くの集水域末端部では約10度，集水域中央部では25度程度になり，集水域上部では35度を超える急傾斜地になっている。集水域最上部の北側には，ほぼ垂直な斜面からなる岩峰が存在している。なお，集水域は，トウモロコシを中心とした畑地となっている。

240　第IV部　森林の機能評価と再構築

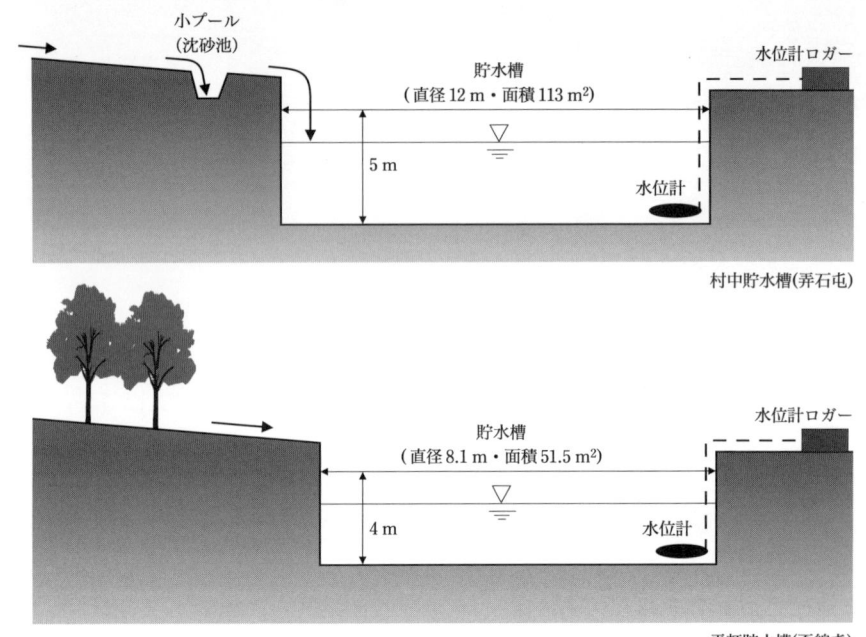

図12-2　地表流下量の観測方法

　村中貯水槽の構造は，図12-2に示したようである．貯水槽は，直径12 mの円形の施設であり，深さは5 mである．貯水槽の上流側に，沈砂池と思われる小プールが設置されている．この小プールは，地表面を掘削しただけのものであり，70 cm×70 cmの正方形で，深さは85 cmである．集水域から流下した地表流は，一旦，小プールに入り，その後に貯水槽本体に流入する仕組みになっている．小プールと貯水槽本体とは，ベタ打コンクリートの樋によって連結されている．
　村中貯水槽における水位観測は，1999年11月から2001年6月までの約20ヶ月間と2002年3月から10月までの8ヶ月間の2期にわたって行った．
　歪線屯ドリーネの弄軒貯水槽の集水域面積は，前図12-1に示したように0.60 haとなっている．歪線屯ドリーネ斜面においても，集水域の地形図上での判別はやや困難であり，詳細な現地調査と地形図との併用により集水域の決定を行った．この集水域内でも湧水点は確認されず，本集水域への周辺地域か

らの水分流入はないものと判断された。集水域の平均勾配は43度であり，貯水槽近くの集水域末端部では約30度，集水域中央部では35度程度になり，集水域上部では40度を超える勾配となっている。村中貯水槽集水域より，総体的に急勾配の集水域となっている。集水域の末端部はサツマイモなどの小規模の畑地となっているが，集水域のほとんどは森林となっている。

図12-2に示したように，弄軒貯水槽の構造は，直径8.1mの円形で，深さ4mである。弄軒貯水槽においては，沈砂池の設置はなされていない。この貯水槽における観測は，2002年3月から同年10月までの約8ヶ月間にわたって行った。

地形的特徴や土層の分布・移動状況および土地利用状況の把握は，弄石屯ドリーネを中心に行った。地形的特徴の把握は，地形図と現地計測から作成した地形区分図によって行った。土層の分布状況については，ドリーネのほぼ全域を対象にした土層深の測定によって把握した。また，斜面の傾斜や植生の相違などをもとに合計4ヶ所の地点に調査地を設け，10mから30mのラインに沿って，おおよそ50cmの間隔で測定を行った。土層深の測定は，検土杖と掘削によって行った。表土移動状況の観察は，弄石屯ドリーネの南部斜面の土層の比較的厚い畑地を対象に，3ヶ所の観測地を設定して行った。3ヶ所の観測地においては，畑地内に2m間隔でピンを固定し，一定期間後にピンの露出高とピン間距離の測定とによって行った。観測期間は，1998年9月から2002年10月までの約4年間であり，この間には4回の雨期が含まれている。土地利用状況および森林・植生状況の把握は現地調査によって行い，既存の「土地利用・相観植生図」[7]と比較・修正することで内容の充実を図った。

3. 畑地および森林集水域における水分動態

3-1. 降水時における畑地集水域の水分動態

図12-3は，畑地集水域である村中貯水槽集水域における，降水状況と貯水槽の水位変化の状況を表したものである。2000年と2001年の5月における降雨イベントを取り上げており，上図が降水の状況であり，下図がその降雨時に

図 12-3 村中貯水槽の水位変化

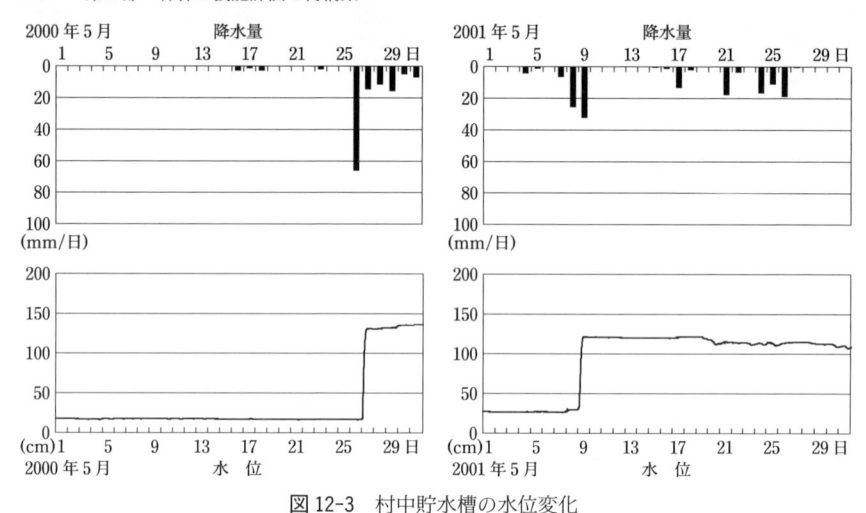

おける貯水槽水位の変化状況(ハイドログラフ)である。

貯水槽の水位上昇は，おおよそ 20 mm/日を超える降雨があった場合にのみ発生している。20 mm/日以下の降水状況においては，貯水槽の水位上昇，すなわち地表流の発生は認められなかった。また，降水が終了するとともに，貯水槽の水位上昇も速やかに停止する状況も示されている。これは，貯水槽の上部に作設されている沈砂用小プールでの観測[18]と同様な結果である。ただし，素掘りの沈砂用小プールでは，水分の浸透があることから，降水の開始とともに水位 0 cm の状態から急激に上昇し，降水の終了とともに 0 cm まで急激に下降する形態を示していた。貯水槽の水位変化においては，貯水槽面積が大きいことと，水分の浸透がないことから，水位上昇が比較的緩やかに現れ，降水の終了とともに水位上昇が停止する形態で現れている。

降水と貯水槽水位変化の対応が明瞭な 4 降水イベントにおける集水域への総降水量と貯水槽への流入量は，表 12-1 に示したようである。2000 年 5 月 26 日の降水量は 66.0 mm であり，1.25 ha の集水域における総降水量は 825.0 mm となる。この降雨時の貯水槽の水位上昇は 1.10 m であり，貯水槽の面積が 113 m^2 であることから，流入量は 124.3 m^3 となる。この貯水槽への流入量は集水域内総降水量の 15.1% にあたる。貯水槽への流入量はそのまま集水域に

表 12-1　降水量と村中貯水槽への流入量(畑地：弄石屯)

1，2000年5月26日					
	降　水　量	66.00 mm	集水域総降水量	825.0 mm	
	貯水槽水位上昇	1.10 m	貯水槽流入量(%)	124.3 m³(15.1%)	
2，2001年5月8〜9日					
	降　水　量	57.50 mm	集水域総降水量	719.0 mm	
	貯水槽水位上昇	0.92 m	貯水槽流入量(%)	104.0 m³(14.5%)	
3，2001年6月6日					
	降　水　量	37.50 mm	集水域総降水量	469.0 mm	
	貯水槽水位上昇	0.63 m	貯水槽流入量(%)	71.2 m³(15.1%)	
4，2001年6月8日(豪雨，先行雨量：6日37.6 mm・7日8.5 mm)					
	降　水　量	117.50 mm	集水域総降水量	1,469.0 mm	
	貯水槽水位上昇	2.33 m	貯水槽流入量(%)	263.3 m³(17.9%)	

おける地表流であることから，この降雨時における地表流の割合も総降水量の約15.1%となる。

　2001年5月8日から9日にかけての降水量は57.5 mmであり，集水域の総降水量は719.0 mmであった。この降雨時における貯水槽の水位上昇は0.92 mであり，流入量は104.0 m³と見積もられる。したがって，地表流量は，集水域総降水量の14.5%となる。

　2001年6月6日の降水量は37.5 mmであり，集水域の総降水量は469.0 mmとなる。この降雨時における貯水槽の水位上昇は0.63 mであり，貯水槽への流入量は71.2 m³である。地表流量は，集水域総降水量の15.1%になる。

　2001年6月8日の降水量は，117.5 mmであり，集水域の総降水量は1469.0 mmとなる。貯水槽の水位上昇は2.33 mであり，貯水槽への流入量は263.3 m³と見積もられる。この降水時における地表流量は，集水域総降水量の17.9%になる。この降水時における地表流の割合は前の3降雨時に比べて，わずかに高い値を示している。このことは，6月8日の降水が6月6日の降水に連続するものであり，この間の6月7日にも日水量8.5 mmの先行降雨があったことの影響によるものと考えられる。また，この6月8日の降水自体も，検討対象とした4降雨イベントの中でも極端に大きな豪雨であったことも，地表流出割合の増加に影響しているものと思われた。

　日雨量37.5 mmという小豪雨から日雨量117.5 mmの大豪雨までの降水につ

いて集水域の水分動態を検討することができたが、地表流出量の割合は14.5〜17.9％の間であり、ほとんど相違のない値となっている。

3-2. 降水時における森林集水域の水分動態

図12-4に、森林集水域である弄軒貯水槽集水域の降水状況と貯水槽の水位変化の状況を表した。代表的な3回の降水イベントを取り上げており、上図が降水の状況であり、下図がその降雨時における貯水槽水位のハイドログラフである。貯水槽の水位上昇も、畑地の村中貯水槽集水域と同様に、おおよそ20 mm/日を超える降水があった場合にのみ発生している。降水の終了とともに貯水槽の水位上昇も停止するが、水位上昇が緩やかなカーブを描いて停止状態となることから、降雨終了後も流入水が一定時間継続されている状況が把握される。

弄軒貯水槽集水域においては、降雨と貯水槽水位変化の対応が明瞭な、雨期開始当初の3降雨イベントについて検討してみた。集水域への総降水量と貯水槽への流入量は、表12-2に示したようである。2002年5月14日の降水量は76.0 mmであり、0.6 haの集水域における総降水量は456.0 mmとなる。この降雨時の貯水槽の水位上昇は0.7 mであり、貯水槽の面積が51.5 m^{2}であることから、流入量は36.0 m^{3}となる。この貯水槽流入量は集水域内総降水量の7.9％にあたる。貯水槽への流入量はそのまま集水域における地表流であることから、この降雨時における地表流の割合も総降水量の約7.9％と算定される。

2002年6月2日の降水量は36.0 mmであり、集水域の総降水量は216.0 mmであった。この降雨時における貯水槽の水位上昇は0.36 mであり、流入量は18.9 m^{3}と見積もられる。地表流量は、集水域総降水量の8.8％となる。

2002年6月11日から12日の降水量は37.0 mmであり、集水域の総降水量は222.0 mmとなる。この降雨時における貯水槽の水位上昇は0.42 mであり、貯水槽への流入量は21.4 m^{3}である。地表流量は、集水域総降水量の9.6％になる。

森林集水域においては、日雨量36.0 mmから日雨量76.0 mmの小豪雨までの降水について集水域の水分動態を検討することができたが、地表流出量の割合は7.9〜9.6％の間であり、ほぼ同程度の値となっている。

図 12-4　弄軒貯水槽の水位変化

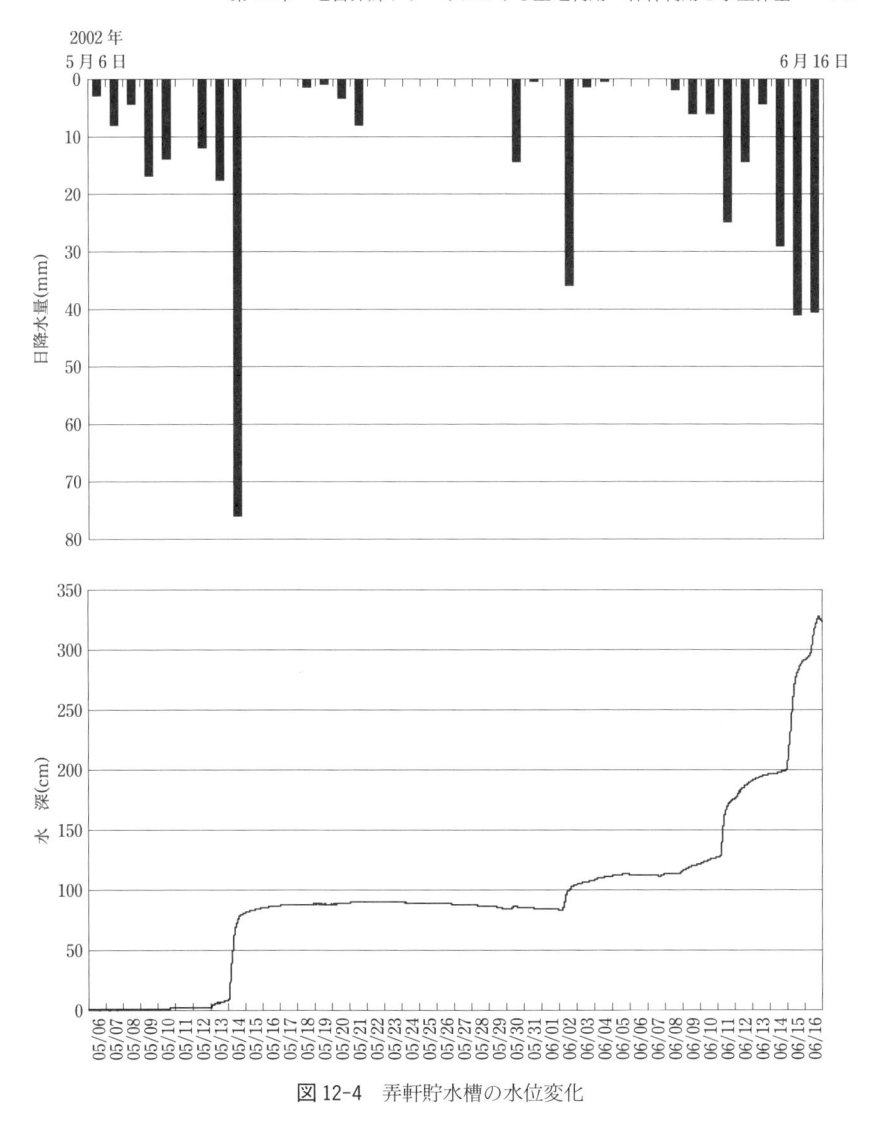

3-3. 水分動態特性と森林の影響

　図 12-5 は，弄石屯ドリーネ最底部の排水孔における降雨時の冠水状況のハ

表 12-2 降水量と弄軒貯水槽への流入量(森林:歪線屯)

1, 2002年5月14日
降 水 量　　76.00 mm　　集水域総降水量　　456.0 mm
貯水槽水位上昇　　0.70 m　　貯水槽流入量(%)　　36.0 m^3(7.9%)

2, 2002年6月2日
降 水 量　　36.00 mm　　集水域総降水量　　216.0 mm
貯水槽水位上昇　　0.36 m　　貯水槽流入量(%)　　18.9 m^3(8.8%)

3, 2002年6月11〜12日
降 水 量　　37.00 mm　　集水域総降水量　　222.0 mm
貯水槽水位上昇　　0.42 m　　貯水槽流入量(%)　　21.4 m^3(9.6%)

イドログラフである。2001年8月から2002年7月までの約1年間の観測データであり，この間に3回のドリーネ底部の冠水が記録されている。2001年8月2日と2002年5月14日，2002年7月23日である。年間約60回の降雨イベントが記録されているが，ドリーネ底部の冠水が記録されたのはこの3回のみであり，いずれも日降水量50 mm以上の降雨時に発生している。前述の2002年5月14日の降雨76 mm/日(図12-4)や2002年1月11日の46.5 mm/日，2002年6月15日・16日・17日の3日間とも日雨量40.0 mm以上の降雨があるが，いずれにおいてもドリーネ底部の冠水は認められない。なお，ドリーネ底部の冠水は，いずれも30 cm以下のものであり，1時間足らずのうちに消滅している。

畑地集水域の村中貯水槽と森林集水域の弄軒貯水槽の集水域での観察により，

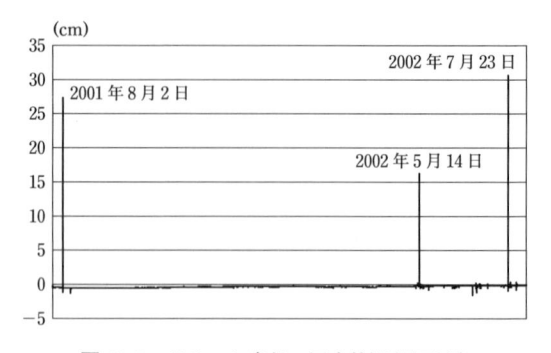

図 12-5 ドリーネ底部の冠水状況(弄石屯)

両集水域における地表流は，日降水量20 mm以上の降雨で発生し，それより少ない日降水量では発生していない状況が把握された。弄石屯ドリーネ斜面における水分の動態は，岩山と岩礫からなる平均傾斜30度の急斜面であるにもかかわらず，降水の地中への浸透割合が約80%以上と高い割合を占めると想定され，地表流下量の割合が少ないことが明らかになった。

地表流は20 mm/日を超える降水でなければ発生せず，降雨の終了とともに消滅してしまうことや，ドリーネ底部の排水孔の冠水は50 mm/日以上の降雨で発生し，いずれも30 cm以下の冠水で1時間足らずで消滅することの原因は，ドリーネにおける浸透能の大きさによるものと考えられた。また，ドリーネ斜面においては，後述するように，全体が露岩に覆われ，土層厚が極めて少ない。農地化による土壌の保水機能の低下とあわせて，そもそも土壌中への水分貯留はあまり期待できない状態にある。地表流や浸透水のほとんどは，露岩の間や排水孔を通り，速やかに地下河川に流出してしまうものと考えられた。

畑地集水域における地表流下量割合は，最大日降水量117.5 mmまでの降雨について観測することができたが，いずれも14.5%から17.9%の範囲内の値であった。平均傾斜が30度の急斜面集水域であるが，豪雨時の一般的地表流下量が15%から20%とされていることに比べて，比較的少ない値になっている。また，森林集水域における地表流下量は，最大日降水量76.0 mmまでの観測を行うことができ，地表流下量割合は7.9%から9.6%と畑地集水域より5ポイント以上低い値を示していた。また，畑地集水域においては降雨の終了とともに地表流も消滅するのに対して，森林集水域においては降雨終了後も短時間ながらも地表流が継続される状況も把握された。量的にはわずかな差であるが，ドリーネ斜面においても，森林による地中浸透能と樹幹遮断蒸発量の増加により，地表流発生の低減といった機能が発揮されているものと判断される。

4. 土層の分布と移動状況

図12-6は，20 m×20 mをメッシュ単位として作成した傾斜区分図である。弄石屯ドリーネは8つの岩峰に囲まれたすり鉢状の地形を呈しており，岩峰や斜面上部は傾斜角60度以上の急斜面を形成し，全体として斜度40度以上の急

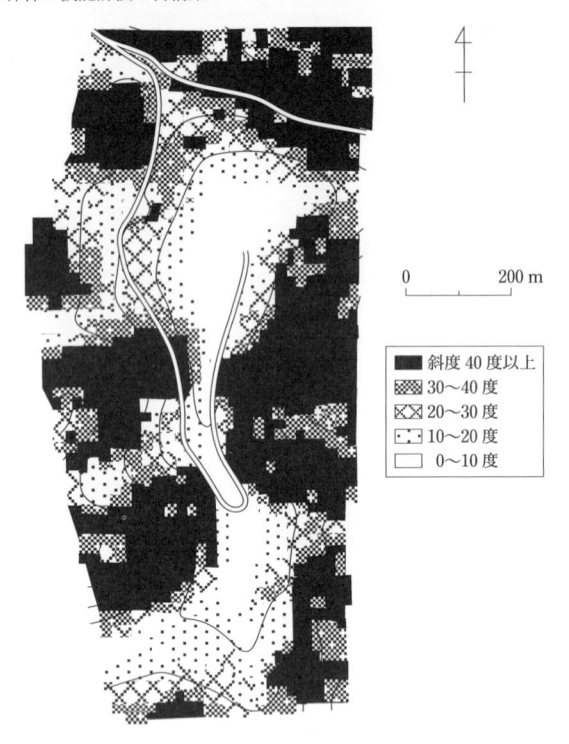

図 12-6　傾斜区分図(弄石屯ドリーネ)

斜面によって構成されている。ドリーネ底部と南側谷筋の一部にのみ観察された斜度 10 度以下の平坦地は全体の 10% 程度であり，斜度 20 度以下の緩斜面を加えても全体の 26% にしかならない。40 度以上の最急傾斜面が全体のおよそ 47% を占め，一部はドリーネ底部近くまで存在している。斜面上部では，最大傾斜が 70 度以上になる斜面も認められる。

　弄石屯ドリーネの斜面は，主に露出した石灰岩およびドロマイトで構成されており，表土(土壌)はその隙間を充填する形で存在している。ドリーネの土層分布形態は，図 12-7 のように，傾斜および地表形態と土層堆積深から，岩山区，崩積岩礫区(崖錐)，土壌・岩礫区，土壌区の 4 つに分類された。ドリーネ全体の 65% を岩山区が占めている。崩積岩礫区(崖錐)は，ドリーネ北底部に新設された道路の下部に認められ，いずれも道路作設に伴う崩積土砂の堆積と

第 12 章　七百弄郷ドリーネにおける土地利用・森林利用と水土保全　249

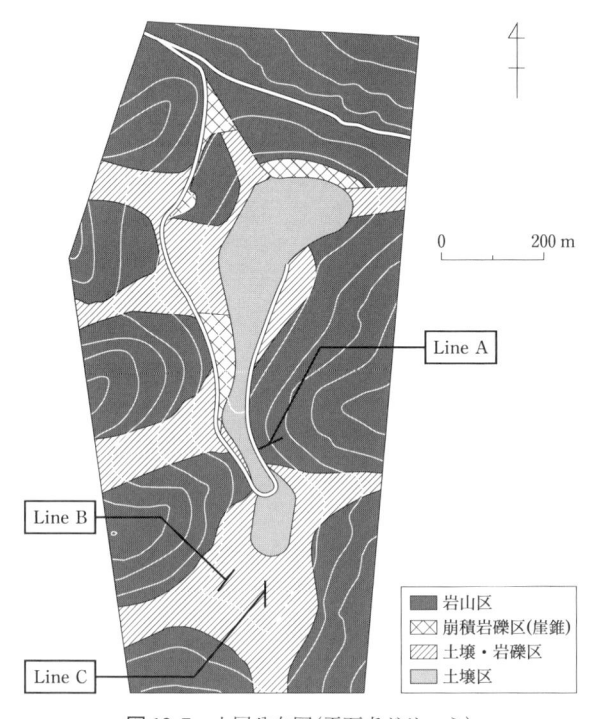

図 12-7　土層分布図(弄石屯ドリーネ)

考えられる。土壌と礫が入り混じった土壌・岩礫区は，ドリーネ全体の23%になり，山間の谷地形部分に存在している。土壌区は，ドリーネ底部の平坦地と谷地形にのみ存在しており，ドリーネ全体の12%の面積となっている。

　ラインA・B・Cに沿って測定した土層の分布状況は，図12-8左図に示したようである。緩傾斜地(傾斜5〜25度)の土層深は，25〜65 cmと比較的厚く堆積していた。急傾斜(傾斜20〜35度)の斜面では，露岩が多数露出し，露岩の間にわずかな土層が堆積していた。さらに急傾斜(30度以上)となる岩山区においては，土層はほとんど存在していない。岩山区の斜面の多くは森林となっているが，図12-8の右図に示したように，樹木は露岩の節理に根を張り込ませて定着していた。

　観察期間内には，1999年8月の総雨量126 mm・時間雨量47.5 mmの豪雨をはじめ，総雨量117.5 mmや113.5 mmの記録がある[20]。しかしながら，現地

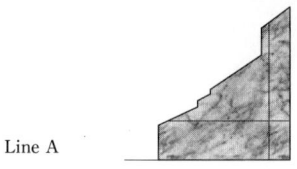

250　第IV部　森林の機能評価と再構築

Line A
岩山区：急傾斜地林地(傾斜30度以上)

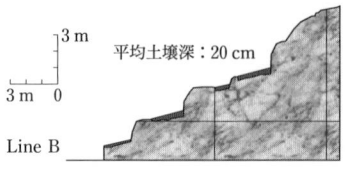

平均土壌深：20 cm
Line B
土壌・岩礫区：天然土留型畑地(傾斜20～35度)

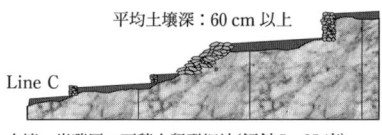

平均土壌深：60 cm以上
Line C
土壌・岩礫区：石積土留型畑地(傾斜5～25度)

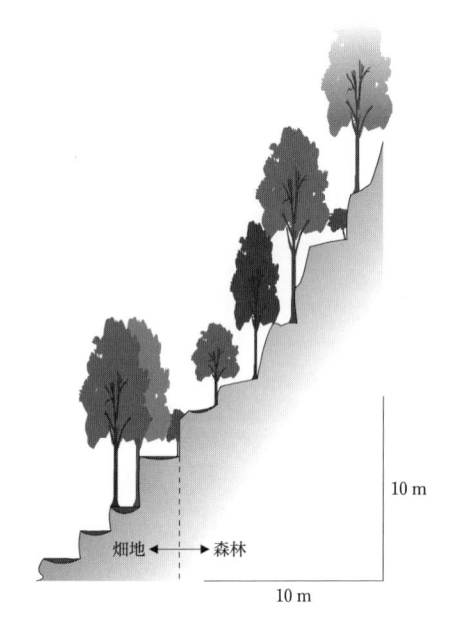

畑地　←→　森林
10 m
10 m

図12-8　土層の堆積状況

　調査や弄石屯ドリーネの表土移動観測地においては，土層の洗掘や顕著な表土移動の痕跡は観察されなかった。
　北側斜面崖錐堆積地の一部には，5ヶ所にわたって地表植生の消失した部分（幅約5 m，長さ15 m）が認められる。地元住民によると，この移動は過去の豪雨時に発生したとされている。ただし，前述の豪雨時においても移動は観察されなかった。また，この崖錐堆積地では，崖錐礫を用いた土留工による土砂トラップで畑地の造成を試みているが，崖錐礫や土壌の流入は発生していない。これらのことから，弄石屯ドリーネにおいては，現在的な時間スケールで見る限り，地表流によって運ばれる細流物質の移動は別として，表土や崖錐の移動はほとんど発生していないと判断された。

5. 土地利用および森林利用の評価と環境保全のあり方

5-1. 土地利用および森林利用状況の評価

　図12-9は，弄石屯ドリーネにおける相観植生図[7]である。土地利用状況は，大きく居住地(家屋・道路・歩道を含む)と畑地・トウモロコシ畑・草地・林地・岩礫地に区分されている。斜面上部および斜面中腹の急傾斜地が森林区域となっている。斜面中腹から斜面下部の緩傾斜地にはトウモロコシ畑が分布し，ドリーネ底部の平坦地が畑地と居住地となっている。

　弄石屯ドリーネの森林被覆率は40%ほどである。ただし，七百弄郷におけ

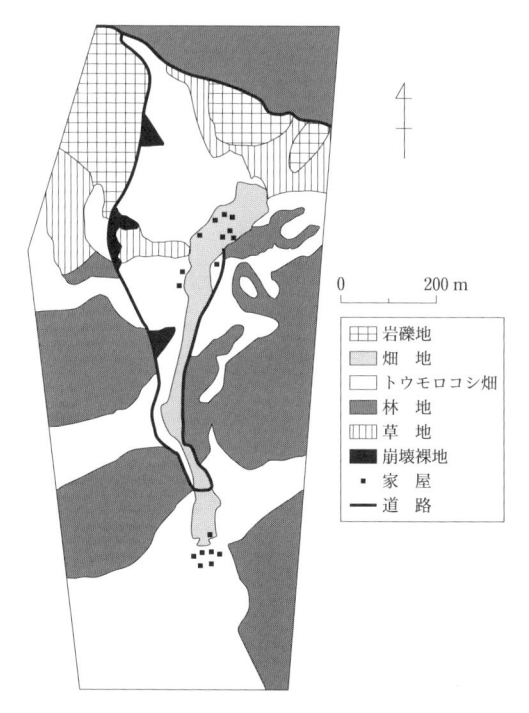

図12-9　弄石屯の相観植生図
出典) 一前ほか[7]。

る森林被覆率は，1950～60年代の大躍進時代に製鉄燃料材として大量伐採され，過去40年間の間に44.8％から16.6％に激減したとされている[3]。

　弄石屯ドリーネにおける土地利用は，前図12-6～8の傾斜区分図および表層地質区分図と相関植生図とを比較することにより，地形的特徴や土層分布と密接な関連を持つ状況が把握される。すなわち，居住地と畑作地はドリーネ底部の傾斜10度以下の平坦地に集中し，高密な利用がなされている。傾斜10～35度の斜面は，ほとんどがトウモロコシ畑として利用されており，その際も浸食を最低限に抑えるよう緩傾斜地(10～25度)には石積土留を設け，階段化した土地利用がなされている。さらに，急傾斜地(20～35度)では，露岩の間に挟在する土層の自然階段をそのまま利用した畑作が行われている。傾斜30～45度の岩礫急傾斜地の一部は草地として利用され，さらに傾斜40度以上の最急傾斜地が森林として利用されていることがわかる。弄石屯ドリーネの森林被覆率が40％ほどと比較的高い割合になっていることの理由として，40度以上の最急傾斜地が47％を占め，岩山区が65％を占めていることとも密接に関連している。

　斜面中部の急傾斜地までがトウモロコシを中心とした畑地として利用されていることには，薄い土層しか分布せず，表土の移動も少ないといったカルスト斜面の安定性に依存していると判断される。ドリーネのすり鉢状地形は，数千万年以前から形成されてきたカルスト地形の自然特性であり[15]，人為的な影響も含めた浸食作用などとは次元を異にした現象である。カルスト地域特有の浸食様式である溶食はその進行速度が非常に遅く，1000年間で2 mmから500 mm[1, 8, 11, 13]程度と報告されている。また，溶食地形であることから，土壌の生成量は極めて少ないものと思われる。ドリーネの急斜面においては，露岩の間に土壌が分布するといった自然条件や畑地拡大の際の土留工の利用とにより，一定の農地拡大が可能になったと考えられる。なお，ドリーネ斜面においては，水分の地中浸透割合が比較的高く，地表流発生割合が低い状況が把握された。森林の存在は，地中浸透量と樹幹遮断蒸発量の増加により，地表流割合を一層低下させていると判断される。このような水分条件も表土流出の防止にプラスに作用していると考えられ，農地拡大の条件のひとつになったと思われる。

ただし，ドリーネにおける森林の存在は，降水や地表流を利用するといった生活スタイルにおいては，わずかながらもマイナスに作用していると判断された。森林が，降水の地中浸透量や樹幹遮断蒸発量を増大させ，地表流下量を低減させているためである。一般的流域での取水は，渓流水を対象に行われている。その際には，森林による地中浸透量の増加は渓流流出量の増加や渇水時流出用の確保につながり，森林はプラスの機能を持つとされる。しかし，土層が極端に少ないために絶対的な水分貯留量が少なく，浸透水のほとんどが岩礫などの間や排水孔を通過して流出してしまう条件下では，森林の地表流低減機能は地表流利用のためにはマイナス影響となってしまう。ただし，水質の保全については，森林の浄化機能を期待することができる。ドリーネにおいては湧水の利用も行われており，湧水の供給源を湧水点上部の凹地形と考えると，この区域を対象とした森林の地中浸透量増加と水質浄化機能の活用も期待されることになる。

　弄石屯ドリーネにおいては，わずかでも土壌が存在し，段々畑の造成可能な斜面は，すべて農地として利用されている。ただし，40度の傾斜まで土地利用(農地の拡大)がなされることには，降水の地表流出割合が小さく，降水や地表流の貯留には森林は大きく影響しないといった，ドリーネにおける降水や表土の動きと森林影響の特性が反映しているものと考えられた。平地がほとんど存在しないドリーネ内での生活向上のためには，農業生産の拡大を目指して，可能な限り農地拡大が追求されるのは当然のことである。主に燃料採取の対象地とされてきた森林は，農地拡大が優先されることにより，改変の対象とされ，ドリーネ上部の急傾斜地帯に縮小されることになったと考えられる。

　ただし，農地拡大の過程においては，環境負荷の低減やマイナス影響の回避のための対応もなされていたはずである。特に，水利用に対する厳しい制限と土壌条件に恵まれない地域での農業生産においては，自然との共存が持続的生物生産や生活安定の基礎となっていると考えられるためである。七百弄郷ドリーネにおいては，経験の蓄積や試行錯誤が繰り返されながら，自然環境からの反作用を勘案しながら，許容範囲いっぱいの利用を行うといった土地利用形態が形づくられてきたものと思われる。

5-2. 森林の利用と保全のあり方

　七百弄郷ドリーネ地形における水土移動形態や土地利用状況の検討から，それほど大きな効果ではないにしても，森林の水土保全機能や水質の浄化機能などが期待される状況が把握された。また，農地(生産緑地)においても，畑作物による地表被覆機能や人工の石積土留工を伴った対応を行っていることなどを含めて，一定の環境保全効果を発揮していると判断された。ただし，地表流下量を低減させることで，地表流の利用といった水利用形態においては森林はマイナスに作用する場合もあることが明らかになった。したがって，水土保全の観点からの森林利用は，当該地域の気候・地形・地質・土壌・水分動態といった自然条件の把握と，発揮される森林機能の把握がなされ，さらに生活スタイルや土地利用形態との関連において検討されるべきと考えられる。もちろん，その際には，環境の保全が基礎とされ，自然からのマイナス作用が発生しない範囲での土地利用が行われることが前提である。

　七百弄郷といった中国の農山村からアジア地域の環境保全を考えた場合，農作物の被覆効果や自然に負荷をかけない形での水土保持対策が講じられることも含めて，農地(生産緑地)の環境保全的評価が必要と思われる。その上で，地域の農業形態との関連や森林機能利用の可能性を踏まえながら，森林利用や森林と農地の配置・組み合わせの方法が探られていくべきと考えられた。弄石屯ドリーネの土地利用状況は，水分や土壌の動きから見る限りにおいて，自然からのマイナス作用が発生する限界点までの農地拡大と森林の減少と判断された。水資源を確保する上では，現在の土地利用の範囲においては，特にマイナスの影響は発生していない。ただし，地表流の水質保全のためには，集水域における森林の確保や造成が必要と考えられた。また，弄石屯ドリーネには湧水点も見られ，貴重な水源であるとともに，湧水の貯留は効果的な水利用対策となっている。湧水に対しても，水分の地中浸透量の増加や水質浄化対策として，森林の効果が考えられる。森林の水質浄化機能を優先的に期待する場合には，貯水量に対する一定のマイナス面を考慮しながら，集水域における森林の保全や造成が図られるべきと考えられる。

　さらに，環境保全対策が，その地域のみを対象とするだけでなく，下流域を

対象とした対策であることや，地球規模での対策の一環として行われることも多い。ただし，広域や地球規模の環境保全を対象とした取り組みにおいては，地域住民の生活に直結しにくく，かえって農業地拡大などと対立して捉えられる場合もある。したがって，貧困な農村地域などを対象に封山育林や退耕還林などの政策がとられる場合には，現地における経済的扶助政策や生活条件の改善とあわせた取り組みとして実行されている。七百弄郷の森林においても，下流域に対する洪水防止や水質の浄化，二酸化炭素の固定による地球の温暖化防止などの機能が考えられ，封山育林や退耕還林の対策が進められている。しかし，これらの森林機能を利用した広域的な環境保全対策は，七百弄郷住民の生活に直接的な関係を持つものとしては捉えられがたいどころか，燃料として欠かせない薪材の収穫の制限や農地の縮小が余儀なくされるといった，生活条件に障害をもたらす重要問題として受け取められる可能性も考えられる。広域的，地球的規模の環境保全を目指した取り組みがなされる場合には，多様な支援活動も含めて，経済的扶助政策や生活条件の改善などと一体化した取り組みとして行われることが必要であろう。特に，貧困な農村地帯においては，一体化した施策の一層の充実が必要と考えられた。

引用・参考文献

[1] Bogli, A. (1990): *Karst Hydrology and Physical Speleology*, Springer-Verlag, Berlin, p. 284.
[2] Bonacci, O. (1987): *Karst Hydrology — with Special Reference to the Dinaric Karst*, Springer-Verlag, Berlin, p. 184.
[3] 中国科学院地理研究所・広西大化瑤族自治県人民政府(1996)：『広西壮族自治区大化瑤族自治県における貧困問題の解決と石灰岩山区の概況』。
[4] Ford, D. and Williams, P. (1989): *Karst Geomorphology and Hydrology*, Unwin Hyman, London, p. 601.
[5] 藤井厚志(1984)：「秋吉台の水文地質」『洞窟学雑誌』vol. 9, pp. 14-22。
[6] 藤井厚志(1996)：「カルスト地域の地下水」漆原和子編『カルスト――その環境と人びとのかかわり』大明堂，pp. 122-134。
[7] 一前宣正・西尾孝佳・大久保達弘・八木久義・丹下健(1999)：「植生評価にもとづく植生復元方向の検討」『中国西南部における生態系の再構築と持続的生物生産性の総合的研究　報告書平成10年度(第2報)』pp. 33-36。

[8] 井倉洋二・吉村和久・杉村昭弘・配川武彦(1969)：「秋吉台の地下水および溶存物質に関する研究（Ⅰ）──秋芳洞の流出量および炭酸カルシュウム排出量にもとづく石灰岩溶食速度」『洞窟学雑誌』vol. 14, pp. 51-61。

[9] 井倉洋二・吉村和久(1985)：「石灰岩地域における降雨流出特性」『日本林学会論文集』vol. 96, pp. 551-552。

[10] 井倉洋二・吉村和久ほか(1985)：「秋吉台の湧泉の流量および溶存成分による流域の推定」『洞窟学雑誌』vol. 10, pp. 14-24。

[11] 井倉洋二(1996)：「カルスト地域の水文地形」恩田裕一ほか編『水文地形学』古今書院, pp. 217-225。

[12] 伊藤田直史(1991)：「流泉洞の水文特性について(1)」『日本洞窟学研究所報告』vol. 9, pp. 23-31。

[13] Jennigs, J. N. (1985): *Karst Geomorphology*, Basil Blackwell, Oxford, pp. 217-225.

[14] 国家林業局(2000)：『中国林業年鑑 1999/2000』。

[15] 西村嘉助(1969)：「カルスト地形」『自然地理学Ⅱ』朝倉書店, pp. 218-228。

[16] 農業用地下水研究グループ(1986)：『日本の地下水』地球社, p. 1043。

[17] Palmer, A. N. (1984): "Geomorphic interpretation of karst feature," in LaFleur, R. G. (ed): *Ground-water as a geomorphic agent*, Alen & Unwin, Boston, pp. 173-209.

[18] 笹賀一郎・竹下正哲ほか(2001)：「中国広西壮族自治区七百弄地区におけるドリーネ地形と土地利用形態」『中国西南部における生態系の再構築と持続的生物生産性の総合的開発　報告書平成12年度(第4報)』pp. 117-125。

[19] 高橋英紀・山田雅仁・曾平統・呂維莉(2000)：「弄石屯における気温変化の特徴──特に低温現象に関連して」『中国西南部における生態系の再構築と持続的生物生産性の総合的開発　報告書平成11年度(第3報)』pp. 111-116。

[20] 高橋英紀ほか(2001・2002)：「弄石屯気象表」『中国西南部における生態系の再構築と持続的生物生産の総合的開発　報告書平成12・13年度(第4・5報)』。

[21] 漆原和子(1991)：「日本における溶食率の地域差」『地域学研究』vol. 4, pp. 107-117。

[22] 八木久義・丹下健(2000)：「土壌特性の評価と土壌管理・改良方法の検討」『中国西南部における生態系の再構築と持続的生物生産性の総合的開発　報告書平成11年度(第3報)』pp. 200-205。

[23] White, W. B. (1988): *Geomorphology and Hydrology of Karst Terrain*, Oxford Univ. Press, New York, p. 464.

第13章　七百弄郷の地質・地形と樹林地土壌およぴ生態環境の修復

八木久義・丹下　健・益守眞也

1. はじめに

　七百弄郷では，近年の人口増加や自動車道路の開通などによる人的交流や物流の活発化により，それまでの農業を主体とした閉鎖的な自給自足的生活が次第に崩れつつある。おおかたの農家では現金収入のための出稼ぎや豚の飼育を行い，弄によっては山羊などの家畜の林内放牧や樹林(平均樹高5～10 m：低林，10～15 m：中林，15 m以上：高林)の伐採による木材や薪の生産販売なども行っている。

　そのような人口増加や社会経済構造の変化に伴い樹林に対する需要がますます増大し，1950～60年代にかけての大躍進時代に製鉄用燃料材として大量の樹林の伐採が行われたこととも相俟って，石灰岩山岳地域の有限な樹林資源の過剰利用が必然的に恒常化し，樹林の衰退・劣化とともに樹林の成立基盤である土壌の衰退・劣化，すなわち，樹林地生態系の衰退・劣化が進行した。その結果，木材，燃料材および堆肥材料などの不足や涸渇，さらには水源涵養機能の低下による湧水の減少・涸渇による石漠化の進行など，生態環境の劣悪化が顕在化するに至った。

　七百弄郷の生態環境の修復を図るためには，同地域の樹林地生態系の修復を図らねばならないが，そのためにはその成立基盤である衰退・劣化した樹林地土壌の修復が先決問題である。そこで，同地域における樹林利用の履歴や立地環境などと樹林地土壌の衰退・劣化の現状との関係を明らかにすることにより，生態環境修復と持続的な生物生産を図るために不可欠である適切な土壌改良や管理方法を策定することを目的に，土壌の各種性質とその生成要因である母材，

地形，植生などとの相互関係について調査を行った。

なお，採取した岩石および土壌の分析は広西農業科学院土壌肥料研究所が担当した。

2. 地質と地形形成要因

2-1. 調査地の概況と調査・分析方法

　七百弄郷に分布する数百の屯では，それぞれ農地化率や樹林伐採利用頻度，さらには林内放牧などによる樹林利用の履歴や利用圧が異なるため，樹林地や草地などの植被状態がそれぞれ異なる。本調査では，樹林被覆率が最も高い歪線屯（ワイセントン），樹林が比較的残存する弄力屯（ロンリートン），樹林被覆状態が中くらいの弄石屯（ロンスートン），樹林の伐採による農地化や草地化が進み樹林被覆率が最も低い坡坦屯（ポータントン）において調査を行った。

　同地域の主な地質は3～4億年前の古生界デボン系～石炭系の炭酸塩岩で，堆積後に古生代後期のバリスカン造山運動，中生代三畳紀後期の印支運動，および新生代第三紀のヒマラヤ造山運動などの一連の地殻変動により，礁性の石灰岩が隆起，褶曲，あるいは断層運動などを受けたものである[4]。

　一般に石灰岩は，その堆積過程やその後の続成過程において，マグネシウム交代作用を受けていろいろな程度に苦灰岩化していることが多い[3]。そこで調査地域の石灰岩がどの程度，苦灰岩化作用を受けているか，その程度と地形や土壌との相互関係などを明らかにするために，調査地である4つの屯の岩峰頂部，尾根部，斜面上部・中腹・下部，および弄底部においてできるだけ新鮮な露出岩を，また，後述する土壌調査用断面内からも適宜，岩石を分析用試料として採取した。

　また弄石弄においては，弄内部の急傾斜地を横切るように半周して弄底に至る新設の自動車道路の切取面の露頭や，弄底に造成中であった溜め池の壁面の土層内からも岩石を採取した。

　採取したそれらの岩石試料の全カルシウムおよび全マグネシウム含有率は酸溶解法で定量した。

2-2. 調査および分析の結果

4つの調査屯における岩石試料採取地点，および土壌調査地点は図13-1，また，それらの地点で採取した岩石試料の全カルシウムおよび全マグネシウム含有率の分析結果は図13-2の通りである。

一般に，方解石(calcite)や苦灰石(dolomite)などの炭酸塩造岩鉱物を50%以上含む堆積岩は炭酸塩岩(carbonate rock)と呼ばれ，方解石や苦灰石を含む割合により石灰岩(limestone)や苦灰岩(dolomite)などに区分される[3]。本章では，方解石90%以上，苦灰石10%以下のものを石灰岩，方解石50%以下，

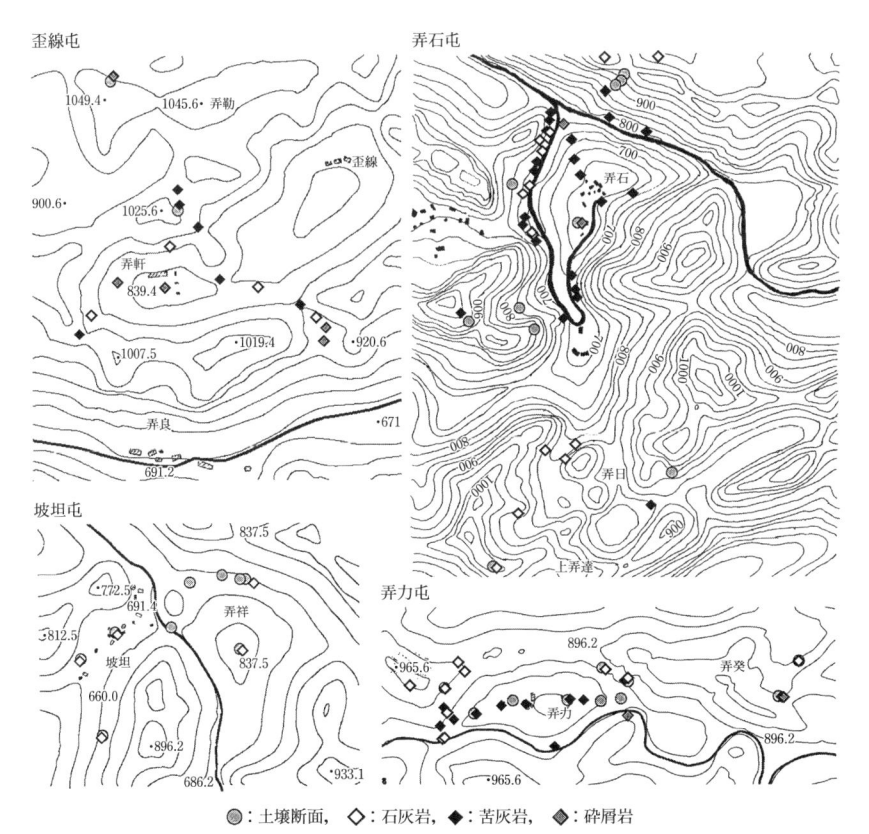

●：土壌断面，◇：石灰岩，◆：苦灰岩， ：砕屑岩

図13-1　土壌調査地および岩石試料採取地

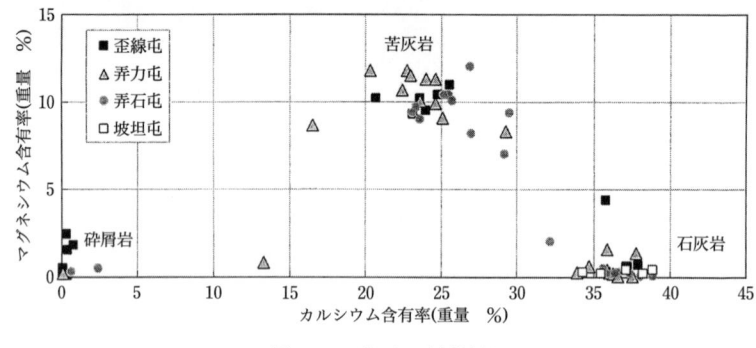

260　第Ⅳ部　森林の機能評価と再構築

図13-2　岩石の分析結果

苦灰石50%以上のものを苦灰岩，方解石90～50%，苦灰石10～50%のものを中間的な性質を持つ炭酸塩岩とした。

　今回採取した岩石のほとんどは，図13-2のように本章の分類による石灰岩か苦灰岩であり，一部非炭酸塩質の微砂質砕屑岩(silty clastic rock)も含まれていたが，石灰岩と苦灰岩の中間的な性質を持つ炭酸塩岩はごくわずかであった。

　現地では，石灰岩は軟岩，苦灰岩は硬岩と呼ばれている。

（1）歪線屯の地形と地質

　歪線屯の主要な弄のひとつである弄軒弄の北東～東側にかけての岩峰や尾根で採取した岩石は，一部石灰岩も認められたがほとんどは苦灰岩であった。しかし，同弄内の急斜面に点在する露出岩はいずれも石灰岩からなっており，弄内基岩は石灰岩からなると推定された。また，同弄の北西～北側にかけての尾根では微砂質砕屑岩を母材とする土壌が認められ，同弄内の急斜面中腹や底部の土壌にも微砂質砕屑岩の混入が認められた。

　後述するように，歪線屯奥地の弄勒の斜面上部平衡斜面に分布する20年生ないし30年生の萌芽再生密生林下の2土壌も，いずれも微砂質砕屑岩を母材としていたことから，弄軒弄の北側尾根から奥地の弄勒の斜面上部にかけてかなりの規模で微砂質砕屑岩が分布していることが推定された。

（2）弄力屯の地形と地質

　弄力弄内の西側および北側の斜面中腹以上の樹林内の露出岩や転石はいずれも石灰岩であり，同弄西側の岩峰頂部や尾根を構成する岩石もすべて石灰岩で

あった。しかし，同弄内の急斜面中腹以下の農耕地の露出岩や転石および土壌内から採取した岩石はほとんどが苦灰岩であり，また，弄内中央近くの底部に位置し，天然の水溜めとして利用されている大きな岩窟を構成する岩石も苦灰岩であった。

このように弄力弄では，弄の周囲の岩峰や尾根部は石灰岩からなり，弄を形成する斜面の中下部から底部にかけての基岩は苦灰岩であった。

そのため，同弄の急峻な地形が，主として石灰岩と苦灰岩の風化抵抗性の違いにより惹起される差別浸食により形成されたと考えることは困難であり，前述の一連の造山運動による隆起，褶曲，断層運動などが同地域の地形の主要な形成要因ではないかと推定された。

(3) 弄石屯の地形と地質

弄石弄の北側に広がる急斜面中腹の露出岩から採取した岩石には石灰岩と苦灰岩の両方が認められたが，同急斜面の上部にそびえる岩峰や尾根において採取した岩石はすべて石灰岩であるなど，同弄北側の岩峰や尾根は主として石灰岩から構成されていた。

同急斜面の中程を水平に横切る主要道路から分岐して，新たに建設された底部に至る自動車道路の切取面の露頭では，石灰岩，苦灰岩，および中間的な性質を持つ炭酸塩岩が認められた。そのうち，同弄西側斜面の岩峰に連なる尾根状の凸形斜面は灰白色を呈する新鮮な苦灰岩や中間的性質を持つ炭酸塩岩から，また，同じく西側の岩峰と岩峰の間の鞍部から下方に広がる凹形斜面は，風化が進み赤褐色の遊離酸化鉄に汚染された石灰岩から主として構成されていた。このように，同弄西側斜面の凹凸地形とそれら炭酸塩岩の分布状態の間には密接な関連が認められた。

また，弄石屯上弄達の岩峰上の樹林下で調査した土壌の母材は微砂質砕屑岩であった。弄石弄の底部に堆積する土壌層内から採取した岩石の中にも微砂質砕屑岩が認められたことから，弄石屯内の岩峰や尾根，急斜地には一部微砂質砕屑岩が分布していることが推定された。

(4) 坡坦屯の地形と地質

坡坦弄の西側および南側の急斜面上の転石や露出岩，および同弄内斜面下部から底部にかけての農耕地の土層内から採取した岩石はいずれも石灰岩であっ

た。また，同弄の東側に隣接する弄祥においても，弄内北西側から北東側にかけての斜面中腹や底部で採取した岩石はいずれも石灰岩であった。そのため，坡坦屯を形成する主要な岩石は石灰岩であり，苦灰岩などの他の岩石の分布は極めて限られていることが推定された。

（5）炭酸塩岩の分布状態と地形形成要因

七百弄郷の地質はほとんど炭酸塩岩からなり，一部，特に歪線屯の弄軒弄北部〜奥地，弄力屯弄癸および弄石屯の上弄達などに微砂質砕屑岩の分布が認められた。また，炭酸塩岩は石灰岩と苦灰岩がほとんどであり，それらの中間的な性質を持つ炭酸塩岩の分布はごく一部であった。

熱帯地域における炭酸塩岩地域のカルスト地形の成因については，高温多湿な気候や地殻変動，あるいは溶けやすい岩質説など様々な説があり定説はない[17]。

今回の調査では，岩峰頂部や尾根に石灰岩が分布していたり，弄底部の基岩が苦灰岩からなることもあるなど，溶解風化作用に対する抵抗性が異なる石灰岩や苦灰岩などの分布状態と，岩峰，尾根および弄などからなる凹凸地形との間には一定の関係はごく一部以外では全く認められなかった。

以上のことから，少なくとも七百弄郷の岩峰，尾根および弄などの基本的な凹凸地形は地殻運動による隆起，褶曲，断層運動などの内的営力によって形成されたものであり，それらが時間の経過とともに降雨，温度変化，および重力などによる選択溶解や浸食作用などの外的営力を受けて変化したものと考えられる。この推定は，同地域内を縦横に走る無数の断層が，岩峰，尾根，弄などにおける傾斜が急変している部分と例外なく一致していることからも裏づけられている。

また，イコノス画像による鳥瞰図では4つの調査屯の中で坡坦屯が最も地形がなだらかであった。それは同屯の地質がほとんど石灰岩からなることもさることながら，前述のように他の3つの屯における基本的な凹凸地形と炭酸塩岩の種類との間に全く一定の関係が認められなかったことから，坡坦屯における隆起，褶曲，断層運動などによる地層の変位がほかの3つの屯よりも少なかったことがその主な要因ではないかと考えられる。

3. 樹林地土壌の分布状態と衰退・劣化の現状

3-1. 調査地の概況と調査・分析方法

　調査した4つの屯においては，弄内斜面中腹～下部から底部にかけて，傾斜が緩やかで土層が厚いなど土壌条件が比較的良好で農業に適しているようなところは，いずれも既にほとんど農地化されている。樹林地として残されているのは，概して岩峰頂部，尾根部，鞍部，弄を形成するすり鉢状の斜面上部・中腹，および崖錐などの，岩礫地や岩屑土，基岩が比較的浅いところに出現する土層の発達が不良な土壌，地表に占める露出岩の割合が高いか土層内の礫含量が非常に高いところ，あるいは寡雨期に土層が乾きやすいような土壌条件のところであった。

　それらの樹林地土壌について，岩峰頂部，尾根部，鞍部，斜面上部の傾斜30度未満の斜面，傾斜30度以上の急斜面，崖錐部，および参考のための弄底部など，調査地内における代表的な地形のところで土壌を調査し，分析試料を採取した。

　土壌の分析では，pHは水と土壌の比が2.5：1の懸濁液をガラス電極法で測定し，交換性塩基量(Exchangeable Base，cmol(＋)/kg)や陽イオン交換容量(Cation Exchange Capacity; CEC)はPeech法で求め，塩基飽和度(Base Saturation; BS，％)は交換性塩基総量の陽イオン交換容量に対する割合で求めた。有機炭素(Organic Carbon; OC，％)は油浴加熱し重クロム酸容量法で，全窒素(Total Nitrogen，％)はケルダール氏蒸留法で定量した。

3-2. 調査および分析の結果

　4つの調査屯における土壌調査や試料採取を行った地点は図13-1の通りである。

（1）岩峰頂部および尾根部の土壌

　弄力弄の北西側の石灰岩からなる岩峰頂部および同岩峰から同弄北側の岩峰にかけての尾根部や，弄石弄北側の岩峰や尾根部では，主として数十センチ

メートル大の石灰岩の角礫が一面に厚く累積しており，地面は全く見えない状態であった。それらの累積した角礫の間隙を縫うように成長した低木が散見されたが，それらのなかには複数回の伐採を受け萌芽再生を繰り返した痕跡が認められるものもあった。

　樹林に被覆された他の岩峰や尾根部では，無数の炭酸塩質露出岩と露出岩の間に土壌が埋積した状態になっているところが多く，弄石弄の西側の岩峰頂部で弄石 No. 4 土壌，弄石屯上弄達の尾根部で弄石 No. 5 および 6 土壌を調査した。いずれも萌芽 2 次林下の土壌である。それらの立地環境および断面形態の特徴や，化学的性質の分析結果は表 13-1，2 の通りである。

　岩峰頂部の弄石 No. 4 土壌は，pH が 7.7～8.0 と弱アルカリ性で全層的に埴土で交換性塩基総量が大きく，特に交換性マグネシウム量が大きいなど，苦灰岩を母材とした土壌であった。しかし，尾根部の弄石 No. 5 および 6 の 2 土壌はいずれも全層的に埴壌土で，pH が 5.6～6.6 と微～弱酸性で，炭酸塩岩の影響を強く受けていると思われる弄石 No. 5 土壌の A_1 層以外は交換性塩基総量も小さいなど，微砂質砕屑岩を母材とした土壌であった。いずれも断面内にはほとんど岩石が認められなかったことから，それらは固結度の低い微砂質砕屑岩と考えられる。

　それらの 3 土壌はいずれも土層の発達は不良であったが，地表は落葉落枝に由来する有機物層(Ao 層)に被覆され，腐植が比較的深くまで浸透・集積し，表層土壌の構造が比較的発達していた。しかし，後者の 2 土壌は痩せ尾根に分布し，調査時の水湿状態が全層的にやや乾であったことから，寡雨期には土層内がそうとう乾燥した状態となることが想定される。

(2) 鞍部および斜面上部の土壌(傾斜 30 度未満)

　通常，弄を形成するすり鉢状の斜面は傾斜 30 度以上の急斜面であるが，その上部から尾根にかけてや鞍部などには 30 度未満の斜面が形成されており，比較的厚い土層を持った土壌が分布していた。

　弄石弄の西側の鞍部から斜面下方に広がる凹形斜面において，弄石 No. 1 および 2 土壌を調査し分析した(表 13-3，4)。

　両土壌の 50 cm 以上と厚い土層はいずれも全層的に埴土であることから，炭酸塩岩を母材とした土壌と考えられる。しかし，弄石 No. 1 土壌では交換性塩

表13-1 岩峰頂部および尾根部の土壌の立地環境および断面形態の概要

断面番号 調査地	層位	深さ(cm)	土色	土性	構造	堅密度	水湿状態	根系	石礫	地形・標高・方位 傾斜・植生・堆積様式
No. 4 (弄石)	Ao (L：落葉落枝粗に堆積，F：砕屑状局所的に散在)									岩峰頂部 中林 埋積土
	A	0〜8	10YR3/2	C	sB	14	潤	すこぶる富む	含む	
	B	8〜20+	10YR4/4	C	Ma	17	潤	富む	すこぶる富む	
No. 5 (上弄達)	Ao (L：落葉落枝粗に堆積，F：砕屑状局所的に散在)									やせ尾根部 中林 埋積土
	A₁	0〜5	7.5YR2/2	CL	Gr	7	やや乾	富む	—	
	A₂	5〜15	7.5YR3/3	CL	aB	14	やや乾	富む	—	
	AB	15〜25+	7.5YR4/3	CL		15	やや乾	やや富む	亜角礫有り	
No. 6 (上弄達)	Ao (L：落葉落枝粗に堆積，F：砕屑状局所的に散在)									やせ尾根部 中林 埋積土
	A₁	0〜3	10YR4/3	CL	Gr	22	やや乾	やや富む	—	
	A₂	3〜11	10YR4/3	CL	aB	25	やや乾	含む	—	
	AB	11〜21+	10YR5/3	CL		25	やや乾	含む	—	

L：落葉層 (Litter Layer)，F：腐朽層 (Fermentation Layer)，H：腐植層 (Humus Layer)
C：埴土，CL：埴壌土
Gr：粒状構造，aB：角塊状構造，sB：亜角塊状構造，Ma：壁状構造，w：弱度
堅密度＝山中式硬度計読み取り値
低林＝平均樹高5〜10 m，中林：10〜15 m，高林：15 m以上

表13-2 岩峰頂部および尾根部の土壌の化学的性質

土壌番号	層位	pH (H₂O)	全Ca (%)	全Mg (%)	交換性(cmol(+)/kg) Ca²⁺	Mg²⁺	Na⁺	K⁺	総量	CEC	BS (%)	OC (%)	全N (%)
弄石 No. 4	A	7.7			22.9	10.46	0.06	0.23	33.7			8.4	0.84
	B	8.0			15.2	7.44	0.05	0.10	22.8			4.0	0.34
弄石 No. 5	A₁	6.1			26.9	5.59	0.19	0.26	32.9			12.4	0.87
	A₂	6.4			12.5	3.24	0.06	0.10	15.9			4.2	0.35
	AB	6.6			9.9	3.06	0.12	0.08	13.2			3.0	0.26
弄石 No. 6	A₁	5.9			8.6	2.06	0.10	0.10	10.9			3.4	0.23
	A₂	5.8			7.5	1.77	0.05	0.06	9.3			2.6	0.19
	AB	5.6			5.3	1.33	0.07	0.05	6.7			2.0	0.15
	C	5.9			2.8	0.71	0.05	0.10	3.6			0.5	0.03

CEC：陽イオン交換容量(Cation Exchange Capacity)，BS：塩基飽和度(Base Saturation)
OC：有機炭素(Organic Carbon)

基総量が小さくpHも微酸性を呈していた．次表層以下の土色は2.5YR～5YR4/6と赤みが強く，土壌中の遊離酸化鉄の脱水結晶化が進んでいることから，そのような遊離酸化鉄が脱水結晶化し赤色化が発現する地質学的な長時間にわたる風化作用に伴い，交換性塩基の流亡が進行したものと推定される[19]．

両土壌とも地形的には農耕に適していると考えられるが，弄石No. 1土壌では土層全体が堅密で根量が少なく，No. 2土壌では調査時の土層全体が乾燥気味であり，また，下層に至るまで亜角塊状構造が発達していることから，無降雨状態が長期間続くと土層全体がかなり乾燥することが想定されるなど，いずれも土壌の理学的性質に問題があるため農耕地でなく草地として利用されているのであろう．しかし長大な凹形斜面の草地土壌としては，腐植が集積し暗褐色を呈するA層の厚さが8～12 cmと概して発達不良である．これは，草地となってからの経過年数が少ないか，あるいは家畜の放牧や草刈りなどによるバイオマスの過度の収奪が行われてきたことを示唆しているものと思われる．

また，弄石弄と弄石屯弄日の急斜面上部の傾斜30度未満の斜面において，弄石No. 3および7土壌を調査し分析した(表13-3, 4)．

弄石No. 3土壌は萌芽2次林下の炭酸塩質露出岩と露出岩の間に埋積した土壌で，下層は礫に富み緻密な壁状構造であった．全層的に埴土であることから

炭酸塩岩を母材とした土壌と考えられる。次表層以下は，7.5YR5/6と褐色を呈し遊離酸化鉄の脱水結晶化はそれほど進んでいない。

　弄石No.7土壌は，急斜面上部の傾斜変換線より上位に位置する，農耕が放棄されて草地化したところに隣接する萌芽2次林下の土壌である。炭酸塩質露出岩の間に埋積した土壌は，pHが7.9〜8.6と高くアルカリ性であり，交換性塩基総量がそれほど大きくなく，全層的に埴壌土であることから，微砂質砕屑岩を母材とし，炭酸塩岩，特に石灰岩の影響を受けた土壌と考えられる。土層が全体的に5YRの色調を呈することから遊離酸化鉄の脱水結晶化が比較的進んでおり，地質学的な長時間にわたる風化を受けた土壌と考えられる。

　歪線屯では，弄良から弄軒へ抜ける峠の手前の斜面上部微凸形斜面で歪線No.2土壌を，また，歪線屯の北方奥地の斜面上部の平衡斜面で歪線No.3および4土壌を調査し分析した（表13-3，4，5）。

　いずれも微砂質壌土〜微砂質埴土であり，微酸性〜弱酸性で交換性塩基総量や陽イオン交換容量も小さいなど，微砂質砕屑岩を母材とする土壌であった。

　歪線No.3および4土壌では，腐植に富んだ10cm強の厚さの黒褐色A層の直下に，腐朽の進んだ灰白色の微砂質砕屑岩が直接出現した。そのような土壌を成立基盤とする20年生および30年生の萌芽再生林は極めて立木の密度の高い密生林で，燃料材生産のために定期的に皆伐・萌芽更新されているとのことであった。

　3土壌とも，落葉落枝やそれらの腐朽物からなる有機物層に林床が被覆されていないところが散見された。ところによっては裸地率が50%前後にも達していたが，それらの裸地部はほとんど地衣類や蘚苔類に覆われていた。落葉落枝の採取などの人為的な影響による裸地ではないかと考えられるが，土壌表層の構造の発達がいずれも微弱で地表面が比較的平滑であることから，新鮮なリターが激しい降雨の際の地表流により流失しやすいことも一因と想定される。

　弄力屯弄癸の鞍部において農耕地土壌（a，b）を採取し分析した（表13-6，7，8）。土性などから微砂質砕屑岩を母材としていると考えられるが，pHや交換性塩基総量などから下層土（b）には石灰岩の影響が強く認められた。

　また，弄石弄北側尾根筋の鞍部の炭酸塩質露出岩の間で土壌（c），および坡坦屯弄祥弄北西側の鞍部で農耕地土壌（d）を採取し分析した（表13-6，7，8）。

表 13-3 麓部および斜面上部の土壌の立地環境および断面形態の概要

断面番号 調査地	層位	深さ (cm)	土色	土性	構造	堅密度	水湿状態	根系	石礫	地形・標高・方位 傾斜・植生・堆積様式
茅石 No. 1 (茅石)	A	0〜8	7.5YR4/3	C	wsB	21	潤	含む	なし	斜面上部
	B₁	8〜20	5YR4/6	C	sB	25	潤	有り	なし	凹形斜面
	B₂	20〜50	2.5YR4/6	C	sB	26	潤	なし	なし	草地
	B₃	50〜80	2.5YR4/6	C	sB	25	潤	なし	なし	匍行〜再積性土
	B₄	80〜90	2.5YR4/6	C	sB	22	潤	なし	なし	
茅石 No. 2 (茅石)	A	0〜12	7.5YR3/3	C	sB	18	やや乾	すこぶる富む	なし	斜面上部
	B₁	12〜25	5YR4/4	C	sB	15	やや乾	富む	なし	凹形斜面
	B₂	25〜32	2.5YR4/6	C	sB	18	やや乾	含む	含む	草地
	B₃	32〜50+	2.5YR4/4	C	sB	18	やや乾	有り	なし	匍行〜再積性土
茅石 No. 3 (茅石)	A	0〜8	10YR3/2	C	sB	17	潤	すこぶる富む	有り	斜面上部
	AB	8〜14	10YR5/4	C	sB	20	潤	富む	富む	中林
	B₁	14〜25	7.5YR5/6	C	Ma	22	潤	富む	富む	埋積土
	B₂	25〜35	7.5YR5/6	C	Ma	22	潤	含む	すこぶる富む	

Ao (L：落葉落枝散在, F：砕屑状局所的に散在)

茅石 No. 7 (茅日)	A	0〜4	5YR3/4	(L)C	waB	21	やや乾	やや富む	亜角礫含む	斜面上部傾斜変換線
	AB	4〜14	5YR4/4	(L)C	waB	21	やや乾	やや富む	亜角礫含む	855 m, S12E, 18°
	B₁	14〜28	5YR4/5	CL	Ma	24	潤	小中含む	亜角礫含む	農耕放棄地に隣接する低
	B₂	28〜50	5YR4/6	CL	Ma	23	潤	小中含む	亜角礫有り	林との境界付近
	B₃	50〜69	5YR4/7	CL	Ma	20	潤	有り	亜角礫有り	埋積土
	BC	69〜82+	5YR5/3	CL	Ma	21	潤	有り	亜角礫有り	

断面番号 調査地	層位	深さ (cm)	土色	土性	構造	堅密度	水湿状態	根系	石礫	地形・標高・方位 傾斜・植生・堆積様式
歪線 No. 2 (采艮)	Ao (L：落葉落枝粗に堆積，F：砕屑状局所的に散在，地表 50% の裸地部はほぼ地衣類や蘚苔類が被覆)									斜面上部微凸形地 890 m, S60E, 18° 低林 匍行〜再積性土
	A	0〜6		SiL	waB	15		細小富む	小中亜角礫富む	
	B	6〜14		SiCL		19		細小中合む	小中亜角礫富む	
	BC₁	14〜35		SiC		22		小中合む	亜角礫合む	
	BC₂	35〜62+		SiC		24		有り	小中亜角礫合む	
歪線 No. 3 (采勤)	Ao (L：1〜3 cm, 落葉樹枝粗に全面被覆，F：0.5 cm, 菌糸網層有り (大久保ブロック 02005)									平衡斜面上部〜中腹 970 m, S60E, 25° 低林 (20 年生) 匍行〜再積性土
	A	0〜13	10YR2/2	CL	waB	12	湿	細小富む	中亜角礫合む	
	D	13〜35+	5Y8/2, N8/0			32		小中有り	腐朽岩合む	
歪線 No. 4 (采勤)	Ao (L：1〜23 cm, 落葉樹枝粗に 90% 被覆，地衣類や蘚苔類少々 (大久保ブロック 02006) F：砕屑状散在,									平衡斜面中腹 960 m, N30E, 23° 低林 (30 年生) 匍行〜再積性土
	A	0〜11	10YR2/2	CL	waB	11	弱湿	細小富む	中亜角礫合む	
	D	11〜25+				33				

L：落葉層 (Litter Layer)，F：腐朽層 (Fermentation Layer)，H：腐植層 (Humus Layer)
C：埴土，CL：埴壌土，SiC：微砂質埴土，SiCL：微砂質埴壌土，SiL：微砂質壌土
Gr：粒状構造，aB：角塊状構造，sB：亜角塊状構造，Ma：壁状構造，w：弱度
堅密度＝山中式硬度計読み取り値

表 13-4 鞍部および斜面上部の土壌の化学的性質

土壌番号	層位	pH (H₂O)	全Ca (%)	全Mg (%)	交換性(cmol(+)/kg) Ca²⁺	Mg²⁺	Na⁺	K⁺	総量	CEC	BS (%)	OC (%)	全N (%)
弄石 No.1	A	6.4			9.0	2.89	0.02	0.37	12.2			3.7	0.30
	B₁	6.8			9.5	1.62	0.03	0.13	11.3			1.0	0.13
	B₂	6.8			6.7	1.55	0.03	0.13	8.4			0.7	0.10
	B₃	6.7			6.8	1.55	0.03	0.12	8.5			0.6	0.09
	B₄	6.7			6.8	1.58	0.03	0.12	8.5			0.5	0.08
弄石 No.2	A	7.2			17.5	4.01	0.04	0.03	21.9			3.0	0.23
	B₁	7.6			19.6	3.82	0.03	0.34	29.0			1.6	0.15
	B₂	8.3			24.4	4.31	0.03	0.38	29.1			1.0	0.06
	B₃	8.4			18.8	2.75	0.03	0.23	21.8			1.2	0.05
弄石 No.3	A	6.6			15.5	3.77	0.05	0.09	19.4			6.0	0.47
	AB	7.0			12.2	1.39	0.03	0.06	13.6			2.2	0.18
	B₁	7.7			22.6	2.25	0.03	0.08	25.0			1.8	0.16
	B₂	7.8			23.1	1.52	0.03	0.08	24.7			1.9	0.16
弄石 No.7	A	8.0			26.1	0.45	0.06	0.35	26.9			3.0	0.17
	AB	7.9			27.8	0.34	0.05	0.28	28.4			2.0	0.17
	B₁	8.5			22.3	0.33	0.05	0.22	22.9			1.9	0.03
	B₂	8.5			22.3	0.32	0.05	0.25	22.9			2.2	0.02
	B₃	8.6			18.9	0.28	0.05	0.22	19.4			2.2	0.01
	BC	8.5			20.7	0.32	0.05	0.21	21.2			2.0	0.02
歪線 No.2	A	6.2	0.35	0.40	11.8	2.48	0.04	0.23	14.5	17.7	82	9.0	0.41
	B	6.1	0.15	0.38	2.9	0.91	0.04	0.02	3.8	6.5	58	0.9	0.07
	BC₁	6.7	0.07	0.40	3.0	1.09	0.03	0.04	4.1	9.3	44	0.9	0.05
	BC₂	7.1	0.08	0.32	2.7	1.36	0.06	0.04	4.1	9.7	43	0.6	0.03
歪線 No.3	A	5.8	0.23	0.11	11.7	1.31	0.04	0.11	13.2	17.5	75	10.1	0.4

CEC：陽イオン交換容量(Cation Exchange Capacity)，BS：塩基飽和度(Base Saturation)
OC：有機炭素(Organic Carbon)

表 13-5 鞍部および斜面上部の土壌の粒径組成

土壌番号	層位	>2.0 mm	2.0〜0.2	0.2〜0.02 粒径組成(%)	0.02〜0.002	0.002>	土性 (国際法)
歪線 No.2	A	7.9	7.9	20.0	60.7	11.4	微砂質壌土
	B	9.6	8.3	10.6	57.6	23.5	微砂質埴壌土
	BC₁	9.7	6.3	11.3	50.1	32.4	微砂質埴土
	BC₂	9.9	4.7	11.3	46.3	37.8	微砂質埴土
歪線 No.3	A	0	8.5	32.2	54.1	5.2	微砂質壌土

表 13-6 鞍部および斜面上部のその他の土壌の採取地および土色等

土壌	採取地	土色等
a	弄力屯弄癸の鞍部，農耕地表層土	10YR4/2
b	弄力屯弄癸の鞍部，農耕地下層土	10YR5/4
c	弄石弄北側尾根筋の鞍部，露出岩の間	10YR2/2
d	坡坦屯弄祥弄北西側の鞍部，農耕地表層土	10YR4/3，傾斜20度

表 13-7 鞍部および斜面上部のその他の土壌の化学的性質

土壌番号	pH (H$_2$O)	全Ca (%)	全Mg (%)	交換性(cmol(+)/kg) Ca^{2+}	Mg^{2+}	Na$^+$	K$^+$	総量	CEC	BS (%)	OC (%)	全N (%)
a	6.5	0.19	0.13	7.6	1.33	0.04	0.20	9.2	11.6	79	3.6	0.18
b	6.9	0.10	0.22	30.4	0.61	0.01	0.05	31.1	31.1	100	1.9	0.06
c	7.1	1.20	0.46	54.3	0.63	0.12	0.22	55.3	55.3	100	10.3	0.50
d	7.0	0.30	0.40	12.9	0.87	0.04	0.11	13.9	16.2	86	2.3	0.15

CEC：陽イオン交換容量(Cation Exchange Capacity)，BS：塩基飽和度(Base Saturation)
OC：有機炭素(Organic Carbon)

表 13-8 鞍部および斜面上部のその他の土壌の粒径組成

土壌番号	>2.0 mm	2.0〜0.2	0.2〜0.02	0.02〜0.002	0.002>	土性 (国際法)
			粒径組成(%)			
a	0	9.9	20.8	55.7	13.6	微砂質壌土
b	0	9.3	17.9	55.3	17.5	微砂質埴壌土
c	0	2.1	15.3	33.2	49.4	重埴土
d	9.8	5.5	17.4	44.8	32.3	軽埴土

土性や交換性塩基総量から，前者は石灰岩を母材とし，後者は微砂質砕屑岩と炭酸塩岩の風化混合物を母材とする土壌であると考えられる。

（3）急斜面の土壌（傾斜30度以上）

弄力弄の北側急斜面の高木林下で弄力 No.1 土壌，西側急斜面の低木疎林と草地の境界で弄力 No.2 土壌，同急斜面上部の萌芽 2 次林下で弄力 No.3 土壌，弄力屯の東に位置する弄癸の急斜面上部の萌芽 2 次林下で弄力 No.4 土壌を調査し分析した（表 13-9，10，11）。

4 土壌とも，地表に露出している炭酸塩岩の間に試孔を掘り断面を作成したが，下層にいくほど岩石が多くなり，土層は緻密な壁状構造で概して堅く締まっていた。土性，交換性塩基総量，および陽イオン交換容量などから見て弄

力No.2および3土壌は石灰岩を母材とした土壌であり，弄力No.1および4土壌は微砂質砕屑岩と炭酸塩岩の風化物がいろいろな程度に混じりあったものを母材とした土壌と考えられる。

いずれも傾斜30度以上の急斜面，特に弄力No.1，2および4土壌は40度以上の急斜面に比較的安定的に形成されており，表面を被覆する有機物層の発達は貧弱で一部消失しているところもあったが，裸地化した部分は地衣類や蘚苔類に被覆されていた。地表に露出している無数の炭酸塩岩や樹木などの根系による斜面崩壊抑止作用や，有機物層や地衣類・蘚苔類などの地表被覆による土壌浸食抑止作用などが，その主な安定要因と考えられる。また，それらの表層土壌の交換性カルシウム含量が概して高く，カルシウムによる土壌粒子の膠結作用も表層土壌の安定化に寄与しているものと思われる。

有機物層の発達不良は，前述の歪線No.2，3，4土壌と同様に，落葉落枝の採取などの人為的な影響が大きいのではないかと考えられるが，傾斜が急で埴質な土壌表層は構造の発達が不良で比較的平滑なため，新鮮なリターが流失しやすいことも一因であろう。

また，弄力弄の北側や西側斜面，および坡坦弄や坡坦屯弄祥弄の斜面などで土壌(e, f, g, h, i, j, k, l, m, n)を採取し分析した(表13-12, 13, 14)。

弄力No.1土壌の近くの，大きな溶食洞が発達した露出岩の岩質は苦灰岩であったが，溶食洞の内壁は石灰岩質であった。同洞内に堆積していた土壌(e)は埴土で，10YR4/3の土色を呈し，交換性塩基総量や陽イオン交換容量が比較的大きく，交換性マグネシウム含量が比較的高い値を示すなど，苦灰岩の影響を強く反映していた。

坡坦弄の南側に位置する北西向きの急傾斜(40度)の岩礫地の人工造林地において岩礫の間のわずかな隙間から採取した腐植に富む土壌(j)は，埴土で交換性カルシウム含量や陽イオン交換容量が極めて大きいなど，石灰岩母材土壌の特徴を示した。林相から判断すると，岩礫地のため植栽時の活着率はかなり不良であったと思われるが，少数ながら活着したものは良好な成長状態を示していた。

坡坦弄の東側に位置する弄祥弄の北側急斜面中腹(傾斜35～40度)の，弄底から続く農耕地とその上方に広がる草地の境界近辺で農耕地の土壌(k, n)，

表13-9 急斜面の土壌の立地環境および断面形態の概要

断面番号 調査地	層位	深さ(cm)	土色	土性	構造	堅密度	水湿状態	根系	石礫	地形・標高・方位 傾斜・植生・堆積様式
弄刀 No.1 (弄刀)	Ao	(L:2~3 cm, 落葉落枝粗に堆積, F:0.5 cm, 砕屑状)(大久保プロット02002)								平衡急斜面中腹 810 m, S60W, 45° 高林, 埋積土
	A	0~13	10YR3/2	(L)C	Gr, aB	15	潤	小中富む	小・中礫含む	
	B	13~31+	10YR5/4		Ma	23	潤	小中合む	中・大礫富む	
弄刀 No.2 (弄刀)	Ao	(L:落葉落枝散在, 地表30%程度被覆)								平衡急斜面中腹 820 m, S54E, 51° 灌木林と草地の境界 低林, 匍行~再積性土
	A	0~6	10YR4/3.5	(L)C	Gr	15	潤	細根富む	小亜角礫有り	
	B₁	6~15	10YR4/5	C	waB	19	潤	細小合む	中大亜角礫含む	
	B₂	15~35+	7.5YR4/4	(S)C		22	潤	細小有り	中大亜角礫含む	
弄刀 No.3 (弄刀)	Ao	(L:1~3 cm, 落葉落枝粗に堆積, F:砕屑状散在, H:糊状, 地表の一部を被覆)(大久保プロット02003)								急斜面上部傾斜変換線近く 840 m, S35E, 33° 中林 匍行~再積性土
	A	0~6	10YR4/3	(L)C	waB	23	潤	細小富む	小中亜角礫有り	
	B	6~18	7.5YR5/6	C	waB	18	潤	小合む	小中亜角礫含む	
	BC	18~43+	7.5YR4/6	(S)C	Ma	19	潤	小有り	中大亜角礫含む	
弄刀 No.4 (弄笑)	Ao	(L:落葉落枝散在, 被覆率50%, F:砕屑状局所的に散在)(大久保プロット02004)								平衡急斜面上部 900 m, S20W, 43° 中林 匍行~再積性土
	A₁	0~12	10YR3/2	(L)C	Gr, waB	14	弱湿	細小中富む	小中亜角礫有り	
	A₂	12~29	10YR4/3	SCL	waB	16	弱湿	小中含む	小中亜角礫有り	
	B₁	29~41	10YR5/5	SiC	Ma	19	潤	小中合む	中大亜角礫含む	
	B₂	41~50		SiC	Ma	22	潤	有り	中大亜角礫含む	
	BC	50+								

L:落葉層(Litter Layer), F:腐朽層(Fermentation Layer), H:腐植層(Humus Layer)
C:埴土, SiC:微砂質埴土, SCL:砂質埴壌土
Gr:粒状構造, aB:角塊状構造, Ma:壁状構造, w:弱度
堅密度=山中式硬度計読み取り値

表 13-10 急斜面の土壌の化学的性質

土壌番号	層位	pH (H₂O)	全Ca (%)	全Mg (%)	交換性(cmol(+)/kg) Ca²⁺	Mg²⁺	Na⁺	K⁺	総量	CEC	BS (%)	OC (%)	全N (%)
弄力 No.1	A	7.0	0.78	0.66	33.1	5.20	0.04	0.13	38.4	38.4	100	10.4	0.57
	B	7.3	0.42	0.66	9.0	1.40	0.05	0.03	10.4	12.8	82	2.3	0.15
弄力 No.2	A	7.1	0.77	0.46	33.2	0.87	0.04	0.16	34.3	34.3	100	6.1	0.31
	B₁	6.9	0.76	0.65	29.0	0.49	0.04	0.08	29.6	29.6	100	4.2	0.27
	B₂	7.2	0.59	0.36	27.9	0.41	0.07	0.08	28.5	28.5	100	3.4	0.21
弄力 No.3	A	5.7	0.82	0.62	23.5	0.77	0.07	0.11	24.4	27.7	88	6.8	0.37
	B	7.6	0.82	0.56	32.2	0.69	0.07	0.04	33.0	33.0	100	3.1	0.18
	BC	7.8	1.76	0.43	50.3	0.45	0.04	0.04	50.9	50.9	100	2.1	0.12
弄力 No.4	A₁	7.0	0.66	0.54	25.5	6.75	0.06	0.13	32.4	32.4	100	8.9	0.48
	A₂	7.0	0.35	0.63	10.9	3.16	0.11	0.08	14.3	17.3	83	3.5	0.21
	B₁	7.2	0.30	0.47	7.8	2.57	0.04	0.02	10.4	10.4	100	1.8	0.10
	B₂	7.2	0.32	0.63	6.8	2.84	0.03	0.04	9.7	10.0	97	1.3	0.09
	BC	7.6	0.35	0.80	13.4	5.97	0.04	0.07	19.5	22.6	86	1.7	0.12

CEC：陽イオン交換容量(Cation Exchange Capacity)，BS：塩基飽和度(Base Saturation)
OC：有機炭素(Organic Carbon)

表 13-11 急斜面の土壌の粒径組成

土壌番号	層位	>2.0 mm	2.0～0.2	0.2～0.02 粒径組成(%)	0.02～0.002	0.002>	土性 (国際法)
弄力 No.1	A	2.4	19.2	17.3	39.8	23.7	埴壌土
	B		5.2	17.1	43.0	34.6	軽埴土
弄力 No.2	A	0	16.8	15.2	27.1	40.9	軽埴土
	B₁	0	0.4	18.8	32.5	48.3	重埴土
	B₂	0	3.1	12.9	29.3	54.7	重埴土
弄力 No.3	A	0	4.9	12.7	29.4	53.0	重埴土
	B	0	1.9	7.3	24.0	66.9	重埴土
	BC	6.3	1.4	3.5	13.3	81.8	重埴土
弄力 No.4	A₁	1.9	6.0	21.3	55.5	17.2	微砂質埴壌土
	A₂	6.4	13.7	19.4	48.1	18.9	微砂質埴壌土
	B₁	0	7.1	16.7	48.0	28.2	微砂質埴土
	B₂	1.4	6.4	14.2	47.0	32.4	微砂質埴土
	BC	0	2.9	7.0	21.1	69.0	重埴土

第13章　七百弄郷の地質・地形と樹林地土壌および生態環境の修復　275

表13-12　急斜面のその他の土壌の採取地および土色等

土壌	採取地	土色等
e	弄力弄北側斜面中腹溶食洞内の土壌	10YR4/3
f	弄力弄西側斜面中腹萌芽低木林の土壌	7.5YR4/3
g	弄力弄西側斜面中腹萌芽低木林の土壌	5YR4/6
h	弄石弄北側急斜面上部の褐色土壌	7.5YR4/4, 傾斜36～42度
i	弄石弄北側急斜面の土壌	5YR3.5/6
j	坡坦弄南側急斜面中腹人工林岩礫地土壌	10YR3.5/2, 傾斜40度
k	坡坦屯弄祥弄北側平衡斜面の農耕地土壌	10YR4/3, 傾斜35度
l	坡坦屯弄祥弄北側微凸形斜面の草地土壌	10YR3.5/2, 傾斜38度
m	坡坦屯弄祥弄北側微凸形斜面の放棄畑土壌	10YR3.5/2, 傾斜38度
n	坡坦屯弄祥弄北側急斜面の段々畑土壌	10YR4/3, 平均傾斜40度

表13-13　急斜面のその他の土壌の化学的性質

土壌番号	pH (H_2O)	全Ca (%)	全Mg (%)	交換性(cmol(+)/kg) Ca^{2+}	Mg^{2+}	Na^+	K^+	総量	CEC	BS (%)	OC (%)	全N (%)
e	7.8	0.71	0.78	15.5	5.75	0.02	0.11	21.4	21.4	100	2.8	0.18
f	7.6	0.51	0.56	20.3	3.72	0.04	0.18	24.2	24.2	100	3.2	0.23
g	7.4	1.31	1.56	18.3	5.05	0.04	0.15	23.6	27.0	87	1.8	0.17
h	7.0	0.82	0.61	36.2	0.11	0.13	0.03	36.5	36.5	100	3.5	0.23
i	7.7	0.56	0.46	26.1	0.13	0.04	0.06	26.4	26.4	100	1.6	0.10
j	7.6	6.35	0.54	71.3	1.00	0.07	0.25	72.6	72.6	100	14.1	0.75
k	7.1	0.59	0.36	31.8	1.14	0.04	0.13	33.1	34.9	95	3.5	0.19
l	7.2	0.84	0.36	41.2	0.86	0.09	0.17	42.3	42.3	100	5.9	0.31
m	7.5	1.07	0.49	41.0	0.51	0.06	0.13	41.7	41.7	100	6.3	0.35
n	7.5	0.65	0.53	19.0	1.02	0.06	0.71	20.8	31.0	67	4.6	0.30

CEC：陽イオン交換容量(Cation Exchange Capacity)，BS：塩基飽和度(Base Saturation)
OC：有機炭素(Organic Carbon)

放棄された農耕地の土壌(m)，および草地の土壌(l)を調査した。
　段々畑土壌(n)で施肥の影響と思われる交換性カリウム含量が大きい値を示した以外は，4土壌とも土性，陽イオン交換容量，および交換性塩基総量から石灰岩由来土壌であった。それらの土壌の土性や化学的性質にはほとんど違いが見られないのに農耕，農耕放棄地，および草地と土地利用状況が異なるのは，農業が継続して行われているところは階段状に地形改変したところか平衡斜面であり，農耕放棄地と草地は微凸形地であることから，微地形的要因に由来するそれらの土壌における年間を通した水分状況の違いがその主な原因では

表 13-14　急斜面のその他の土壌の粒径組成

土壌番号	>2.0 mm	2.0〜0.2	0.2〜0.02	0.02〜0.002	0.002>	土性(国際法)
			粒径組成(%)			
e	0	5.1	10.5	41.1	43.3	軽埴土
f	0	2.5	10.1	37.3	50.1	重埴土
g	0	2.0	15.4	30.2	52.4	重埴土
h	0	2.0	14.3	23.1	60.7	重埴土
i	14.2	0.2	2.2	13.0	84.5	重埴土
j	0	19.2	23.5	28.6	28.7	軽埴土
k	0	2.0	19.7	28.4	49.8	重埴土
l	0	6.7	16.7	28.6	48.0	重埴土
m	11.7	3.0	16.9	27.6	52.5	重埴土
n	10.0	4.7	11.9	20.8	62.6	重埴土

ないかと考えられる。

(4) 崖錐部の土壌

　調査地域内には無数の断層が縦横に走っており，それらの断層崖の直下には傾斜 35〜40 度の崖錐が形成されている。弄良から歪線屯の弄軒弄へ抜ける峠手前の傾斜 35 度の萌芽 2 次林下で，崖錐土壌として歪線 No. 1 土壌を調査し分析した（表 13-15，16）。

　地表面の半分近くの面積を占める多数の炭酸塩質露出岩の間で試孔を掘ったが，土性，pH，および交換性塩基総量などから，微砂質砕屑岩を母材とする土壌であった。崖錐の上方に分布している微砂質砕屑岩に由来する風化物質が露出岩の間に埋積したものと考えられる。土層は 50 cm 以上と深いが，表層部に弱度の角塊状構造が認められただけで，次表層以深は緻密な壁状構造であった。調査時の水湿状態が表層から次表層にかけてやや乾であるなど，土層が地形的に乾きやすいためか萌芽 2 次林の成長状態は不良であった。

　また，坡坦弄の東側入口付近の切り通し上部の傾斜 40 度の草地として利用されている小規模な崖錐で，多くの炭酸塩質露出岩の間に埋積した土壌 (o) を採取し分析した（表 13-17，18，19）。土性が重埴土，pH が 7.7，交換性塩基総量および交換性カルシウムが多くマグネシウム含量が少ないなど，典型的な石灰岩母材土壌であった。

　そのほか崖錐の土壌としては，岩屑土の分布も一部認められた。

第13章　七百弄郷の地質・地形と樹林地土壌および生態環境の修復　277

表13-15　崖錐部の土壌の立地環境および断面形態の概要

断面番号 調査地	層位	深さ(cm)	土色	土性	構造	堅密度	水湿状態	根系	石礫	地形・標高・方位 傾斜・植生・堆積様式
歪線 No. 1 (弄良)	Ao(L：落葉落枝ほぼ全面に地表を被覆, F：砕屑状散在)									
	A	0〜4	10YR3/3	CL	waB	17	やや乾	富む	亜角礫含む	斜面上部崖錐
	AB	4〜12	10YR3.5/4	CL	waB	23	やや乾	含む	亜角礫有り	875 m, N46E, 35°
	B₁	12〜23	10YR4/4	CL	Ma	24	やや乾	含む	亜角礫有り	低林(ススキ)
	B₂	23〜40	10YR4.5/4	(L)C	Ma	24	潤	含む	亜角礫有り	埋積土
	B₃	40〜52+	10YR4/4	CL	Ma	24	潤	有り	亜角礫有り	

L：落葉層(Litter Layer), F：腐朽層(Fermentation Layer)
C：埴土, CL：埴壌土
aB：角塊状構造, Ma：壁状構造, w：弱度
堅密度＝山中式硬度計読み取り値

表13-16　崖錐部の土壌の化学的性質

| 土壌番号 | 層位 | pH(H₂O) | 全Ca(%) | 全Mg(%) | 交換性(cmol(+)/kg) | | | | | BS(%) | OC(%) | 全N(%) |
					Ca²⁺	Mg²⁺	Na⁺	K⁺	総量	CEC			
歪線 No. 1	A	6.6			16.9	3.65	0.11	0.27	20.9			6.1	0.52
	AB	6.5			8.2	2.22	0.06	0.10	10.6			2.6	0.25
	B₁	6.2			7.5	2.27	0.07	0.09	9.9			2.5	0.22
	B₂	5.8			8.6	1.86	0.07	0.08	10.6			2.8	0.27
	B₃	6.4			9.7	1.71	0.06	0.08	11.6			2.9	0.29

CEC：陽イオン交換容量(Cation Exchange Capacity), BS：塩基飽和度(Base Saturation)
OC：有機炭素(Organic Carbon)

　一般に，斜面上部など標高的に高いところに形成された崖錐は水湿状態が不良であるが，斜面中腹以下の低いところに形成された崖錐は水湿状態が比較的良好で，斜面下部の崖錐岩屑土において有用樹が旺盛に成長しているところも見られた。

(5) 底部および農耕地の土壌

　弄力弄の西側斜面下部，東側斜面下部，同斜面中腹，および同斜面上部の農耕地において，深さ15 cmのところからそれぞれ土壌試料(p, q, r, s)を採取し分析した(表13-20, 21, 22)。

　同弄東側斜面中腹の土壌(r)は重埴土であり，交換性塩基総量，陽イオン交換容量および交換性マグネシウム量などから苦灰岩風化物を，同斜面上部の土壌(s)は微砂質埴壌土であり，交換性塩基総量や陽イオン交換容量が比較的小さいことから微砂質砕屑岩を母材としたものと思われる。また，西側斜面下部

表 13-17　崖錐部のその他の土壌の採取地および土色等

土壌	採取地	土色等
o	坡坦屯弄祥弄側入口付近の崖錐土壌	10YR3/2.5，傾斜40度

表 13-18　崖錐部のその他の土壌の化学的性質

| 土壌番号 | pH (H_2O) | 全Ca (%) | 全Mg (%) | 交換性(cmol(+)/kg) ||||| BS (%) | OC (%) | 全N (%) |
				Ca^{2+}	Mg^{2+}	Na^+	K^+	総量	CEC			
o	7.7	1.48	0.58	48.0	0.68	0.08	0.19	48.9	48.9	100	5.8	0.38

CEC：陽イオン交換容量(Cation Exchange Capacity)，BS：塩基飽和度(Base Saturation)
OC：有機炭素(Organic Carbon)

表 13-19　崖錐部のその他の土壌の粒径組成

| 土壌番号 | >2.0 mm | 2.0〜0.2 | 0.2〜0.02 | 0.02〜0.002 | 0.002> | 土性(国際法) |
	粒径組成(%)					
o	0	8.3	12.7	27.5	51.4	重埴土

の土壌(p)と東側斜面下部の土壌(q)は軽埴土であり，交換性塩基総量や陽イオン交換容量などから，いずれも炭酸塩岩と微砂質砕屑岩の風化混合物を母材としたものと推定される。前述のように同弄を取り巻く尾根部や岩峰には石灰岩が主として分布するが，それらに混じって微砂質砕屑岩も挟在することが推定された。

弄石弄の底部に造成中の溜め池の壁面を調査したところ，深さ50〜100 cmのところに黒褐色の埋没A層，100 cm以深に赤色土壌(t)が認められた。地表面から50 cm深までの土層，およびその下位の埋没A層や赤色土壌の内部には，地表流などによって周囲の上部斜面から運搬された土壌物質が少しずつ累積することによって形成される，筋状ないし縞状(葉片状)の構造(lamina)が全く認められなかった。そのため，それらの土壌物質は降雨のたびに発生する地表流によって周囲の斜面から少しずつ浸食運搬され堆積したものではなく，ある程度の時間的間隔をおいて発生した大規模な地すべり的斜面崩壊などによる崩積性堆積物と推定された。その100 cm以深の赤色土壌(t)(表13-20，21，22)は5YR4/4の土色を呈するなど，同弄西側斜面上部〜鞍部に分布する弄石No. 1および2土壌と同じような土色であり，土性や塩基状態も類似していた。

第13章　七百弄郷の地質・地形と樹林地土壌および生態環境の修復　279

表13-20　底部およびその他の土壌の採取地および土色等

土壌	採取地	土色等
p	弄力弄西側斜面下部農耕地土壌(15 cm深)	10YR3/3
q	弄力弄東側斜面下部農耕地土壌(15 cm深)	10YR4/3
r	弄力弄東側斜面中腹農耕地土壌(15 cm深)	10YR4/3.5
s	弄力弄東側斜面上部農耕地土壌(15 cm深)	10YR4/3
t	弄石弄底部に造成中の溜め池の壁土(150～170 cm)	5YR4/4
u	坡坦屯弄祥弄底部の農耕地土壌	10YR3/3
v	坡坦弄底部の農耕地土壌	傾斜25～30度
w	坡坦弄底部の農耕地土壌	10YR4.5/6

表13-21　底部およびその他の土壌の化学的性質

土壌番号	pH (H$_2$O)	全Ca (%)	全Mg (%)	Ca^{2+}	Mg^{2+}	Na$^+$	K$^+$	総量	CEC	BS (%)	OC (%)	全N (%)
p	7.4	0.64	0.63	22.8	4.06	0.04	0.16	27.1	27.1	100	3.9	0.28
q	7.2	0.27	0.59	12.2	2.82	0.04	0.17	15.2	21.1	72	1.7	0.14
r	7.6	1.24	0.80	25.5	6.10	0.04	0.20	31.9	31.9	100	3.9	0.28
s	7.5	0.52	0.35	16.5	2.95	0.06	0.21	19.7	19.7	100	2.7	0.19
t	7.7	0.31	0.52	15.8	1.57	0.04	0.16	17.5	30.9	57	0.9	0.09
u	7.1	0.53	0.49	23.5	0.91	0.04	0.23	24.7	24.7	100	2.8	0.20
v	7.6	0.53	0.58	66.7	0.57	0.06	0.20	67.6	67.6	100	7.3	0.53
w	7.8	1.07	0.58	32.8	0.75	0.04	0.43	34.0	34.0	100	2.4	0.20

交換性(cmol(+)/kg)

CEC：陽イオン交換容量(Cation Exchange Capacity)，BS：塩基飽和度(Base Saturation)
OC：有機炭素(Organic Carbon)

表13-22　底部およびその他の土壌の粒径組成

土壌番号	>2.0 mm	2.0～0.2	0.2～0.02	0.02～0.002	0.002>	土性 (国際法)
p	0	7.0	18.2	36.4	38.4	軽埴土
q	2.7	5.2	13.9	44.2	36.7	軽埴土
r	16.5	4.8	10.0	33.1	52.2	重埴土
s	21.9	11.3	16.6	48.0	24.1	微砂質埴壌土
t	0	2.1	25.9	21.3	50.7	重埴土
u	0	5.7	18.2	40.5	35.5	軽埴土
v	34.9	6.6	18.7	31.4	43.3	軽埴土
w	20.4	5.9	8.4	21.6	64.1	重埴土

粒径組成(%)

また，古老の話として，1960年代に同弄西側斜面が大崩壊を起こし，優良な農耕地が大規模に失われたとのことなどからも，それらの土壌物質は斜面の大規模崩壊による崩積性堆積物であることが裏づけられる。

坡坦弄の底部農耕地の土壌(v, w)は土性や交換性塩基総量および陽イオン交換容量などから石灰岩由来と考えられるが，坡坦屯弄祥弄底部の農耕地の土壌(u)は土性や交換性塩基総量および陽イオン交換容量などから炭酸塩岩と微砂質砕屑岩の風化混合物を母材としたものと考えられる(表13-20, 21, 22)。

坡坦屯はほとんど石灰岩からなるが，前述のように，同屯弄祥弄北西側の鞍部の土壌も微砂質砕屑岩を母材とすると考えられることから，弄祥弄には小規模ながら微砂質砕屑岩が挟在していることが推定された。

(6) 樹林地土壌の衰退・劣化の現状

調査地である4つの屯はかつては全面的に樹林に覆われていたといわれているが，現在では前述のように弄を形成するすり鉢状の急斜面の中腹あたりから底部までは，比較的土層が厚く年間を通した水分状況が比較的良好なためほとんど農耕地その他として開発利用されている。樹林地として残されているところは，そのほかの岩峰頂部，尾根，鞍部，急斜面上部・中腹，および崖錐等の，大なり小なり農業に適さない何らかの地形的あるいは土壌的要因を内蔵しているところである。それらは，数十センチメートル大の角礫が累積する岩礫地，主として数センチメートル大の岩石の破片などからなる岩屑土，地表に露出する多数の炭酸塩岩の間を充填する埋積土(浅〜深)，および急斜面上の匍行〜再積成土壌などである。

岩峰頂部や尾根筋の岩礫地，および斜面上部の岩屑土では貧弱な低林，尾根筋や急斜面の土層の浅い埋積土では低林や中林，土層の深い埋積土では中林や高林，急斜面上の匍行〜再積成土壌においては低林，中林および高林，そして斜面下部の水分状況の良好な岩屑土では中林や高林が分布していた。

この調査地の樹林は，岩峰頂部から斜面下部の崖錐に至るまでほとんどすべてが2次林であり，過去に何回か樹木や枝葉の伐採収穫が行われたところが多い。一部に見られる高林は，建築用材採取用であるか，あるいは，森林を伐採すると斜面崩壊を起こし居住地などを直撃する恐れがあるなどの理由で，比較的長期間伐採されていないところである。

しかし，それらの樹林地の林床の有機物層は，一部の尾根などでは厚く堆積しているところも見られるが，ほとんどのところでは落葉落枝が薄く粗に堆積している程度であり，ところによっては有機物層が全く消失して裸地化し，地衣類や蘚苔類が地表を被覆していた。これは，相次ぐ樹木や枝葉の伐採収穫，落葉落枝の採取，および林内放牧による林床植生の摂食などの樹林地バイオマスの過剰利用や，林内放牧などの踏圧により土壌表面が平滑となり新鮮落葉などが地表流で流失したことなどがその主な原因と考えられる。そのような有機物層の発達が貧弱なところでは，土壌へ還元される腐植(humus)量が減少するため，それらをエネルギー源とする土壌動物や微生物の種数や生息数が減少するなど生物活性度が低下し，ひいては可給態養分の供給量の減少や表層土壌の孔隙構造の退化など理化学的性質の劣化が進行する。また，林内放牧による家畜の踏圧も，土壌表層の孔隙構造を破壊するなど土壌の理学的性質の劣化をもたらす要因のひとつである。

　土壌の孔隙構造が退化すると，土壌呼吸能や降雨の土壌への浸透能や貯溜能が低下し，土壌内の植物根を含む生物の生息環境が悪化するため，植物の成長低下や湧水の減少・涸渇が惹起される[1]。調査地内に分布する一部の高林を除く樹林が概して貧弱で樹勢が旺盛でないことや，多くの弄内の湧水の減少や涸渇などの発現は，その事実を如実に物語っている。

　また，弄石屯や坡坦屯などでは，かつて樹林地から農耕地用に開墾されたところが一部放棄され，草地化しているのが散見された。放棄された農耕地はいずれも居住地から離れたところに位置するなど，それらの屯での出稼ぎの急増による労働力不足と密接な関連を有すると考えられるが，現在も使用されている農耕地と放棄された農耕地が近接している場合も多いことから，放棄の決定に際しては，収量問題も大きな比重を占めていたものと思われる。

　近接する使用中の農耕地と放棄された農耕地の土壌を比較検討したところ，両土壌とも化学的性質には大きな違いは認められなかったが，後者の次表層以下の土層が概して堅密であるなど，理学的性質は後者の方が劣っていた。また，立地条件的には，前者は平衡斜面か微凹形斜面などに位置しているのに対して，後者は前者より斜面のより上位かあるいは微凸形斜面に位置するなど，後者の方がより水湿状態の劣る立地条件のところに位置していた。

したがって，放棄された農耕地においては，作物の栽培期間を通した水湿状態がほかの農耕地より不良なため収量が低く，折からの労働力不足とも相俟って放棄されるに至ったと考えられる。

4. 生態環境の修復

4-1. 樹林および樹林地土壌の管理

　調査地においては，前述のように弄内での入植以来の木材，燃料材，および堆肥材料の採取，1950年代末の大躍進時代に行われた製鉄用燃料材のための大量の樹林伐採，また，屯によっては山羊などの林内放牧による林床植生の摂食などの過剰収奪により，土壌の各種性質，特に理学的性質の劣化が進行し，長期間伐採の手が入っていない一部の尾根，急斜地，崖錐などの高林を除き，調査地内の樹林地生態系は概して疲弊している。そのため，健全な樹林が存在することで発揮される各種公益的機能の低下が憂慮されるに至っている。

　一般に樹林バイオマスの利用は，その成長量の範囲内に抑えることが大前提である。したがって，劣化した樹林地生態系を復元する最善の方法は，まず樹林バイオマスの利用圧を下げることである。

　樹林地生態系においては，落葉落枝などの有機物の土壌への還元，土壌動物や微生物の有機物分解による可給態養分の供給，養分吸収による植物の成長，植物の成長に伴う落葉落枝の土壌への還元という一連のプロセスが常時滞りなく行われていなければならない。そのためには，人工林にしろ自然林にしろ樹林の過剰な伐採利用を避けるとともに，土壌保全の立場からは，地面を露出させないよう落葉落枝の採取や林内放牧による林床植生の摂食や攪乱を最小限に抑え，新鮮落葉などからなる落葉層(L層)を主体とし，砕屑状の腐朽層(F層)などがその下位にわずかに発達し，その下位の腐植層(H層)はほとんど認められないような有機物層で地表が常に被覆されているような樹林管理を行っていくことが肝要である。

　しかし，一部の尾根部などのように有機物層が厚く発達しすぎて各種有機酸が生成されるに至りポドゾル化作用の発現が危惧されるようなところでは，逆

に落葉落枝の採取などにより有機物層のある程度以上の発達を阻止することも必要である。要は落葉落枝に由来する適度な厚さの有機物層によって地表が常に被覆されていることが肝要であり，裸地にならず，かといって有機物層が厚く発達しすぎないような管理を行わなければならない。

いずれにしても，岩峰頂部，尾根部，鞍部，斜面上部，凸形斜面などの岩礫地，岩屑土，および浅い埋積土では土壌が乾燥する傾向が強いなど，不良な水分環境が植物の生育にとって大きな制限因子となっている。そのようなところでは，森林バイオマスの過剰利用によるダメージが特に大きいので樹林を厳重に保護するなど，現存樹林の温存を最優先にすることが大切である。また，樹林の劣化が著しく進んだところはそのまま放置せずに，そのような立地条件に適応する樹種による補正植栽を行うなど，積極的な樹林管理も必要である。

弄内の急斜面や崖錐などの下部においては，年間を通した水湿状態が比較的良好であるので，たとえわずかな面積でも，人工林仕立てによる木材生産や果樹林としての利用が可能であろう。そのほか，農耕地や住宅地の周辺における有用樹の単木的生産，あるいは農耕放棄地での有用樹の新規造林なども，優良な土壌の少ない石灰岩山岳地域における土壌資源の有効利用に資すると思われる。

また，畜産は現地住民の現金収入の手段として極めて重要な産業であるが，林内放牧は劣化している樹林地土壌の理化学的性質をさらに悪化させる恐れが大きい。野放図な放牧を厳に慎み，放牧草地の周囲に牧柵を設けるとか，厩舎飼いを併用するなど，樹林保全的，ひいては生態環境保全的な畜産法を早急に導入する必要がある。

4-2. 土壌浸食の防止

土壌は，通常その最も肥沃な表層部を水食あるいは風食などの外因的な作用により失いやすいという，致命的な欠陥を根源的に持っている。そのため樹林地土壌において，落葉落枝やその腐朽物などからなる有機物層によってその表面が常時被覆されていることは，環境保全的な面のみならず土壌肥沃度的な面からも極めて重要な意味を持っている。

前述のように，岩峰，尾根，鞍部，斜面上部，急斜面では，概して土壌条件

に恵まれておらず、また、短期間での萌芽更新の繰り返し、落葉落枝の採取、および林内放牧による林床植生の摂食などの各種収奪により、土壌を保護しその機能の維持・増進効果の大きい有機物層の発達が不充分で、土壌表層の相当の部分が露出している。そのため、表層土壌の孔隙構造が退化し降雨水の浸透能が低下しているため、強い降雨時には降雨水の相当部分が地中に浸透できないで斜面を流去する。しかし、調査地内での面状浸食、雨溝（リル）浸食、および地隙（ガリ）浸食などの現象は局所的かつ微弱であり、降雨時に発生する表面流去水には濁りがほとんど認められない。現在のところ降雨時の地表流による土壌の浸食は、緩斜面のみならず急斜面においてもそれほど顕著ではなく、樹林地の斜面土壌は全般的に小康状態を保っている。

これは、露出しているところでは、孔隙構造の退化により表層土壌が締まった状態となるため、埴質な土性とも相俟って地表面が比較的平滑となり、しかも露出している土壌表面のほとんどが地衣類や蘚苔類に被覆されていること、また、本調査地のようにカルシウム類に富む土壌では、その膠結作用により土壌粒子の分散が抑制されることなどが、その主な要因と考えられる。

しかし、樹林地が残存している斜面中腹以上の土壌は、浸食に対して最も要注意であることに変わりはない。土壌浸食をできるだけ防ぎ、水源涵養機能を高度に発揮するためにも、前述のように、地表が常に適度に発達した有機物層で覆われ、土壌が流亡しないよう保護されているような樹林管理を心がける必要がある。

4-3. 水源涵養機能の回復

樹林が健全な状態に保たれ、落葉落枝に由来する有機物層によって表面が適度に覆われている土壌では、有機物層から土壌表層にかけて生息する無数の土壌動物や微生物の活性度が高く、一般に表層土壌の孔隙構造がよく発達している。そのため、土壌の表面は凹凸に富み多孔質になっているなど、降雨水が浸透しやすい状態になっている。しかも構造が発達した土壌では総孔隙量が大きく、かつ孔隙のサイズが大から小まで多様であるので、粗孔隙を通って土壌内部に浸透した水はいろいろと異なる大きさの負圧で細孔隙内に保持・貯溜される。また、一部下層まで浸透した水は基岩層内に侵入し、その空隙や孔隙の中

に同様に保持・貯溜される。そして，それらは必要に応じて植物の成長に消費されたり，適宜，地下水を涵養し，斜面下部などから湧水として流出する。

　しかし，調査地の4つの屯では前述のように概して樹林が衰退・劣化しており，有機物層による土壌表面の被覆が充分でなく，一部は裸地化しており，土壌動物や微生物の活性度が低く，孔隙構造の発達は全体的に不良である。そのため土壌表層が比較的締まっていて表面の凹凸が少なく多孔質でないなど，概して降雨水の浸透が容易でなく，しかも急傾斜地に位置していることとも相俟って，多くの降雨水は表面流去水として流亡しやすい状態となっている。これは，調査地に一時的に強い降雨があると，ふだん全く水の流れがないところに川ができ，斜面中腹を横切る道路の切取面などに突然いくつもの滝が出現することとも符合する。

　また，概して粘土含量が極めて高く埴質であり土壌の孔隙構造の発達が不良であるので，土壌中に浸透した降雨水は微細な土性孔隙（1次粒子の孔隙）に取り込まれ，極めて大きい負圧で保持される。そのためそれらの水は植物根が吸収・利用できないばかりでなく，可動性が低いため下位の基岩層への浸透能が低く，さらに，下位の石灰岩や苦灰岩などの基岩は一般に未風化で新鮮な状態のものが多いことから，浸透してきた水を貯溜する空隙や孔隙に極めて乏しいのが普通である。

　このように，調査地の土壌と基岩層は総体的に水源涵養機能が非常に低い状態にある。そのうち基岩層の水源涵養機能の増大，すなわち基岩層の水の浸透能と貯溜能の改良は人工的には不可能に近いが，土壌に関するそれらの改良は決して不可能ではない。

　そのためには，樹林をできるだけ早く元の健全な状態に戻し，適度な有機物層の発達を促し，土壌生物の活性度を高め，孔隙構造を発達させ，降雨水の土層内への浸透能やその貯溜能を高めることである。これは，同地域の樹林の過剰利用による衰退・劣化と歩調をあわせて湧水が減少したり涸渇したことからも明らかである。

　以上のように，同地域の水源涵養機能の向上を図るためには，樹林の過剰利用，すなわち，過剰な立木や枝葉の収穫の繰り返しや，落葉落枝の採取，林内放牧による林床植生の摂食などの樹林地生態系を疲弊させる行為をできるだけ

慎み，樹林の健全な状態への回復を促し，土壌表面への落葉落枝の持続的供給により，土壌の理化学的性質を回復することが肝要である。

5. おわりに

　中国南方石灰岩山岳地域において，劣化した生態環境の修復と持続的な生物生産を進めるために必要な樹林地土壌の改良や管理方法を策定するため，樹林地土壌の各種性質，およびそれらと各種立地環境要因との相互関係などについて調査した。

　七百弄郷の樹林地および草地の土壌は，石灰岩や苦灰岩などの炭酸塩岩や一部微砂質砕屑岩を母材とする土壌である。土性的には微砂質砕屑岩などを母材とする埴壌土が最も生産力が高いとされているが，同地域に広く分布する炭酸塩岩を母材とする土壌はいずれも埴質で，粗孔隙が極めて少なく細孔隙の占める割合が高いため，ほとんどの土壌水分は強い負圧で細孔隙内に保持されており，保水能が大きい割に植物に利用可能な水分量は少なく，また，下位層への土壌水の浸透能も小さい[18]。さらに，基岩である炭酸塩岩は微砂質砕屑岩などとは異なり未風化状態のものが多く，空隙や孔隙が少ないため水分浸透能や貯溜能が極めて小さいと考えられるなど，炭酸塩岩地域の土壌や基岩層の水源涵養機能は基本的に小さいのが特徴である。

　その上，長年の樹林バイオマスの過剰利用により土壌へ還元される落葉落枝などが減少したため有機物層が退化し，土壌動物や微生物の活性度が低下した。そのため土壌構造ひいては土壌生態系の劣化が進行し，降雨水の土壌への浸透能や貯溜能が低下するなど，水源涵養機能のさらなる低下が引き起こされた。その結果，年間を通した樹林地や草地の土壌の乾燥化が進行し，植物の蒸発散量の低下に伴う成長量の低下やひいては同地域における気候緩和機能も低下し，寡雨期には弄内斜面や底部における湧水が減少あるいは涸渇するなど，同地域の生態環境の悪化が進行した。

　このように，七百弄郷の樹林や草本類の生存基盤である土壌は孔隙構造の発達が不良で全体的に締まっているなど概して理学性が不良であるところから，植物生産・気候緩和・水土保全などの公益的機能を向上させるために，現存す

る植生を温存するとともに補正植栽などにより落葉落枝などの有機物の土壌への持続的な供給を回復し，よって有機物層の健全な発達を図ることが先決問題である。その結果，土壌中に生息する土壌動物や微生物などの生物活動が活性化し，土壌の理化学的性質が向上し，ひいては土壌生態系が回復する。

　以上のような生態的な自然の力により生態環境を修復するには相当な労力と年月を必要とする。しかし，樹林地の各種公益的機能を高めるとともに，生物多様性を高め遺伝子資源の保全を図りつつ持続的生物生産を進めるためには，それは絶対に避けて通れない道であることが広く認識される必要がある。

引用・参考文献

[1]　Bal, L. (1969): *Micromorphological Analysis of Soils*, Krips Repro Meppel, Wageningen.
[2]　Buol, S. W. (1973): *Soil Genesis and Classification*, Iowa State Univ. Press.
[3]　地団研地学事典編集委員会(1975)：『地学事典』平凡社。
[4]　Chinese Academy of Geological Sciences (1988): *Karst and Geologic Structure in Guilin*, Chongqing Publishing House, China.
[5]　土壌調査法編集委員会編(1978)：『土壌調査法』博友社。
[6]　Huang, J. et al. (1988): *Study on Karst Water Resources Evaluation in Guilin and its Methodology*, Zhongqing Publishing House, China.
[7]　舟橋三男監修(1976)：『岩石』東海大学出版会。
[8]　船引眞吾(1953)：『土壌実験法』養賢堂, pp. 189-192。
[9]　小出博(1953)：『応用地質(1)　岩石の風化と森林の立地』古今書院。
[10]　康彦仁ほか(1990)：『中国南方岩溶壊陥』広西科学技術出版社。
[11]　広西南部林地土壌および適性樹種編集委員会(1995)：『広西南部林地土壌および適性樹種』中国林業出版社, p. 202。
[12]　新島渓子・八木久義訳監修(1992)：『土壌動物による土壌の熟成』博友社。
[13]　沼田真編(1974)：『生態学辞典』築地書館。
[14]　ペドロジスト懇談会編(1990)：『土壌調査ハンドブック』博友社。
[15]　森林土壌研究会編(1982)：『森林土壌の調べ方とその性質』林野弘済会。
[16]　朱学穏(1988)：『桂林岩溶』上海科学技術出版社。
[17]　漆原和子(1996)：「カルスト地域の形成」漆原和子編著『カルスト――その環境と人びとのかかわり』大明堂, pp. 87-98。
[18]　八木久義(1994)：『熱帯の土壌』国際緑化推進センター。
[19]　山家冨美子・八木久義(1983)：「越後平野周辺丘陵地帯の主要な森林土壌の特性と生成（I）　一般化学性および遊離酸化鉄」『林試研報』vol. 324, pp. 125-139。

[20] Zhu, Y. et al. (1992): *The Systematic Method on Karst Ground Water and its Application*, Guangxi Science and Technology Publishing House, China.

第 14 章　人為攪乱がもたらすカルスト地域生態系植生景観の変容と再構築

大久保達弘・西尾孝佳

1. 石漠化と農林業生産基盤環境の劣化

　中国西南部のカルスト山地の弄(ロン)と呼ばれる盆地での住民の生活状況がいかに困難なものか，日本に住む私たちにとって想像することは容易ではない。なぜなら日本ではこのような石灰岩カルスト山地のすり鉢状ドリーネ地形を形成する炭酸塩岩地域は国土の 0.44% しかなく[26]，住民も少なく環境問題も特に顕在化していないからである。一方，中国ではコラム(292頁)で述べるように，石漠化は生活基盤および農林業生産基盤環境の劣化問題として重要視され始めている(図 14-1)。

2. カルスト山地の地表形態の特徴

　世界の地表面の炭酸塩岩分布面積は陸地の 12% と推定され，中国での面積は 206 万 km^2(地表化埋没部分を含めると 346.3 万 km^2)に達する[26]。熱帯地域の降雨強度，蒸発散量は大きく，このような地域ではカルストの溶食は促進される。中国西南部のカルスト地形は熱帯カルストに属し，広西壮族自治区，貴州省，雲南省に広くまたがる。この地形は岩溶地貌(Peak-forest karst)と呼ばれ，形成段階の違いにより峰林型(Peak-forest plain)と峰叢型(Peak-cluster depression)に分類される[31](図 14-2，右)。

　峰林型は本調査地と同じ広西壮族自治区のカルスト景勝地桂林などに代表されるカルスト地形で，浸食で開析したカルスト凹地または平地が連続した地形と平地と直立した独立の岩峰(独立丘，タワーカルスト)の組み合わせからなり，

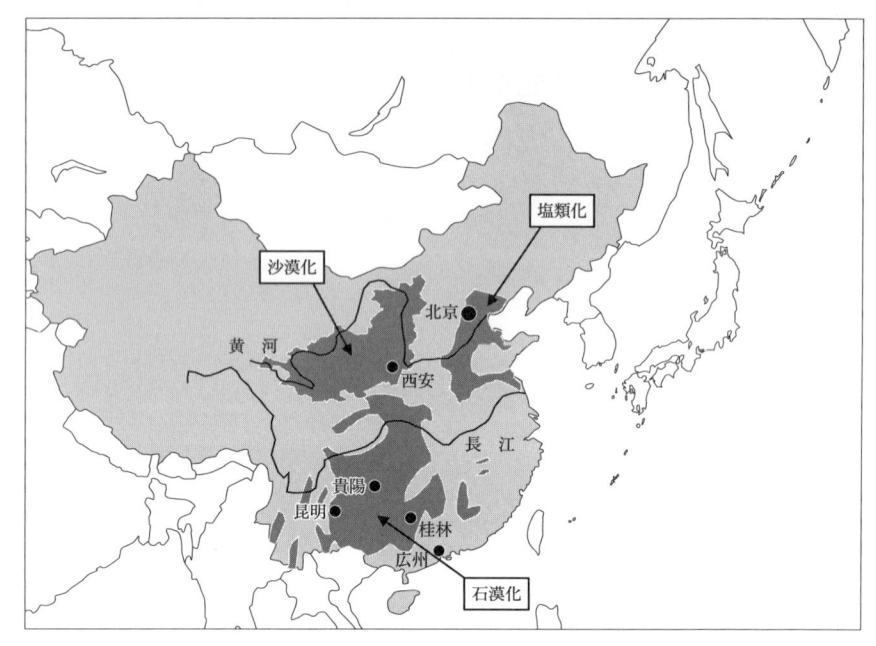

図14-1 中国における農林業生産基盤環境の問題地域

面積的に岩峰よりも平地が優占している。平地では桂林の漓江のような河川が岩峰の間を流れる場合もある。一方，峰叢型は，浸食の進んでいないカルスト地形で，岩峰(円錐カルスト)が密に組み合わさり，その間に周囲を斜面で囲まれ閉鎖した狭い凹地(コックピットまたは凹地の底が少し平坦になったドリーネで，中国では弄と呼ぶ)が存在する地形で，平地よりも岩峰が優占する。ここでは河川が存在することは少ない。本調査地である広西壮族自治区大化県七百弄郷はこの峰叢型のカルスト地形に相当する。峰林型と峰叢型の成因の違いについては，①高温多湿な古気候によること，②地殻変動，特に隆起が溶食の進行を助けたこと，③溶けやすい岩質の分布があること，また④それらの複合要因等が考えられている[26]。

峰林型と峰叢型のカルスト地形の地理的分布を，広西壮族自治区全域のマクロスケールで見てみると[33]，同自治区の北西部では峰叢型が占めており，本調査地の大化県七百弄郷はこの中に位置する(図14-2，左)。この型のカルス

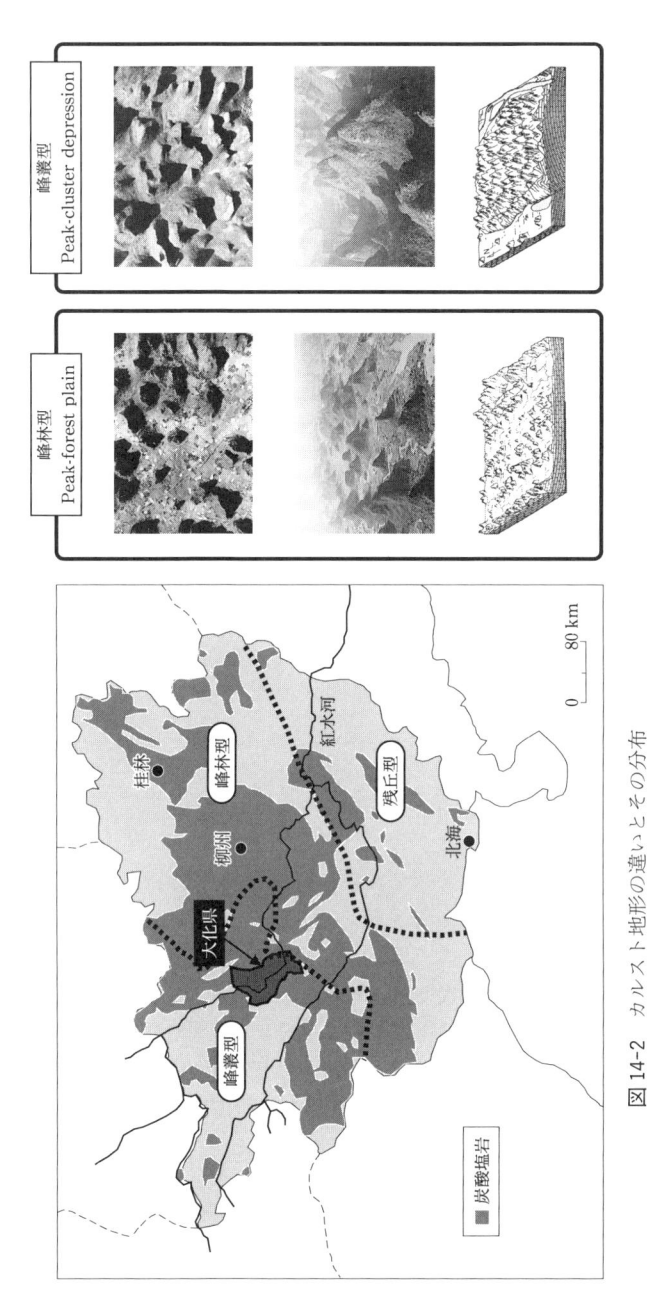

図 14-2　カルスト地形の違いとその分布
図左：広西壮族自治区の炭酸塩岩の分布とカルスト地形の地表形態タイプ (Wu [33] を加筆修正)
図右：カルスト地形の地表形態タイプ (Institute of Karst Geology [15] を加筆修正)

ト地形は広西壮族自治区の北に位置する貴州省へも広がっており，その地域における農林業生産基盤の劣化と少数民族住民の貧困状況は広西壮族自治区と同様に深刻である[28]。一方，同自治区の南西部から中部を通って北東部には帯状に峰林型カルスト地形が占めており，北東部にある前述の桂林はこの型の代表例である。同自治区の南東部には，峰叢型，峰林型のいずれにも属さない型，すなわち広大な平地が広がり峰林型のタワーカルストの残丘が点在するタイプ(残丘型)が分布している。このタイプの地形は農林業による土地利用には大き

中国の石漠化と農林業生産基盤環境の崩壊

　アジア地域は高い人口密度を有しているが，特に中国，インドのような巨大な人口を有する国では，農山村における人口密度も併せて高い特徴を持っている。特に山間部の条件不利地での人口増による人間活動の影響の増大は，周辺の自然生態系を含めた環境資源を食いつぶす形で地域生態系の劣化を進行させ，都市部における大気・水・土等の環境汚染問題と並んで今世紀において解決すべき危急の課題である。中国の農村各地では，近年，人間活動の拡大による環境負荷の増大によってもたらされた農林業生産基盤環境の崩壊，住民の貧困などの地域生態系の劣化にかかわる問題が顕著になってきている。中国国土は広大であるが農林業の基盤となる土地は決して広くなく，森林率も16％ほどしかない。北西部の黄土地帯では隣接する沙漠地帯からの影響で乾燥地が拡大し続けて農地は局限されてきている(沙漠化現象)。また黄河では上流での過剰な灌漑用水の摂取により，河口近くでは毎年のように断流が，下流域(黄准海大平原)では深刻な土壌の塩類集積が発生し，農業生産に大きな影響を与えている。本章で取り上げる中国西南部のカルスト山地の人間活動が地域生態系に及ぼす影響の深刻さは，これまで日本では前2者と比較して大きな問題として取り上げられることはなかった。中国での広大なカルスト地域(国土面積の21.5％)の過剰な土地利用により裸出カルスト化して生じる地域生態系の劣化現象は石漠化(Rock Desertification)(中国では沙漠化とあわせて荒漠化ともいう)と呼ばれており，前2者の環境保全課題と同様に，人間活動がもたらした地域生態系劣化の典型であり，特に本研究地のような山間条件不利地において地域環境を保全しつつ農林業等の人間活動を持続させる方策を探ることは「アジア地域の環境保全」にかかわる重要かつ緊急な課題として位置づけられる(図14-1参照)。　　　　　　　〈大久保達弘・西尾孝佳〉

な影響を及ぼさない。

3. カルスト山地の土地利用と植生景観

　このようなカルスト地形の山間地では石灰岩, 大理石, 苦灰岩(ドロマイト)などの炭酸塩岩は二酸化炭素を含んだ雨水や土壌水によって溶食を受けるため, 溶食によってできた地下の空隙は, 地表からの水の流出を容易にし, 地上の人間活動の影響が顕著に現れる[26]。カルスト地域の人間活動として, 漆原[26]は, ①鉱山, 石材としての利用, ②農林業による利用, ③都市化, 工場立地としての利用, ④軍事施設としての利用, ⑤観光資源としての利用を挙げている。この地域での住民による直接的影響としては, 農林業利用によるものが大きいと思われる。

　そこで広西壮族自治区内で峰林および峰叢両型カルスト地形が優占する場所において, 農林業による土地利用とその地域の植生分布が2つのカルスト地形タイプの違いによってどのように異なるかを現地での観察によって検討した。峰林型のカルスト地形の前述した桂林近くの広西壮族自治区桂林地区恭城瑤族自治県では, 部分的ながら河川が流れ, 農業用水は河川から供給されていた。そこではその水を利用した稲作栽培が行われ, 畑作, 果樹栽培も広く見られた。ここでの住民の生活は比較的恵まれているように見受けられた(1999年3月観察)(図14-3)。平地の中に点在する岩峰(タワーカルスト)上の森林は貧弱な低木2次林で覆われているところが多く, そのほとんどは放置されたままで, 封山育林政策などにより保護されているようだが, 住民が積極的に森林の再生に努めているところは少ない。これは岩峰の急傾斜地は農地としては平地に劣り積極的に利用・保全する必要がないためであると思われる。一方, 本調査地である同自治区大化県七百弄郷は峰叢型カルスト地形に分類される。この地形では平地が岩峰の間のわずかな凹地に限定されるため, 住民は急な斜面地を利用した効率の悪い農業生産を余儀なくされている。実際に斜面地では森林を切り開き, トウモロコシの栽培や, 草地として山羊の放牧に供される場合が多く, 森林は斜面上部のごくわずかな面積に薪炭林として残されている場所が非常に多い。

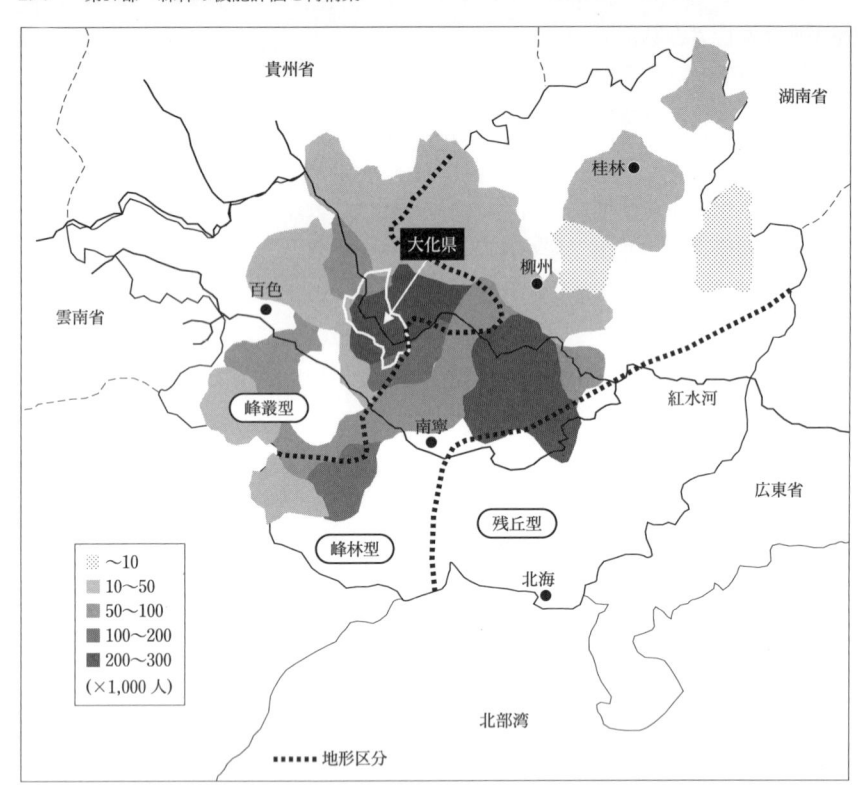

図14-3 広西壮族自治区における水不足人口の分布とカルスト地形の
地表形態タイプ(峰叢型，峰林型，残丘型)

出典）Wu[33]を加筆修正。

　峰叢型カルスト地形やほかのカルスト地形の特徴は，基岩の溶解によって地下水系網が発達しているが，地表水系が未発達なため，年間1500 mmほどの降水があるにもかかわらず渇水が多く，農業生産は困難を極めている点である。同自治区内でのカルスト地形型の分布と水利用の困難な状況にある人口分布との対応関係を地図上でオーバーレイさせたところ，自治区全体では峰叢型カルスト地形が優占する地域ほど水利用の困難な人口割合は多くなっていた(図14-3)。以上のことから，カルスト地域，特に本調査地のような峰叢型カルスト地形での地形的条件が土地利用，水などの生活基盤・農業生産基盤の維持を

大きく制限しているものと考えられる。

4. カルスト地域生態系の攪乱とその要因

　峰叢型カルスト地形において，その地域住民は各弄に小さな集落を形成して単独もしくは複数の弄，行政単位でいう屯，を生活の場として半自給自足的な生活を営んでいる。すなわち，住民の生活に不可欠な水，エネルギー，食料などの物質の動きは主にこの屯を単位としてまかなわれている。このような生態系をカルスト地域生態系とここでは呼ぶことにする。

　カルスト地域生態系の面積スケールは後述するように数〜数十ヘクタール程度の範囲にある。その中の空間構成要素の特徴として，単独もしくは複数からなる弄と呼ばれるドリーネ盆地を持つことが大きな特徴である。弄内の斜面に広がる緑地空間は弄底部の耕地・居住地や斜面下部〜中腹の草地などを含んだ住民の生物生産に供される土地の生産緑地空間(農林畜牧業生産基盤)と，弄の耕地後背域にある斜面上部から岩峰上に至る森林域の環境保全基盤，燃料，水など生活基盤をまかなうための緑地で占められる自然緑地空間に区分される[19](図14-4)。

　ある地域生態系の構造と機能の応答は攪乱(Disturbance)に対する抵抗力(Resistance)と回復力(Resilience)の2つの指標によって概念的枠組みが可能である[27](図14-5)。抵抗力とは攪乱後に地域生態系の構造と機能が安定状態からどの程度低下(劣化)したかを示す量で示され，環境扶養力といいかえることができる。回復力とは攪乱後の地域生態系の機能と構造が攪乱前の状態に回復するまでに要した時間で表される。このように地域生態系の変動は時間軸(X)と地域生態系の構造・機能軸(Y)で表現される2次元空間中で位置づけが可能である。すなわち，攪乱に対する抵抗力は低いが，回復力が高い場合，または攪乱に対する回復力は低いが，抵抗力が高い場合，これらの地域生態系ではその構造・機能は崩壊に至らない増減幅の範囲内で変動する。しかしながら，抵抗力，回復力ともに低い場合は地域生態系の増減幅の範囲内に収まらず，崩壊まで進んでしまう。地域生態系の構造・機能の時間的変化は，攪乱体制を介した抵抗力と回復力によってその脆弱性が評価され，将来の予測およびそれに基

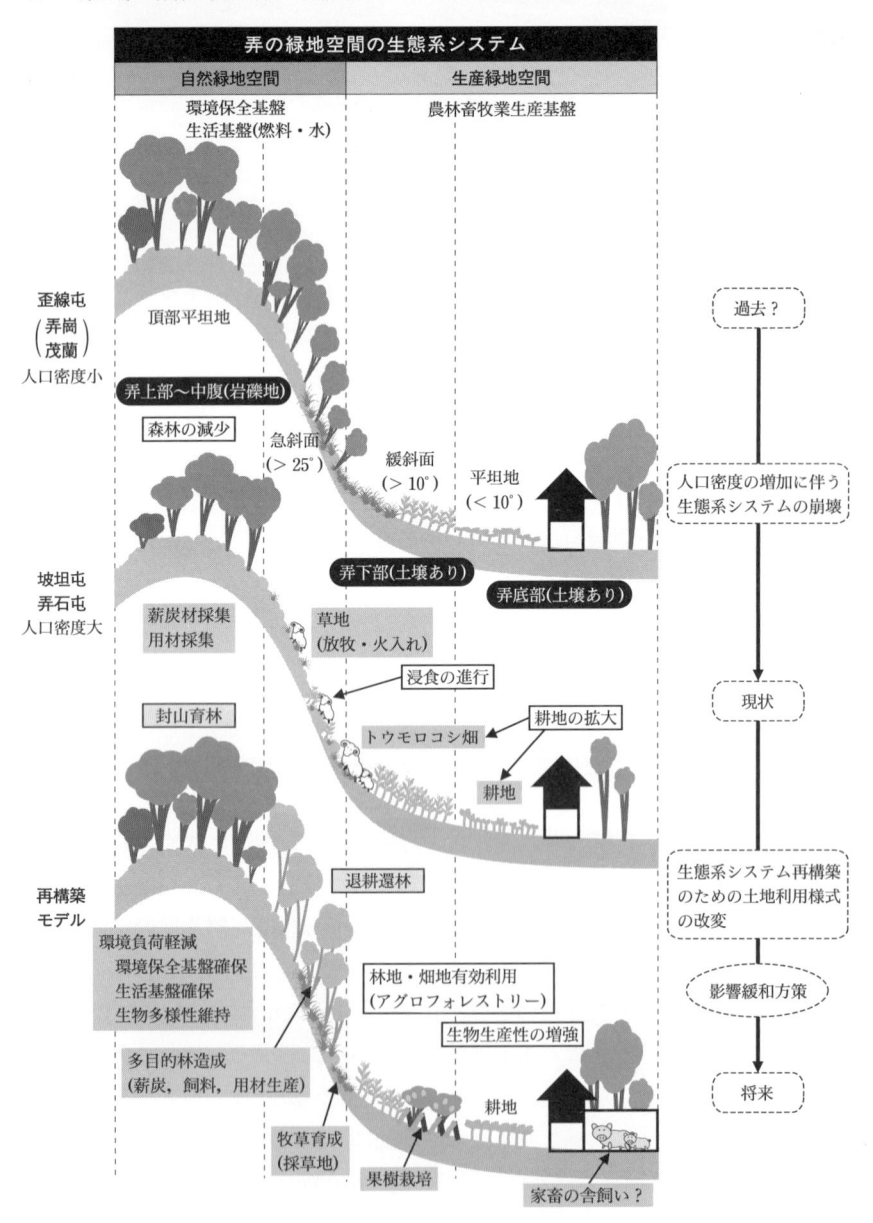

図 14-4　カルスト地域生態系の緑地空間構造の変遷と将来像の模式図
図上：過去（歪線屯），図中：現在（坡坦屯，弄石屯），図下：将来

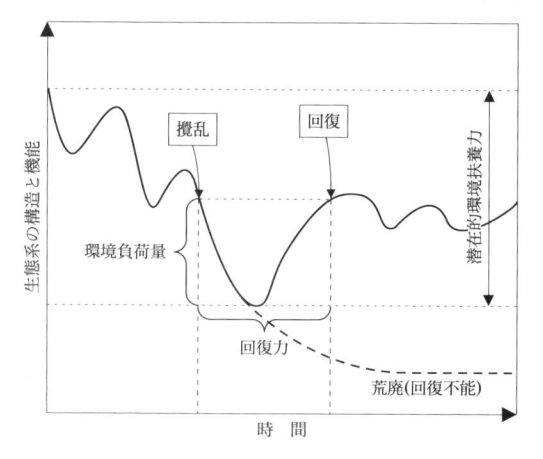

第14章　人為攪乱がもたらすカルスト地域生態系植生景観の変容と再構築　　297

図 14-5　地域生態系の攪乱と応答の模式図
出典）Vogt ほか[27]を加筆修正。

づいた修復の基本的方向づけが可能になる。

　このカルスト地域生態系の攪乱は，自然攪乱として6〜7月の雨期の大雨，冬季の霜害などがあるが，最も重要な攪乱は人為攪乱で，具体的に刈り取り，放牧，伐採，火入れなどであり，それぞれの攪乱強度と空間的規模は大きく異なっている。本研究調査地のような峰叢型カルスト地形ではその地形的制約によって弄を単位とする地域生態系での生産緑地空間は面積的に限定される。そこで人口増加に伴って生物生産活動(農林牧畜業)を拡大したことにより，弄の斜面の緑地空間では生産緑地から自然緑地への環境負荷が増大し，ひいては地域生態系の劣化，すなわち石漠化の進行と農林業生産基盤の劣化が生じたのではないか，という仮説を立てた。

　弄の自然緑地である斜面上部の森林・草地への人為攪乱(農林牧畜業)が弄のカルスト地域生態系に及ぼす影響と劣化した状態から地域生態系が果たして回復可能かどうかを評価するために，弄斜面の植生構造と立地環境(土壌など[30])をその地域生態系の劣化・回復程度の指標として取り上げた。人為攪乱による地域生態系への環境負荷とそれに対する応答は，その地域の土地利用様式のような景観レベルのマクロなスケールから，地域生態系の個々の空間構成要素である森林，草地のようなメソスケールならびにミクロスケールの群落レ

ベルの空間まで，様々なスケール間での評価を通して理解される．本章においても同様に地域全体の植生景観と植物群落の2つの異なる空間スケールでこのカルスト地域生態系を評価する．

次に，具体的に本調査地域で過去に生じた森林減少とその攪乱関連要因を整理してみる．調査地の七百弄郷は，総面積 304 km^2（東京の山手線内側の面積の約 4.3 倍）で，その中に 3570 個の岩峰（最高地点 1112.3 m）が 1124 個の弄を囲んでおり，岩峰と弄の底部の標高差は最大 400〜500 m に達する．現在そのうち 324 個の弄に人が住んでおり，弄当たりの平均人口は 51 人である．調査地のある大化県全体および七百弄郷の森林被覆率と人口の時間推移[3]を図 14-6 に示した．本調査地では，過去半世紀にわたって森林面積は大きく減少した (30%(1950年) → 5%(1995年))．七百弄郷では，その間大化県全体での森林減少率を大きく上回る森林減少が生じた (60%(1950年) → 16%(1995年))．七百弄郷における森林への攪乱要因として，①1958〜60年にわたる大躍進運動の「大煉製鉄」による過度の森林伐採（調査地のひとつの弄石屯に隣接する弄魯屯では当時の窯跡が今も残されている），②人口増加に伴う燃材消費の増加 (7300人(1960年) → 2万1500人(1985年))，③1970年の七百弄郷を東西に

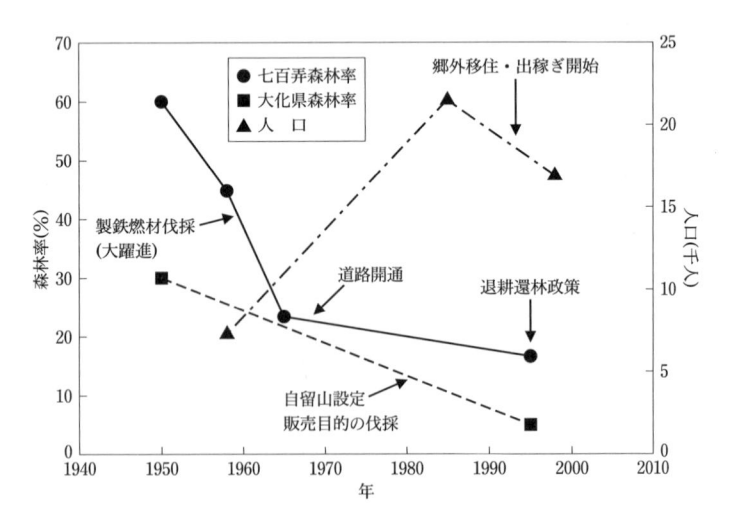

図14-6 調査地の七百弄郷の過去半世紀にわたる森林被覆率，人口の変化とその要因（矢印）

横断し，郷外へ通ずる自動車道路の開通とそれに伴う販売目的のための立木伐採量の増加，④1980年の農民への農地・林地の分配に伴う生産責任制度の導入，自留山の設定，それに伴う販売目的の立木伐採量の増加，などが考えられる(詳細は石井ほか[16]，鄭ほか[36])．近年では，郷外への移住や出稼ぎに伴う人口減少(2万1500人(1985年)→1万6900人(1998年))や1998年から始まった政府主導による退耕還林政策・封山育林政策によって，森林へのインパクトは以前より減少したものと考えられる．

5. 攪乱が地域生態系の植生景観，植物群落のバイオマス量に及ぼす影響

5-1. 目的，調査地および方法

5節と6節では調査地の地域生態系の植生のうち最もバイオマス量が多いと考えられる森林面積やそのバイオマス量の減少を劣化尺度とし，森林面積の異なる複数の屯を対象に，この地域生態系の弄斜面の植生による生態系の評価を行った．主に植生景観，植物群落のバイオマス量，種組成，遷移系列に及ぼす影響について述べる．

現地調査は，広西壮族自治区大化県七百弄郷内の歪線屯，弄石屯，弄力屯，坡坦屯の計4ヶ所の屯で行った．調査地4ヶ所の選定にあたっては，七百弄郷政府への聞き取り，予備的踏査(1995～96年)に基づいて屯内部の森林の植生被覆率の多少を考慮して決定した．地域生態系の土地利用および植生の空間分布に関する調査は，1998～2002年までの調査地4ヶ所の屯の踏査によって，スケッチや地形図上への図化，その後2001年11月13日に撮影された高解像度衛星(イコノス)画像の解析[32]，現地調査による図化の結果とあわせて土地利用区分と植生分布を最終確定した．各屯の植生構造に対する人間活動の影響を評価するために，各調査屯を広く踏査し，土地利用現況図に表れる斜面地植生のうち森林および草地について植物群落構造調査を行った(森林19ヶ所，草地105ヶ所)．特に草地を含めた植生遷移に関する結果は6節で扱う．森林群落は斜面上に斜距離10 m×10 mの方形区を設置し，その中の胸高直径(測定

木山側の地上高 1.3 m 位置での直径) 1 cm 以上の立木にナンバーテープで個体識別し, スチール製巻尺で周囲長(cm)を測定し, 胸高直径(cm)に換算した。測定後は立木の測定部位をマーキングした。また立木ごとに樹高を 10 m 測高竿によって測定し, 樹高 10 m 以上の立木については目測で行った。また林床植生について植物種名, 被度を調査した。森林群落の地上部現存量の推定は, 広西壮族自治区に隣接する貴州省の茂蘭カルスト自然保護区において作成された, 地上部バイオマス現存量を推定するための相対成長式[37]を用いた。

$$W=0.0755(D^2H)^{0.8941}$$

ただし, W：地上部生物量(kg), D：胸高直径(cm), H：樹高(m)。

草地群落および低木群落については, 1 m×1 m 程度の方形区を設定し, 植物種名, 被度を測定し, 地上部を刈り取り, その場でコンパクトスケール (OHAUS 社製, CS-2000)により新鮮重を測定し地上部現存量を推定した。また, 種多様性の尺度としては, Shannon 関数の H′ を算出した。これは, 植物に限らず生物群集の多様性の測定に現在よく使われている測度であり, 適用範囲が大きいとされているものである。なお, H′ は $H'=\Sigma p_i \log_2 p_i$ で求められ, p_i は各種の相対優占度, ここでは「ここの種のパーセント被度/調査区内に出現した種のパーセント被度の合計値」とした。

植生調査と併行して, 地域住民に対する森林・植物利用に関する聞き取り調査を実施し, 植物体用途・利用部位などの情報を収集した。植物標本の同定は広西林業科学院に依頼した。

5-2. 植生景観への影響

前記 4 ヶ所の調査対象の屯と周辺域を含めた地形, 植生分布, 森林率の違いは, 高解像度衛星(イコノス)画像によって, 大まかな傾向を見ることができる。調査地全域は峰叢型カルスト地形からなり, 大小のドリーネ盆地が全面にわたって連続して分布して, 北西から南東に伸びる尾根が数本平行に連なった地形を形成している。画像の東から西にかけて茶褐色〜黄色そして緑青色に変化しており, これは植生被覆率の低下を意味している。4 ヶ所の調査地は東端の歪線屯から西端の坡坦屯に向かって全体の植生被覆率が低下している。4 ヶ所

の調査地の鳥瞰図においても同様の傾向を読み取ることができる。歪線屯は全体に褐色を呈しており植生被覆率が高いことを示している。一方，ほかの屯では褐色の植被部分は屯内周縁の岩峰に限られており，斜面の中間部から下では青色の植生被覆の少ない部分であり，特に坡坦屯では顕著である。さらに各調査屯において各土地利用・植生の分布様式に基づいた植生分布図(図14-7)を作成し，各土地・植生利用タイプごとに植生被覆別面積割合を算出した(図14-8)。各屯の最底部の平坦地はいずれも畑地で，その周辺部には，若干の竹林が広がり，斜面の凹地は主としてトウモロコシ畑，尾根部の凸地は低木林が広がっていた。斜面にはほかに草地が広がっている場所もあり，特に坡坦屯では北側の斜面はほぼ全面にわたり草地で覆われていた。高木林は斜面上部の低木林の中に局在していた。植生被覆別面積割合でも，最も植生被覆率の高い歪線屯から最も低い坡坦屯へ移るにつれて，斜面のトウモロコシ畑，草地の面積が拡大し，高木林面積が減少していることがわかる。

5-3. 植物群落のバイオマス量への影響

4ヶ所の各調査対象の屯で森林の豊富さの違いに影響を及ぼすと考えられる森林インパクト関連要因について，人口密度，森林所有形態，山羊放牧の有無，焼畑等の火入れの有無，自動車道路までの到達距離(木材搬出の難易に関連)をそれぞれ比較した(表14-1)。屯の森林の植生被覆率の多少と人口密度との間にはあまり顕著な傾向は見出せない。森林所有形態は歪線屯を除いて他は個人に分配されており，山羊の放牧量，火入れの有無，道路までの到達距離は，屯の森林の植生被覆率の多少と関連していた。

森林の地上部現存量は，平均69.3tで調査林分間のばらつきは10.3倍にも達した。これらの値をほかの地域の値と比較した。同じカルスト地で人為攪乱が比較的小さいと考えられる，貴州省カルスト地域自然保護区内茂蘭の2次林の168.02 t/ha[37]，熱帯アジアの2次林平均の164.67 t/ha[2]，南米のボリビア，ブラジルの2次林平均3～170 t/ha，10～200 t/ha[22]と比較すると本調査地域の2次林の地上部現存量は36%程度であった。

前記の植生被覆別面積割合をもとに調査屯全体の地上部の植生バイオマス現存量を算出し，4ヶ所の調査屯ごとに比較した(図14-9)。ただしha当たりの

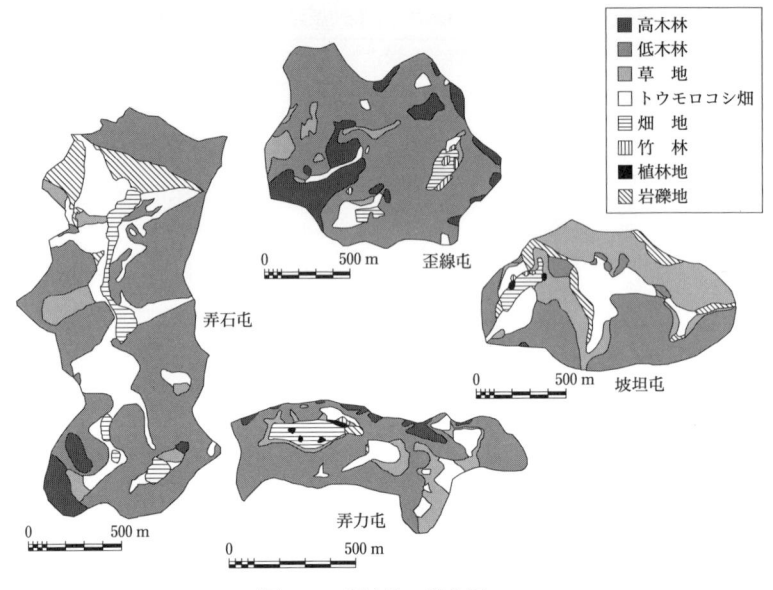

302　第IV部　森林の機能評価と再構築

図 14-7　調査地の植生図

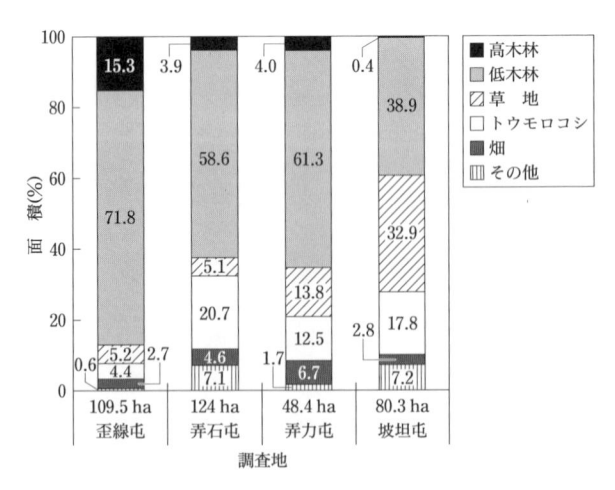

図 14-8　植生タイプ別面積の調査地間比較

第14章 人為攪乱がもたらすカルスト地域生態系植生景観の変容と再構築　303

表14-1　森林インパクト関連要因の調査地間比較

	歪線屯	弄石屯	弄力屯	坡坦屯
森林状況	豊富	多い	中	少ない
人口密度(人/ha)	0.45(50)	1.32(164)	1.42(69)	0.62(50)
森林所有形態	共有	個人	個人	個人
山羊放牧	なし	数十頭	3頭	26頭
火入れ	なし	なし	なし	あり
道路(木材搬出可能)	なし	あり	あり	あり

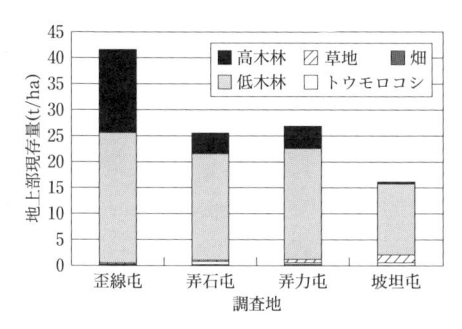

図14-9　植生タイプ別地上部現存量の調査地間比較

　植生被覆別のバイオマス現存量は，それぞれ森林(高木林)：105 t，森林(低木林)：35 t，竹林：35 t，草地：4.5 t，畑地：3 t，トウモロコシ畑：3 tとして算出した．4ヶ所の調査屯すべてで森林(高木林，低木林)の地上部バイオマス現存量が最も多かった．各屯の低木林の地上部現存量は歪線屯，弄石屯，弄力屯はほぼ等しく，坡坦屯でほかの半分程度となっていた．一方，高木林は屯ごとに大きく異なり，歪線屯ではほかの屯と比べて高木林での値が高く，低木林のそれに匹敵するほどであったが，そのほかの屯では2.5〜27％ほどしかなかった．

　調査した4ヶ所の調査屯において森林，草地のバイオマス現存量(植生の地上部現存量の合計，t)を算出し，各植生被覆別の地上部バイオマス現存量の増加量(成長量)(t/年)と，各調査屯内部でのエネルギー(主として燃材)としてのバイオマス使用量(t/年)とを互いに比較した．ただし燃材としてのバイオマス量を1日当たり6 kg/人(安藤忠男ほか私信)とし，燃材使用量(6 kg/(人・

304　第IV部　森林の機能評価と再構築

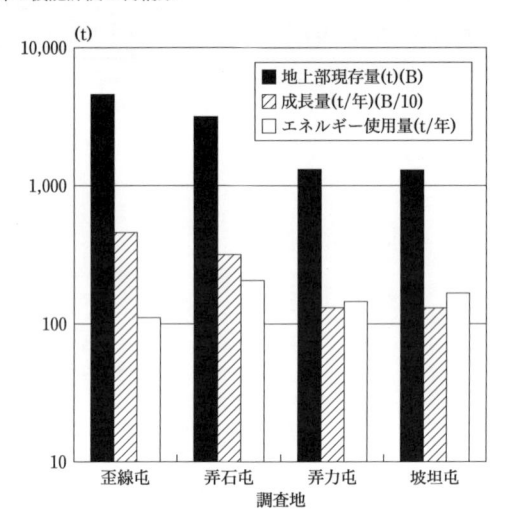

図14-10　調査地の地上部現存量，成長量とエネルギー使用量の比較

日))×各屯の人口×365日で算出した。また年間バイオマス成長量を地上部バイオマス現存量の約10%と仮定し，各屯ごとに各植生被覆別面積割合からそれぞれの値を算出し，互いに比較した(図14-10)。歪線屯はエネルギー使用面から見ると最も余裕がある。弄石屯はエネルギー使用量が成長量より低いが前者に比べて差は小さい。弄力屯，坡坦屯では，エネルギー使用量が地上部現存量の成長量を上回っており，この2つの屯では将来的に薪によるエネルギー利用では不足が生じることが懸念される。

　次に調査したドリーネ盆地内部の地上部バイオマス現存量の空間分布を検討した。現地では住民のほとんどは弄の底部もしくはその周縁に集落を形成している。したがって，植生に対する人為攪乱は，弄の底部を中心にして同心円上に外側へ向かって攪乱強度は低下すると予想した。そこで弄の底部から各調査区までの水平距離および標高差に対する，調査区の地上部バイオマス現存量の変化を検討した(図14-11)。その際，立地を岩礫地と土壌堆積地に区別して検討した。岩礫地では，集落からの水平距離が200〜300 mでバイオマス現存量が最大値を示し，それよりも離れた場所では逆に低下した。一方，土壌堆積地では集落からの距離とバイオマス現存量との間には明確な関係は見られなかっ

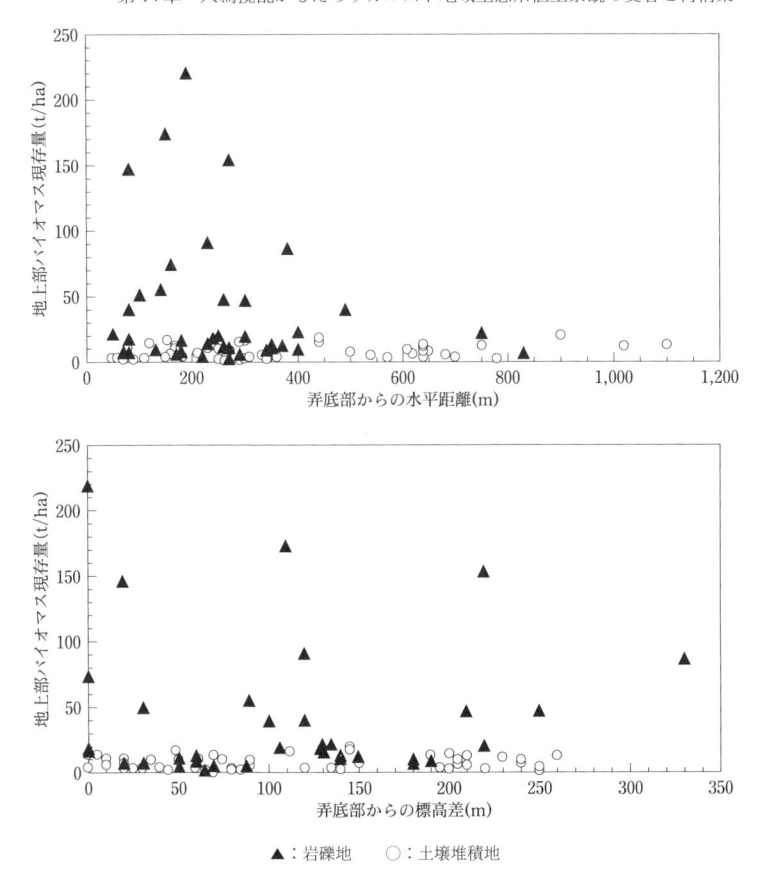

図14-11 各調査地の弄の底部からの水平距離および標高差と地上部バイオマス現存量との関係

た。

　予想と異なる結果をもたらした原因として，地形条件の複雑さに起因する人為攪乱の局所的影響の違いが，集落からの距離および標高差のような大きな空間スケールの攪乱より強く影響したものと考えられる。比較的集落に近い場所で高木林が多く，現在草地になっている放牧地や薪を採取している低木林が集落から離れていることは人為攪乱の強度が必ずしも集落からの距離や標高に依存しないことを示している。人為攪乱の影響はバイオマス現存量の変化に対し

て直接的であり，時間的ズレも少ないため，攪乱の影響が反映されやすい。このこともバイオマス現存量の不均一性をもたらす大きな要因であろう。

6. 攪乱が地域植物相，植物群落の種組成，遷移系列に及ぼす影響

5節と同様に植生被覆率の異なる複数の屯を対象に，この地域生態系の弄斜面の植生による生態系の評価を行う。ここでは主に地域の植物相，植物群落の種組成，遷移系列への影響について述べる。

6-1. 石灰岩山地植生の特性

調査地域の特徴である石灰岩地域の植生は，フロラの特殊性のため古くから研究対象となってきた。石灰岩地域では，多量の炭酸カルシウムを含有する土壌が形成され，通常 pH は 7 前後である。これは，炭酸カルシウムの緩衝力が高いためで，よほど極端な条件でなければ土壌 pH が 5 以下になることはない。石灰岩土壌に生育する植物は，硝化が促進される一方で，マンガン，鉄は欠乏し，カリウムはカルシウムイオンの存在により吸収が阻害される傾向にある。この条件に対して抵抗力または回避戦略を持つ植物群は好石灰植物(Calcicole)と呼ばれ，石灰岩地域に広く分布する。石灰岩地域における立地特性としてはさらに立地の不均質性がある。これは石灰岩の風化が不完全で地表付近に残っている，斜面地などで特に顕著である。石灰岩は一定の温度条件下において水と二酸化炭素により溶解が進行するが，水と二酸化炭素の供給が，地形，降雨量や土壌中での生物呼吸量によって多様に変化するため，溶解の程度は場所によって不均質になり，近接した立地でも土壌の形成程度，理化学性，量，水分条件が多様化する。その結果，前述した好石灰植物以外にも様々な生存戦略を持つ植物の生育が可能になるため，石灰岩山地の地域フロラは特に豊かになると考えられる。

6-2. 植生による生態系評価

伐採，火入れ，放牧などによる過剰な植物資源の利用は土壌流亡，塩類集積などの生態系劣化を引き起こす。生態系劣化は，自己修復能力が機能している

段階ではやがて元の状態に戻るが，一旦，自己修復能力を超えた過剰な利用を行うと回復が困難になり，荒廃の一途をたどる．そのため，生態系劣化が起こった場合，適切な修復措置が検討される必要がある．そして，その修復方法の指針を考える上で生態系劣化の評価は不可欠である．特に生態系構成要素のひとつである植生に関する質的および量的変化の計量は，植生を構成する植物が生産者として直接的に消費者の生存に影響を与えている点から第一に行われるべきであろう．

　例えば，生態系劣化のひとつである沙漠化における植生変化では，①生物量(バイオマス)の減少，②植生を構成する種組成の変化(種多様性の低下，伐採・火入れ・放牧など劣化要因に対して耐性を持つ種への交代)，③群系レベルの退行(森林から低木林へ，低木林から草原へ)といったことが攪乱強度に応じて生じる[24, 17]．上述の植生変化において②の段階までは比較的回復に要する時間は短いと考えられるが，③の群系レベルの退行では，回復に時間がかかることが多く，また風食，水食による土壌流亡や斜面崩壊等により立地環境までもが変化した場合には必ずしも元の植生構造に回復できるとは限らない．このように植生変化の過程は生態系劣化の程度を示す指標になり，どのような植生の状態ならどのような対応措置をとるべきかの検討が可能になる．

　今回対象としている石灰岩山地植生に関する既存の研究では，特殊な土壌・水分環境に生育する石灰岩地植物の生理的特性に着目したものが多く，遷移系列，潜在自然植生など地域植生全体に関して直接的に研究された事例は少ない[25]．ほかの石灰岩地域における遷移系列[29, 1]から石灰岩山地植生の概略を推定すると，石灰岩地域における自然環境は地形形成が気候，地史等により様々であり，そこに生じる土壌，水文環境も多様に変化するため，石灰岩地域の自然植生は，モザイク的にかつ劇的に変化をする特徴を持つといえる．また加えて，本研究の調査対象地のように，そこで人々が暮らし，生活の糧として植生に影響を及ぼしている場合，その人的影響は，伐採，火入れ，放牧，地形改変，灌漑などの要因をその組み合わせおよび強度として測定する必要がある．しかし，その複雑さに自然環境の多様性が相俟って，石灰岩山地における植生変化の推定は困難を極める．結果的に石灰岩山地自然植生の人為的劣化プロセスを対象に研究した事例はほとんど見当たらない．

本章では，未だ詳細な解析が行われていない石灰岩山地における生態系劣化を評価する一指標として，現地踏査により植生退行現象における植生タイプの分類，分類群別に見た優占種変化，種組成変化，バイオマス変化等のパターン認識を行い，遷移系列およびそのメカニズムの推定を試みた。また，劣化メカニズムを考慮した森林再生の可能性も検討する。

6-3. 地域植物相への影響

植物群落の種組成に関連して，まずこの地域の植物相の豊富さについて検討する。今回の植物群落調査においてシダ以上の高等植物は107科304属543種が記録された。これを石灰岩を母材に持つほかの自然保護区域と比較した。本調査地の北方に位置する茂蘭（貴州省）では148科408属801種，本調査地より南方の広西壮族自治区の弄崗自然保護区では169科696属1431種で，いずれも本調査地の種数を上回った。また，非石灰岩地の自然保護区内の植物相との比較では，貴州省の梵浄山（花崗岩）では175科524属1113種，台湾の太平山（粘板岩）では179科513属770種であった。本調査地の植物相の科数属数種数はいずれもほかの4地域と比較して低く，これは森林伐採や火入れなど人間活動の影響によるものが大きいと考えられるが，それぞれの調査面積の違いを考慮すると本調査地域の植物相の豊かさは決して低いとはいえない。

調査地内で植物群落調査と併行して行った地域住民による植物利用に関する調査により，木材としての利用のみならず非木材林産物としての利用の多様性を明らかにした。木本植物では，薪炭，建材（家具，車輪），茶葉，魚毒，香料（香樟，神香），薬用（治牙痛），草本植物では，食用，牧草，薬用（骨折，咳，腹痛，治牙痛）などの用途に用いられる。このような地域住民による多様な森林植物の利用は，この地域のサブシステンス（生業）はもとよりマイナーサブシステンス（周縁的生業）[23] とも深くかかわりあうものと考えられる。

6-4. 植物群落の種組成への影響

植生は見かけ上連続的であるが，移行部を除いた典型部を捉えることで単位性を見出すことが可能である。この単位は植物群落と呼ばれる。本章においては，植物群落はMueller-Dombois and Ellenberg [18] の方法をもとにして以下

のように抽出した．まず，相観(優占種，高さ，密度等)およびその成立立地に注目して現場で目視による区分を試みた．相観では，構成種の生活形から，森林植生では常緑または落葉，草本群落では多年生または1年生といった区分も加味している．成立立地に関しては母岩の裸出程度，土壌の堆積程度を特に留意した．そして区分した植生の典型的な出現部分において，植生高を考慮した任意面積の方形区を設置し，種のリストアップ，各種の優占度判定，植被率および植生高の測定を行った．また，同調査区において，海抜高度，斜面方位，地形等も記載した．種のリストアップはシダ植物以上の高等植物について行っている．以上の方法によって地域すべてのパターンを網羅するよう調査資料を採取した．採取した資料は，各種の優占度をもとに，2元指標種分析(Two-way Indicator Species Analysis; TWINSPAN)[12, 13]によって分類した．以上のようにして分類された調査資料の集合から種類組成および立地の特徴を抽象化し，それぞれ植物群落とした．

　その結果，植物群落としては立地別に10タイプが抽出された(表14-2)．また，各植物群落の地形傾度での植生配列は図14-12で概念的に示した．

(1) 岩　礫　地

a) 崩壊斜面草本群落

　降雨などによる土砂崩れによって生じた崩壊地で，現在も表層の礫が移動している立地に分布する．立地の平均傾斜角度は27.3度である．植生の平均的な高さを示す群落高は0.4 mから1.2 m，出現種数は1から17で，平均7.1種である．立地の安定度とほぼ対応して種の組み合わせが変化し，立地が不安定なほどタマシダ(*Nephrolepis auriculata*)の優占が著しく，安定するにつれて，1年生草本を主とした他種の定着が見られた．なお，現地での山羊の食痕を見ると，タマシダ以外の種から優先的に食べられている傾向にあり，タマシダの優占は放牧されている山羊の不嗜好性も影響していると考えられる．このタイプは調査対象地のうち，人口が多く，森林割合が低い坡坦屯に多く，そのほかでは，岩場の生活道沿いに分布する．

b) 岩上蔓本群落

　岩上を這う蔓本性植物が特徴的なこの群落は，弄内(カルスト凹地内)の露岩地のうち，表層の礫移動が少ない風陰地に分布する．立地の平均傾斜角度は

表 14-2 各植生タイプの優占種

タイプ名	立地	主要な優占種
崩壊斜面草本群落	岩礫地	Nephrolepis auriculata
岩上籐本群落		Daphne papyracea, Thysanolaena maxima, Trachelospermum jasminoides, Pilea plataniflora, Cynanchum wallichii
常緑低木林群落		Blastus dunnianus, Bredia sinensis, Croton lachnocarpus, Embelia rudis
常緑高木林群落		Platycarya longipes, Cinnamomum saxatile, Cyclobalanopsis schottkyana, Castanopsis fabrei
耕作畑雑草群落	土壌堆積地	Ageratum conyzoides, Ixeris debilis
耕作放棄畑雑草群落		Apluda mutica
イネ科草本群落		Imperata cylindrica, Saccharum arundinaceum, Arundo donax
落葉低木林群落		Indigofera ichangensis, Callicarpa macrophylla, Callicarpa loureiri, Rhus chinensis, Pistacia weinmannifolia, Alchornea trewioides, Sapium rotundifolium
攪乱地 1 年生草本群落		Artemisia princeps, Eleusine indica
強放牧地イネ科草本群落		Pogonatherum paniceum, Bothriochloa intermedia, Hyparrhenia bracteata

32.1 度で，土壌は岩の隙間にわずかにあるのみである．構成種には *Trachelospermum jasminoides*，*Cynanchum wallichii* などが優占するほか，*Tirpitzia ovoidea*，*Diospyros dumetorum*，*Pittosporum planilobum* など広西壮族自治区および雲南省など中国西南部の石灰岩地に特異的に出現する種が多く[8]，主として好石灰植物により構成される群落と考えられる．群落高は 1.2 m から 2.5 m，出現種数は 26 から 56 で平均 40.7 種，相観は常緑性のつる木本が卓越する．このタイプは調査対象地域のうち，人口が少なく森林率の高い歪線屯の集落周辺の露岩地に広く分布する．

c）常緑低木林群落

前記の岩上籐本群落に隣接し，礫移動がほとんどない岩の間に土壌が溜まった立地に分布する．この群落は斜面上部で後記の常緑高木林群落と接することが多い．立地の平均傾斜角度は 32.1 度である．今回調査対象としたものでは高木性種が伐採され，萌芽したものが多い．そのため，種組成は後記の常緑高木林群落と共通するが，常緑高木林群落に比べて種の欠落が見られる．構成種

311

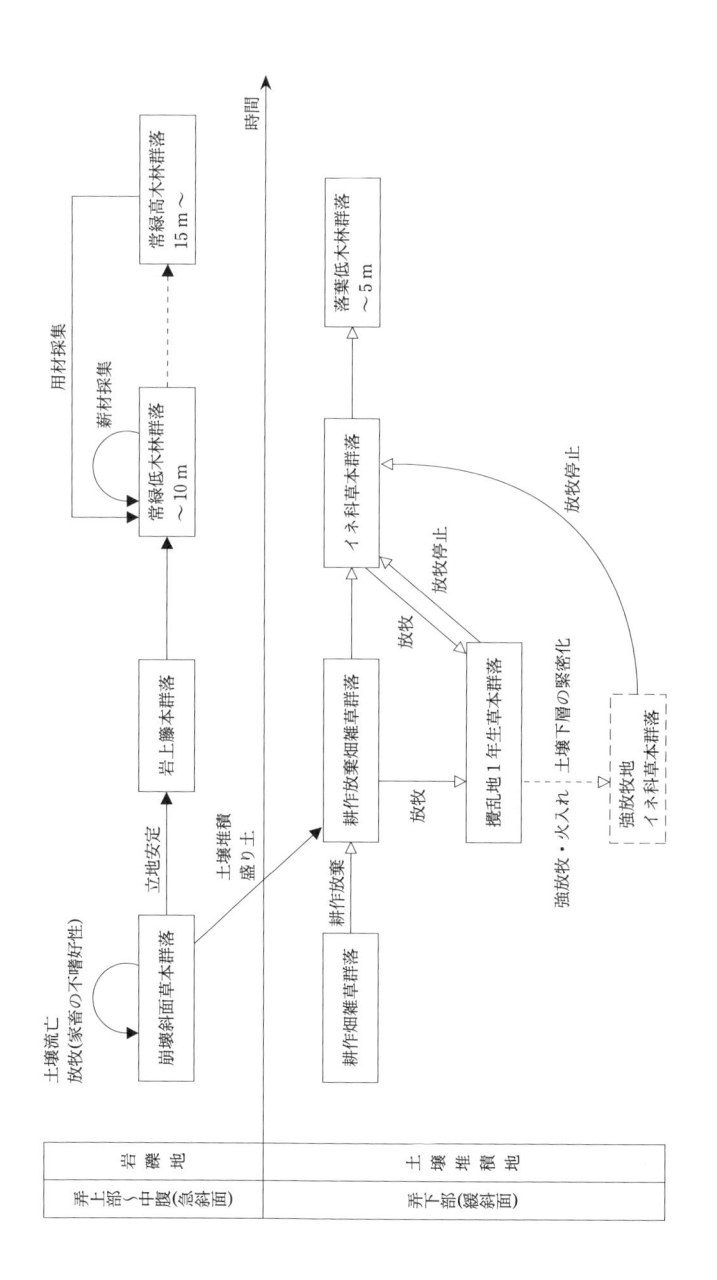

図 14-12 立地環境別の遷移系列の模式図

には *Blastus dunnianus*, *Bredia sinensis*, *Croton lachnocarpus*, *Embelia rudis* など常緑種が多いが, *Alchornea davidii*, *Callicarpa macrophylla* などの落葉種も見られる。群落高は1.2 mから2.5 m, 出現種数は26から56, 平均40.7種である。このタイプは, 歪線屯では集落付近の岩場にある生活道沿いに分布するが, 坡坦屯では山頂付近の岩場にまで分布している。また, 坡坦屯では放牧された牛がこの群落内に入るため, 種組成はほかに比べて単純化している。

d) 常緑高木林群落

Cinnamomum saxatile, *Cyclobalanopsis schottkyana*, *Castanopsis fabrei* などの高木種が優占する森林群落で, 群落高は9.0 mから15.0 m, 林冠構成種には常緑種が多いが, *Platycarya longipes* などの落葉種も少なくない。生育立地の平均傾斜角度は32.2度, 土壌は岩の間で面積的には狭いが, 土壌層は厚い。調査地域において常緑高木林群落はカルスト凹地上部の縁に相当する稜線に分布の中心がある。Huang and Yang [14] は貴州省の石灰岩地森林植生を気象条件と優占型により区分し, 本地域と同様な暖温帯域には常緑落葉混交林が成立するとしている。本地域の森林植生は, 優占種および林分構造が貴州省で記載された常緑落葉混交林と類似しており, その地域タイプのひとつであると考えられる。

(2) 土壌堆積地

a) 耕作畑雑草群落

この群落はカルスト凹地の底に広がる大豆, ジャガイモなどの畑, 斜面のトウモロコシ畑と耕作地に雑草として分布する1年生の *Arthraxon hispidus*, *Ageratum conyzoides* などから構成される。出現種数は5から12, 平均8.3種で, 群落高は0.3 mから1.5 mである。構成種の多くはアジアの熱帯, 亜熱帯地域の農耕地に一般的な雑草で, 中国南部, タイ, マレーシア, インドネシアなどにも広く分布する。この群落は耕耘され土壌の通気性がよく, 立地の平均傾斜角度は14.2度で, 前述した岩礫地に分布する植物群落に比べて緩傾斜地に成立する。除草, 耕耘などにより植被率は低く抑えられているが, 家屋周辺まで含めると群落の広がりは大きい。

第14章 人為攪乱がもたらすカルスト地域生態系植生景観の変容と再構築　313

b）耕作放棄畑雑草群落

　耕作が放棄され数年を経た耕作畑では前記の草本の優占度が下がり，*Apluda mutica*，*Cyrtococcum patens*，*Pennisetum aopecuroides* などのイネ科草本が主として定着する。出現種数は 5 から 14，平均 9.0 種である。この群落では種組成は類似しているものの優占型は多様である。これは時間的に移行的な群落であるためと考えられるが，さらに多くの調査資料との比較が必要と考えられる。立地の平均傾斜角度は 14.2 度，群落高は 0.5 m から 1.3 m である。この群落は坡坦屯にはほとんど分布せず，歪線屯の集落から少し離れた旧段々畑に分布している。また弄石屯では，集落周辺には見られず，村が保有する集落から離れた耕作地専用のカルスト凹地内の耕作畑周辺に分布している。

c）イネ科草本群落

　耕作が放棄されて 20 年程度の立地ではチガヤ（*Imperata cylindrica*）が優占した高さ 0.5 m から 2.5 m の群落が形成される。出現種数は 2 から 16 とばらつきが大きく，平均 7.6 種である。なお，放棄後の年数は住民からの聞き取りによる。その情報によれば，以前森林であった場所を伐採，客土し，トウモロコシ畑を造成したが放棄され現在に至ったとのことである。群落内には切り株がいくつも確認され，また，石を組んだような跡も多数見られることから，聞き取りはおおむね信頼できる。構成種としてはチガヤのほかにもダンチク（*Arundo donax*），*Arundinella nepalensis* など多数のイネ科草本が含まれる。立地の平均傾斜角度は 12.8 度である。

d）落葉低木林群落

　前述の群落と組成的な共通性が高く，*Indigofera ichangensis*，*Rhus chinensis*，*Pistacia weinmannifolia*，*Alchornea trewioides*，*Sapium rotundifolium* などの落葉性木本が高さ 0.5 m から 6.0 m の群落を形成している。構成種には前述の常緑低木林群落，常緑高木林群落との共通種は少なく，本群落からそれらに自然に遷移していくことは困難であると考えられる。出現種数は 4 から 20 と，イネ科草本群落同様ばらつきが大きく，平均 12.4 種である。立地の平均傾斜角度は 25.3 度と土壌堆積地では最も急斜面地に成立する。

e）攪乱地 1 年生草本群落

　放牧が行われている立地に成立する群落で，*Artemisia princeps*，*Eleusine*

indica, *Anemone hupehensis* などの1年生草本が優占し，出現種数は2から13，平均7.8種である。群落高は 0.3 m から 0.8 m で，矮小化したチガヤが含まれる一方，放牧圧が減少した立地では落葉性木本種の侵入が確認されることから，本群落の成立は放牧圧および家畜の嗜好性により，耕作放棄畑雑草群落やチガヤ優占群落などが退行遷移した結果であると推定される。弄石屯で放牧圧を停止して1年経過した群落を調査したところ，バイオマスの増加は容易に確認できた。しかし，構成種には家畜が不嗜好を示し残存した *Anemone hupehensis* などが多く，増加したバイオマスの有用性については疑問が残る。

f) 強放牧地イネ科草本群落

放牧，火入れが定期的に行われる土壌堆積地に分布する。調査地域内では生活道沿いの岩の隙間にも小さなパッチを形成していた。群落高は 0.2 m から 0.7 m で，立地の平均傾斜角度は 21.7 度，無人の弄では山一帯がこの群落で覆われることもある。西南日本の湿性の岩場に分布するイタチガヤに近縁の *Pogonatherum paniceum* のほかに，*Bothriochloa intermedia*，*Hyparrhenia bracteata* などが構成種に含まれる。出現種数は9から14，平均10.7種とほかの土壌堆積地に成立する草本性植物群落に比べてやや多い。そのため前述の群落とは組成的に異質なものと考えられる。この群落の成立する立地の土壌は下層が緊密化し，植物の根の下層への展開が困難であると考えられる[30]。そのため，たとえ，火入れ，放牧が停止しても，もともとの植生に向かって遷移が進行するかは疑問が残る。また，住民がこの立地で放牧を始めた理由として，生産性が低いといった土地的な要因から居住，作物生産には利用されなかったことも予想される。この群落は本調査地域に占める割合が高く，地域生態系の修復を検討する場合，その取り扱いは重要な役割を担うと考えられる。今後，この立地において引き続き同様の手法で放牧，火入れを続けていくべきなのか，新たな土地利用形態の模索，提案をすべきか検討したい。

g) 植林地およびアグロフォレストリー

住宅地周辺には香椿 (*Toona sinensis*) などの高木種が用材などの多目的種として植栽され，9 m から 15 m の植林地が形成されていた。林内には自生種の侵入が多く見られるが，その種組成は岩礫地の常緑高木林群落に比べて，平均出現種数が 19.0 と少ない上，種の共通性も低い。構成種には，土壌堆積地に

高頻度で出現する草本が多く含まれ，さらにはいずれの立地にも出現していなかった種も確認された。調査区数が少なく明言はできないが，植林の種組成は林冠構成種が異なるものの土壌堆積地における高木林の性質が現れたものと考えられる。今後は，土壌堆積地に成立する森林の調査を行い，比較検討する必要がある。後述するようにこの植林地はアグロフォレストリーの場として利用されている。

6-5. 遷移系列への影響

各調査地点では成立過程における時間的要因，特に人為頻度(放牧頻度，放牧頭数，火入れ頻度，伐採頻度，耕作停止後の経過時間等)に関する情報を聞き取り等によって入手した。ここでは，これらの情報をもとに，植物群落を時系列に沿って配列し，本地域植生における遷移系列の推定を試みた。前述した植物群落間の関係を概念図化したものが図14-12である。

本地域では地表部の状態により，岩礫地と土壌堆積地で植生の動態が異なると推定された。弄の斜面上部から中腹の急斜面地にある岩礫地では，立地が安定し岩の間に土壌が溜まるに従い，タマシダが主として優占する崩壊斜面草本群落から，岩上籐本群落，常緑低木林群落，常緑高木林群落へと常緑高木種の割合が増え遷移すると考えられる(表14-3)。しかし，薪材，用材の採集，放牧などにより多くは退行し，遷移が進んでも多くは常緑低木林群落にとどまっている。なお，常緑低木林群落から常緑高木林群落への遷移が時間的にどれほど要するかは明らかではなく，今後の課題としたい。

弄の下部の緩斜面地にある土壌堆積地は住民にとって重要な作物生産の場であるため，恒常的に耕作による人為圧がかかっている。これらの人為圧が停止すると時間の経過とともに耕作畑雑草群落から，耕作放棄畑雑草群落，チガヤなどが優占するイネ科草本群落，落葉低木林群落へと遷移するものと考えられる。岩礫地においても，住民の手により客土し畑地を造成する場合は，斜面上部から中腹に土壌堆積地と同様の植生動態が見られる場合もある。落葉低木林群落の後に，新たに高木林が成立するか，または前述の常緑低木林群落に遷移するかは不明で，今回の調査では該当する林分が確認されていない。土壌堆積地の遷移系列のうち，耕作放棄畑雑草群落，イネ科草本群落など構成種に多年

表 14-3 植生タイプにおける構成種の生活形組成

	耕作畑雑草群落	耕作放棄畑雑草群落	イネ科草本群落	落葉低木林群落	攪乱地一年生草本群落	強放牧地イネ科草本群落	崩壊斜面草本群落	岩上籐本群落	常緑低木林群落	常緑高木林群落	植林地（住居周辺）
常緑高木	0	2	0	2	2	0	3	4	5	23	7
常緑低木	0	7	7	17	7	15	8	14	18	22	0
常緑籐本	0	0	0	2	0	0	0	4	9	3	4
落葉高木	0	2	4	4	0	0	8	6	9	12	15
落葉低木	16	14	20	20	16	12	14	18	20	20	11
落葉籐本	2	0	2	2	0	0	0	4	3	2	4
多年生広葉草本	32	20	24	16	27	31	28	18	13	6	15
多年生つる状草本	7	7	2	5	0	0	8	10	5	2	0
1年生広葉草本	23	16	13	10	20	4	14	4	3	0	22
多年生グラミノイド草本	2	16	18	7	13	23	8	6	5	3	0
1年生グラミノイド草本	11	2	2	3	11	4	6	2	1	0	7
多年生シダ	7	13	7	8	4	8	3	10	10	5	11
不明	0	0	0	0	0	0	0	0	0	1	4
合計	100	100	100	100	100	100	100	100	100	100	100
調査区数	7	7	10	17	8	3	8	7	7	15	2

生のイネ科草本を多く含む群落では放牧の対象にされ，放牧圧の増加，時間の経過とともに *Anemone hupehensis*，*Artemisia princeps* など家畜が不嗜好を示した植物からなる攪乱地1年生草本群落が形成される。この群落は放牧を停止すればやがて通常の遷移系列に戻ると考えられるが，要する時間については明らかではない。さらに，放牧に加え，定期的な火入れが行われる場合，*Pogonatherum paniceum* などが優占する強放牧地イネ科草本群落が形成される。前述した通り，この群落が将来どのような遷移をするかはまだ明らかではなく，今後の課題としたい。

6-6. 植物群落の序列化

植物群落の分類に用いた各調査地点の種組成データから種の出現有無のデー

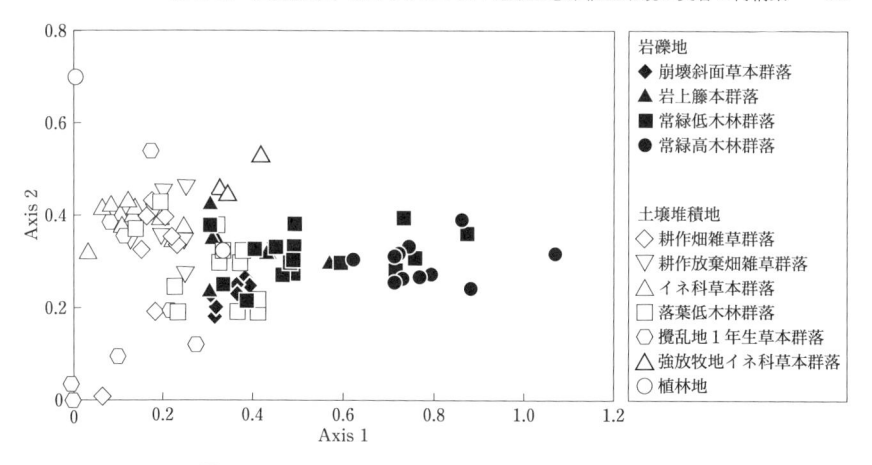

第14章 人為攪乱がもたらすカルスト地域生態系植生景観の変容と再構築　317

図14-13　DCA法により抽出された植物群落の序列

タを利用し，多変量解析の一種である除歪対応分析(Detrended Correspondence Analysis; DCA)[11, 13]により調査資料を序列化し，種組成の変化と環境要因の関係を検討した。得られた展開軸の各スコアとの相関では，1軸が表層露岩率，方位，傾斜角度，弄最下部との水平距離で有意な相関を示した。なお，表層露岩率は1軸と最も相関係数が高く，かつ方位，傾斜角度，弄最下部との水平距離，弄最下部との比高それぞれと有為な相関を示すことから，本研究では，表層露岩率が植生の序列に最も強く影響していると考えた。また，得られた展開軸のうち固有値の高い1軸と2軸を用いて，座標系に展開し，植物群落間の種組成関係を示したのが図14-13である。座標上の位置は各調査地点の種組成を示し，座標間の距離は概ね組成の相違の程度を示す。これを見ると，1軸のスコアが高い領域には土壌の浅い岩礫地に成立する植物群落が，一方でスコアが低い領域には土壌堆積地に成立する植物群落が配列する傾向にあった。1軸に対する植物群落の配置では岩礫地に成立する植物群落の座標領域の相違が明瞭で，1軸のスコアが最も高い領域に展開する常緑高木林群落から，左へ向かうに従って，常緑低木林群落，岩上籐本群落・崩壊斜面草本群落と配列した。これは概ね前述した遷移系列と対応すると考えられる。なお，土壌堆積地に成立する植物群落は1軸に対する配列では明瞭な傾向は見られなかった。一方，2軸に対する配列においては，1軸に対する配列ほど明瞭ではないものの，

各植物群落の座標の重心を比較すると，2軸のスコアが低い領域から，耕作畑雑草群落・攪乱地1年生草本群落，耕作放棄畑雑草群落・イネ科草本群落・強放牧地イネ科草本群落・落葉低木林群落，植林地と配列した。岩礫地に成立する植物群落は2軸上では0.2から0.3の範囲で重なり，明瞭な配列の相違は確認できなかった。以上のような2軸に沿った植物群落の配列は，概略としては広葉草本からイネ科草本，落葉低木，落葉高木(植林)へと移行する土壌堆積地の遷移系列に対応すると見ることもできるが，攪乱程度，攪乱の性質などとの対応関係等も含めてさらなる検討が必要と考えられる。

6-7. 地形および遷移系列に沿ったバイオマス量および多様性指数の変化

前述の地上部バイオマス現存量の空間分布と同様に，ドリーネ盆地内部の弄の底部から調査区までの水平距離および標高差と植物の種多様性との関係を検討した(図14-14)。岩礫地では，集落からの距離および標高差と対応関係が認められ，距離が離れるほど，標高差が上がるほど，植物種の多様性は増加した。一方，土壌堆積地では地上部バイオマス現存量と同様にそのような対応関係は認められなかった。

地上部バイオマス現存量の場合と異なり，岩礫地で植物の種多様性と集落からの距離，標高差と対応関係が見られたのは，バイオマス現存量のような量的変化と異なって植物群落の種組成のような質的変化は，人為攪乱の影響が実際に現れるまでに時間を要するためではないかと考えられる。また，特に岩礫地では地形条件は複雑であり，細かな岩角地には空隙も多く特徴ある生育立地を作っていることも大きく影響していると考えられる。

立地条件が大きく異なる岩礫地と土壌堆積地で別の遷移系列を想定し，その系列に沿ったバイオマス量および多様性指数の変化を示した(図14-15)。

全体的には，バイオマス量の増加に従い多様性が増加する傾向にあった。この傾向は多様性の確保には，発達した森林の保全ないし修復が必要であることを示し，通説を支持した形になった。これを立地によって分類した遷移系列ごとに見ると岩礫地と土壌堆積地で多様性の増加パターンが異なった。岩礫地ではバイオマス量が30 t/ha程度までは多様性が急激に増加するが，それ以上のバイオマス量ではおよそ3を最大として多様性の大きな増加は見られなかった。

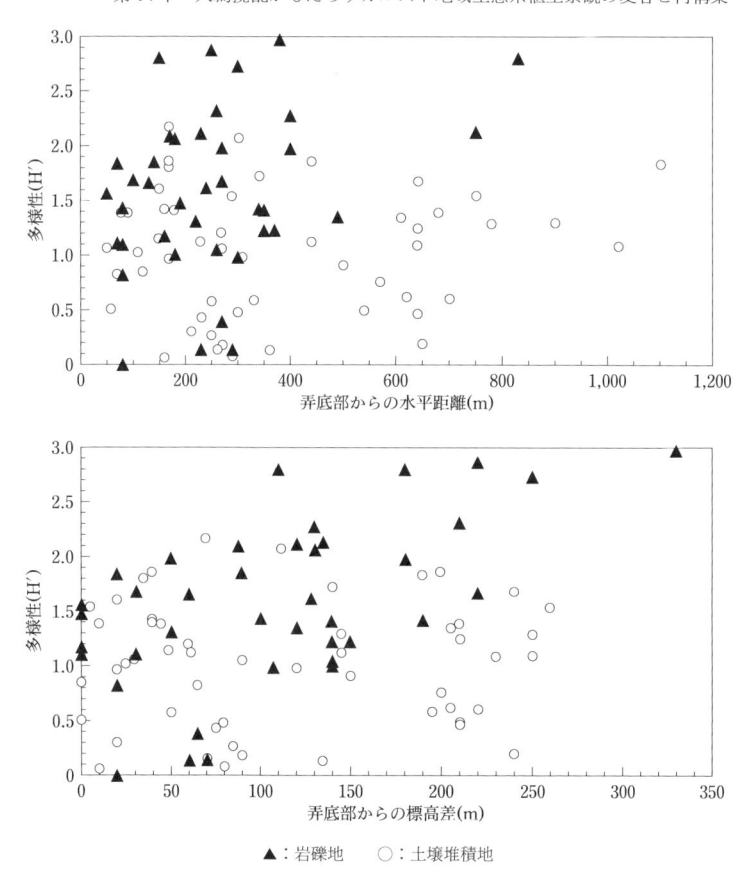

図 14-14　各調査地の弄の底部からの水平距離および標高差と植物種の多様性(H′)との関係

　これは森林の発達パターンと対応し，バイオマス量を発達に要した時間と置き換えると，30 t/ha の森林構造の形成後は組成構造としては安定していることを示すものと考えられる。一方，土壌堆積地では，30 t/ha 以上のバイオマス量を持つ植生タイプはなく，岩礫地における 30 t/ha 以下の増加パターンと同様な傾向を示した。ここではバイオマス量と多様性が直線的な相関を持つと考えられるが，森林が形成されるなどしてバイオマス量が増加した場合，どのような傾向を示すかは今後の課題としたい。

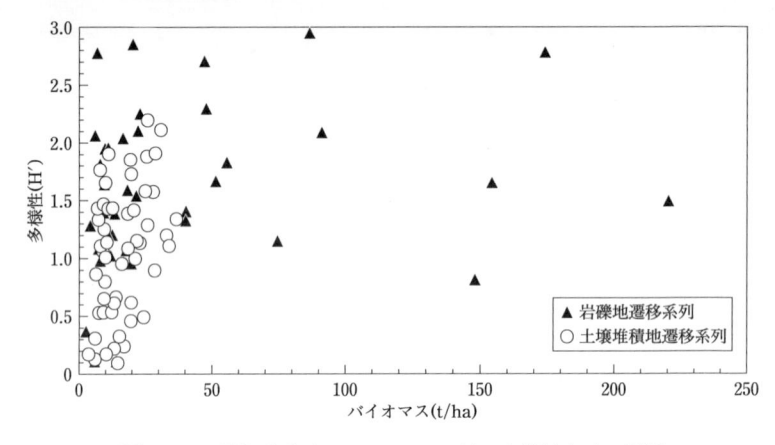

図14-15 遷移系列ごとのバイオマス量と多様性(H′)の関係

7. 攪乱の影響緩和に向けた植生景観の再構築オプション

7-1. 攪乱が植生の劣化に及ぼす影響と石漠化の進行のまとめ

　森林の植生被覆率の異なる4つの屯での植生分布様式の違いは，弄の斜面の森林伐採に続く農地開発，放牧用の草地の拡大が，森林面積の減少，森林植生構造の劣化(単純化)をもたらし，その結果，農地や草地として利用されにくい岩上の部分に森林が残存したものと考えられる。このような弄の斜面における森林減少は植生に対しては前述したように燃材としてのバイオマス量，それがもたらす養分供給(リン，カリウム)量の減少をもたらし，植生においても構造の単純化，バイオマス量の減少，遷移の退行化，植物種多様性の低下，これに伴う地域住民の森林植物利用の可能性の低下などをもたらしたものと考えられる。また，弄内での森林減少は土壌・水などの立地環境にも影響を及ぼし，有機物層の減少，地下浸透能の低下，地表流の増加，水質浄化機能の低下をもたらすと予想される。

　一方，かつては弄内の限られた底部の平坦地で行われていた作物生産も，トウモロコシを主にした栽培形態への農業集約化が進み，それに伴ってこの地域

においても耕地への通常の約3倍に及ぶ窒素質肥料の過剰施肥が行われており，将来的にはこの流域全体で地下水汚染が問題になるのではないかとの懸念も指摘されている[10]。斜面上部にまで拡大したトウモロコシ畑は，場所によって土層が薄い場所では作物の収量面や弄底部にある集落からの距離が遠くなるため労働生産性の問題から耕作放棄された場所もあり，このような場所では放牧や火入れが繰り返し行われるようになり，植生や土壌の劣化が進んでいる。本調査地域の弄石，坡坦の両屯においても以上のような要因で成立したと考えられる草地が斜面上部に広がっている場所がある。本研究調査地と同じように中国西南部の熱帯カルスト地域の特に峰叢型の弄地形では，以上のようなプロセスを経て石漠化は進行していくものと考えられる。

7-2. 植生の修復・復元とカルスト地域生態系の再構築

調査地の弄を主体とした石漠化したカルスト地域生態系を再構築するために，斜面上部の森林を修復・復元することの意義について考える。現在ある弄の斜面の草地を森林に戻すことによって生じると予想される生態系機能の変化は，草地のままの場合，草本群落の成立や地上部の発達によって，特に山羊の放牧用飼料の供給源になったり（飼料供給機能），土壌生成によって森林の成立に必要な地盤が形成されること（森林立地生成機能）などが考えられる。さらに，草地を森林化することによって，二酸化炭素固定・蓄積（温暖化防止機能），蒸散の促進（気候緩和機能），根系発達（土壌崩壊防止機能）はもとより，特にこの調査地域においては地上部バイオマスの発達（木材生産機能），植物群落の構造・組成の多様化（非木材林産物供給機能），およびリター供給と土壌の熟化に伴う土壌の流亡防止・養分供給・水質浄化等の機能が高まるものと考えられる。

笹ら[19]は弄の緑地空間の地域生態系として，弄の斜面上部から中腹にかけての環境保全基盤となる森林（高木林・低木林）を自然緑地空間と，弄の斜面下部を農林畜牧業生産基盤となる生産緑地空間の2つに区分した。弄における半自給自足的な人間活動を続けながら弄生態系を持続的に維持するためには，自然緑地空間と生産緑地空間両者の空間的占有割合を明らかにすることは重要である。すなわち，森林の修復，復元を行うことは住民の生活条件（水，エネルギー，食料，情報・交通などのライフライン）の確保とのかねあいの問題であ

り，環境扶養人口を超えた住民を抱える弄で足りない食料(穀物)，水，エネルギーをいかにして確保するかにかかっている。足りない食料をまかなうために今以上に斜面のトウモロコシ耕地面積を増やすことで問題は解決できない。環境の許される範囲(環境容量)内で，人間側の要求に最大限応えること，すなわち「均衡管理」ともいえる手法が求められている。

また，この地域生態系の再構築にあたっては，前述した人為攪乱の比較的少ない自然保護区における地域生態系の例は修復目標のひとつであり，斜面上での植生の空間分布様式は充分に地域生態系の再構築の参考になりうる。本調査地には，人為攪乱影響の少ない自然保護区のような場所はない(調査地内の歪線屯は最も類似)が，ほかの同自治区内や近接する省でこれに該当する場所として，広西壮族自治区内の南寧地区龍州県弄崗自然保護区，貴州省茂蘭自然保護区，雲南省文山地区西疇県小構橋自然保護区が挙げられる。前2者は調査報告書(広西植物研究所[7]，貴州省林業庁[9])より，後者は現地踏査による観察に基づいて，調査地の七百弄郷の斜面での緑地空間の植生分布状況をほかの3つの自然保護区内のそれと比較した(図14-16)。各自然保護区内の弄内の斜面では，調査地の大化県七百弄郷と比べて，岩峰斜面のかなり下部まで森林(主に低木)に覆われており，農地は斜面下部の緩斜面(崖錐部)や底部に限られていることがわかった。

土地利用の変更を含めた生態系の再構築にあたっては，環境資源の確保の観点から現在ある森林へのインパクトの低減および住民の基本的生活条件(ライフライン)の確保の2つの視点が必要である。森林インパクトの低減については，森林修復(環境負荷の緩和)として政府主導型の封山育林政策，燃料用メタンガス発酵槽の導入による薪採取量の低減，舎飼いなどによる山羊放牧の制限，省エネルギー竈(かまど)の導入，木材使用を制限したコンクリートブロック製住宅の建設，森林復元(環境容量の増大)として石灰岩地に適した早生樹種の植栽等を含めた退耕還林政策の適切な現地導入推進などが考案され，一部では既に実施されている。また一方，住民の生活条件の確保の観点からは，生活・灌漑用貯水槽の建設による水の確保，電気・メタンガスによる燃料エネルギーの確保，農業生産についてはトウモロコシの多収品種の導入，単一栽培から多種混植栽培への移行，段々畑の造成による農地造成，情報・交通に関しては道路建設など，

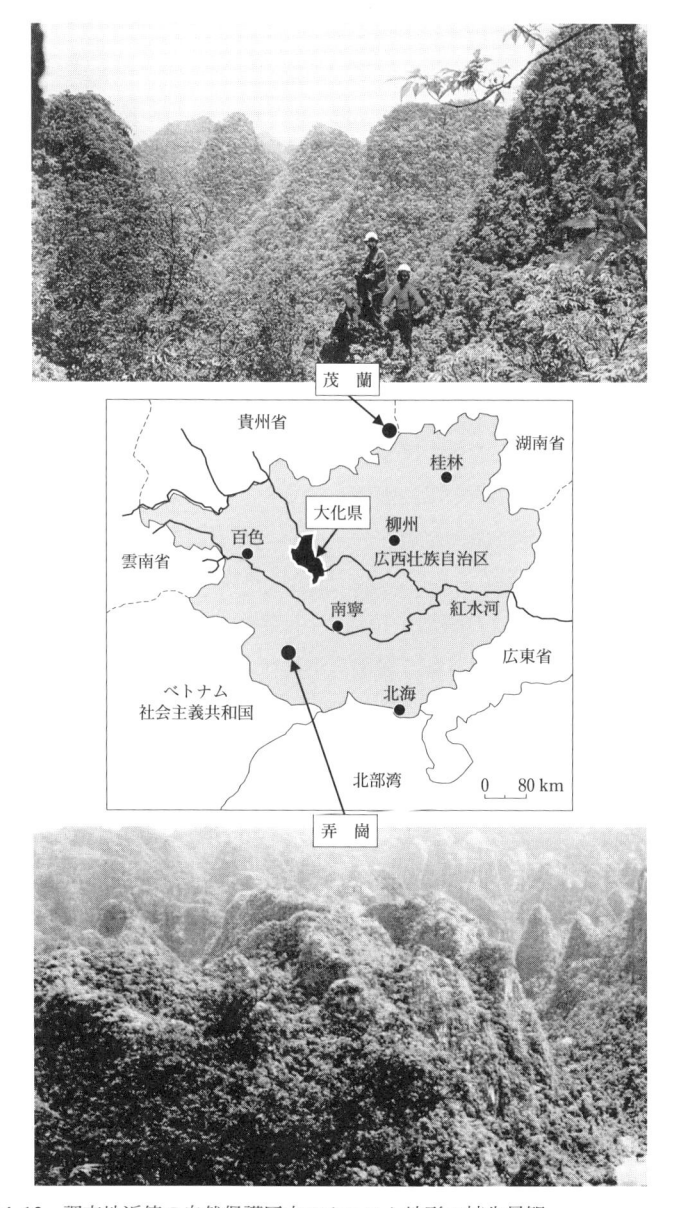

第 14 章　人為攪乱がもたらすカルスト地域生態系植生景観の変容と再構築　　323

図 14-16　調査地近傍の自然保護区内のカルスト地形の植生景観
　　　　　上：貴州省茂蘭自然保護区(貴州省林業庁[9])
　　　　　下：広西壮族自治区南寧地区龍州県弄崗自然保護区(広西壮族自治区林業庁[6])

ハード面での具体案が多く導入されている。

　いずれの場合においても，森林修復・復元およびそれがもたらす効果など長期的な利益を想定している再構築手法と，当面の生活条件の向上や開発などを目的とした短期的な再構築手法が同時進行しているのが現状である。地域住民に対しては，特に前者の長期的視野に立った生態系管理がいかに大切であるかを理解してもらい，そのために住民自らが考え，能動的に森林の修復・復元に参加できる体制を作っていくことが最も重要である。

7-3. アグロフォレストリー導入の可能性
―――森林からのバイオマスエネルギーの確保と農地の作物生産の維持

　5-3で森林からのバイオマスエネルギー供給面では，4つの調査対象の屯のうち2つの屯(弄力，坡坦)で森林面積が足りなくなると判断された。一方，各屯の農地に関して，地域住民が現在の生活レベルで必要とされるカロリー摂取量を確保できる農地面積(トウモロコシ生産に換算)がどの程度必要かという視点から以下のような2つの農地生産様式(仮定1, 2)と各屯の人口条件(表14-1)を加味した場合に必要とされる最小農地面積と実際の農地面積の違いを比較した(図14-17)。仮定となるトウモロコシ生産にかかわる農地生産様式は以下の通りである[21]。

　仮定1：化学肥料の投入はなく，家畜の利用もない場合。したがって，農地への養分の投入は極めて限定的だと考えられる。カロリー摂取量は現在のレベルと同じ2234 kcal/(人・日)とし，トウモロコシ以外の農産物の生産性は無施肥として算出する。無肥料でのトウモロコシの生産性は平地1.35 t/ha，斜面1 t/haとする。

　仮定2：化学肥料を環境許容量以下(150 kg N/ha)とし，窒素のほかにカリウム，リンなどの施肥も適切に行った場合。平地のみならず，斜面にも適切に施肥する。トウモロコシの生産施肥は平地5.5 t/ha，斜面4 t/haまでは可能とする。ただし，家畜の飼料としての消費量は考慮しない。

　4つの調査屯すべてで，衛星写真判読による農地面積が，実際の農地面積を大きく上回っており，特に弄力屯，坡坦屯で顕著であった。これは，実際の農地面積がトウモロコシの株数を基準に面積が算出されているのとは対照的に，

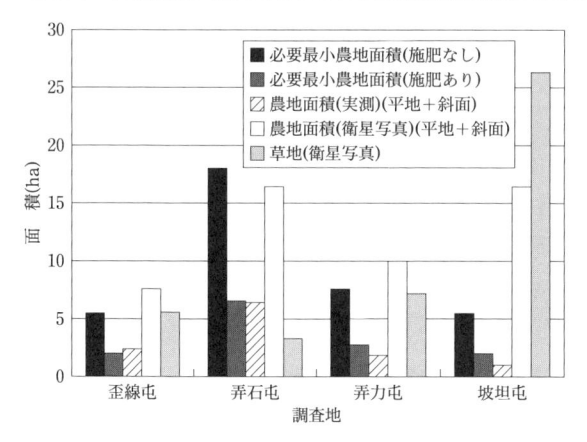

図14-17 各調査地間での必要最小農地(施肥の有無)と現在の農地および草地との面積比較

衛星写真のそれはトウモロコシの株間に広がる岩場などの面積も含んでいるために過大評価されたものと考えられる。衛星写真から算出された農地面積と必要最小農地面積との比較では，弄石屯において施肥を行わずトウモロコシ生産を行った場合(仮定1)に限って農地の不足が見込まれるが，ほかの場合では満たしていた。ところが，実際現地において実測された農地面積を使用すると，唯一歪線屯で施肥してトウモロコシ生産を行った場合に限り，農地面積が必要最小農地面積を上回っていたが，施肥しない場合は，すべての調査地で農地面積の絶対量は不足していると見込まれた。したがって，屯のバイオマスエネルギー確保に必要とされる森林面積と住民のカロリー摂取に必要な農地面積を比較すると，4つの調査屯の中で弄力屯，坡坦屯では森林も農地もともに面積的に不足する屯であると考えられた。

では，現地において不足する食料生産を補うためこれ以上の農地拡大は可能であろうか。現状では難しいのが実態である。それぞれの屯の人口が現在よりも多かった時代に斜面において可能な農地造成は終わっており，作物生産性の低い場所はそのまま放棄されて草地化し現在に至ったものと考えられる。では今後どのような方法によって農地の拡大を伴わずに作物生産を持続・拡大させ，なおかつ森林の修復・復元を図っていくかが課題となろう。

この解決策のひとつとして，アグロフォレストリーの導入可能性がある。アグロフォレストリーは，同一資源を複数の植物生産様式(林木，果樹，作物)で分けあうために，それぞれの生産物の収量は落ちてしまい，一般には導入に際しては消極的に捉えられる場合が多い。しかしこのカルスト山地の弄地形では，平地よりも斜面地が卓越しており光環境の面では側方光線が充分に得られる場所が多いこと，地表には大きな岩塊が連続して堆積しており，その間にある林木，作物が生育できる土壌は岩石によって互いに区切られており，水分，養分はそれぞれ独立している場合が多いこと。このような弄特有の立地環境では空間的に樹木と林床の作物の共存は可能であると考えた。実際に，弄石屯の中(蒙朝珍氏自留地内)では，上木に多目的樹種(飼料，燃料，建築用材)の香椿が植栽され，その林床に根菜類や各種の野菜の混作栽培が見られる。類似例では雲南省の焼畑少数民族の「百宝池」と呼ばれる混作による栽培に見ることができる[5]。

　仮にアグロフォレストリーを現地に導入する場合，現在利用されている農地は最も高い生産性が得られる場所で営まれており，長い作物栽培の歴史を経て現在の土地利用様式に収束してきたものと考えられる。このような農地に最も適した場所として利用されている土地でアグロフォレストリーを導入することは不適当と考えられる。そこで，現状の土地利用様式をできる限り変更せずアグロフォレストリーを導入できる場所として，弄地形の中の凹型斜面の上部に広がる不作付農地，耕作放棄地および耕作放棄後に広がったと考えられる草地のような場所が考えられる。林木と作物との組み合わせ方式として，上木に多目的樹種である任豆，香椿などの樹種や果樹，下層に牧草や林床性作物などを栽培する方法が考えられる。

　退耕還林政策が，この調査地の七百弄郷内においても2002年から実施区域の区割りで始まった。この政策は退耕還林計画に入る傾斜25度以上の耕地を林地に転換した場合，生態林で8年，経済林で5年間にわたり，直接食料補助(150 kg/(年・畝)(1畝＝0.0667 ha)，トウモロコシもしくは米)，種苗補助(50元/初回のみ)，保育費補助(20元/年)が農地所有者に渡される。しかしながら，現行では林木・果樹を植えた下層に農作物栽培をした場合にはこの補助金の対象には相当しない[20]。今後，このアグロフォレストリーが実行可能な退耕還

林政策の柔軟な運用が望まれる。

　現在ある高木林となっている弄地形の斜面上部から尾根筋の森林は，家屋用材はもとより，薪としての枝条が採取され，自家消費，販売用として頻繁に利用されている。この場所は森林・水環境などの保護・管理・持続的利用のためその一部を「封山育林」として，立ち入り・立木伐採・枝条や落葉の採取を制限する必要があると思われる。前者と同様に弄地形の斜面下部にあたる，伐採・採取など人為攪乱のさらに強い場所においても，封山育林や上木の伐採サイクルの延長などの森林の保護的な取り扱いが必要である。

　最終的には，屯における人為攪乱の影響緩和のために，弄の斜面地の地域生態系での自然緑地空間と生産緑地空間の再構成による最適配置モデルの提示が求められている。以上の結果により，家屋用材・燃材としてのバイオマス供給機能，植物の種多様性による住民の植物利用を支える非木材林産物供給機能において斜面での森林は草地より優れているといえる。しかし斜面地に広がる草地から常緑高木林への遷移は現状では困難な状況にあり，斜面地の一部での山羊の放牧が一層遷移を遅らせている。今後の弄の地域生態系の再構築・生態系機能回復モデルの方策として図14-4下のように図示され，以下のように要約されるのではないか。すなわち，①斜面地上部の自然緑地空間である耕地後背域の常緑高木林の保全(環境保全機能確保，生活基盤確保と生物多様性の維持のための封山育林政策の現地適応技術の開発)を重視すること，②斜面地の不作付農地，放棄農地，草地などの生産緑地空間における多目的林(薪炭材，飼料材，木材生産を含む退耕還林政策の現地適応技術の開発)，特にアグロフォレストリーの場の造成(生物生産にかかわる高度空間利用による近傍の自然緑地空間への環境負荷軽減)を図ること。

引用・参考文献

[1] Baskin, M. J., Chester, E. W. and Baskin, C. C. (1997): "Forest vegetation of the Kentucky Karst Plain (Kentucky and Tennessee)," *Review and synthesis. Journal of the Torrey Botanical Society*, vol. 124 (4), pp. 322-335.

[2] Brown, S., Gillespie, A. J. R. and Lugo, A. E. (1989): "Biomass estimation methods for tropical forests with applications to forest inventory data," *Forest Science*, vol. 35 (4),

pp. 881-902.
[3] 中国科学院地理研究所・広西大化瑤族自治県人民政府(1996):『広西壮族自治区大化瑤族自治県における貧困問題の解決と石灰岩山区の概況』。
[4] 中国科学院中国植被図編集委員会(2001):『1:10000 中国植被図集』科学出版社, p. 260。
[5] 尹紹亭(白坂蕃訳, 林紅翻訳協力)(2000):『雲南の焼畑——人類生態学的研究』農林統計協会, p. 240。
[6] 広西壮族自治区林業庁(1993):『広西自然保護区』中国林業出版社, p. 187。
[7] 広西植物研究所(1988):「広西弄崗自然保護区総合考察報告」『広西植物増刊1』陽朔県桂林。
[8] 広西植物研究所(1982):『広西石灰岩石山植物図譜』広西人民出版社。
[9] 貴州省林業庁(1987):『茂蘭喀斯特森林科学考察集』貴州人民出版社, p. 386。
[10] 波多野隆介・信濃卓郎・鄭泰根・大久保正彦(2003):「窒素循環, 食糧・環境との関連について」『日本学術振興会未来開拓学術研究推進事業研究成果報告書 複合領域3 アジア地域の環境保全 中国西南部における生態系の再構築と持続的生物生産性の総合的開発』pp. 120-133。
[11] Hill, M. O. (1979a): *DECORANA — A FORTRAN program for detrended correspondence analysis and reciprocal averaging*, Ecology and Systematics, Cornell University, Ithaca, New York.
[12] Hill, M. O. (1979b): *TWINSPAN — A FORTRAN program for arranging multivariate data in an ordered two-way table by classification of the individuals and attributes*, Ecology and Systematics, Cornell University, Ithaca, New York.
[13] Hill, M. O. (1994): *DECORANA and TWINSPAN, for ordination and classification of multivariate species data: a new edition, together with supporting programs, in FORTRAN77*, Institute of Terrestrial Ecology, Huntingdon.
[14] Huang, W., Tu, Y., and Yang, L. (1988): *Vegetation of Guizhou*, Guizhou People's Publishing House (in Chinese).
[15] Institute of Karst Geology, Chinese Academy of Geological Science (1988): *Karst Remote Sensing Images in China*. (ed. Jie Xianyi), Chongquiang Publishing House, Congquing, p. 132.
[16] 石井寛・山本美穂・鄭泰根・呉鉄雄・兼重努・平野悠一郎(2003):「中国の森林政策の動向と大化瑤族自治県七百弄郷の森林管理」『日本学術振興会未来開拓学術研究推進事業研究成果報告書 複合領域3 アジア地域の環境保全 中国西南部における生態系の再構築と持続的生物生産性の総合的開発』pp. 63-76。
[17] 小泉博・大黒俊哉・鞠子茂(2000):『新・生態学への招待 草原・砂漠の生態』共立出版。
[18] Mueller-Dombois, D. and Ellenberg, H. (1974): *Aims and methods of vegetation ecology*, John Wiley & Sons, New York.
[19] 笹賀一郎・新谷融・小池孝良・高橋英紀・清水収・間宮春大・竹下正哲・矢崎慶

子・鈴木桂・譚宏偉・蒙炎成・陳桂莉・呂維偉・梁建平・陳国誠・李作威(2003):「七百弄地区カルスト・ドリーネにおける水土移動形態と森林および土地利用状況の評価」『日本学術振興会未来開拓学術研究推進事業研究成果報告書　複合領域3 アジア地域の環境保全　中国西南部における生態系の再構築と持続的生物生産性の総合的開発』pp. 195-210。

[20] 関良基・向虎(2004):「中国の退耕還林をめぐる諸問題——「大衆動員」から「住民参加」への模索」『科学』vol. 74 (3), pp. 350-352。

[21] Shinano, T., Taigen, Z., Yamamura, T., Meng, Y., Lu, W. and Tan, H. (2003): "Production of maize in the karst monutain area of southwest China,"『日本学術振興会未来開拓学術研究推進事業研究成果報告書　複合領域3 アジア地域の環境保全　中国西南部における生態系の再構築と持続的生物生産性の総合的開発』pp. 341-353。

[22] Steininger, M. K. (2000): "Secondary forest structure and biomass following short and extended land-use in central and sourthern Amazonia," *J. of Tropical Ecology*, vol. 16, pp. 689-708.

[23] 菅豊(1999):「「マイナーサブシステンス」という営みに注目」『アエラムック　新環境学がわかる』朝日新聞社, pp. 46-49。

[24] 武内和彦(1991):『地域の生態学』朝倉書店, p. 254。

[25] Ursic, K. A., Kenkel, N. C. and Larson, D. W.(1997): "Revegetation dynamics of cliff faces in abandoned limestone quarries," *Journal of Applied Ecology*, vol. 34, pp. 289-303.

[26] 漆原和子編(1996):『カルスト——その環境と人びとのかかわり』大明堂, p. 325。

[27] Vogt, C., Gordon, J., Wargo, J., Vogt, D. and collaborators (1996): *Ecosystem: balancing science with management*, Springer, New York, p. 470.

[28] 落合信彦(1997):『誰も見なかった中国　The long Yellow Road』小学館, p. 223。

[29] Westworth, T. R. (1985): "Vegetation on limestone in the Huanchuca mountains, Arizona," *The Southwestern Naturalist*, vol. 30 (3), pp. 385-395.

[30] 八木久義・丹下健・益守真也・野口亮・羽根崇晃・譚宏偉・蒙炎成(2003):「土壌特性の評価と土壌管理・改良方法の検討」『日本学術振興会未来開拓学術研究推進事業研究成果報告書　複合領域3 アジア地域の環境保全　中国西南部における生態系の再構築と持続的生物生産性の総合的開発』pp. 177-194。

[31] Yuan, D. et al. (1991): *Karst of China*, Geological Publishing House, Beijing, China, p. 224.

[32] Wang, X. and Hatano, R. (2003): "Detailed analysis of land cover and vegetation status in Dahua district, Guangxi, China by using Landsat data and very high-resolution satellite Ikonos data,"『日本学術振興会未来開拓学術研究推進事業研究成果報告書　複合領域3 アジア地域の環境保全　中国西南部における生態系の再構築と持続的生物生産性の総合的開発』pp. 268-289。

[33] Wu, Y. (1994): "A study on Agro-Geologic Background and Synthetic Agriculture Developing Model in the Guangxi Karst Mountain Area," *Human Activity and Karst*

Environment, pp. 55-62 (in Chinese with English summary).
[34]　Wu, Q. and Yang, W. (1998): *Forest and grassland vegetation construction and its sustainable development in Loess plateay*, Science Press, Beijing.
[35]　Zhang, Z. (1996): "Drought and flood hazards in southern China bare karst and approaches to their control," *Carsologica Sinica*, vol. 15 (1-2), pp. 1-10 (in English with Chinese summary).
[36]　鄭泰根・蒙炎成・譚宏偉・李作威・石井寛・出村克彦(2003):「中国南西部石灰岩山間地域における人間社会と生態系の歴史的な変遷」『日本学術振興会未来開拓学術研究推進事業研究成果報告書　複合領域3 アジア地域の環境保全　中国西南部における生態系の再構築と持続的生物生産性の総合的開発』pp. 100-114。
[37]　Zhu, S., Wei, L., Chen, Z. and Zhang, C. (1997): "A preliminary study on biomass components of karst forest in Maolan," in Zhu, S. (ed): *Ecological research on karst forest (II)*, Guiyang Science Publishing House, pp. 118-127 (in Chinese with English summary).

第15章　衛星より見た土地利用と植生

王　秀峰

1. はじめに

　われわれは「中国西南部における生態系の再構築と持続的生物生産性」の基礎研究のため，衛星データを用いて，この地区の土地利用および植生環境を調べることを目的として，1999〜2001年度に研究を行った。

　1999年度は，広西壮族自治区の大化と七百弄について，ランドサットTMデータを用いてトゥルーカラー図とフォールスカラー図による地上状態の解析，および土地被覆分類，植生指数，地表面温度の解析を行った。併せて日本の2地区(関東の福生，四国の高知)の土地被覆分類，植生指数および地表面温度の解析を行い，中国の結果と比較して土地被覆分類ごとに植生状態を推定した。植生指数と地表面温度は衛星データの解析によく使用されている。すなわち，植生指数は植生の活性などを示すパラメータで，地表面温度は農業地帯における表面の熱的特性を表す数値である。

　2000年度は，1999年度に行った土地被覆分類ごとの植生指数と地表面温度を用いた植生状態の推定を継続するとともに，異なったシーンのランドサットTMデータを使用して，植生状態の推定をより詳細に解析した。すなわち，異なったシーンの土地被覆分類結果と比較して，両年の分類結果の変化から先に推定した植生状態をより詳細に推定する試みを行った。さらに，2001年度は高分解能衛星イコノスデータを用いてランドサットTMデータで解析した土地被覆分類ごとの植生状態と土地利用の詳細を検証し，衛星データの検証にイコノスデータを用いる方法を確立した。

2. 衛星データについて

2-1. 解析地域および使用した衛星データ

　中国の解析場所は広西壮族自治区大化と七百弄である。また，比較のため日本の福生と高知を解析に加えた。解析場所の中心位置と範囲などを表15-1に示す。

　解析に使用した衛星データは，ランドサットTMデータと検証に用いたイコノスデータである。ランドサットTMデータは地上を7波長で測定しており，種々の地上環境状態の解析に使用できる。また，イコノスデータは空間分解能が1m×1m(パンクロ)と4m×4m(カラー)で土地被覆の詳細な解析ができる。表15-2に解析に使用した衛星データを示す。

　なお，日本の福生(Path 107/Row 35)と高知(Path 111/Row 37)のランドサットTMデータで1988年10月13日と1989年10月14日のシーンを参考に解析した。

表15-1　解析場所の位置

解析地区	中心の位置	解析範囲
大　化	北緯23°43′，東経107°59′	東西約15 km，南北12 km
七百弄	北緯24°07′，東経107°41′	東西約10 km，南北6 km
福　生	北緯35°43′，東経139°20′	東西約15 km，南北12 km
高　知	北緯33°34′，東経133°32′	〃

表15-2　解析に使用した衛星データ

解析地区	撮影日	衛星の種類	Path/Row
大　化	1994. 11. 05 1998. 10. 15	ランドサット5号	126/43
七百弄	1994. 11. 05 1998. 10. 15	〃	126/43
福　生	1988. 10. 13	〃	107/35
高　知	1989. 10. 14	〃	111/37
七百弄	2001. 11. 13	イコノス	

2-2. 解析方法

　ランドサット TM データとイコノスデータについて，解析場所を切り出した後，次に示すような計算や解析を行った。

(1) ランドサット TM データの計算および解析

　日本と中国のランドサット TM データについて，①トゥルーカラーとフォールスカラーによる地上状態の解析，②土地被覆分類，③土地被覆分類ごとの平均植生指数の計算，④土地被覆分類ごとの平均地表面温度の計算，⑤土地被覆分類ごとの平均植生指数と平均地表面温度の回帰関係，⑥回帰式の勾配による土地被覆分類ごとの植生状態の解析を行った。

a) トゥルーカラーとフォールスカラーによる地上状態の解析

　1998 年 10 月 15 日のランドサット TM データについて，トゥルーカラーとフォールスカラーで画像化し，地上の状態を調べた。トゥルーカラーはバンド 1 に青色，バンド 2 に緑色，バンド 3 に赤色を配色した画像で，家屋，道路，河川などの識別ができる。フォールスカラーはバンド 2 に青色，バンド 3 に緑色，バンド 4 に赤色を配色した画像で，植生があるところが赤色に表現され，植生分布などが識別できる。

b) 土地被覆分類

　ランドサット TM データはバンド数が多いため地上被覆物などの解析が比較的正確にできる。ランドサット TM データのバンド 1〜7 のうち，バンド 6 を除いた 6 つのバンドで，クラスタ分析の ISODATA 法によって土地被覆分類を行った。ISODATA 法は教師なし分類の一種で似たピクセル同士を集合する方法である。クラス数はいずれの解析場所も 15 クラスとした。さらに，分類された各クラスについて，平均植生指数と平均地表面温度および両者の勾配などを計算した。

c) 植生指数の計算

　衛星データの赤色バンドと近赤外バンドを用いて植生の状態を示す指標が開発されている。これは活性がある植物と，活性がない植物では赤色波長と近赤外波長が大きく異なることから導かれたものである。現在よく使用されている植生指数として，式(1)に示す標準化植生指数(Normalized Difference Vegetation Index; NDVI）が用いられている。

$$NDVI = (B4 - B3)/(B4 + B3) \cdots\cdots (1)$$

ただし，B3, B4：ランドサット TM データのバンド 3 とバンド 4 の DN 値。

　この植生指数は植物の活性ばかりでなく，植物量，緑被率などに比例することが知られている。したがって，地上の植生状態を知る上で有用な指数である。b)で分類したクラスごとに植生指数の平均値，最大，最小値を計算し，各クラスの植生状態を推定した。

d）地表面温度の計算

　地表面温度（衛星から推定した表面温度）も地上の状態を推定する重要な指標である。ランドサット TM データのバンド 6 は熱赤外に相当するバンドのため，地表面温度が計算できる。式(2)を使用して地表面温度を計算した。

$$T_s = -38.33 + 0.46 \cdot B6 \cdots\cdots (2)$$

ただし，T_s：地表面温度，B6：ランドサット TM データのバンド 6 の DN 値。

　しかし，この式で計算した値は，真の地表面温度に一定のバイアスを含んだ値で真の地表面温度に比例した温度である。植生指数と同様に，b)で分類したクラスごとに地表面温度の平均値，最大，最小値を計算し，これによって各クラスの土地被覆状態を推定した。

e）土地被覆分類ごとの平均植生指数と平均地表面温度の回帰関係および両者の勾配による植生状態の解析

　各クラスの平均植生指数と平均地表面温度について，両者の回帰式((3)式)を計算した。植生指数が同じでも植物の地表面温度は異なる。したがって，植生指数と地表面温度の関係は植生の種類によって異なる。これらの数値を調べることによって，植生状態が推定できる。また，回帰式の勾配によっても植生状態を推定した。土地被覆や植生状態の推定には日本におけるランドサットの解析結果も参考にした。

$$T_s = a\,NDVI + b \cdots\cdots (3)$$

ただし，a：回帰係数，b：切片。
（2）イコノスデータの解析
　イコノスデータについても植生指数の計算を行って，植生指数分布図を作成するとともに，フォールスカラー図を作成して植生状態を推定した。このイコノスデータによる植生状態と，ランドサットで推定した植生状態を比較してランドサットの結果を検証した。また，イコノスデータについても4バンドを使用して土地被覆分類を行い，ランドサットの分類結果と比較した。

2-3. 解析項目
　まず，トゥルーカラーとフォールスカラーによる地上状態の解析を行い，地形や植生などの特徴を調べた。さらに，ランドサットTMデータ単独でどのようなことが判別するかを解析し，次いで参照データ（日本のランドサットTMデータ）を使用してどのようなことがわかるかについて解析した。すなわち，解析項目は次の4項目である。
① トゥルーカラーとフォールスカラーによる地上状態の解析
② ランドサットTMデータ単独による植生状態の推定
③ ランドサットTMデータについて参照データを使用した植生状態の推定
④ イコノスによる植生状態の詳細な推定

　すなわち，①②については主として1998年の中国のランドサットTMデータについて，土地被覆分類図とトゥルーカラー図やフォールスカラー図を参照して，植生指数，地表面温度および回帰係数などによって，どの程度まで植生状態が推定できるかを調べた。次いで③については，植生状態が確定できる日本のランドサットTMデータの解析結果を参照して，七百弄の植生状態を推定した。さらに，④で高分解能のイコノスデータを使用して，分類されたクラス2～15までの部分を抽出して，パンクロ画像，フォールスカラー図，植生指数図およびイコノスの土地被覆分類図などを参考にして植生状態を推定した。

3. ランドサットTMデータの合成カラー図による推定地上状態
　1998年10月15日のランドサットTMデータを用いて中国の大化と七百弄，

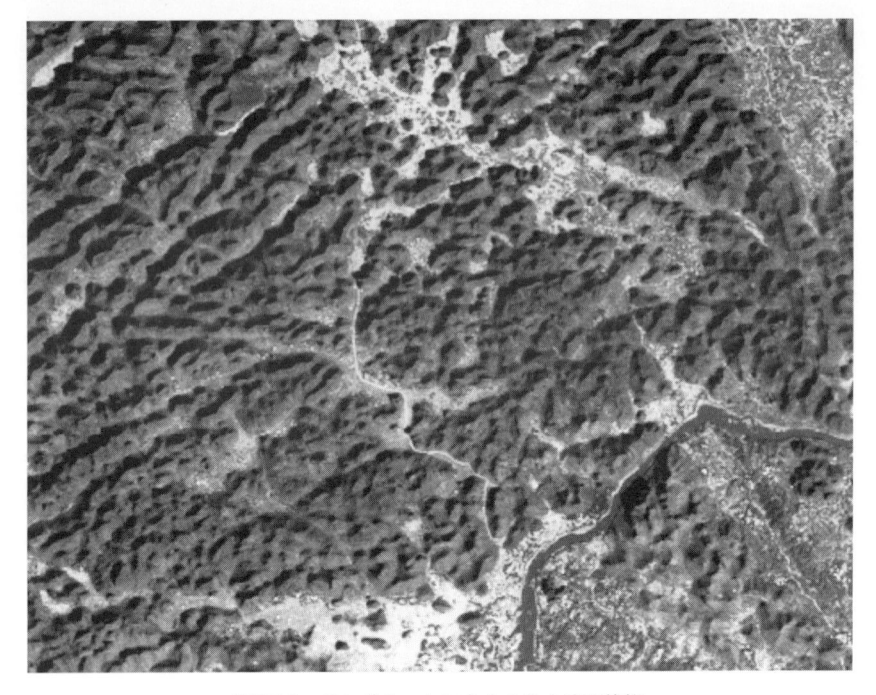

図 15-1 ランドサットによる大化の地形状態

および1988年と1989年のランドサットTMデータで日本の福生と高知のトゥルーカラー図とフォールスカラー図で地形や植生を調べた。図15-1，15-2に中国の大化と七百弄の地形状態を示す。

　大化におけるトゥルーカラー図によると地形は北東方向に走り，台地が浸食を受け，高い丘状の地形が連なっているのがわかる。特に画像の北西側で，この地形が卓越している。日影の長さから丘状の高さを概略計算すると，最大約500mもあることが計算できる。また，谷には住宅地が点在しているのが判断できる。画像の北東端と南東端にはやや平坦な地形が存在する。フォールスカラー図によると，植生は台地上に存在し，谷には植生はほとんどない。わずかに広い谷に点在する植生は畑とも考えられる。また，画像の北東端と中央部南端に存在する平坦地と思われるところにも，ややかたまった植生が存在するが，畑地と推察できる。

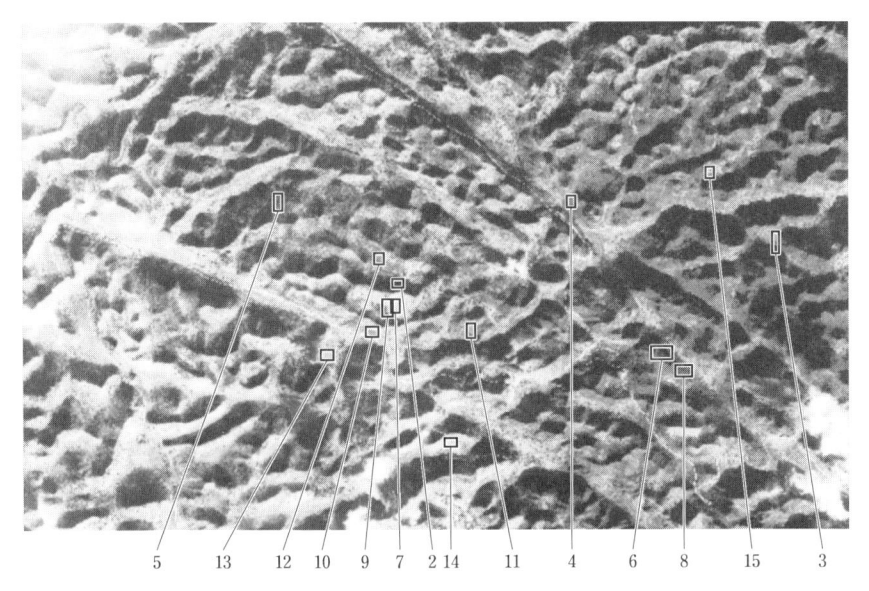

第 15 章　衛星より見た土地利用と植生　　337

図 15-2　ランドサットによる七百弄の地形状態 (数字はクラスのナンバー)

　七百弄におけるトゥルーカラー図によると，細かな地形が複雑に入り組んでおり，谷の方向は北東方向と北西に走り，高い丘状の地形が連なり，浸食が複雑に作用したのが推察できる。日影の長さから丘状の高さを概略計算すると，最大約 300 m もあることが計算できる。また，町や村などの住宅地の集合は見られないが，広い谷にはわずかに住宅が点在しているのが確認できる。また，フォールスカラー図によって植生を見ると，特に西側の丘の上は植生量が少なく，中央部の北から中央にかけて比較的植生量が多い部分が存在する。

　これらの中国の画像に対して，日本の福生と高知のトゥルーカラー図によると，都市域が河川を中心に広範囲に広がり，福生には飛行場らしいところも判別できる。また，山地も中国のように丘状でなく，台地が浸食されたような跡ではなく，褶曲により形成された様相を呈している。フォールスカラー図によると植生は山地に広く存在し，平野部には植生らしい植生はあまり存在しない。

4. ランドサット TM データ単独による推定植生状態

4-1. 1998年10月のランドサット TM データによる植生状態の推定

1998年10月15日のランドサット TM データを用いて中国の大化と七百弄の15クラスまでの土地被覆分類を行った。両地域の植生指数と地表面温度の計算結果を表15-3と表15-4に示す。

大化について，最も平均植生指数が小さくて，地表面温度が低いクラスはクラス1で，トゥルーカラー図を調べると，河川や谷の日陰の部分に存在する。また，最も地表面温度の高いクラスはクラス15で，このクラスの植生指数はクラス1の次に低い。したがって，裸地や住宅地であると推定できる。図で植生指数が大きいクラスは，クラス9(平均植生指数0.53)，クラス10(平均植生指数0.58)，クラス13(平均植生指数0.55)であり，地表面温度もやや高い。また，最もピクセル数が多いクラスはクラス11である。このクラスの植生指数は中程度(平均植生指数0.45)で，地表面温度はやや高い。画像全体に散在しているが，そのまとまりは大きくない。逆に，まとまりがあるクラスはクラス12で，植生指数は低く，地表面温度はやや高い。

七百弄は大化と同じようにクラス1は日陰の部分を表している。また，最も植生指数が高いのはクラス14(平均植生指数0.62)で，このクラスは地表面温度もやや高く，丘の上の植生が豊富なところである。また，クラス10は植生指数が中程度(平均植生指数0.51)で，地表面温度はやや高く，ピクセル数も比較的多いのは，大化と同じであるが，大化と異なりまとまって存在する。日本の福生と高知は，中国と異なり都市域と山地の区分がよく現れている。

4-2. 1998年10月と1994年11月ランドサット TM データの解析結果の比較

1994年11月のランドサット TM データについても土地被覆分類を行った。その結果，ピクセル数の割合が1998年10月の土地被覆分類と大きく変化したクラスは，大化ではクラス1, 6, 11, 13，七百弄ではクラス1, 6, 8, 10で

第 15 章　衛星より見た土地利用と植生　339

表 15-3　大化の土地被覆分類による植生指数と地表面温度の解析結果

クラス	ピクセル数	植生指数 平均	MIN	MAX	STD	地表面温度(°C) 平均	MIN	MAX	STD	回帰係数	RMSE	相関係数
1	18,903	0.05	−1.00	0.43	0.18	18.2	15.5	22.9	0.91	−0.87	0.90	−0.17
2	12,640	0.31	−0.58	0.56	0.12	18.8	16.0	24.2	0.92	−2.60	0.86	−0.33
3	11,528	0.38	−0.33	0.59	0.10	19.2	16.0	24.7	0.91	−3.15	0.85	−0.35
4	10,310	0.48	0.16	0.64	0.05	19.3	16.9	22.9	0.85	−5.11	0.81	−0.30
5	7,531	0.30	−0.28	0.51	0.13	20.1	17.3	25.6	0.97	−2.83	0.90	−0.37
6	10,083	0.52	0.08	0.66	0.05	19.7	16.9	23.3	0.82	−4.48	0.80	−0.26
7	12,544	0.43	0.14	0.57	0.05	20.3	17.3	23.8	0.85	−2.64	0.84	−0.17
8	9,524	0.27	−0.20	0.47	0.11	21.1	17.8	27.5	1.00	−2.02	0.98	−0.22
9	15,737	0.53	0.20	0.68	0.05	20.2	17.3	23.8	0.82	−3.96	0.80	−0.24
10	13,073	0.58	0.36	0.71	0.04	20.5	17.8	23.8	0.86	−4.14	0.85	−0.21
11	24,332	0.45	0.24	0.60	0.05	21.0	17.8	25.2	0.86	−0.52	0.86	−0.03
12	18,656	0.28	−0.11	0.50	0.09	21.6	18.7	28.8	0.95	−0.71	0.94	−0.07
13	15,580	0.55	0.31	0.75	0.05	21.2	17.8	25.2	0.88	−4.00	0.86	−0.23
14	14,556	0.42	0.21	0.59	0.06	21.8	18.7	27.9	0.95	0.63	0.95	0.04
15	9,803	0.16	−0.13	0.43	0.09	21.9	18.7	29.3	0.92	1.38	0.91	0.13

表 15-4　七百弄の土地被覆分類による植生指数と地表面温度の解析結果

クラス	ピクセル数	植生指数 平均	MIN	MAX	STD	地表面温度(°C) 平均	MIN	MAX	STD	回帰係数	RMSE	相関係数
1	5,597	0.13	−1.00	0.46	0.13	15.7	13.2	18.7	0.75	1.20	0.74	0.21
2	5,141	0.36	−0.09	0.56	0.08	16.3	13.7	19.2	0.77	−0.42	0.77	−0.04
3	4,544	0.44	0.05	0.59	0.07	16.7	14.1	19.2	0.75	−0.79	0.75	−0.07
4	3,723	0.51	0.32	0.62	0.04	16.9	14.6	19.6	0.72	−0.87	0.72	−0.05
5	2,294	0.36	0.00	0.56	0.09	17.2	14.6	20.6	0.78	0.63	0.78	0.07
6	4,301	0.54	0.28	0.67	0.04	17.3	15.0	20.1	0.72	−1.36	0.72	−0.08
7	3,174	0.44	0.13	0.59	0.07	17.7	14.6	20.6	0.78	0.30	0.78	0.03
8	5,027	0.56	0.34	0.70	0.04	17.7	15.0	20.1	0.74	−2.11	0.73	−0.10
9	2,722	0.36	0.00	0.54	0.07	18.4	15.5	21.5	0.80	−0.37	0.80	−0.03
10	5,077	0.51	0.29	0.63	0.04	18.4	16.0	21.5	0.78	−0.60	0.78	−0.03
11	5,002	0.60	0.38	0.71	0.03	17.9	15.0	20.6	0.75	−1.91	0.75	−0.08
12	7,029	0.60	0.40	0.71	0.04	18.4	15.5	21.5	0.82	−3.31	0.81	−0.16
13	4,478	0.39	−0.02	0.58	0.08	19.3	16.4	22.4	0.89	−1.79	0.87	−0.17
14	5,095	0.62	0.44	0.75	0.04	18.9	15.5	22.4	0.93	−3.68	0.92	−0.16
15	3,596	0.48	−0.02	0.63	0.07	19.7	16.4	23.8	1.01	−2.60	1.00	−0.18

あった。

　クラス1は大化，七百弄とも1994年11月のデータでは1998年10月のデータに比較して大きく増加したクラスである(大化約1.6倍，七百弄約1.8倍)。このクラスは1998年10月のデータでは，最も植生指数が小さく，地表面温度が低いクラスで，日陰や河川と推定されたクラスである。両年のクラス1の分布を比較した結果，太陽高度が異なることによる日陰部分の増大(1998年の太陽高度は49度，1994年は42度)と，河川水量による川幅の増加(大化)の影響であることが判明した。また，1994年のクラス1の新たに日陰に入った部分は，両地区とも1998年のクラス2と3である。このクラスは1998年ではクラス1の隣に位置しているため，日の当たる斜面とは異なった植生を示していたと思われる。

　また，大化，七百弄ともクラス6は1994年では1998年と比較して減少している(大化 −3.30%，七百弄 −2.04%)。このクラスの植生指数は比較的大きく，地表面温度は比較的低く，ある種の樹木と考えられたクラスである。大化では1994年のクラス6に属するピクセルは，1998年ではクラス8と12に属していたピクセルが多い。1998年のクラス8と12はともに植生指数は小さく(0.27と0.28)，地表面温度は比較的高い(21.08℃と21.58℃)クラスで，クラス6とは大きく異なる。したがって，1998年と異なる植生のクラスが1994年には分類された可能性がある。また，七百弄では1998年のクラス6とクラス7に属していたピクセルが多い。1998年には両クラスとも谷間に存在するため，同じような植生である可能性がある。

　大化のクラス11と七百弄のクラス10も1998年と1994年で大きくピクセル数が異なったクラスである。しかも，大化について1998年のクラス11に属していたピクセルの約30%しか1994年のクラス11に含まれていなく，クラス8とクラス12にあったピクセルが含まれている。両者の位置関係を調べた結果，位置も異なっており，1998年のクラス11は異なった植生の混合があったとも考えられる。同じような傾向は七百弄のクラス10についても見られた。

　さらに，4-1で推定したクラスについても1998年と1994年の土地被覆分類結果を比較した。1998年の大化についてクラス13は，1994年では多くのピクセルがクラス14に移行し，位置も重なっていた。両クラスの植生指数と地表

面温度の変化は大きくない。また，1998年のクラス14は多くがクラス13とクラス15に移行していた。七百弄については，1998年のクラス12とクラス13は多くのピクセルがクラス13とクラス11およびクラス12とクラス15に移行していた。しかし，1998年のクラス14の大部分は1994年でもクラス14で位置の変化も少ない。

このように1998年と1994年で大きくピクセル数が異なったクラスや，ピクセル数が同じでも位置が変化したクラスについては，両年を比較することによって詳細に植生状況を調べることができると考えられる。

5. ランドサットTMデータについて参照データ（日本の植生）を使用した推定植生状態

引き続き1998年10月のランドサットTMデータについて，土地被覆分類を行い，植生指数と地表面温度を計算して植生状態を推定した。地表面温度は衛星の撮影日によって異なるため，お互いのデータの比較はできない。そのため地表面温度を標準化(平均＝0，標準偏差＝1)し(以下，標準化地表面温度)，異常値(全体の5％)を除いて，植生指数との回帰係数を比較した。この回帰係数は植生指数と地表面温度に影響されるパラメータで，土地被覆の特徴を表すことが研究されている。同じ地域では植生指数が同じでも，この値が異なれば植生の状態や種類が異なる。しかし，異なる地域では，この事実はまだ確認されていない。回帰係数の違いが，土地被覆のどのような特徴を表すかを調べるために解析した。

日本と中国の4地区で植生指数が比較的大きいクラスについて調べた(表15-3，表15-4参照，ただし標準化していない)。植生指数が比較的大きく(0.42〜0.60)，地表面温度が比較的高いクラス(標準化地表面温度で0.49〜0.57)は，大化ではクラス13(植生指数0.55，標準化地表面温度0.48)，七百弄ではクラス12(植生指数0.60，標準化地表面温度0.47)，福生ではクラス14(植生指数0.43，標準化地表面温度0.49)である。高知ではこれに相当するクラスは見られなかった。これらのクラスについて分布を調べたところ，大化では南斜面に集合的に存在し，七百弄では同じく南斜面に小さな集合を形成している。

また，福生では飛行場内の滑走路間やゴルフ場に存在することから，背丈の低い草地と思われる。なお，このクラスに属する土地の割合は，大化では7.6%，七百弄では10.5%，福生では5.2%である。さらに，植生指数と標準化地表面温度が同じであるが，両者の回帰係数は異なる。この原因は今後の研究課題である。

次に，植生指数が比較的大きく(0.42〜0.60)，地表面温度が比較的低い(標準化地表面温度で−0.35〜−0.89)場所について調べた。大化ではクラス4，6で(植生指数0.48，0.52，標準化地表面温度−0.70，−0.36)，七百弄ではクラス4，6(植生指数0.51，0.54，標準化地表面温度−0.58，−0.35)，福生ではクラス5，6(植生指数0.52，0.52，標準化地表面温度−0.89，−0.46)，高知ではクラス5，7(植生指数0.51，0.56，標準化地表面温度−0.70，−0.45)がこれに相当する。場所的分布を調べたところ，福生，高知では山地に分布することから，ある種の樹木である可能性が高い。しかし，中国の大化，七百弄の全般的分布は丘部の頂上や谷間の平地でなく，集合も日本より小さい。そのため狭い谷間に残っている樹木である可能性がある。このクラスに属する土地の割合は，大化では12.0%，七百弄では9.4%，福生では13.8%，高知では15.8%である。

同じように，植生指数が中庸なクラス(0.32〜0.44)についても植生を推定した。地表面温度の比較的高い(標準化地表面温度で0.04〜1.18)ところは，大化ではクラス14で，七百弄ではクラス13，福生ではクラス13，高知ではクラス12がこれに相当する。日本との比較から，河原の雑草，植生が比較的まばらな畑，植生が存在する荒地と考えられた。このクラスに属する土地の割合は，大化では7.1%，七百弄では6.7%，福生では7.4%，高知では7.6%である。また，比較的低い(標準化地表面温度で−0.54〜−1.05)ところは，大化ではクラス3，七百弄ではクラス3，福生ではクラス4，高知ではクラス4がこれに相当する。このクラスは日陰のクラス1に沿った斜面に現れている。したがって，日陰になりやすい斜面に存在する雑草，雑木と考えた。このクラスに属する土地の割合は，大化では5.6%，七百弄では6.8%，福生では6.0%，高知では8.3%である。これらの推定結果を表15-5に示す。

表15-5 植生指数と地表面温度による推定植生

植生指数	地表面温度 (標準化した値)	地区(クラス)	解析場所に占める割合	推定植生
比較的大きなクラス (0.42〜0.60)	比較的高い (0.49〜0.57)	大　化(13) 七百弄(12) 福　生(14)	7.6% 10.5 5.2	草丈の低い草地
	比較的低い (−0.35〜−0.89)	大　化(4, 6) 七百弄(4, 6) 福　生(5, 6) 高　知(5, 7)	12.0% 9.4 13.8 15.8	ある種の樹木
中庸なクラス (0.32〜0.44)	比較的高い (0.04〜1.18)	大　化(14) 七百弄(13) 福　生(13) 高　知(12)	7.1% 6.7 7.4 7.6	河原の雑草，比較的植生がまばらな畑，植生が存在する荒地
	比較的低い (−0.54〜−1.05)	大　化(3) 七百弄(3) 福　生(4) 高　知(4)	5.6% 6.8 6.0 8.3	日陰になりやすい斜面に存在する雑草，雑木

6. イコノスデータによる詳細な推定植生状態

　七百弄の1998年のランドサットデータを使用して分類された各クラスについて，代表的なまとまりがある場所をイコノスのパンクロ画像から切り出して（図15-2参照），植生状態を推定した．また，推定にはイコノスのパンクロ画像のほかにイコノスのフォールスカラー図，植生指数分布図や表15-4なども使用した．パンクロ画像から各クラスの位置の特徴，日向・日陰の別，樹木の高低，道路や住宅が判別できる．日向で特に明るいところは太陽光が直角に入射しており，比較的暗いところは太陽光が鈍角に入射していると考えられ，斜面の傾斜が推定できる．また，日陰の暗いところは谷が深いところである．フォールスカラー図，植生指数分布図および表15-4からクラスの植生の特徴がわかる．すなわち，植生が豊富なところは平均植生指数が大きく，植生指数の範囲が広いところは種々の植生を含み，また最低植生指数が小さいクラスは家屋や岩石など非植生を含むクラスである．

図15-3　クラス7のイコノスパンクロ画像

　例えば，図15-3はクラス7のイコノスパンクロ画像である。影や形状から背の高い樹木がわかる。また，このクラスは表15-4の植生指数の範囲が広いため，樹木ばかりでなく種々の植生を含んでいるのがわかり，最低植生指数はあまり小さくないため，家屋や岩石などの非植生の含む割合は小さいと思われる。このようにして推定した結果をまとめたのが表15-6である。これらいくつかのクラスの植生状態は，現地の調査で確認された。

7. 結　び

　ランドサットTMデータ単独で分類された各クラスの植生状態を推定した場合は，植生量の大小や日向・日陰などの区分しか推定できなかった。また，植生状態がある程度推定できる地域のランドサットデータを参照データとして使用して推定する場合，植生種などもある程度推定できたが，詳細な植生状態は推定できなかった。しかし，高分解能のイコノスデータを用いることによって，詳細に植生状態が推定できた。しかし，イコノスデータで推定した表15-6の各クラスは植生種による分類よりも，日向・日陰，植生量の多寡などの影響が大きい。七百弄は地形が複雑であるため，日向・日陰などの地形の影響が大きく出ると思われる。

表 15-6 イコノスデータによる七百弄の植生状態の推定

クラス	存在する場所	植生状態	植生の特徴	ランドサットによる推定結果
2	日陰(比較的急斜面の谷)に存在する	雑草か背の低い雑木	植生指数の範囲が広いため内部に岩石や建物も含まれる	
3	半日陰(比較的緩斜面)に存在する	背の低い雑木か雑草	植生指数の範囲が広いため内部に岩石や建物も含まれる	日陰になりやすい斜面に存在する雑草，雑木
4	半日陰(比較的緩斜面)に存在する	中程度の雑木	植生指数の範囲が狭いため植生のみの場所	ある種の樹木
5	半日陰(北側の比較的緩斜面)に存在する	クラス2と同様に雑草か背の低い雑木	植生指数の範囲が広いため内部に岩石や建物も含まれる	
6	日向にある山地の緩斜面または平地に存在する	雑草と中程度の雑木	植生指数の範囲が狭いため植生のみの場所	ある種の樹木
7	日向の緩斜面に存在する	背の高い樹木	植生指数の範囲が広いため植生程度は密でない	
8	山頂部に存在する	中程度の樹木	植生指数の範囲が狭いため植生のみの場所	
9	日向の緩斜面に存在する	畑地と背の高い樹木	畑地は植生が疏で，背の高い樹木は植生が密のため植生指数の範囲が広い	
10	日向の緩斜面に存在する	クラス2と同様に雑草か背の低い雑木	植生指数の範囲が狭いため植生のみの場所	
11	日向の比較的急斜面に存在する	雑草と小雑木	植生指数の範囲が狭いため植生のみの場所	
12	日向の比較的緩斜面に存在する	雑草と中程度の灌木	植生指数の範囲が狭いため植生のみの場所	草丈の低い草地
13	日向の比較的緩斜面に存在する	岩石や道路と雑草や小雑木	植生指数の範囲が広いため種々な植生程度の混合	河原の雑草，比較的植生がまばらな畑，植生が存在する荒地
14	日向の比較的急斜面に存在する	雑草と小雑木で背の高い樹木は少ない	植生指数の範囲が狭いため植生のみの場所	
15	日向の比較的急斜面か谷底の平地に存在する	住宅・畑地や雑草・小雑木および独立樹などの混合	植生指数の範囲が広いため種々な植生程度の混合	

地球を観測する人工衛星，ランドサットとイコノス

　地球は日に日に狭くなっている。今や部屋にいて地球上のあらゆることが人工衛星から取得できる。人工衛星を使用して，地球の資源や環境の観測を初めて行ったのは，アメリカの NASA が 1972 年に打ち上げたランドサット (Landsat) 1 号である。それ以来，日本，中国，旧ソ連，フランス，インドなど，現在では世界各国が地球観測衛星を打ち上げて，地球の資源や環境などの観測を行っている。アメリカのランドサットは1号に続いて現在まで7号が打ち上げられ，多くのデータをわれわれに提供している。このランドサットでは可視光線はもちろん，赤外線の波長帯で地球表面を観測し，鉱物資源，土地利用，植物の健康状態，海洋状態など，地球の表面に関する幅広い観測ができる。現在，運用されているランドサット7号は，高度 705 km の上空を 99 分かけて地球を1周し，16 日間で地球のほぼ全域を観測する。また，ETM＋（Enhanced Thematic Mapper Plus）センサーを搭載し，解像度は 15 m（パンクロ），30 m（可視と赤外）と 60 m（熱赤外）で，詳細な地球の状態を観測できる。

　人工衛星は 1980 年代後半に入り，米ソの冷戦崩壊とともに規制緩和が行われ，偵察衛星技術を民生に転用した。この偵察衛星技術を使用した高解像度衛星イコノス（IKONOS）が 1999 年 9 月 25 日に打ち上げられた。このイコノスの解像度はカラー 4 m，白黒 1 m で，ランドサットの 30 m と比較して飛躍的によくなっている。イコノスは通常には軌道方向および軌道直交方向に 45 度までセンサーを傾斜させて観測を行うが，緊急時にはさらに角度を傾斜させて，広範囲のデータを取得することが可能である。また，衛星には 80 Gbit のメモリーを搭載しており，地上局がない地域においても衛星にデータを蓄積し，定常的にそのデータを利用することが可能となっている。イコノスデータの取得要求がユーザーからあった場合には，データ取得，処理，ネットワークによる配布までの時間は 24 時間以内が目標とされている。

　広西壮族自治区大化の研究に，このランドサットとイコノスを使用して土地利用と植生の調査を行った。まず，ランドサット TM データを用いて，日本の解析結果と比較しながら大化地区の土地被覆分類ごとに植生状態を推定した。さらに，イコノスデータを用いて，ランドサット TM データで解析した土地被覆分類ごとの植生状態と土地利用の詳細を検証し，衛星データの検証に高解像度衛星イコノスデータを用いる方法を確立した。　　　　　　　　　〈王秀峰〉

イコノスデータは高価であるため，広い範囲のデータの購入はわれわれの研究には経済的に困難である。また，空間分解能が高いため，イコノスデータのみで分類されたクラスの研究場所内での分布は，細かく複雑で植生状態の特定は容易でない。一方，ランドサットのみで解析した場合，グランドトルース（参照となる地上のデータ）を取得するのは多くの労力が必要であり，正確なグランドトルースを得ることはできない場合が多い。また，グランドトルースがない場合は正確に植生状態を推定できない。

したがって，広い範囲の植生状態を調べる場合，ランドサットデータで植生状態の分類を行い，クラス内のある狭い地域についてイコノスデータを用いて，植生状態の推定や検証をする方法が有用である。このようにイコノスデータはグランドトルースの代用に使用することができる。さらに，推定や検証に用いたイコノスデータについて，地上データを併用すると，より正確な植生状態が推定できるであろう。

引用・参考文献

[1] Gupta, R. K., Prasad, S., M. V. R. Sesha Sai and Viswanadham, T. S. (1997): "The estimation of surface temperature over an agricultural area in the State of Haryana and Panjab, India, and its relationship with the Normalized Difference Vegetation Index (NDVI) using NOAA-AVHRR data," *Int. J. Remot. Sens.*, vol. 18 (18), pp. 3729-3741.

[2] Horiguchi, I., Lui, D., Machimura, T. and Wang, X. (1996): "Information of regeneration for burnt forest using vegetation index and surface temperature derived from NOAA-AVHRR data," *GIS in ASIA*, pp. 293-308.

[3] Kant, Y. and Badarinath, K. V. S. (2000): "Studies on land surface temperature over heterogeneous areas using AVHRR data," *Int. J. Remot. Sens.*, vol. 21 (8), pp. 1749-1756.

[4] Lambin, E. F. and Ehrlich, D. (1996): "The surface temperature-vegetation index space for land cover and land-cover change analysis," *Int. J. Remot. Sens.*, vol. 17 (3), pp. 463-487.

[5] Latherop, R. G., Jr., and Lillesand, T. M. (1987): "Calibration of thematic mapper thermal data for water surface temperature mapping; Case study on the Great Lake," *Remot. Sens. Enviro.*, vol. 22, pp. 297-307.

[6] 中村祐則・向井幸男・山本静夫(1985)：「TM熱バンドデータと地表面温度との関係調査」『日本リモートセンシング学会第5回学術講演論文集』pp. 95-96．

[7]　大塚健二・丹羽勝久・明石憲宗・李雲慶(2001)：「高分解能衛星画像の農業分野における利活用」『日本リモートセンシング学会誌』vol. 21 (3)，pp. 278-281。

[8]　Purevdori, Ts., Takahashi, R., Ishiyama, T. and Hond, Y. (1998): "Relationships between percent vegetation cover and vegetation indices," *Int. J. Remot. Sens.*, vol. 19 (18), pp. 3519-3535.

[9]　Royt, D. P., Kennedy, P. and Folving, S. (1997): "Combination of the normalized difference vegetation index and surface temperature for regional scale European forest cover mapping using AVHRR data," *Int. J. Remot. Sens.*, vol. 18 (5), pp. 1189-1195.

[10]　王秀峰・堀口郁夫・青木正敏・谷宏・町村尚(1991)：「衛星データによるサロベツ原野の地表面温度の解析」『北海道大学大学院農学研究科邦文紀要』vol. 17 (4)，pp. 505-516。

[11]　王秀峰・堀口郁夫・武田知己・矢沢正士ほか(1999)：「衛星データによる中国遼寧省の気温分布と気温区分の推定」『北海道大学大学院農学研究科邦文紀要』vol. 22 (1)，pp. 51-61。

[12]　矢野健一郎・王秀峰・堀口郁夫(1998)：「衛星データによる土地利用状態の変化検出のためのパラメータに関する研究」『北海道大学大学院農学研究科邦文紀要』vol. 21 (2)，pp. 197-208。

第Ⅴ部

持続的農業生産と人間活動

瑤族の山登り道具と主な農業生産道具

第16章　七百弄郷における持続的なトウモロコシ栽培の過去・現在・未来

信濃卓郎・鄭　泰根

1. はじめに

　持続可能な食料生産を達成するためには地域をひとつの循環システムとして捉えて食料生産そのものが環境に対して与える影響を解析する必要が不可欠であり[13]，その上で低投入・高収量型の農法を確立する必要がある。欧米，特にヨーロッパにおいては環境への影響を低減するために農耕地に投入される単位面積当たりの肥料の量は減少しつつあるものの[2]，図16-1に見るように中国においては現在もなお，急速な施与量の増加が続いている。さらにその施与量の絶対値に関しても先進国に比較してむしろ高い地域も存在しており，中国全体としては過剰域に入っていると判断される。先進国においてはこのような集約的な施肥によって飲料水(河川)の汚染，海洋の汚染が引き起こされていることが明らかとなっており，中国においてもこの状況はすでに現実のものとなっている可能性がある。研究対象地における聞き取り調査からも現地農家においては極めて過剰な窒素肥料を施与している状況が明らかになってきている[4]。環境に対する農業の影響には陸水域，海洋への窒素，リンの負荷のほかにも，堆厩肥(液肥を含む)から揮散されるアンモニアガスを起因とする酸性雨が引き起こす周辺自然生態系への窒素の富化も危惧されており，これらの総合的な観点から人間由来の窒素による汚染に対して警鐘がならされている[1]。研究対象地域はピーク型のドリーネ地形の底を中心として集約的な農業を行っている地域であるため，このようなアンモニアガスは容易にドリーネの周縁部を構成する人手の入りにくい自然植生に近いと考えられる森林域に対しても影響を与えることが予想される。

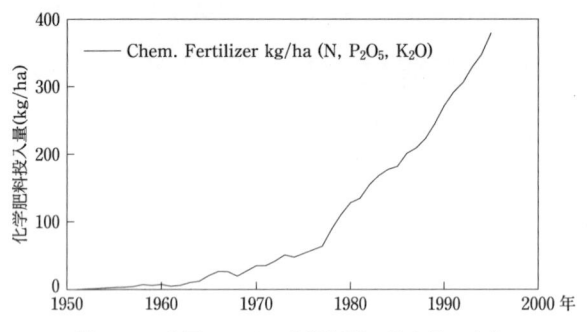

図 16-1　中国における化学肥料の投入量の変化
出典）USDA [15] より作成。

　当該地域は中国西南部に位置する広西壮族自治区大化県七百弄郷であり，石灰岩を母材とする土壌からなる。カルシウムが多く含まれる高 pH 土壌である。この地域は貧困解消対策地域に設定されており，農業生産力を高めることが強く求められている。しかしながら環境に対する影響を考慮しない単純な化学肥料の投入は持続的な農業生産のためには不適切である。われわれの研究は食料生産を物質循環系——特に窒素——の中に位置づけることにより，環境と食料生産を直接的に結びつける観点に立って適切な作物生産体系を作出することにある。窒素を現在の環境に対するマイナス要因と考えた場合，食料生産はどのような位置づけにあるべきか。投入された窒素の作物による効率的な回収が重要であることが明らかである。この方策としては，ひとつには耕地面積を拡大すること，もうひとつには単位面積当たりの作物による窒素吸収量を高めることが重要である。もちろん投入されている肥料の量および飼料を経由する堆肥，液肥の量を減らすことも重要であるが，研究対象地域は地形的な制約のために耕地面積の拡大は困難であることから単位面積当たりの窒素吸収量を高めることが有効な方策になると考えられる。ただし，液肥に関しては窒素の肥料分が少ないこと，重量当たりの肥料分が少ないことから農家近くの平地にしか施用されていないが，今後メタン発酵液の肥料としての施用を考えるとより効率的な有機質肥料の施用方法が必要となる。

2. 七百弄郷における農業生産基盤

　第2章で既に述べたように七百弄郷ではカルストという特殊な地形により，耕地面積が少なく，特に農業生産に適した弄底にある平地はわずかである。7割近くの土地は急斜面にあり，1枚1枚の畑の面積が小さい上，土層が浅く，養分と水分の保持機能に欠けている。カルスト地形により洪水や旱魃にしばしば見舞われている。昔，人口が少ない時は弄底の平地のみを開墾し，自給自足の生活をしてきた。しかし，人口の増加に伴い，食料の増産が課題となり，農耕に適していない斜面地の開拓を始めた。耕地面積は平均1畝/人足らずの面積で生計を立てるのには無理がある。

　石灰岩山岳地域の農地の生産能力を調べるために，平地と斜面地土壌の性質を調査した。試験区の土壌採取位置を図16-2に示した。七百弄郷弄石屯（ロンスートン）においては耕土層の地点1から15に関しては表層10 cmの土壌をよく混合して採取した。また，平地の耕土の16〜18，斜面の非耕土の19〜21に関しては表層から0〜20，20〜40，40〜60 cmの土壌をよく混合して採取した。また，歪線屯（ワイセントン）においては耕地と山地において土壌を層別に採取した。

　弄石屯の平地と斜面の耕地においてさらに10 cmごとに土壌を採取し，その有効態窒素と有効態リンを測定した。表16-1に示すように弄石屯においては窒素，リンは比較的豊富に土壌に含まれているのに対して，カリウムの含有率が低い。特に石灰岩地帯であることからカルシウムとマグネシウムの含有率が高いためにカリウム欠乏がより大きな問題となっていることが想定される。波多野ら[3, 4]の報告によると，堆肥，液肥のほかに炭酸アンモニウムが多用されている実態が明らかになってきているが，このような窒素に偏重した養分の投入はほかの養分の吸収のバランスを保てず，特にカリウムの養分欠乏を助長する危険性すらある。そのため，現在用いられている堆肥，液肥といった有機質資材に含まれる窒素，リンなどの資源を有効に活用するためには特にカリウム肥料に着目した施肥体系の確立が必要と考えられる。

　歪線屯は道路からのアクセスが極めて不便であり，弄石屯試験地と比較すれば外部からの物資の投入はまだ少ないことが予想された。その耕地はドリーネ

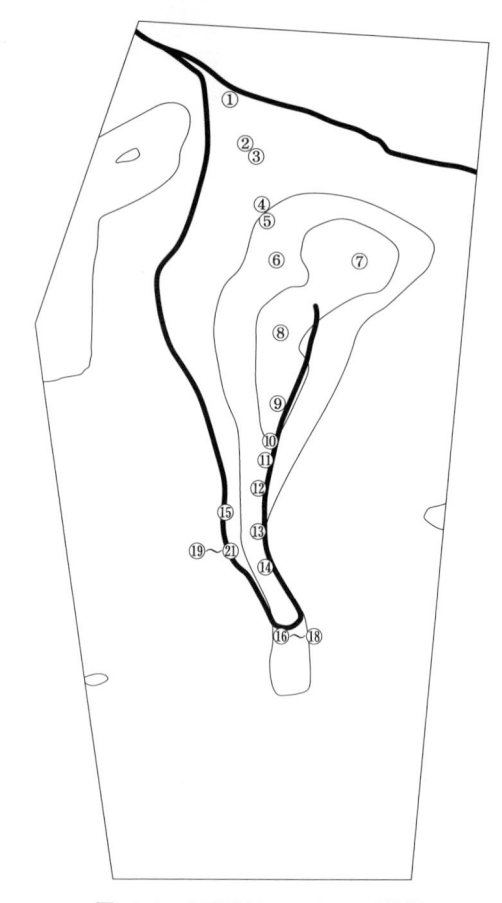

図 16-2 土壌試料サンプリング位置

の底の平地であり，トウモロコシが栽培されていた点は弄石屯と同様である。土壌の pH は弄石屯においては下層においても高いまま維持されているが，歪線屯においては表層に近くなるにつれてやや酸性化していた(表 16-2)。表層付近の全窒素含有率は弄石屯とほぼ同様であったが，下層では弄石屯においては高く保たれているのに比較して，歪線屯では急速に低下しており，長年の土壌の利用形態に違いがあることが示唆された。同様に有効態リン酸含有率は歪線屯においては耕地においても低い値であった。これまでの堆肥，化学肥料の

表 16-1 土壌分析値(七百弄郷弄石屯)

分析番号	特記事項	pH	有機質C%	全N%	全P%	全K%	有効態(mg/kg Soil) N	P	K
1	七百弄，耕土層	8.02	5.262	0.361	0.117	0.429	174.6	20.1	85.2
2	七百弄，耕土層	8.27	4.989	0.321	0.104	0.378	142.8	19.9	65.3
3	七百弄，耕土層	8.21	5.806	0.394	0.148	0.587	158.9	25.9	106.7
4	七百弄，耕土層	7.96	5.180	0.338	0.133	0.583	151.9	27.1	99.0
5	七百弄，耕土層	7.77	3.136	0.208	0.112	0.573	90.3	19.3	76.7
6	七百弄，耕土層	7.47	3.139	0.207	0.174	0.711	97.7	73.0	89.5
7	七百弄，耕土層	7.64	4.000	0.252	0.196	0.733	115.5	85.9	77.4
8	七百弄，耕土層	7.22	3.118	0.175	0.107	0.706	92.1	45.8	59.0
9	七百弄，耕土層	7.40	3.910	0.235	0.126	0.722	118.0	49.5	61.3
10	七百弄，耕土層	7.65	3.568	0.245	0.147	0.721	130.9	38.2	152.5
11	七百弄，耕土層	7.89	3.685	0.240	0.128	0.734	125.7	33.9	81.0
12	七百弄，耕土層	7.42	3.322	0.203	0.109	0.561	91.0	24.2	82.5
13	七百弄，耕土層	7.59	2.976	0.205	0.103	0.712	84.7	16.0	87.5
14	七百弄，耕土層	7.57	3.751	0.236	0.150	0.719	121.5	81.7	114.4
15	七百弄，耕土層	7.57	2.557	0.202	0.093	0.790	78.4	16.2	83.1
16	七百弄，0〜20 cm	6.81	2.714	0.184	0.180	0.804	88.6	91.6	57.2
17	七百弄，20〜40 cm	7.01	2.501	0.168	0.098	0.701	80.9	53.0	37.8
18	七百弄，40〜60 cm	7.24	2.281	0.134	0.098	0.691	76.3	66.7	35.4
19	七百弄，0〜20 cm	7.39	2.215	0.154		0.525	65.8	11.1	40.1
20	七百弄，20〜40 cm	7.80	1.445	0.112	0.015	0.461	44.8	9.0	33.0
21	七百弄，40〜60 cm	7.79	0.824	0.084	0.018	0.514	30.1	13.0	44.9

投入量に大きな違いが存在していることが予想される。

弄石屯において平地と斜面地の耕地における有効態リン酸と窒素の比較においては，熱水抽出窒素含有率は斜面，平地のいずれにおいても表層付近においてはほとんど差が認められなかった(表 16-3)。一方，有効態リンに関してはBray II 法と Olsen 法で著しく異なる値を示した。Bray II 法が酸性側で抽出されるリンの量を反映すると考えられるのに対して，Olsen 法はアルカリ側で抽出されるリンの量を反映する。アルカリ土壌におけるトウモロコシ根圏のpHの挙動を今後明らかにする必要があるが，いずれの評価方法においても斜面におけるリン含有率が平地に比較して著しく低いことが示された。波多野ら[4]の報告によると，斜面土壌においても水分供給能力は平地に比較して遜色がないことが報告されており，今後斜面の生産性を適切に向上させるためには，カリウムとリンと有機質肥料を組み合わせた施肥法の確立が必要である。

表 16-2　歪線屯の土壌分析

特記事項	pH	有機質 C%	全 N%	全 P%	全 K%	有効態(mg/kg) P
570 m, 0〜10 cm	5.98	2.988	0.229			2.100
570 m, 10〜22 cm	6.63	0.723	0.071			1.000
570 m, 22〜34 cm	6.75	0.504	0.051			1.400
570 m, 34〜46 cm	6.93	0.367	0.040			0.740
570 m, 46 cm 以上	7.19	0.420	0.042			0.270
山, 落葉層		43.700	1.455	0.043	0.101	
山, 腐植層		40.200	1.984	0.059	0.082	
山, 0〜 5 cm	4.74	4.551	0.305			6.800
山, 5〜15 cm	4.86	1.419	0.094			0.840
山, 15〜20 cm	6.30	2.010	0.134			0.170
山, 20〜40 cm		0.734	0.059			

表 16-3　弄石屯斜面耕地および平地耕地の深さ別有効態窒素, リン酸, カリウム含有率($n=3$, 平均値±s.e.)

深　度 (cm)	熱水抽出 窒　素 (μg N/g Soil)	Bray II リン酸 (μg P$_2$O$_5$/g Soil)	Olsen リン酸 (μg P$_2$O$_5$/g Soil)	交換性 カリウム (μg K$_2$O/g Soil)
斜　面				
0〜10	39.7±1.8	20.9±2.8	8.1±1.3	145.5±16.4
10〜20	12.2±1.3	8.6±0.9	4.9±1.0	125.0±26.7
20〜30	10.8±0.4	28.6±4.4	3.1±0.8	117.2±19.6
30〜40	10.8±0.7	17.2±2.4	3.1±1.1	123.9±6.2
40〜50	10.1±0.5	4.9±1.4	2.8±0.2	128.0±10.2
底	11.3±0.9	4.8±0.5	2.7±0.5	118.8±19.0
平　地				
0〜10	16.9±1.7	189.9±13.4	496.8±73.0	237.5±41.4
10〜20	13.0±1.2	24.3±6.1	76.9±12.6	109.3±10.0
20〜30	8.8±1.0	166.8±28.5	374.1±37.9	135.7±7.5
30〜40	7.3±0.3	158.3±24.8	336.7±45.4	121.0±17.5
40〜50	7.8±1.4	277.6±42.8	606.3±10.0	156.2±22.3
50〜60	9.9±0.6	211.3±12.8	621.7±24.9	136.3±9.3
60〜70	10.6±0.9	178.8±30.6	543.9±38.9	141.4±9.2
底	9.7±0.2	177.5±21.1	529.6±60.0	128.0±14.6

3. トウモロコシ栽培の歴史と品種

　七百弄でいつの時代からトウモロコシの生産が行われてきたかについては明白ではないが，広西では500年前からトウモロコシの栽培を始めたと『南寧府志』では記載されている。現地の人は大昔から先祖代々トウモロコシを栽培してきたと言い伝えている。つまり，広西では瑤族が七百弄に入植する時代には既にトウモロコシの栽培を行っていた事実と現地の人の話とから，七百弄におけるトウモロコシの栽培の歴史はかなり古いと考えられる。しかしながら，主要作物であるトウモロコシの生産レベルはかなり低いものであった（後掲の図16-6参照）。特に，1960年代までは1.5 t/ha 未満であり，その後，1970年以降は現地開発した新品種の導入と化学肥料の施用により収量が急速に伸びた。

　しかし，現在でも現地の在来種を栽培していて，広西農業科学院が育成したハイブリッド品種(桂単系列の品種)などと比べると収量が低い。在来種は3.5 t/ha で頭打ちになり，収量が高くても4 t/ha を超えなかった。小面積の試験でも，桂単22号は7 t/ha に達するのに対して，在来種は3.2 t/ha しか取れなかった。2001年，七百弄郷弄石屯の農家による大面積普及試験では，農家の施肥量の半分である150 kg N/ha の条件でも平均6.2 t/ha 収量を達成した。これをきっかけに2003年からは農家自らが進んで新品種の栽培をするようになり，郷全体に普及し始めた。これからも全域でハイブリッド新品種を普及させる必要がある。

4. 堆肥用量試験

　1980年代からは化学肥料の施肥量が増えたにもかかわらず，収量は頭打ちになっている。しかし，穀物需要の現状と農家の増産意欲により，施肥量は増加の一途をたどってきている。弄石屯では有機質肥料として堆肥が多量に施用されている。これはひとつには家畜の飼育頭数の増大に伴い，排出される糞尿の有効利用の観点に基づくものである。しかしながら，波多野ら[4]の報告によれば，屯内の農家の中には500 kg N/ha もの堆肥を投入している例が認め

られており，地域生態系への窒素汚染が懸念される。現地のトウモロコシの窒素吸収量は 50〜100 kg N/ha であり [11]，間作として栽培されている大豆，サツマイモによる吸収量を考慮に入れても莫大な量の窒素が圃場に残されていることが明らかになっている。また，これまでの調査から現地では堆肥および炭酸アンモニウムに強く依存した施肥体系であり，リン，カリウムの施用により窒素の吸収効率および利用効率を高める必要が考えられる。

そこで，2000 年春に，弄石屯試験地内の図 16-3 で示した場所に 21 m×36 m の試験区を設置した。実験は以下の 7 つの処理区 (T1〜T7) を設定した。

T1；無肥料
T2；堆肥 100 kg N/ha
T3；堆肥 200 kg N/ha
T4；堆肥 200 kg N/ha＋塩化カリウム 100 kg K_2O/ha
T5；堆肥 200 kg N/ha＋過リン酸石灰 100 kg P_2O_5/ha
T6；堆肥 400 kg N/ha
T7；堆肥 600 kg N/ha

品種は桂単 22 号，70 cm×50 cm，1 個体/1 株とした。2 月 25 日に播種し，

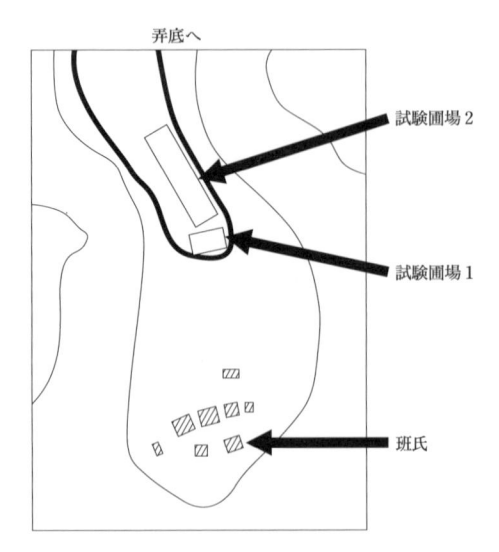

図 16-3　試験区地図

5月11日，6月7日，7月6日，7月25日にサンプリングを行った。各サンプリングにおいて4～8個体を採取し，葉，茎，根，収穫部位に解体して80度で48時間乾燥した後の値を測定した。全窒素はケルダール氏蒸留法で測定した。

堆肥の施用による収量の増大は600 kg N/ha まで認められた(表16-4)。しかしながら，収量の増加傾向は200 kg N/ha ですでに頭打ちに達していた。この傾向は収穫期の全窒素集積量で評価した場合に，より明確に認められた(図16-4)。植物体による施用した窒素の回収される割合は堆肥の施用量を増やすに従い，急速に低下した(図16-5)。実際の農家においても最大で800 kg N/ha の肥料を堆肥を含めて与えていることが知られており[3]，このような場合には極めて多量の窒素が系外に放出されていることが考えられる。図16-5

表16-4 堆肥用量試験での収量と収穫指数

	T1	T2	T3	T4	T5	T6	T7	LSD(5%)
収　量 (t/ha)	2.3	3.5	3.3	4.1	3.8	4.0	4.3	0.96
全植物体 (t/ha)	4.7	6.9	6.6	8.4	7.8	8.6	8.5	1.77
収穫指数	0.5	0.5	0.5	0.5	0.5	0.5	0.5	

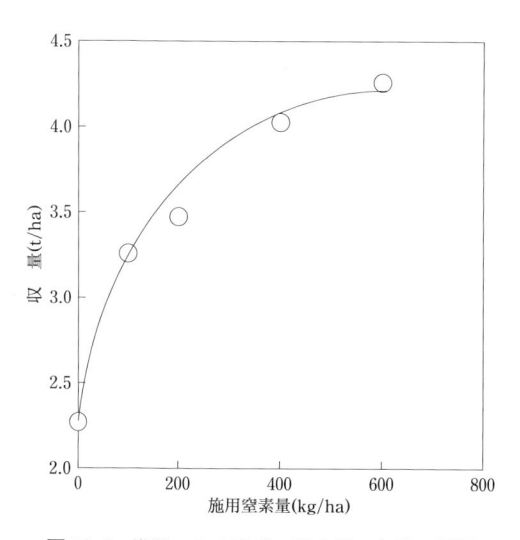

図16-4 堆肥による窒素の投入量と収量の関係

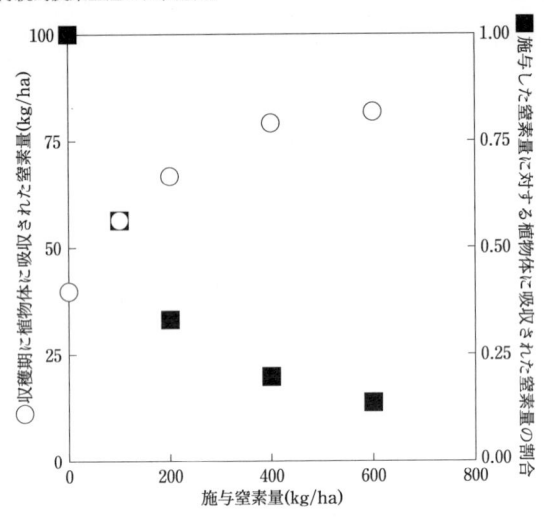

図16-5 施与窒素量と施与窒素量に対する植物体の窒素吸収量の割合の関係

で見られるように，600 kg N/ha ではわずか13.7%の窒素しか回収されなかった。リン酸あるいはカリウムを同時に施用することは施用した堆肥の利用効率を高めることが期待されたが，リン酸の施用では表16-4の結果からそのような事実は認められなかった。これは表16-1でも認められるように，弄石屯の耕地においては有効態リン酸が極めて豊富に存在しているためと判断される。一方，カリウムの施用は有意にトウモロコシの収量を高めた。そのため，より多くのリン酸の施用はむしろ逆効果になったことも考えられる。カリウムを堆肥 200 kg N/ha と同時に加えることにより堆肥単独の場合の窒素の回収率を 0.33 から 0.39 に高めることが可能であった（データ未提示）。

アルカリ土壌では亜鉛の欠乏[7]やマンガンの欠乏[5]が起こりやすいことがよく知られている。また，土壌のpHが高いため鉄欠乏も容易に起こりうると判断されたが[10]，作物体の養分分析の結果，生育観察からはそのような欠乏症状は認められなかった。

さらに，尿素と比較して炭酸アンモニウムを肥料として利用した場合に炭酸アンモニウムではより多く(25%)のアンモニアガスが揮散することが報告され

ており[16]，このように放出されたアンモニアはNOやN$_2$Oとして温暖化ガスになることが知られている[8]。

5. 異なる窒素源の施用効果

弄石屯内ではトウモロコシを主要作物として栽培しているが，そのほかにも大豆，サツマイモ，ヒマ，カボチャ，バショウイモなどを栽培している。豚用の餌として構樹(現地名)，野草なども利用されている。屯内において作物栽培に必要とされる養分を供給し，回収するためにはこれらの作物などの資源に含まれる養分量の推定が必要となる。また，これまでの調査の際に得た水資源中に含まれる硝酸態窒素濃度を測定し，異なる時期における水質の変化の有無に関しても調査を行った。さらに，堆肥，液肥，メタン発酵液といった直接有機質肥料として利用，今後より効率的に利用されるべき資源の無機養分含有率を決定することにより，現地における持続的な生物生産体系を構築する上の基礎的データを回収した。

七百弄郷では炭酸アンモニウムが窒素肥料として多量に施用されている。これは炭酸アンモニウム(炭安)が中国で現在市場に出回っているほかの窒素肥料である尿素に比較して約1/3の値段である(炭安0.27元/斤，尿素0.72元/斤)ことに起因している点が大きい。しかしながら炭安の有効態窒素量は尿素の半分以下であり，さらにアルカリ性側においてはアンモニアとして容易に揮散してしまうことが予想される。これまでの調査から弄石屯においては約200 kg N/haの炭安が施与されているが，その利用効率を明らかにすると同時に，ほかの窒素源との比較を行った。

弄石屯試験地内の図16-3で示した場所に20 m×6 mの試験区を設置した。各試験プロットは4 m×3 mとし，2反復で行った。栽植密度は70 cm×50 cm，用いた品種は桂単22号であり，1株に1個体になるように間引きを行った。播種は2月25日とし，播種後2ヶ月目から1ヶ月ごとに試料採取を行い，7月26日に収穫を行った。いずれの肥料も100 kg N/ha相当を条播した。また，リン，カリウムをそれぞれ過リン酸石灰，塩化カリウムとして100 kg P$_2$O$_5$/ha，100 kg K$_2$O/haを条播した。

表 16-5 収量および収穫指数(n=3, 平均値±s.e.)

	無肥料	堆肥＋炭酸アンモニウム(慣行法)	尿素＋リン＋カリウム	緩効性肥料＋リン＋カリウム
収量	1.99±0.20	4.45±0.25	4.48±0.34	4.90±0.06
収穫指数	0.57±0.01	0.62±0.02	0.57±0.03	0.58±0.02

表 16-6 各種無機養分の収穫期の吸収量(n=3, 平均値±s.e.)

	無肥料	堆肥＋炭酸アンモニウム(慣行法)	尿素＋リン＋カリウム	緩効性肥料＋リン＋カリウム
N (kg/ha)	53.1±4.3	90.9±11.3	86.2±4.7	92.1±4.2
P (kg/ha)	14.8±2.7	19.3±3.7	22.0±1.5	20.6±3.0
K (kg/ha)	31.9±3.3	47.4±5.5	65.1±9.3	62.4±8.9
Ca (kg/ha)	8.6±1.7	12.0±1.2	13.9±2.3	14.5±2.0
Mg (kg/ha)	9.1±0.2	12.5±1.2	13.7±3.0	13.9±2.8
Cu (g/ha)	43.3±3.3	56.8±7.2	70.6±10.7	64.1±13.8
Zn (g/ha)	178.3±22.7	232.2±22.3	291.7±56.7	288.6±46.6
Fe (g/ha)	2685±516	3220±178	4895±976	4413±947
B (g/ha)	8.7±0.6	14.4±2.7	14.9±2.8	18.1±5.4

　全乾物重は無肥料区において生育を通じて低かった．緩効性肥料区では収穫期まで乾物重は増加していき，収量は最も高く，堆肥区と尿素区においての違いは認められなかった(表 16-5)．堆肥による収量も高かったが，施用された窒素とカリウムの量は尿素あるいは緩行性肥料の場合の約2倍であった．収穫によって回収された窒素とカリウムの量は尿素あるいは緩効性肥料の場合の約半分となった(表 16-6)．そのため，多量の窒素が農地に残存する結果となった．

　Hatano et al. [3]に基づく農地への残存窒素量の計算からは，地下水に流出する硝酸態窒素濃度は最大 100 mg/L にも達することが計算から求められており，この値は WHO が決めるところの安全基準である 10 mg/L をはるかに超えるものである．

6. 循環型食料生産システムに向けて

弄石屯で利用されている様々な植物の窒素含有率の中で，構樹は豚の餌に混ぜられて利用される樹木の葉であるが，その窒素含有率は乾物で 4.69% と著しく高く，現地農家において有効な飼料として経験的に選択してきたことが窺える。堆肥は新鮮物当たり 0.41〜0.70% と農家によってばらつきがあることが示された(表 16-7)。また，液肥に関しては 2 点しか測定点数がないが 0.04% と 0.20% と大きく異なっており，降雨水などの流入の影響もあるのではないかと推定される。メタン発酵液は設置後半年ほど経った 7 月には 0.1% と日本での事例[9]とほぼ同等の値となっている。

弄石屯の農家経済調査に基づき，表 16-8 に示すように弄石屯全体の年間農作物生産量を算出した。ここで顕著なのはバショウイモの生産量であるが，農家のいうところの平地とは試験地が設置されている弄石屯(村)内の弄石弄の平地のみではなく，山を越えて存在しているほかの 4 つの弄(いずれも弄石屯に所属している)の平地も含んでいると考えられる。これまでの現地調査からもバショウイモの主要な生産場所はこれらの地域のトウモロコシ畑の周縁部に存在する畑を利用して栽培されていた。これらの食料のみに依存すると考えた場

表 16-7 各種有機資材の無機含有率

時 期	採取場所	試料名	窒素含有率(%) 乾物	窒素含有率(%) 新鮮物	リン含有率(%) 乾物	カリウム含有率(%) 乾物
1999 年 12 月	弄石屯	堆肥 1	3.01	0.47	1.62	3.56
		堆肥 2	1.97	0.55	0.47	2.73
		液肥	0.44	0.04	0.81	2.78
	七百弄郷市場	配合飼料	1.26	1.11	0.43	0.65
2000 年 2 月	弄石屯	堆肥 1		0.70		
		堆肥 2		0.41		
2000 年 4 月	弄石屯	メタン発酵液	0.03			
	大化県市街地	メタン発酵液	0.11			
2000 年 7 月	弄石屯	メタン発酵液 1	2.56	0.11	0.96	1.57
		メタン発酵液 2	5.56	0.10	0.84	4.49
		液肥	6.46	0.20	1.43	1.81

表 16-8　弄石屯における各種作物の年間生産量

作物名	平　地(t)	斜　面(t)
トウモロコシ	10.6	12.3
大　豆	0.6	0.05
サツマイモ	3.8	0.8
バショウイモ	11.8	0
ヒ　マ	0.3	0.08
カボチャ	2.3	0.5

表 16-9　各種作物のカロリー換算表

作物名	カロリー(kcal/100 g)
トウモロコシ	350
大　豆	422
サツマイモ	132
バショウイモ	71
ヒ　マ	非食用のため除外
カボチャ	36

合にどの程度のカロリーを得ることが可能かを算出するために表16-9の換算表を用いた。これらの値はバショウイモ以外の作物に関してはアメリカ合衆国国務省が推奨している換算率を用いたが，バショウイモに関しては新たに測定した。

　この値を用いて弄石屯で生産される全カロリーを算出して，全人口で割ると1日1人当たり2173 kcalの食料を摂取することが可能である。現在の世界の平均摂取カロリーは2706 kcal/(人・日)(1990年)であり，弄石屯の値はサハラ以南のアフリカ諸国(2209 kcal/(人・日))，南アジア諸国(2259 kcal/(人・日))と比較して，ほぼ同じレベルである。

　このカロリーベースの計算を行うことにより過去の弄石屯の状態を推測することも可能である。鄭ら[14]の報告に基づくと，1930年代には弄石屯の住人は15人であったという。無化学肥料での栽培が続いていた1960年代末のトウモロコシの反収が1.35 t/haであったという記録に基づいて，七百弄郷の平地2.60 haすべてにトウモロコシを栽培すれば1人当たり234 kg/年のトウモロコシを確保することが可能となり，カロリー換算すると2300 kcal/(人・日)と低

水準ではあるが現在よりも高いエネルギーの摂取が可能となる。実際は堆肥の利用や，ほかの作物も栽培していたと考えられることから，当時のエネルギー摂取可能量はかなり高かったと推定される。1958年には人口が70人であったとの記録がある。この時に平地のトウモロコシのみで生活をすることを考えると1人当たりわずか50 kg/年(カロリーとしては481 kcal/(人・日))となり，生存は不可能である。斜面すべてを利用してトウモロコシを栽培したとして，その反収が平地と変わらず1.35 t/haであったとしても総収量は6.43 t/年であり，1人当たり92 kg/年の供給量しか確保できない(885 kcal/(人・日))。当時において現在と同じ生産性(現実的ではないが)でトウモロコシ以外の作物が栽培されていると考えると，これによって得られるカロリー量は712 kcal/(人・日)である。そこで平地のみでトウモロコシと各種作物を栽培していたと考えても(トウモロコシ以外の作物はすべて平地，斜面の関係なくまとめた)1193 kcal/(人・日)となり，極めて低水準である。このことは1958年にはすでに斜面のトウモロコシ栽培を開始する必要があったことを意味すると考えられ，斜面の生産を加味することにより1597 kcal/(人・日)であり，不足分を狩猟による動物性タンパク質で補っていたことも予想される。

　一見，外社会から隔絶されたように見える七百弄郷であるが，現在の人口である124人を養うためにはさらに多くの食料生産が必要であったはずである。この食料の供給量を高めるには3つの方法がある。耕地面積の拡大，反収の増大，購入(あるいは贈与)である。しかしながら，耕地面積の拡大は斜面を利用した時点ですでに限界に達している。また，購入するためにはお金が必要であるが，現在でも農家収入は著しく低い状態であることから，当時の手段としては必要な量の食料を確保するためにより経済的な肥料を利用したと考えられる。鄭ら[14]の報告に基づき七百弄郷のトウモロコシの反収の変遷を図16-6に示した。

　このように1970年代以降の急速な反収の増加は明らかに施肥(化学肥料)の影響であると考えられる。図16-1で示したように中国全体でも化学肥料の使用は1960年代中頃から始まり，70年代以降急速にその使用量が増大している。人里離れた七百弄郷もその例外ではなかったと考えられる。しかしながら，反収が次第に頭打ちに近づいていることから，従来の炭酸アンモニウムによる窒

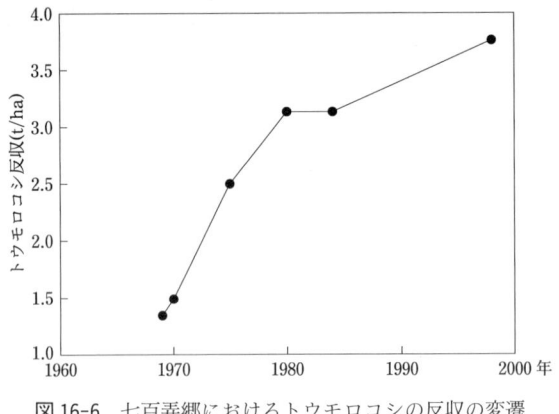

図 16-6 七百弄郷におけるトウモロコシの反収の変遷

素重点施肥は環境負荷の問題のみならず，生産性の上でも問題となってきている。

　調査を開始した時点で弄石屯では豚，鶏，山羊などの家畜の飼育を行っていた。これらの家畜の中でも豚は良質な餌を要求するため，農家ではトウモロコシと野草を混ぜて茹でたものを飼料として与えていた。このため，現地では実際に人が食べることのできる食料はその土地で生産している量のみではまかないきれず，市場から購入しているという実態と合致する。今後，畜産を通して回収される養分を有効に活用することによって生産性の維持と環境への負荷の低減は可能であると考えられることから，今後はその方法を明確に示すべきであろう。

7. 結　び

　七百弄郷におけるトウモロコシ生産においてより適切な施肥体系を構築するために堆肥の施与試験と窒素形態の肥料の吸収試験を行った結果，堆肥の施与量を高めると 400 kg N/ha で頭打ちとなっていた。また施与した量に対する植物の吸収した量の割合を見ると，100 kg N/ha では 60% 程度であったが，200 kg N/ha では 35%，400 kg N/ha では 20% と著しく低くなった。

　炭酸アンモニウムを肥料として多量に利用している例もあるが，その肥効は

低い。窒素の系外への流出を抑制するためにも，今後，有効な肥料源を確立する必要がある。その候補としてはメタン発酵液が挙げられるが，現時点では輸送の問題もあり，今後その窒素含有率を高めるなどの方策が望まれる。

　土地の利用状況を過去の人口の推移と作物の生産性の推移から推測したところ，1950年代後半には斜面の急速な利用が開始されていることが考えられ，また，単位面積当たりのトウモロコシの収量を高めるために1970年代頃より急速な化学肥料の普及があったものと考えられる。現在の現地農家の施肥方法は畜産によって生じる過剰な堆肥，液肥を畑に投入し，さらに化学肥料として窒素肥料に著しく偏ったものであった。今後，投入された堆肥，液肥の窒素分をより効率的に作物に吸収させるために特にカリウムに重点を置いた施肥体系の確立が望まれる。その一方で，リン酸に関しては平地においては過剰に蓄積し，斜面の農地では少ないことから，斜面の生産性を高めるためにはカリウムのみならずリン酸も加えることが適切であると判断された[12]。

　農業による環境汚染という負の側面が図らずも中国の極めて貧困な山岳農村地域で見出された。増大する人口と金銭収入のための畜産によって近年になって土地が徹底的に利用され，系外からの大量の物資（化学肥料，不足分飼料）の投入による環境への負荷が進行している実態が明らかになり，今後，早急な対策が必要である。

引用・参考文献

[1] Carpenter, S. R., Caraco, N. F., Correll, D. L., Howarth, R. W., Sharpley, A. N. and Smith, V. H. (1998): "Nonpoint pollution of surface waters with phosphorus and nitrogen," *Eco. App.*, vol. 8, pp. 559–568.

[2] FAO: FAOSTAT (statistical database, http://apps.fao.org/).

[3] Hatano, R., Shinano, T., Tei, Z., Okubo, M. and Li., Z. (2002): "Nitrogen budget and environmental capacity in farm systems in a large-scale karst region, Sourthern China," *Nutr. Cycl. Agroecosys.*, vol. 63, pp. 139–149.

[4] 波多野隆介・信濃卓郎・鄭泰根・大久保正彦・蒙炎成・譚宏偉(2000):「七百弄農家における窒素循環」『中国西南部における生態系の再構築と持続的生物生産性の総合的開発　報告書平成11年度(第3報)』pp. 69–78。

[5] Jauregui, M. A. and Reisennauer, H. M. (1982): "Dissolution of oxides of manganese and iron by root exudate components," *Soil Sci. Soc. Am. J.*, vol. 46, pp. 314–317.

[6] 黒河功・出村克彦・鄭泰根・譚宏偉・信濃卓郎・波多野隆介・大久保正彦(2000)：「七百弄郷弄石屯における農家・農業生産の基礎資料」『中国西南部における生態系の再構築と持続的生物生産性の総合的開発　報告書平成11年度(第3報)』pp. 52-58。

[7] Mehrotra, N. K., Khana, V. K. and Agarwala, S. C. (1986): "Soil sodicity-induced zinc deficiency in maize," *Plant Soil*, vol. 92, pp. 63-71.

[8] Mosier, A. R., Schmel, D. S., Valentine, D., Bronson, K. and Parton, W. J. (1991): "Methane and nitrous oxide fluxes in native, fertilized and cultivated grassland," *Nature*, vol. 350, pp. 330-332.

[9] 小畑仁(2000)：「中国西南部における環境保全の一具体化策としてのメタン発酵(自家消費用バイオガス生産)導入に関する調査」『中国西南部における生態系の再構築と持続的生物生産性の総合的開発　報告書平成11年度(第3報)』pp. 92-99。

[10] Schinas, S. and Rowell, D. L. (1977): "Lime-induced chlorosis," *J. Soil Sci.*, vol. 28, pp. 351-368.

[11] 信濃卓郎・金澤晋二郎・鄭泰根・譚宏偉・蒙炎偉・呂維莉・陳桂分・但野利秋(2000)：「七百弄におけるトウモロコシの生育に対する施肥試験」『中国西南部における生態系の再構築と持続的生物生産性の総合的開発　報告書平成11年度(第3報)』pp. 249-261。

[12] Shinano, T., Taigen, Z., Yamamura, T., Meng, Y., Lu, W. and Tan, H.: "Production of maize in the karst mountain area of South-West China," *Trop. Agric.*, (in press).

[13] 武内和彦・田中学編(2000)：『地球環境学(6)　生物資源の持続的利用』岩波書店，pp. 1-22。

[14] 鄭泰根・譚宏偉・出村克彦(2000)：「大化県七百弄郷生態系の歴史的変遷」『中国西南部における生態系の再構築と持続的生物生産性の総合的開発　報告書平成11年度(第3報)』pp. 15-25。

[15] USDA: Economics and Statistics System (electric database, http://usda.mannlib.cornell.edu/usda/).

[16] Xing, G. X. and Zhu, Z. L. (2000): "An assessment of N loss from agricultural fields to the environment in China," *Nutr. Cycl. Agroecosyst.*, vol. 57, pp. 67-73.

第17章　伝統的農法と新たな農法による土壌特性と土壌養分の溶脱

金澤晋二郎

1. はじめに

　アジア地域の環境問題の中で，自然生態系ならびに食料をはじめとする生物生産と密接に関連する農村域の環境の修復は，学術面からもまたアジア農村域住民の生活改善からも最も強く求められている。特に表土の流出は，農業生産に深刻な影響を与えている。しかしながら，それらの研究は大きく立ち遅れている。

　本研究試験地[1, 2, 3]は，巨大なカルスト（ドリーネ）地形が連なる石灰岩山岳地域の石灰質アルカリ性土壌地帯の七百弄，およびその周辺の紅水河の畔にある赤色酸性土壌地帯の北景に設置された。この地域は文化大革命時に森林が破壊され，劣悪な自然環境下にあり，中国で最も貧しい地域[5]のひとつとなっている。本研究地域における農業生態系の修復には，まず伝統的な農法と土壌特性を知る必要がある。

　そこで，伝統的および近代的農法による土壌と養分溶脱特性を解明する一連の研究を実施することにした。本研究地域の七百弄の伝統的な作物体系には，トウモロコシ栽培を中心とした不耕起栽培の原型である原始的な Stubble mulching [7, 8] が実施されていることを発見した。これらの栽培土壌も供試土壌に加えた。

　本試験地における土壌の理化学性および粘土鉱物組成等の分析により，従来石灰質の同じ母材から生成されたものと考えられていた両土壌であったが，粘土鉱物組成から興味ある結果が得られた。また，両土壌の有機・無機組成，および微生物フロラと土壌酵素等の特性，さらに本研究試験地から溶脱する土壌

養分量をイオンバック法[16]により調査し，本研究地域から溶脱する土壌養分量を推定した。

したがって，ここでは主に，①地形および自然と栽培作物，②伝統的農法と土壌特性，③リン化合物の組成，④酵素活性，⑤土壌養分の溶脱量，等々につき述べる。

2. 地形および自然と栽培作物

本研究地域の気候：両試験地ともに亜熱帯・高寒山区に属する[4]。七百弄は年平均気温17℃，年平均降水量1500〜1600 mm（春夏は多雨，秋冬は乾燥）である。北景は年平均気温20℃，年平均降水量1300 mmである。

地形の特徴：七百弄は，典型的なカルスト（ドリーネ）地形からなる連山で，海抜は500〜1100 mである。山の中腹以上は急斜面地で，植生は灌木林で覆われ，中腹から山麓にかけて叢生竹等の用材林である[4]。七百弄の耕地面積は20 haであり，森林地区面積614 haのうち有林地率は3.1%と極めて低い。山麓以下は大小の閉鎖的盆地で，トウモロコシ（コーン），豆類，瓜類，ヒマを栽培している。われわれの調査地では，段々畑が山頂近くまで延び，岩の間に挟まれた1 m²以下の極めて狭い部分までトウモロコシの栽培地となっている。北景は紅水河をせき止めたダムの湖畔にあり，段々畑となっている。

広西壮族自治区[1]は中国西南部に位置し，南はベトナムに接している。総面積の1/3は露出したカルスト地形で，それらは集中あるいは個々につながりながら雲貴高原から広西盆地に至る傾斜地帯に広く分布している。山が高く，谷は深く，地形の起伏が激しい。そのため，石が多く，土が少なく，利用できる水資源が乏しく，自然条件は劣悪である。

3. 伝統的農法と土壌特性

3-1. 伝統的農法である原始的な不耕起栽培

本研究地域のトウモロコシ栽培を中心とする不耕起栽培法は，その原型とさ

れる Stubble mulching であった。不耕起栽培法は，1930年代にアメリカの中央大平原で風食および水食等による土壌の荒廃を防止するために，初めて導入された新農法[7, 8]である。新大陸から中国にトウモロコシ栽培が導入されたのは，約300年前とされている。したがって，本研究地域で実施されている Stubble mulching は，アメリカで導入される以前に本研究地域ですでに実施されていた農法である可能性が極めて大きい。なぜなら，Stubble mulching は，石灰岩地帯に特有な急峻なすり鉢型，すなわち典型的なドリーネ地形で土壌の浸食を防止するのに最も適した農法であるからである。どのようなルートで本研究地域にトウモロコシが導入され，不耕起栽培がいつ頃から始まったかの調査は，極めて興味深い事象である。

2月下旬から3月上旬にかけて，トウモロコシの作付を行う。5月上旬にトウモロコシの茎下に大豆やサツマイモ，ヒマを植える。6月の中旬前後に実だけ収穫して，茎はそのまま圃場に残す。雨期が終了する11月までその状態にしておき，土壌の保全を図る。立ち枯れ状態となった乾燥トウモロコシの管は，貴重な燃料として活用される。ここで行われている農法は実に合理的なものである。表17-1に示したように作物別の土壌浸食を見ると，裸地を100%とした場合，トウモロコシは74%と最も大きく，牧草は0.7%と最も少ない。このことからトウモロコシの根元への種々の作物種の混植が合理的で，いかに土壌浸食を防止しているかがよく理解できよう。

図17-1はトウモロコシの茎の下部に栽培されるヒマ，図17-2はトウモロコシの茎の下部に栽培されるサツマイモ，図17-3は立ち枯れ状態に圃場を埋め尽くす乾燥トウモロコシの立毛，図17-4は燃料として収穫されたトウモロコ

表17-1 各種作物と土壌浸食の割合
(裸地を100%とする)

作　物	土壌と浸食の割合(%)
トウモロコシ	74.7
アスパラガス	40.0
ジャガイモ	30.1
春播小麦	21.3
エンバク	9.3
牧　草	0.7

図17-1　トウモロコシ茎下部のヒマ

図17-2　トウモロコシ茎下部のサツマイモ

図17-3　立ち枯れ状態のトウモロコシの立毛

図17-4　収穫トウモロコシ（燃料）

シの茎である。

3-2. 土壌特性

（1）土性（粒径組成）

　本研究地域における両試験地土壌および七百弄の不耕起栽培土壌の粒径組成

表17-2 七百弄および北景における試験区および原始不耕起栽培土壌の粒径組成

利用形態	地域	栽培種	粗砂	細砂	シルト	粘土	土性
耕起	七百弄	大豆	3.0	9.6	24.0	63.4	重埴土
		ソルガム	2.4	8.6	34.0	55.0	〃
	北景	大豆(作土)	0.4	6.3	42.4	50.8	〃
		大豆(心土)	0.3	5.8	39.7	54.2	〃
不耕起	七百弄	トウモロコシ・大豆	2.9	10.7	25.2	61.2	〃
		トウモロコシ・サツマイモ	1.4	12.6	28.5	57.5	〃
		トウモロコシ・ヒマ	1.2	14.2	26.8	57.9	〃
草地	七百弄	エレファントグラス	4.4	16.1	23.8	55.7	〃
	北景	エレファントグラス	1.3	9.3	40.1	49.3	〃

注) 作土：0〜12 cm, 心土：12 cm 以下。

　は，表17-2に示すように，いずれの土壌ともに粘土(粒径0.002 mm以下)含量が50%以上も存在する重粘土[9]であった。なお，紅水河水系のほとりにあり，増水時に流水の土砂を被る可能性の高い北景のエレファントグラス栽培土壌の粘土含量では，50%をわずかに切っていた。

　これらの粒径組成の結果は，乾燥時には土壌が固化し，植物根の進入が大きく阻害される可能性が高い。サツマイモが極めて小さいことが観察されたことから，養分不足だけでなく土壌の固さも影響していることが推定された。したがって，根茎を収穫する作物，例えばジャガイモ類の導入に際しては，堆肥等の有機資材を投入して土壌の膨潤化を図る必要があると思われる。

　両試験地の耕起区を比べると，粗砂(粒径2 mm以上)と細砂(粒径0.02〜0.2 mm)含量は七百弄の方が，他方，シルト(粒径0.02〜0.2 mm)含量は北景の方が多いことが示された。七百弄の耕起区で斜面の上部ほど粒径の粗い粒子が多い傾向が示された。

　草地では，七百弄のドリーネ(すり鉢)地形の上部にあるエレファントグラス土壌では，北景に比べて，粗砂や細砂などの粗い粒子が多かった。これは，斜面の上部では雨期に水食により粒径の粗い土砂が流入するためであると思われる。

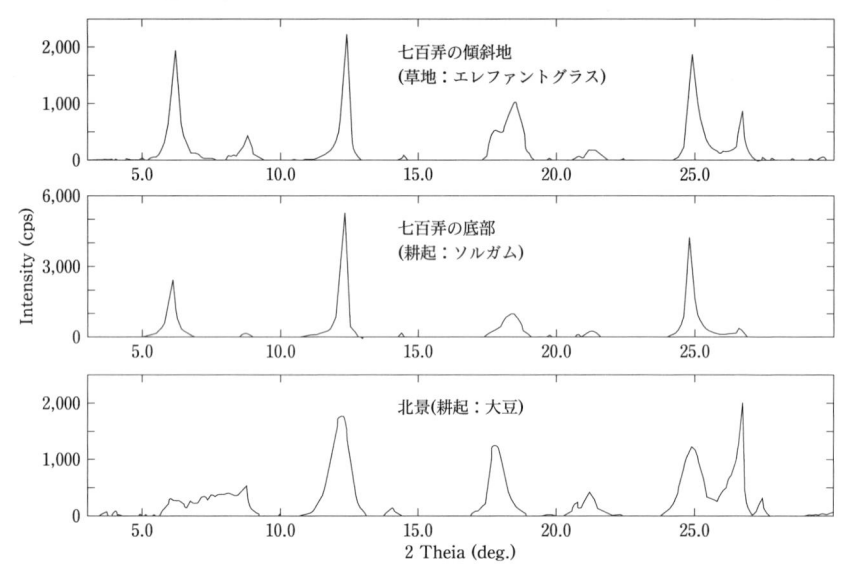

図17-5 七百弄および北景における試験区原始不耕起栽培土壌の鉱物組成

(2) 粘土鉱物

　土壌中の粘土鉱物組成は，X線回析による分析により，図17-5に示すように，大きく3つに分かれた。

　タイプ1：七百弄のすり鉢地形の傾斜地に位置する不耕起栽培のトウモロコシ・ヒマ区およびエレファントグラス土壌である。このタイプは，カオリナイト（7.2 nm）および緑泥石（14.4 nm）を主とする。緑泥石はバーミキュライト化が進んでいる。すり鉢の上部に位置するエレファントグラス土壌では，カオリナイトが相対的に高く，逆に緑泥石と雲母（10 nm）含量が低い。酸化物鉱物としてはゲータイト（4.24 nm）とベーマイト（6.12 nm）を含む。1次鉱物としては石英と長石（主にK-長石）を含んでいる。

　タイプ2：七百弄の裾野および底部付近に位置する耕起のソルガムと大豆区および不耕起のトウモロコシ・大豆区とトウモロコシ・サツマイモ区である。このタイプは，カオリナイトと緑泥石を主とし，雲母を伴う。緑泥石はバーミキュライト化が進んでいる。すり鉢の底にある不耕起栽培のトウモロコシ・サツマイモ区では，カオリナイト含量が相対的に高く，逆に緑泥石と雲母の含量

が低い．1次鉱物として石英と長石を含んでいる．

　タイプ3：北景の大豆区とエレファントグラス土壌である．このタイプは，カオリナイトと1.0〜1.4 nm 鉱物（雲母の風化物）を主とする．酸化鉱物として，ゲータイト鉱物とレピドクロサイト(6.24 nm)を含む．1次鉱物として，石英と長石(主にK-長石)を含んでいる．

　これらの結果から，タイプ1とタイプ2の母材は同一で，すり鉢の底に行くにつれて，風化が進んでいる状況をよく示している．タイプ3は，タイプ1および2の母材と異なることが示された．この原因は，紅水河水系のほとりにあるため，流水で運搬された土砂が堆積・混在することにあると考える．

(3) 化学組成

　両試験地および不耕起栽培土壌の化学組成は，表17-3に示した．

　各試験ともに七百弄と北景の化学組成は大きく異なっていた．例えば，七百弄は北景に比べて，pHが高く，カルシウム(Ca)，マグネシウム(Mg)および有機態リン含量が著しく多いことが示された．したがって，耕起栽培土壌では，pH値，交換性カチオンおよび有機態リン含量から見ると，七百弄の方が北景よりも肥沃度が高く，作物の生育が良好であると推定される．しかしながら，可給態窒素含量は逆に北景の方が多かった．

　不耕起栽培土壌では耕起栽培土壌に比べて，CaとMg含量が著しく多く，

表17-3　七百弄および北景における試験区および原始不耕起栽培土壌の理化学性

(pHを除く単位：mg/100 g)

利用形態	地域	栽培種	pH (H_2O)	交換性カチオン Ca	Mg	K	CEC	有機態 P	熱水抽出 N
耕起	七百弄	大豆	6.6	188.7	36.6	8.1	13.5	25.9	1.8
		ソルガム	6.7	300.6	51.3	7.2	18.9	41.2	2.8
	北景	大豆(作土)	4.5	24.3	5.4	6.9	15.6	1.6	4.2
		大豆(心土)	4.6	10.8	1.8	5.4	12.6	2.1	2.8
不耕起	七百弄	トウモロコシ・大豆	7.4	403.5	77.1	11.4	21.0	24.3	2.9
		トウモロコシ・サツマイモ	7.5	540.6	48.3	10.2	22.5	71.4	5.2
		トウモロコシ・ヒマ	7.8	476.4	102.6	6.0	20.7	5.6	4.9
草地	七百弄	エレファントグラス	8.0	571.5	136.2	6.6	27.3	6.1	6.1
	北景	エレファントグラス	6.1	212.1	30.6	4.8	14.1	1.8	9.2

注）作土：0〜12 cm，心土：12 cm以下．

それを反映してpH値が高くなりアルカリ性を示した。また，陽イオン交換容量(Cation Exchange Capacity; CEC)が高く，可給態窒素含量も多い。これらの結果から，七百弄の伝統的な農法であるトウモロコシを中心とした不耕起栽培は，近代的な耕起栽培よりも作物生産にとって優れていることを示している。

七百弄の草地区のエレファントグラス栽培では，不耕起栽培と同様に耕起栽培に比べて土壌の肥沃性を高めていた。特に有効態窒素の増加が顕著であった。北景のエレファントグラス栽培土壌と比べると，有効態窒素のみが少ないだけで，ほかの成分はすべて七百弄で多かった。他方，北景のエレファントグラス栽培土壌は，北景の耕起栽培の大豆区に比べて，CaおよびMg含量が多いことが示された。これらの供給は，紅水河水系によると推定される。このことを反映して，北景のエレファントグラスの生育が極めて旺盛であった。

(4) 微量要素

両試験地土壌および不耕起栽培土壌の微量要素含量は，表17-4に示した。

七百弄と北景の耕起栽培土壌の微量要素を比べると，七百弄の方が亜鉛(Zn)およびマンガン(Mn)含量が著しく多く，銅(Cu)含量も多いことが示された。したがって，北景では著しいZn欠乏にあり，Mnおよびホウ素(B)含量も欠乏していることが明らかになった。つまり，北景はいわゆる微量要素欠乏土壌であることが明らかとなった。

表17-4 七百弄および北景における試験区および原始不耕起栽培土壌の微量要素

利用形態	地域	栽培種	微量要素(ppm)			
			Cu	Zn	Mn	B
耕起	七百弄	大豆	4.54	8.44	58.00	0.24
		ソルガム	5.20	16.78	910.00	0.87
	北景	大豆(作土)	3.10	0.74	20.80	0.60
		大豆(心土)	2.48	0.10	22.60	0.31
不耕起	七百弄	トウモロコシ・大豆	5.58	20.18	646.00	0.72
		トウモロコシ・サツマイモ	5.16	24.16	474.00	1.00
		トウモロコシ・ヒマ	1.08	9.56	544.20	0.78
草地	七百弄	エレファントグラス	0.44	5.50	244.00	1.06
	北景	エレファントグラス	3.16	3.04	66.20	0.99

注）作土：0〜12 cm，心土：12 cm以下。

次に、不耕起栽培のそれらの量は、すり鉢地形の中腹にあるトウモロコシ・ヒマ区において Cu および Zn 含量が底部の不耕起栽培に比べて少ないことが示された。しかしながら、トウモロコシ・ヒマ区のそれらの量は耕起栽培に比べて、遜色ない含量を示した。したがって、微量要素含量においても、不耕起栽培の方が耕起栽培よりも優れていることが示唆された。

草地の両区を比べると、七百弄では Mn 含量が著しく多く、北景では Cu 含量が著しく多かった。北景ダム湖のほとりにあるエレファントグラス栽培土壌では、同地の緩傾斜の上部にある耕起栽培の大豆区と異なり、微量要素が多かった。これも紅水河水系からもたらされたものであると推定される。

(5) 有機物の近似組成

両試験区の耕起および不耕起栽培土壌における有機物の近似組成[11, 12]は、表17-5 に示した。耕起区における大豆では、ポリサッカライドは七百弄の方が、ヘミセルロースは北景の方がかなり多く、セルロースは同程度であることが示された。これらの炭水化物の合量はヘミセルロースの量を反映して、北景の方が七百弄よりも多かった。これらの結果から、土壌型の違いが有機物組成に影響を与えていることを示す。ヘミセルロースが北景に多いのは、酸性土壌のため糸状菌が多いことによる。なぜなら、糸状菌の菌体膜がヘミセルロースの主要な成分であることによる。

七百弄の大豆とソルガムを比べると、すべての近似組成分はともに大豆の方

表17-5 七百弄および北景における試験区および原始不耕起栽培土壌の有機物の近似組成

(単位：mg/100 g)

利用形態	地域	栽培種	ポリサッカライド	ヘミセルロース ヘキソース	ヘミセルロース ペントース	ヘミセルロース 合量	セルロース	全量
耕起	七百弄	大豆	40	393	174	567	115	722
耕起	七百弄	ソルガム	25	319	145	464	84	573
耕起	北景	大豆	33	458	229	687	112	832
不耕起	七百弄	トウモロコシ・大豆	18	173	74	247	41	306
不耕起	七百弄	トウモロコシ・サツマイモ	30	380	194	574	100	704
不耕起	七百弄	トウモロコシ・ヒマ	37	479	295	774	90	901
草地	七百弄	エレファントグラス	57	443	162	605	100	762
草地	北景	エレファントグラス	83	477	364	841	239	1,163

がかなり多かった。ソルガム栽培土壌には交換性カチオン，有機態リン，易分解窒素および微量要素などが大豆栽培土壌のそれよりも多いことと相反する結果となった。これは，大豆の方がソルガムよりも根からの各種有機物の分泌物が多いことの反映であると思われる。

不耕起栽培では，近似組成分はトウモロコシ・ヒマ区が最も多く，次いでトウモロコシ・サツマイモ区で，トウモロコシ・大豆区が最も少なかった。したがって，不耕起栽培では作付作物によって，土壌の炭水化物量に大きな影響を与えることが示された。特にその効果は，ヒマが最も大きいことが明らかになった。

草地のエレファントグラス栽培区では，北景の方が七百弄よりもすべての近似組成分が著しく多かった。この結果は，エレファントグラスの生育が酸性土壌の方が活発であることを示す。したがって，エレファントグラスの生育にとっては酸性土壌の北景の方が適しているといえる。

（6）構成糖（単糖類）

次に炭水化物の内容を解明するために，単糖類[13, 14]を調べることを試みた。両試験区の耕起および原始的な不耕起栽培土壌における六単および五単糖類組成は，表17-6 に示した。土壌中の糖類の中で，フコース，ラムノース，マンノースは微生物由来で[1]，アラビノース，キシロースは植物由来[2]とされている。

表 17-6　七百弄および北景における試験区および原始不耕起栽培土壌の六単糖および五単糖

利用形態	地域	栽培種	六単糖類 (mg/100 g)						五単糖類 (mg/100 g)		
			グルコース	マンノース	ガラクトース	アラビノース	ラムノース	合量	キシロース	リボース	合量
耕起	七百弄	大豆	109	49	34	43	30	264	54	41	95
		ソルガム	78	54	31	45	29	239	40	48	88
	北景	大豆	97	81	66	69	30	332	49	45	94
不耕起	七百弄	トウモロコシ・大豆	46	20>	20>	20>	20>	—	30	20>	—
		トウモロコシ・サツマイモ	88	43	38	47	29	246	50	41	91
		トウモロコシ・ヒマ	130	75	57	66	28	356	62	45	107
草地	七百弄	エレファントグラス	107	96	46	43	29	320	47	21	68
	北景	エレファントグラス	174	96	123	127	30	520	186	47	233

耕起区における大豆栽培土壌の六単糖類においては，グルコースは七百弄の方が多少とも多く，植物由来のマンノース，ガラクトースおよびアラビノースは北景の方が著しく多かった。これらの結果からヘミセルロースの構成糖がマンノース，ガラクトースおよびアラビノースであることがわかる。細菌由来のラムノースは同程度であった。五単糖類においては，キシロースは七百弄の方が，リボースは逆に北景の方が多少とも多かった。リボースは微生物由来であるので，糸状菌が北景に著しく多いことの反映であると思われる。

　七百弄の大豆とソルガムを比べると，グルコース，ガラクトースおよびラムノースは大豆の方が，マンノースはソルガムの方が多かった。五単糖では，ヘミセルロースの主成分のキシロースは大豆の方が，微生物由来のリボースはソルガムの方が多いことが認められた。

　不耕起栽培の六単糖類では，近似組成分の結果と同様に六単糖および五単糖類ともヒマが最も多く，次いでサツマイモで，大豆が最も少なかった。ヒマで増加する炭水化物は，マンノース，ガラクトースおよびアラビノースの3種類の六単糖類であった。

　草地のエレファントグラスの六単糖類を両試験地で比べると，北景の方がグルコース，ガラクトースおよびアラビノースが極めて多かった。したがって，増加する炭水化物の内容はそれら3種類の六単糖であることが明らかになった。五単糖類では植物由来のキシロースが北景に多量に集積していた。北景の草地で増大した炭水化物は植物由来であることから，エレファントグラスの生育は酸性土壌の方が良好であることが明らかとなった。

4. 七百弄および北景試験地におけるリン化合物の組成

　本研究地域の主要作物であるトウモロコシの生産量は，先進国の水準に比較してかなり低いことが信濃ら[15]の調査で明らかとなった。トウモロコシの生育阻害要因としては赤色酸性土壌ではリンが最も重要であり，七百弄ではカリウム(K)に次ぎリンが阻害要因であることが但野ら[6]の研究で解明された。

　そこで，本研究地域のリン阻害を解消する肥培管理技術を確立するために，各種形態のリン量および存在形態の解明を行った。七百弄および北景試験地の

表 17-7 七百弄および北景試験圃場土壌断面における理化学性の変化

採取地点	深さ(cm)	pH H₂O	pH KCl	全炭素(%)	窒素(%)	炭素率(C/N)	無機態窒素(mg/乾土100g) NH₄-N	無機態窒素(mg/乾土100g) NO₃-N	全リン(P g/kg)
七百弄	0〜5	6.75	6.22	2.57	0.25	10.45	1.69	1.43	1.26
(段丘上部)	5〜10	6.94	6.05	2.12	0.22	9.59	1.46	1.42	1.38
	10〜20	7.01	6.03	2.09	0.21	9.74	1.03	1.09	1.34
	20〜30	7.19	5.93	1.93	0.22	8.81	0.86	1.05	1.29
	30〜40	7.36	5.85	1.71	0.22	7.90	0.66	1.08	1.47
	40〜50	7.31	5.82	1.68	0.23	7.22	0.34	0.95	1.47
	50〜60	6.70	5.81	1.76	0.24	7.41	0.39	1.00	1.43
	平均	7.04	5.96	1.98	0.23	8.73	0.92	1.15	1.38
七百弄	0〜5	7.56	5.49	1.96	0.24	8.03	0.93	1.41	1.14
(段丘下部)	5〜10	7.52	5.61	1.91	0.24	8.08	0.72	1.58	1.11
	10〜20	7.52	5.72	1.75	0.22	7.78	0.71	0.91	1.07
	20〜30	7.42	5.88	1.50	0.21	7.30	0.47	0.75	1.01
	30〜40	7.19	5.87	1.60	0.21	7.52	0.43	0.60	1.03
	40〜50	7.10	5.83	1.50	0.21	7.09	0.27	0.25	1.04
	50〜60	7.06	5.81	1.47	0.19	7.64	0.29	0.37	0.91
	平均	7.33	5.74	1.67	0.22	7.65	0.55	0.84	1.04
北 景	0〜5	4.40	3.22	1.80	0.21	8.77	1.61	1.59	0.24
	5〜10	4.41	3.20	1.38	0.17	8.14	1.41	0.83	0.23
	10〜20	4.40	3.18	1.03	0.15	6.68	1.30	0.45	0.16
	20〜30	4.42	3.19	0.83	0.13	6.41	0.94	0.24	0.17
	30〜40	4.20	3.15	0.68	0.13	5.03	0.92	0.19	0.16
	40〜50	4.09	3.30	0.59	0.12	4.96	0.64	0.30	0.15
	50〜60	4.01	3.33	0.51	0.12	4.05	0.73	0.32	0.16
	平均	4.27	3.22	0.97	0.15	6.57	1.08	0.56	0.18

土壌断面における理化学性[10]は，表 17-7 に示した．

4-1. 有機および無機リン化合物

　七百弄および北景試験地の土壌断面における無機，有機および全リン量は，図 17-6 に示した．

(1) 七百弄試験地の慣行および近代的農法

　七百弄の土壌断面における無機および全リン量は，ともに近代的な施肥を行っている段丘上部の方が表層から 60 cm の深さまで伝統的(慣行)農法の段丘下部よりも著しく多いことが示された．特に無機態リンが顕著に多かった．他

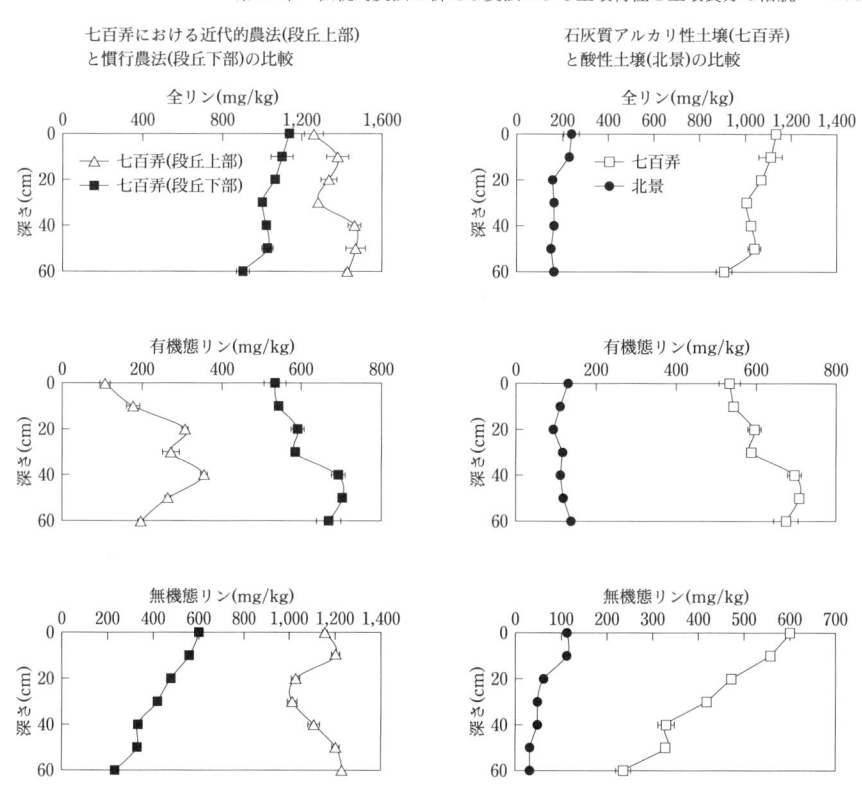

図17-6 七百弄および北景試験圃場の土壌断面における無機，有機および全リン量の変化

方，有機態リン量は，逆に慣行農法の段丘下部の方が段丘上部よりも多かった。したがって，近代的農法では無機態リンが多く，逆に堆肥主体の慣行農法では有機リンが土壌に集積していることが明らかになった。

次に，無機リンの層位別分布は，近代的農法の段丘上部では下層で多いが，慣行農法の段丘下部では逆に層位が深くなるに伴って明瞭に減少していた。また，段丘上部における全リンに占める無機リンの割合は，75.5〜92.7(平均83.5)％であった。他方，段丘下部では26.0〜53.0(平均39.9)％であった。この事実から，化学肥料として施肥された無機リンが下層に移動し，集積していることが明らかとなった。

有機リンでは，段丘上部および下部ともに表層45 cmまで層位が深くなるに

伴って明瞭に増加していた。それよりも深くなると段丘上部の近代的農法では減少するが，他方，段丘下部の慣行農法ではそのような現象は認められなかった。したがって，作土では有機リンがリンの供給源であった。さらに，慣行農法の段丘下部では表層60cmの深さまで堆肥由来の有機リンが集積していることが明らかとなった。したがって，近代的農法では，リン化合物の蓄積は作土のみならず，下層へ移動し心土における蓄積傾向が特に顕著であった。

（2）七百弄および北景試験地の慣行農法

両試験地の伝統的農法（慣行農法）を比較すると，北景試験地の有機，無機および全リン量はともに表層60cmの深さに至るまで七百弄試験地よりも著しく少なかった（図17-6）。特に無機リンが極めて少ないことである。北景試験地の全有機リンに占める無機リンの割合は，18.3〜50.3（平均33.4）％であった。この割合は，七百弄の慣行農法のそれとほぼ同じであった。これは，堆肥を主体とした有機農業では，土壌型に関係なく有機リンに占める無機リンの割合が30〜40％程度になることを示唆する。上記の結果から，赤色酸性土壌は著しくリン化合物が少なく，健全な作物生産を行うには多量のリン肥料の施用が必要であることが明らかとなった。

4-2. 無機態カルシウム型・鉄型およびアルミニウム型リン

七百弄および北景試験地の層位別無機態カルシウム（Ca）型，鉄（Fe）型およびアルミニウム（Al）型リン量の変化は，図17-7に示した。

（1）七百弄試験地の慣行および近代的農法

七百弄のCaおよびFe型リンの層位別分布では，近代的農法の段丘上部は表層から60cmの深さまで慣行農法よりも著しく多かった。特にCa型リンが顕著に多かった。他方，Al型リン量は，逆に慣行農法の方が表層から60cmの深さまで近代的農法よりも多かった。したがって，近代的農法ではCaおよびFe型リンが集積し，他方，堆肥主体の慣行農法ではAl型リンが多く集積する。また，近代的農法における全無機リンに占めるCa型リンの割合は22.1〜25.8（平均23.3）％であった。他方，慣行農法の段丘下部では29.1〜42.3（平均37.4）％であった。したがって，化学肥料として施肥された無機リンは下層に移動し，集積することが示された。

七百弄

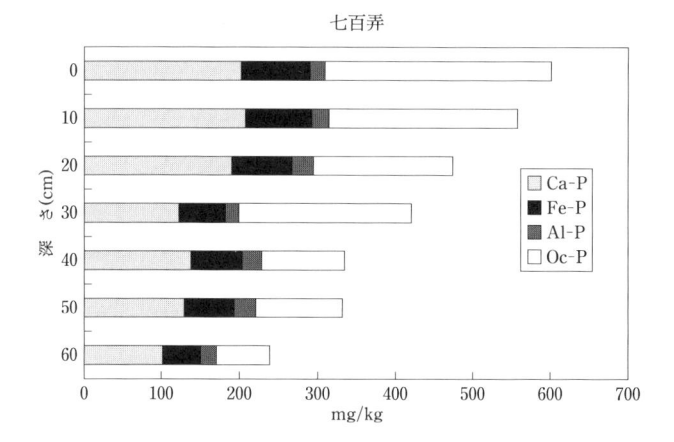

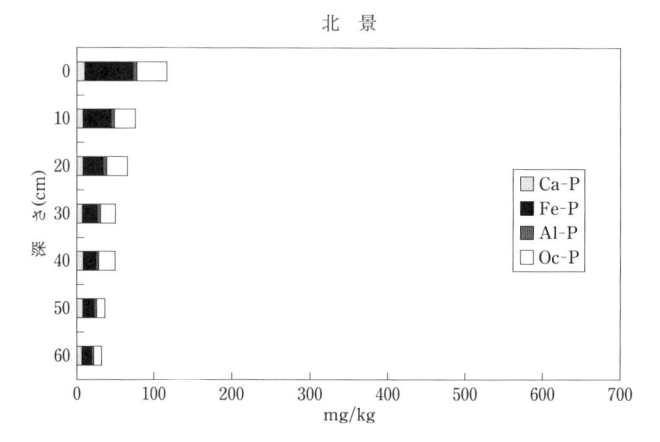

北 景

Ca-P：カルシウム型リン，Fe-P：鉄型リン，Al-P：アルミニウム型リン，
Oc-P：難溶性リン

図17-7　七百弄および北景の層位別土壌における
形態別無機態リンの組成

　Fe型リンの層位別分布を見ると，Ca型リンと同様に，近代的農法では下層ほど多いが，慣行農法では逆に層位が深くなるに伴って明瞭に減少していた。また，近代的農法における全無機リンに占めるFe型リンの割合は，8.1～10.2（平均9.5）％であった。他方，慣行農法では，14.2～20.1（平均16.9）％であっ

た。したがって，可給態リンの Fe 型リンは，慣行農法の方が多いことが明らかとなった。

　Al 型リンの層位別分布は，Ca および Fe 型リンと異なり，両圃場ともに層位が深くなるに伴って増加した。また，近代的農法における全無機リンに占める Al 型リンの割合は 0.6〜1.1(平均 0.8)％ であった。他方，慣行農法では 2.9〜8.7(平均 5.8)％ であった。したがって，難溶性の Al 型リンは，慣行農法の方が多かった。

　以上の結果から，石灰質アルカリ性土壌に存在する無機態リンの主要成分はCa 型リンが最も多く，次いで Fe 型リンで，Al 型リンが最も少ないことが明らかとなった。化学肥料の施用は，Ca 型リンおよび Fe 型リンを減少させることも明らかとなった。

(2) 七百弄および北景試験地の慣行農法

　北景試験地の層位別無機態 Ca，Fe および Al 型リン量はともに，表層から 60 cm の深さに至るまで七百弄よりも極めて少なかった。特に Ca 型リンが極端に少なかった。北景試験地の Ca 型リンの層位別分布は，上層から下層まで大きな差は認められなかった。全無機リンに占める Ca 型リンの割合は，6.5〜18.6(平均 10.8)％ であった。北景試験地の Fe 型リンの層位別分布は，Ca 型リンと同様に，下層で増加していた。また，全無機リンに占める Fe 型リンの割合は，35.5〜52.2(平均 45.6)％ で多かった。北景試験地における Al 型リンの層位別分布は，上層から下層まで大きな差は認められなかった。また，全無機リンに占める Al 型リンの割合は，3.4〜8.0(平均 4.6)％ であった。

　上記の結果から，赤色酸性土壌における主要な無機リンの形態は，七百弄と異なり，Fe 型リンであった。

5. 七百弄および北景試験地の酵素活性

　土壌における種々の生化学反応は，そこに存在する微生物群集構造と密接に関連している。圃場に残された作物残渣や土壌に施用された堆肥等の高分子化合物は，微生物によって分泌された細胞外酵素の働きで低分子化される。その生成物が微生物や植物の生活を支えている。

5-1. 七百弄試験地

七百弄試験地における近代的(段丘上部)および伝統的な慣行(段丘下部)圃場土壌の酵素活性は，図 17-8 に示した。

（1）炭素代謝に関与する酵素活性

土壌の炭素代謝に関与する酵素として，セルラーゼの一種である β-グルコシダーゼおよびエキソセルラーゼを選んだ。基質のセルロースは地球上で存在する化合物の中で最も多い物質で，土壌の炭素代謝に極めて重要な役割を担っている。土壌のセルラーゼは Pseudomonas および Bacillus 属の細菌，Streptomyces 属の放線菌，Trichoderma および Penicillum 等の糸状菌により土壌に供給される。セルラーゼは，エキソセルラーゼ(C_1 酵素)，エンドセルラーゼ(C_x 酵素)および β-グルコシダーゼからなる複合酵素である。

β-グルコシダーゼおよびエキソセルラーゼ活性は，両土壌断面ともに表層から 30 cm の部位まで層位が深くなるに伴い明瞭に減少するが，その層位から 60 cm まで同程度であった。

以上の結果から，土壌の炭素代謝は現地の粗放的な伝統的な慣行農法の方が活発に行われていることを示している。

（2）窒素代謝に関与する酵素活性

窒素代謝に関与する酵素として，タンパク質を分解するプロテアーゼと糖タンパク質を分解する β-アセチルグルコサミニダーゼを選んだ。プロテアーゼ活性は，両土壌型ともに層位が深くなるに伴い減少していた。その減少傾向は，慣行農法の方が顕著であった。両土壌断面を比べると，各層位ともに近代的農法の方が高かった。β-アセチルグルコサミニダーゼ活性は，深さ 20～30 cm まで層位が深くなるに伴い明瞭に減少していたが，それより深い層位では両土壌ともに減少が認められなかった。両土壌を比べると，10～20 cm の層位を除くすべての層位ともに近代的農法の方が高いことが示された。

以上の結果から，作物の生育と最も関係が深い窒素代謝は，堆厩肥や化学肥料を充分に施用している近代的圃場の方が高いことが明らかとなった。

（3）リン代謝に関与する酵素活性

リン代謝に関与する酵素として，次の2種類のホスファターゼを選んだ。す

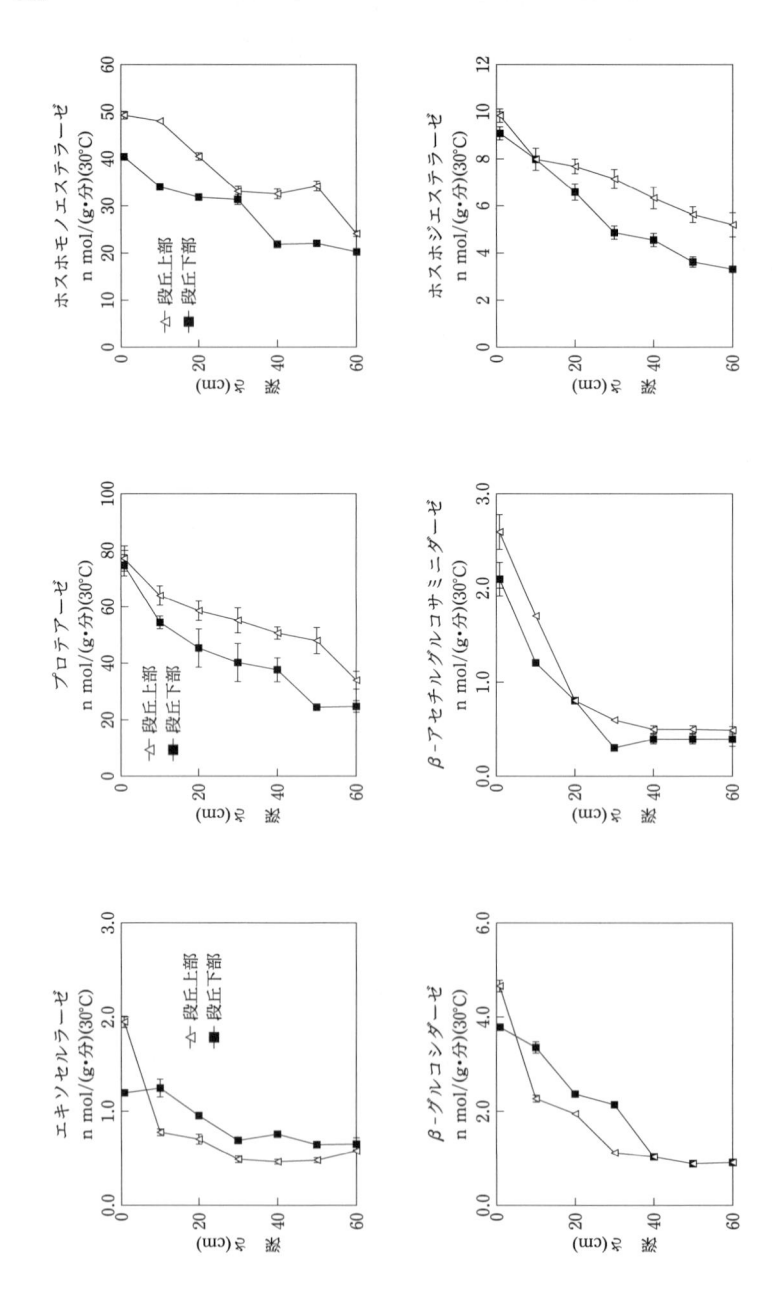

図17-8 七百刈における近代的(段丘上部)および貫行(段丘下部)圃場の酵素活性の変化

なわち，イノシトールリン酸やグリセロリン酸等のモノリン酸エステル化合物を加水分解するホスホモノエステラーゼ，およびリボ核酸やデオキシリボ核酸を含む核酸類のジリン酸化合物を加水分解するホスホジエステラーゼである。

土壌に集積した有機リン化合物の無機化には，微生物が重要な役割を担っている。例えば，*Bacillus, Serratia, Proteus, Arthrobacter, Streptomyces, Asperigillus, Penicillium* および *Rhizopus* 属等の多くの微生物がホスファターゼを分泌する。ホスファターゼは，アイソザイムとして生体内に広く分布し，その基質特異性は広く，多くの基質に作用する。オオムギ，トウモロコシおよびトマト等多くの植物根からも分泌され，土壌中の酸性ホスファターゼの起源となっている。

ホスホモノエステラーゼおよびホスホジエステラーゼ活性は，両土壌断面ともに層位が深くなるに伴い減少し，特に核酸の分解に関与するホスホジエステラーゼで顕著であった。両土壌断面を比べると，両酵素活性ともに近代的農法の段丘上部の方が高いことが示され，特に作土層以下で顕著であった。

5-2. 北景試験地

七百弄および北景試験地における炭素・窒素・リン代謝に関与する酵素活性は，図 17-9 に示した。β-グルコシダーゼおよびエキソセルラーゼ活性は，北景では層位が深くなるに伴い明瞭に減少していた。両土壌型を比べると，七百弄の方が両活性ともに高かった。したがって，炭素代謝は，石灰質アルカリ性土壌の方が赤色酸性土壌よりも高いことが明らかとなった。

プロテアーゼ活性は，最表層を除くすべての層位で北景の方が高いことが示された。また，β-アセチルグルコサミニダーゼ活性においても，特に最表層（0〜5 cm）を除くと両土壌でほとんど差がなかった。したがって，赤色酸性土壌の窒素代謝は，炭素代謝と異なり石灰質アルカリ性土壌よりも高いことが示された。

ホスホモノエステラーゼおよびホスホジエステラーゼ活性は，両土壌ともに層位が深くなるに伴い減少し，特に核酸の分解に関与するホスホジエステラーゼで顕著であった。両土壌を比べると，両酵素活性ともに七百弄の方が高いことが示された。特にホスホジエステラーゼでその差が大きかった。したがって，

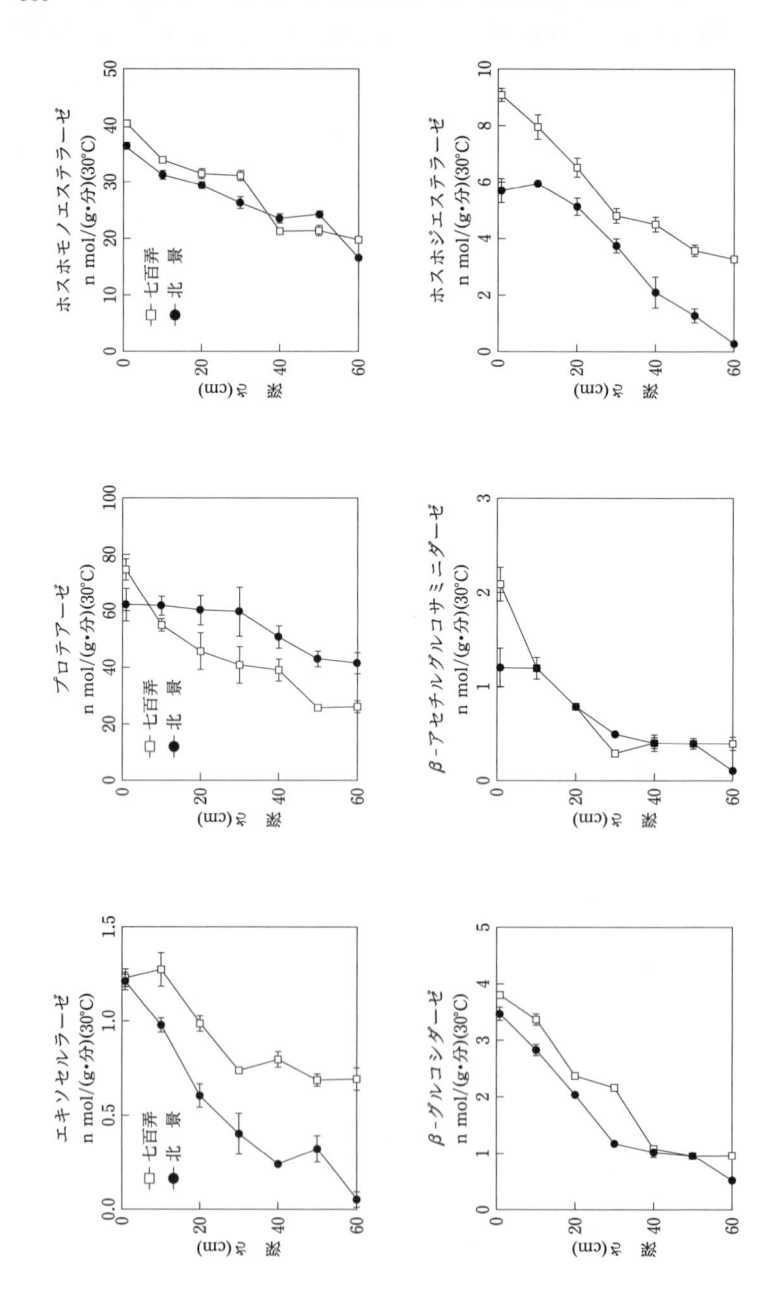

図17-9 七百苅および北景における慣行圃場土壌の酵素活性の変化

リン代謝は，石灰質アルカリ性土壌の方が赤色酸性土壌よりも高いことが明らかとなった。

6. 七百弄および北景試験地における土壌養分の年間溶脱量

石灰質アルカリ性および酸性赤色土壌の特性を解析するために，両土壌型から溶脱する栄養塩類の種類およびその量をイオン交換樹脂バック法を用いて推定した。さらに，カルスト地形からなる七百弄の上部斜面地および最底部からの栄養塩類の溶脱量も併せて調べた。

イオン交換樹脂バック法[16, 17, 18]は，イオン交換樹脂を詰めた容器を土壌に埋め，容器を通過した浸透水に溶存している無機イオンを吸着させ，さらに吸着した無機イオンを抽出，分析することによって，浸透水の移動に伴う無機イオン移動量を測定するものである。イオン交換樹脂バックは，図17-10に示すように上下をナイロンネットで覆った厚さ4.5 cm，内径10.6 cmの円筒塩化ビニール管に，陽イオン(IR-120B)および陰イオン(IRA-400)交換樹脂の混合体(湿重)110 gを入れたものである。深さ50 cmの土壌断面に6個の樹脂容器を置き，土壌と接する樹脂容器の上面に石英砂を敷き，樹脂に土壌が混入しないように埋め戻した。

このようにして埋設した容器を，2000年2月23日から2001年2月25日まで1年間設置し，浸透水に含まれる無機イオンを吸着させた。埋設期間中の本研究地域における2年間の平均降水量は，1500 mmであった。なお，用いた

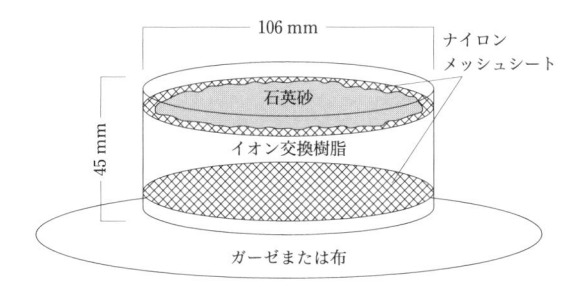

図17-10 イオン交換樹脂バック法の模式図

表 17-8 イオン交換樹脂の性質

樹脂名	分類	母体構造	官能基	形状	総交換容量 (me/g 乾物)	有効 pH 範囲	有効径 (mm)
IR-120B	強酸性陽イオン交換ゲル形	スチレン系	$-SO_3M$	球状	4.4	0〜14	0.45〜0.60
IRA-400	最強塩基性陰イオン交換ゲル形	スチレン系	$-N=(CH_3)_3$ $\mid$ X	球状	3.7	0〜14	0.50〜0.60

交換樹脂の特性は，表 17-8 に示した．

6-1. ドリーネ地形にある七百弄郷の各地点の栄養塩類の年間溶脱量

七百弄試験地の段丘上部，下部平坦地，および底部における栄養塩類の年間総溶脱量は，図 17-11 および 17-12 に示した．

(1) 段丘上部と段丘下部からの溶脱
a) 無機態窒素の溶脱量[10]

アンモニア態窒素(NO_3-N)の溶脱量(図 17-11)は，近代的農法の段丘上部では堆肥施用により増加する傾向が認められたが，慣行農法の段丘下部ではそのような関係が認めがたかった．全処理区を平均した NO_3-N の総溶脱量は近代的農法で 126.0，慣行農法で 95.0 kg/(ha・年)であった．したがって，NO_3-N の総溶脱量は近代的農法を長年行っている段丘上部の方が著しく多かった．

硝酸態窒素(NH_4-N)の溶脱量は，両試験区とも各施肥管理による差は認めがたかった．全処理区の平均 NH_4-N の総溶脱量(図 17-11)は近代的農法で 18.9，慣行農法で 20.2 kg/(ha・年)であり，両試験区で明瞭な差が認められなかった．したがって，本研究地域において溶脱する主な無機態窒素は NH_4-N ではなく，それが硝化され NO_3-N で溶脱していることが明らかになった．

b) リンの溶脱量

リン(P)の溶脱量(図 17-11)は近代的農法で 4.39，慣行農法で 2.80 kg/(ha・年)であり，近代的農法が行われていた段丘上部の方が多かった．したがって，リンの溶脱量は農法(施肥管理)の差が明瞭に認められた．

391

無機態窒素 (NH₄-N, NO₃-N)

七百茆

斜面：N 54.0
(NH₄-N：16.0, NO₃-N：38.0)
段丘上部：N 144.5
(NH₄-N：18.9, NO₃-N：125.6)
段丘下部：N 115.2
(NH₄-N：20.2, NO₃-N：95.0)
底部：N 94.0
(NH₄-N：18.0, NO₃-N：76.0)

北景

斜面：N 36.0
(NH₄-N：18.7, NO₃-N：17.3)
●段丘-1
●段丘-2
●段丘-3
ダム(水面)

リン(P)

七百茆

斜面：P 3.10
段丘上部：P 4.39
段丘下部：P 2.80
底部：P 3.80

北景

斜面：P 0.0 (未検出)
●段丘-1
●段丘-2
●段丘-3
ダム(水面)

カリウム(K)

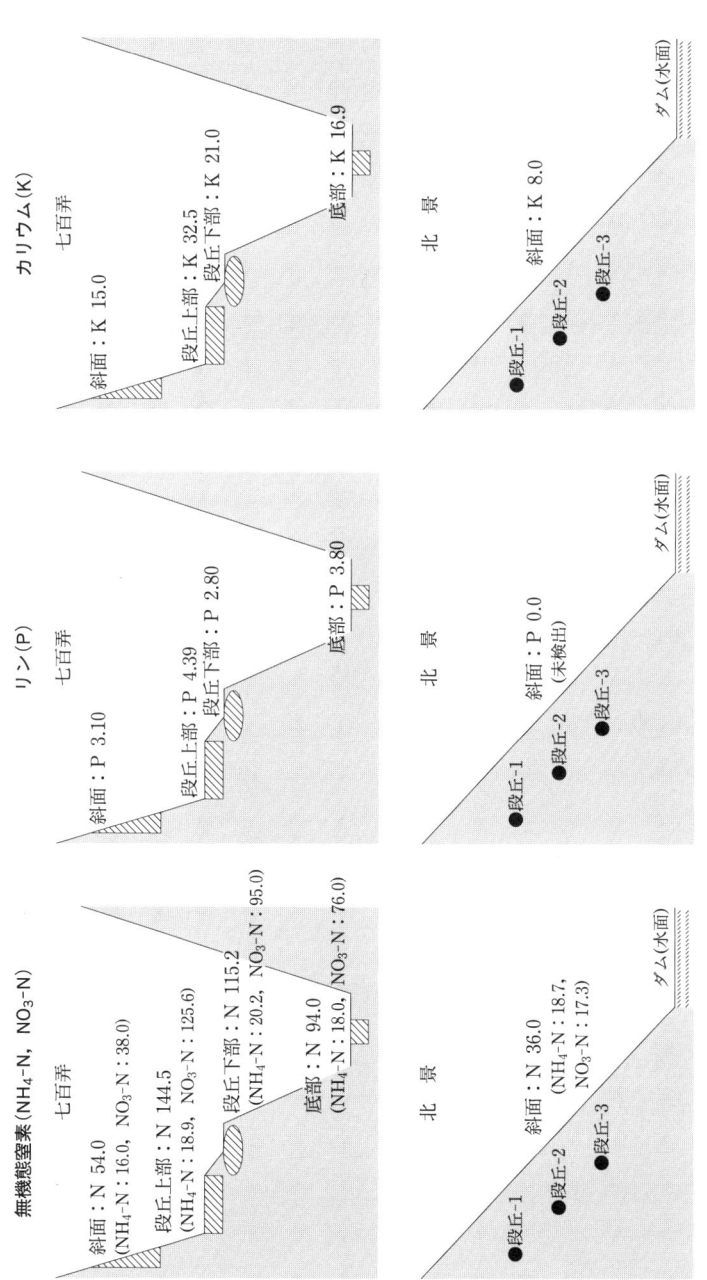

七百茆

斜面：K 15.0
段丘上部：K 32.5
段丘下部：K 21.0
底部：K 16.9

北景

斜面：K 8.0
●段丘-1
●段丘-2
●段丘-3
ダム(水面)

図 17-11 七百茆および北景における試験圃場の無機態窒素，リンおよびカリウムの年間溶脱量（単位：kg/(ha・年)）

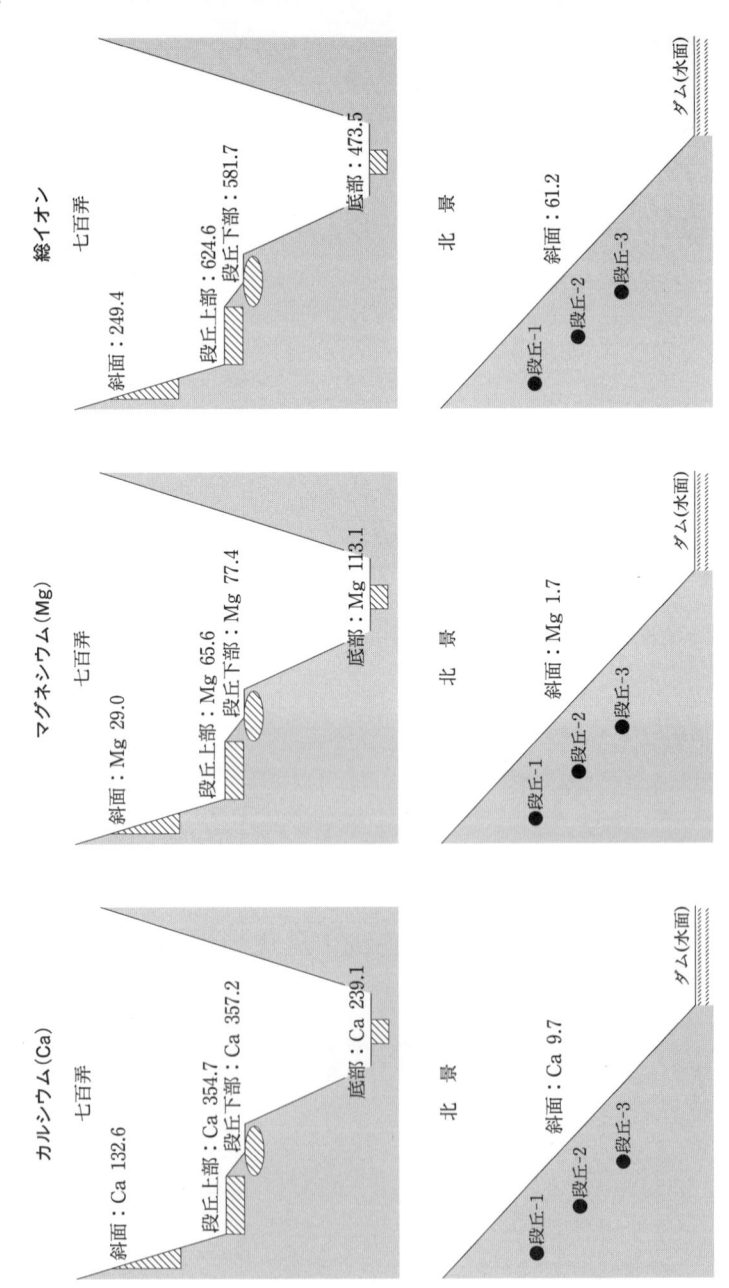

図17-12 七百苓および北景における試験圃場のカルシウム，マグネシウムおよびイオンの年間溶脱量（単位：kg/(ha·年)）

c）栄養塩類の溶脱量

　近代的農法(段丘上部)と慣行農法(段丘下部)のカルシウム(Ca)の溶脱量は，特に近代的農法の段丘上部で多かった。しかしながら，両試験区のCaの総溶脱量(図17-12)はそれぞれ354.7および357.2 kg/(ha・年)で，差は認められなかった。したがって，過剰なCaが集積する石灰質アルカリ性土壌では，農法の違いはCaの溶脱量にほとんど影響を与えないことを示している。両試験区のカリウム(K)の溶脱量(図17-11)は，近代的農法で32.5および慣行農法で21.0 kg/(ha・年)であった。したがって，Kの溶脱量は，近代的農法の段丘上部の方が多いことが示された。マグネシウム(Mg)の溶脱量(図17-12)は，近代的農法で65.6および慣行農法で77.4 kg/(ha・年)であった。したがって，慣行農法の方が多少とも多い傾向が認められたが，その差はわずかであった。

　以上の結果から，CaおよびMgは農法の影響が認められないことが明らかになった。

（2）上部斜面地からの溶脱

　伝統的農法が行われている上部斜面地の無機態窒素(NH_4-N, NO_3-N)の溶脱量(図17-11)は，NH_4-Nで16.0，NO_3-Nで38.0 kg/(ha・年)であった。NO_3-Nの溶脱量はNH_4-Nよりも2倍以上も多く，平坦地と同様に硝化作用が速やかに進行し，溶脱していることが認められた。また，上部斜面地の無機態窒素の溶脱量は，中部平坦地にある両試験区に比べて著しく少ないことが明らかとなった。Pの溶脱量(図17-11)は3.10 kg/(ha・年)で，無機態窒素同様に平坦地にある両試験区に比べて少なかった。上部斜面地における水溶性カチオンの溶脱量(図17-11，17-12)は，それぞれCaで132.6，Mgで29.0，Kで15.0 kg/(ha・年)と，石灰質土壌を反映してCaの溶脱量が著しく多かった。各カチオンの溶脱量は，土壌の水溶性カチオン量とよく一致していた。上部斜面地と中部平坦地の両試験区の水溶性カチオン溶脱量を比べると，平坦地の方が多かった。

　以上の結果から，全イオンの溶脱量は上部斜面地よりも中部平坦地の両試験区の方が著しく大きいことが明らかとなった。上部斜面地では垂直な浸透水よりも表面流去水の方が多い。中部平坦地の両試験区では垂直への浸透水が多く，かつ斜面からの流去水も加わる。そのため，中部平坦地では上部斜面地よりも

多量のイオンが樹脂に吸着保持されたものと推定した。したがって，土壌養分の移動はカルスト地形に大きく影響されていることが明らかとなった。

（3）ドリーネ地形底部からの溶脱

ドリーネ地形底部のイオンの溶脱量(図 17-11，17-12)は，中部平坦地の両試験区のそれに比べると，Mg のみが多く，ほかのイオンはすべて少なかった。したがって，土壌養分の溶脱量が最も多いと考えられるカルスト地形の底部がその上部に位置する平坦地の試験地に比べて少ないことを意味する。この事実は，慣行農法は近代的農法に比べて土壌養分の流亡が少ないことを示している。これは，化学肥料の施肥によってもたらされる人為的な影響によると推定された。他方，同じ慣行農法を行っている斜面地のカチオンの溶脱量と比較すると，底部で多い傾向にあった。したがって，ドリーネ地形の富積作用をよく反映していた。

6-2. 北景試験地における栄養塩類の年間溶脱量

北景試験地における栄養塩類の年間溶脱量は，図 17-11，17-12 に示した。

北景の栄養塩類(Ca，Mg，K)の溶脱量は，七百弄に比べて極めて少なかった。例えば，Ca では 1/13，Mg では 1/10，K では 1/3 程度の溶脱量であることからよく理解されよう。特に Ca および Mg の溶脱量が極端に少ない。この栄養塩類の溶脱量は，土壌中の栄養塩類(水溶性カチオン)量とよく一致していた。NH_4-N の溶脱量は両試験地に差が認められないが，NO_3-N では七百弄の方が明瞭に多かった。この事実は，北景試験地の硝化菌の活動が七百弄試験地よりも著しく弱いことを示している。P の溶脱は，北景では未検出であった。したがって，北景では植物の必須元素であるリンは，全く溶脱されていないことが明らかとなった。

以上の結果から，北景では交換性塩基が少ないとともに，硝化菌の活動が弱く，かつ極めて強いリン欠乏土壌であるため，肥沃度が著しく低い土壌であることが再確認された。

7. 結　び

　中国西南部に位置する広西壮族自治区大化県に設置された七百弄および北景試験地，およびその研究地域内にある伝統的農法である原始的な不耕起栽培土壌の特徴を解明するために，理化学性，粘土鉱物組成，有機物の近似組成と単糖類組成分，リン化合物の形態組成，および土壌養分の年間溶脱量を調べた。得られた結果を要約すると以下のようになる。

① 本研究地域の土壌は，すべて粘土量が極めて多い重粘な重埴土であった。粘土鉱物は，七百弄試験地のカルスト地形の斜面ではカオリナイトとバーミキュライト化の進んだ緑泥石が主で，底部ではそれらに雲母を含有する同じ母材からの生成であった。他方，北景試験地はカオリン鉱物と雲母の風化物からなり，七百弄試験地とは母材が異なっていた。

② 七百弄の伝統的農法である不耕起栽培土壌の有機物の近似組成分量は，ヒマが最も多く，次いでサツマイモで，大豆が最も少なかった。ヒマでは植物由来のマンノース，ガラクトースおよびアラビノース等の六単糖が増加していた。すなわち，本研究地域の傾斜地ではトウモロコシ・ヒマの作付体系が最も優れていた。

③ エレファントグラスでは，北景の方が七百弄よりもすべての近似組成分や植物由来のグルコース，ガラクトースおよびアラビノースの六単糖およびキシロースの五単糖が多かった。したがって，エレファントグラスの栽培は，酸性土壌の北景の方がアルカリ性土壌の七百弄よりも適していた。

④ 七百弄試験地の長期施肥圃場は，現地の伝統農法である原始的不耕起栽培に比べ，Caが減少してpHが改善されていること，土壌有機物が下層まで蓄積していること，無機態窒素（NH_4-N，NO_3-N）が増加していること，可給態，無機（特にCa型）および有機態リン量が著しく多いこと，炭素代謝に関与するセルラーゼ活性が低下すること，窒素代謝に関与するプロテアーゼおよびβ-アセチルグルコサミニダーゼ活性が増加すること，リン代謝に関与するホスファターゼ活性が増加すること，等が明らかになった。

⑤ 七百弄の石灰質アルカリ性土壌は，北景の酸性赤色土壌に比べ，pH値が

著しく高いのは多量に含む Ca および Mg によること，著しく有機物量が多いこと，硝化作用が速やかに進行していること，可給態，無機(特に Ca 型)および有機態リン量が著しく多いこと，炭素・窒素・リン代謝に関与する土壌酵素が高いこと，等が明らかになった。

⑥ 七百弄試験地(ドリーネ地形)の栄養塩類(NH_4, NO_3, Ca, Mg, K, HPO_4)の溶脱は地形に大きく支配されていること，施肥等の人為的行為が土壌養分の溶脱を増加させること，等が明らかとなった。

⑦ 北景試験地は Ca, Mg, P の溶脱が著しく少ないことから，これらの土壌養分の欠乏が農産物生産の大きな阻害要因であった。

以上の結果から，七百弄では伝統的な農法から近代的な農法へのシフトは土壌の理化学性，生物性，生化学反応および土壌・植物養分の溶脱量を大きく変化させることが明らかになった。加えて，石灰質アルカリ性土壌と赤色酸性土壌とでは母材が明瞭に異なっており，その相違が理化学性，微生物フロラ，土壌酵素活性および栄養塩類の溶脱量に大きく影響を与えていることが明らかになった。

引用・参考文献

[1] 出村克彦(1999)：「中国西南部における生態系の再構築と持続的生物生産性の総合的開発——全体構想」『中国西南部における生態系の再構築と持続的生物生産性の総合的開発 報告書平成10年度(第1報)』pp. 4-10。

[2] 盧植新(1999)：「大化県石灰岩山間地域における生態系の再構築と持続的な生物生産性の総合開発の実施状況について」『中国西南部における生態系の再構築と持続的生物生産性の総合的開発 報告書平成10年度(第1報)』pp. 22-25。

[3] 譚宏偉(1999)：「広西の土壌と施肥管理に関する研究および状況」『中国西南部における生態系の再構築と持続的生物生産性の総合的開発 報告書平成10年度(第1報)』pp. 26-30。

[4] 覃尚明(1999)：「七百郷，北景郷森林資源の現状と造林状況，土壌」『中国西南部における生態系の再構築と持続的生物生産性の総合的開発 報告書平成10年度(第1報)』pp. 31-32。

[5] 高橋英紀(1999)：「中国西南地域における局地気象特性と植物の気象災害メカニズムの解明」『中国西南部における生態系の再構築と持続的生物生産性の総合的開発 報告書平成10年度(第2報)』pp. 13-23。

[6] 但野利秋(1999)：「石灰岩山区の石灰質アルカリ性土壌地帯と赤色酸性土壌地帯にお

ける持続的生物生産技術の開発」『中国西南部における生態系の再構築と持続的生物生産性の総合的開発　報告書平成 10 年度(第 2 報)』pp. 14–19。

[7] Philips, R. H., Blevins, R. L., Thomas, G. W. and Frye, S. H. (1980): "No-tillage agriculture," *Science*, vol. 208, pp. 1108–1112.

[8] Kanazawa, S. (1994): "The No-tillage cropping system as the agriculture for sustaining and environmental preservation. — Crop yields and soil characteristics," *Japanese J. Soil Sci. Plant Nutr.*, vol. 66, pp. 286–297.

[9] Dry, P. D. (1965): "Particle fractionation and particle-size analysis," in Black, C. A. et al. (ed): *Methods of Soil Analysis*, Part I, pp. 545–567, American Society of Agromomy, Inc., Publisher, Madison, U.S.A.

[10] Bremner, T. M. (1964): "Inorganic forms of nitrogen," in Page, A. L., Miller, R. H. and Keeney, D. R. (ed): *Methods of Soil Analysis*, Part II, pp. 1179–1237, Am. Soc. Agron., Inc., Madison, Wis.

[11] 菅家文左衛門(1987):「土壌中の構成糖の微量簡易定量法」『土壌肥料学会誌』vol. 58, pp. 595–596。

[12] 和田秀徳・金澤晋二郎・高井康雄(1971):「土壌有機物の物理分画法(第 3 報)」『土壌肥料学会誌』vol. 42, pp. 109–117。

[13] Folsom, B. L., Wagner, G. H. and Scrivner, C. L. (1974): "Comparison of soil carbohydrate in several prairie and forest soils by gas-liquid chromatography," *Soil Sci. Soc. Am. Proc.*, vol. 38, pp. 305–309.

[14] Cheshire, M. V. (1977): "Origins and Stability of polysaccharide," *J. Soil Sci.*, vol. 28, pp. 1–10.

[15] 信濃卓郎・金澤晋二郎・鄭泰根・譚宏偉・蒙炎成・呂維莉・陳桂芬・但野利秋(1999):「七百弄におけるトウモロコシ生育に対する施肥試験」『中国西南部における生態系の再構築と持続的生物生産性の総合的開発　報告書平成 11 年度(第 3 報)』pp. 249–251。

[16] 伊藤豊彰・山田大吾・庄子貞雄(1995):「肥効調節型肥料使用による黒ボク畑土壌からの硝酸態窒素溶脱の軽減——イオン交換樹脂バック埋設法による土壌養分溶脱量の測定」『東北大学農学部川渡農場報告』vol. 11, pp. 9–15。

[17] 生原喜久雄・相場房憲・川島裕(1990):「イオン交換樹脂による森林土壌浸透水の移動イオン量の測定」『日本生態学会誌』vol. 40, pp. 19–25。

[18] 土壌環境分析法編集委員会編(1997):「水溶性陽イオン・陰イオン測定」『土壌環境分析法』博友社, pp. 215–216。

第18章　伝統社会における持続的家畜生産

大久保正彦

1. 人間生存活動における家畜生産の役割

　最近，地球規模での一方での人口増加，一方での環境問題の深刻化の下で，農業生産，家畜生産のあり方が多岐にわたって論議されている。農業生産，家畜生産のあり方を論じる時は，その本質を踏まえて論議する必要があるが，多くの場合この点が欠けている。特に家畜生産についての基本的認識は不充分であり，そのため長期的な展望を見出せないでいる。本章では，この点に特に留意し，単なる一地域の家畜生産だけではなく，世界的なレベルでの家畜生産の役割とそのあり方につながる論述を意図する。

1-1. 人間は地球上でどのように生きてきたか

　地球上に人間が登場して以来，数百万年が経つが，人間はすべての生活の糧を自然から得てきた。人間社会にとって最も重要なのは食料であるが，ほぼ1万年前までは採集と狩猟によってその食料を獲得してきた。採集と狩猟はその対象，獲得の方法に違いはあるが，基本的に自然が生み出したものを獲得，利用するという点では変わりない。人間の歴史の大半の時期における食料獲得は，こうした自然に依拠したものであった。

　ほぼ1万年前頃から，人間は農耕や畜牧を開始した。農耕や畜牧の開始は，人間が自然の一部を改変し，管理し，そこから食料を獲得する方法を成立させたという点で，画期的なことであった。農耕や畜牧の対象は，単なる自然の植物や動物ではなく，作物化された植物，家畜化された動物，すなわち作物や家畜であり，その対象を自然の中ではなく，畑や水田，囲いの中で，人間の管理

下で栽培，飼育するようになったのである．もちろん，当初から現在のような農耕・畜牧が成立していたわけではなく，半自然状態を想定した方がよいが，人間が自然から生活の糧を得るのではなく，意識的に自然を改変し，そこから生活の糧を得るようになったという点で，人間と自然との関係が新たな段階に入ったといってよい．

1-2. 農業生産の本質的特徴

　農耕と畜牧（作物生産と家畜生産）を一括してここでは農業生産というが，この農業生産の開始が人による意識的な自然の改変の開始であり，同時に環境問題の出発点でもある．しかし自然を改変し，環境問題を生み出したのは農業だけではなく，ほかの多くの人間活動，例えば鉱工業，商業などでも，同じである．農業とこれらの活動を比較すると，農業は生物の力を利用して新たなエネルギーを「生産」するのに対し，鉱工業・商業はエネルギーを「消費」するだけの人間活動といえる．また農業は基本的に物質循環の上に成り立っているのに対し，鉱工業・商業は物質の一方向の流れの上に成り立っている．

　こうした農業生産の本質的特徴は何か．農業生産とは，一言でいえば太陽放射をエネルギー源として行われている生態系における生物生産を，人間が管理し，食料を中心とした人間に有用なものを生産するシステムといえる．植物による光合成がその中心に位置し，太陽放射エネルギーを化学エネルギーとして固定し，地球上で新たなエネルギーを生み出すという意味で，真の「生産」活動といえる．太陽が存在し続ける限り無限に再生産が可能な生産システムでもある．

　農業生産は生態系における生物生産であるが，自然の生態系における生物生産と同じではない．農業生産においては，自然生態系に一定の人為的変更が加えられており，その構成生物相や補助エネルギーの投入など自然生態系と多くの相違がある．すなわち，畑や水田に栽培されているのは限られた種類の作物であり，しかも野生種とその形質，能力は大きく異なる．土地は耕され，肥料や農薬が散布される．家畜についても同様で，高度に改良された牛，豚，鶏などが人間の管理下で飼われている．このように確かに，農業生産は程度の差こそあれ，自然生態系とは異なる系，農業生態系といわれる系での生物生産であ

る。しかし，依然として基本的にはエネルギーフロー，物質循環，光合成などの生態系の原理の上に成り立っている生物生産であることには変わりない。農業生産のあり方について検討する時には，常にこの本質的特徴を考慮する必要がある[11]。

　生態系の様相は，各地域で大きく異なる。特に気象条件の差異は，当然ながら植物相，動物相に大きな差異をもたらす。土壌条件の違い，地形の違いの影響も小さくない。このように生態系の地域間差異は，当然，農業生産のあり方にも差異をもたらしている。農業生態系が人為的変更を加えられた系であるといえども，自然条件を根本から変更することは不可能であり，農業生産のあり方はやはりその地域の自然条件に基本的に制約されている。長い歴史の中での多くの経験をもとに，人間は各地域の自然条件に適合した農業生産システムを作り上げてきた。しかし，近代化の過程で，こうした農業生産システムの本質的特徴が歪められてきている。自家消費・地域内流通中心の生産から商品生産・広域流通中心の生産へ移行すると同時に，「いかに生産力を維持するか」ということから，「いかに短期的に利益をあげるか」という市場経済原理が支配するようになり，様々な矛盾が噴出してきた。自然条件を無視した生産システム，高投入収奪型の生産拡大は，生産基盤の破壊，環境への悪影響など，本来の環境に調和した農業生産では起こりえない問題を引き起こしているのである。

1-3. 農業生産における家畜生産の位置づけ

(1) 家畜生産の特徴

　農業生産の中でも，家畜生産は作物生産とは異なる特徴を有している。家畜は植物のように自ら太陽放射エネルギーを直接利用することはできない。草食家畜の場合，植物が光合成によって固定した化学エネルギーを飼料の形で取り込み，成長し，生産する。生態学的にいえば，食物連鎖の中の消費者(あるいは第2次生産者)であり，当然，エネルギー利用効率も低下する。地上に到達した太陽エネルギーの利用効率は，植物で0.1％程度であるのに対し，その植物を食べた動物が体内に蓄積するのはわずか0.01％程度に過ぎない。改良された作物が好条件で栽培された場合のエネルギー利用効率が0.5％程度まで向

上するといわれているのに対し，畜産の中でも効率の高い牛乳生産で0.047%，牛肉生産では0.017%にしか過ぎない。いずれにしても食物連鎖が一段階進行することによって，エネルギー利用効率は1/10程度に低下すると考えられる[6, 11]。

このことは何を意味するのか。もし生産物を人間が食料として利用することを考えたら，同一条件下では，家畜生産より作物生産の方がはるかに有利だということである。それにもかかわらず，なぜ人間は1万年前から家畜を飼い，生産をしてきたのか。

第1に，地球上には作物生産ができない地域，作物生産が不可能ではないが極めて不安定・不適な地域が広く存在することである。乾燥，寒冷，日照不足，不良土壌，急傾斜などの理由による作物栽培不可能・不適地である。しかし，沙漠や1年中氷雪に覆われた地域とは異なり，作物は作れないが草や苔は生育する，そんな地域が地球上には極めて広範囲に存在する。FAOの統計[3]によると，地球の陸地面積の25%は永年草地(自然草地)であり，農耕地の2.5倍に達する。こうした地域には膨大な量の草・苔資源が存在するわけだが，人間は草や苔を主な食料として生きていくことはできない。そこで家畜を飼い，乳や肉に転換し，食料とするわけである。家畜生産の最大の理由はここにある。この場合の対象は草食家畜で，牛，水牛，ヤク，馬，ロバ，めん羊，山羊，ラクダなどである。

第2に，作物生産が可能な地域であったとしても，栽培された作物体すべてが利用されるわけではない。穀物であれば，収穫するのは穀実だけで，茎葉は収穫しない。穀実も脱穀，精米，製粉などの過程でもみ殻，ぬか，ふすまなどが発生する。通常はこうしたものも利用しない。ほかの作物についても同様である。畑から収穫する過程や加工処理の過程で，未利用物が大量に発生する。さらに調理の過程での残滓，食べ残しなども決して少なくはない。これらの圃場副産物，加工副産物，調理副産物，食事残滓は，人間が食べないからといって廃棄する以外に利用価値のないものではない。これらのものは家畜の飼料として古くから利用されてきた。作物生産が可能な地域においても家畜生産が成立してきた重要な理由である。豚や鶏といった雑食家畜が，この場合主役になる。

第3に，作物生産システムの中に家畜を取り入れることによって，作物生産力を維持し，あるいは向上させうるという理由からである。農耕作業に，牛，水牛，馬，ロバなどを使うことは，世界各地で古くから見られた。また輪作体系の中に，牧草や根菜を取り入れ，家畜を飼い，その糞尿あるいは堆厩肥を肥料として土地に還元することにより地力を維持・改善していこうとする農法の確立は家畜生産の意義を拡大した。農耕作業と堆厩肥生産を目的に家畜が飼育される例は，過去の日本を含めアジアの水田農業地帯にも一般的に見られた。

人間が世界中で長い間家畜を飼い，生産をしてきた理由は，以上の通りである。

(2) 地域による家畜生産の役割の違い

前述のように，各地域の自然条件の差異により，家畜生産の役割には違いがある。乾燥や寒冷などの厳しい地域では森林が成立しえない。こうした地域では一般的に作物生産が不可能か，困難である。もちろん科学技術の発展によって，過去に作物栽培がされていなかった地域にも，作物栽培が広がっていった例は少なくない。乾燥や寒冷に強い品種の作出，灌漑施設の整備，栽培法の改良などが作物生産力の向上に果たした役割は極めて大きい。しかし同時に，その負の影響も深刻になりつつある。乾燥地での無理な耕地化による沙漠化，不適切な灌漑による土壌への塩類蓄積，地下水資源の涸渇，寒冷地での冷害などがその例である。こうした地域では家畜生産が古くから重要な役割を果たしてきた。例えば，ユーラシア大陸中央部で何千年も続けられている遊牧は，ややもすると発展の遅れた生産のあり方とされがちであるが，その地域の資源を持続的に利用する生産システム，生活のあり方として再評価，再検討が必要であろう。

一方で森林が成立しうる地域，すなわち作物生産が可能な地域，作物生産に適した地域においても，前述の第2，第3の理由から家畜生産が成立する。しかしこの地域では，あくまでも作物生産が主体であり，そこから生み出される副次的資源の有効利用や作物生産力を維持，向上させるための家畜飼育，家畜生産であることに留意しなければいけない。ただし，こうした地域内でも自然条件には違いがあり，そのため作物生産と家畜生産の重要度が変わってくる。本章の対象地域である中国西南部山区のように，気温や降雨量から見れば作物

生産に恵まれた地域でも，地形，土壌などから見れば極めて厳しい地域も存在する。

（3）市場経済化の進行と家畜生産の位置づけの変化

世界各地域の自然条件は多様であり，人間はその多様な自然条件に適した農業生産のあり方を確立し，続けてきた。しかしそのあり方は歴史的にも大きく変化してきている。全世界的にその変化が拡大し，影響が強まったのは，第2次世界大戦後，この半世紀に過ぎない。一言でいえば，市場経済化，グローバル化の進行の下での，農業生産のあり方，そこでの家畜生産の位置づけの変化といってよいであろう。何を選択し，どのような生産をするか，その判断基準はその地域の自然条件や資源ではなく，世界的な市場での経済的有利性でしかない。それは決して500年，1000年といった世代を超えた人間の生存に関する判断ではなく，極めて短期的な判断でしかない。

家畜生産についても，人間が利用できない資源を有効に利用するという家畜生産の基本的役割は無視され，畜産が有利であれば，人間の食料として利用できる穀物を外国から大量に輸入して家畜の飼料として用いる生産のあり方が，世界中に拡大したのである。ヨーロッパや日本などの先進国のみならず，発展途上国でもこうした傾向が強まっている。その結果，家畜糞尿による河川，湖沼，地下水，土壌汚染など環境への悪影響が拡大している。また一方で，経済的に不利だという理由から，資源の利用が放棄される例も少なくない。さらに家畜生産への大量の穀物投入と人口増加に伴う食料需要の増加の矛盾を指摘する人も少なくない。このような現状から家畜生産のあり方をもう一度，その本質的特徴に立ち戻って検討しない限り，真に持続的家畜生産を確立することはできないであろう。

1-4．伝統社会と非伝統社会

本研究では，対象とした中国西南部山区の少数民族社会を伝統社会，あるいは伝統社会の側面を残した地域として捉えている。ここでいう伝統社会とは何か。前述のように，かつて農業生産はその地域の自然条件に適合した形態で，各地域特有のものとして成立してきた。食料のみならず，生活に必要な資材を基本的にその地域の自然から獲得し，自家消費・地域内流通を主体に生活，社

会が成り立っていた。こうした中から得られた知識，技術，文化が長い間，世代を超えて受け継がれ，生活のあり方，社会のあり方を規定してきたのが伝統社会といえる。農業生産，家畜生産のみならず，生活と社会の全体が地域固有の条件に適合することによって持続性が保証されてきたのである。

　科学技術の進歩と市場経済化の進行は，こうした生活と社会の地域固有性を破壊していった。伝統社会の崩壊，非伝統社会への移行である。もちろん，科学技術や市場経済の積極的側面を正しく評価することは重要であり，それなしでは人間社会の進歩をすべて否定することになる。と同時に技術の画一化と市場経済支配のもたらした負の側面を直視し，根本的対策をとらない限り社会の持続的発展はありえないであろう。こうした現状は，崩壊しつつある伝統社会に目を向け，そこから学ぶことの重要性を訴えている。

2. 中国西南部山区における家畜生産とその役割

　本章が研究対象とした中国西南部山区の広西壮族自治区大化県七百弄郷は，石灰岩山区カルスト地形の地域に存在し，人々は急傾斜の岩山に囲まれたすり鉢状の窪地(現地では弄(ロン)と呼ばれている)の斜面と底部を利用して生活を営んでいる。広西壮族自治区は中国最南部の省区のひとつで，亜熱帯に属し，自治区首都南寧の平均気温 21.3℃，年間降雨量 1988 mm と農業生産には恵まれた地域である。平坦地域では，水稲，甘蔗，蔬菜，熱帯・亜熱帯果樹の栽培が盛んである。しかし自治区内には隣接する貴州省，雲南省にまたがる石灰岩山岳地域が広く存在し，岩石が地上に露出していたり，急傾斜地も多く，耕作可能な土地が広いとはいえない。また降雨の季節的な不均衡も農業生産には不利な条件となっている。そのため中国国内での貧困地域のひとつと位置づけられ，現在進められている西部大開発戦略の中でも重点対策がとられている地域でもある。

　自治区全体の農業生産は，2001 年統計[1]によると作物生産額 433 億元に対し，家畜生産額は 292 億元で，家畜生産の占める割合は全国平均より高い。1 人当たりの生産量では，糧食 318 kg と全国平均 365 kg を下回り，糖料は 768 kg と全国平均の 10 倍以上にもなっている。畜産物では，肉類 55.9 kg で全国

平均をやや上回るのに対し，卵類3.0 kg，乳類0.4 kgと全国平均を大きく下回っている。飼養家畜頭数，牛767万頭で全国第4位，そのうち水牛431万頭，黄牛334万頭と，水牛が過半数を占め，全国で第1位を占めている。水牛は黄牛とともに役畜としての役割が大きかったが，機械化の進行とともに次第にその役割が低下しつつあると思われ，肉生産の可能性も検討されている。豚飼養頭数は3155万頭で全国第4位と多く，農業生産に占める重要度は高い。しかし肉生産量は必ずしも高くなく，生産条件の劣悪さ，技術の低さが窺われる。めん羊はほとんど見られず，山羊が238万頭飼育されており，山区で飼育可能な草食家畜として注目されている。家禽生産も少なくはないが，やはり生産水準は必ずしも高くはない。

　一般的な自然条件からいえば，広西壮族自治区は作物生産が可能な地域であり，農業生産の主体は作物生産になろう。また人口密度が高く，農家規模が小さいことも考慮すると，この地域での家畜生産の役割は，第1に作物生産を支える役畜としての役割であり，水牛，黄牛がそれに相当する。反芻家畜である水牛，黄牛は，稲わらなどの農耕副産物や野草などを主体に飼育が可能である。しかし今後は単に役畜としての役割だけではなく，乳・肉生産も考慮した検討が必要になるであろう。第2の役割は，自給食料の一部を生産するという役割である。少頭数の豚，鶏，水禽類，ウサギなどを，農耕副産物，野草，残滓など副次的資源で飼育し，肉・卵など動物性タンパク質を供給する役割も依然として続くであろう。第3に，収入源としての家畜生産である。市場経済の影響が強まる中で，収入を確保することが農民にとっても重要にならざるをえない。ここでも豚，鶏の役割は大きいが，中国内でも都市近郊などで増加している穀物主体の大規模生産形態でなく，地域の資源をどう利用するかという観点が重要になる。中国では従来から，野草や作物残滓など青飼料（緑餌）も重要な養豚飼料として考えられており，生活残滓も含めてこうした飼料資源をも活用しつつ，収入を確保する生産のあり方を考えねばならない。地域資源の利用という点から見れば，山羊生産の意義は大きい。急傾斜や岩石の多い地形，分散している草資源，湿潤な気候などの条件を考慮すると，草食家畜の中でも山羊が最も適している。

3. 七百弄郷における家畜生産の実態と問題点

3-1. 七百弄郷全体の生産・生活と家畜生産の概況

　七百弄郷では前述のように，人々は急傾斜の岩山に囲まれたすり鉢状の弄で生活を営んでいる。七百弄郷には1124の弄があり，そのほぼ3割に相当する324の弄に人が住んでいる。1997年の総人口は1万6647人で，平均すると1弄に51人が住んでいることになる。人々は，自分の住んでいる弄のみならず，隣接するいくつかの弄も作物栽培，家畜の放牧，樹木の伐採などに利用している。弄の生態系の様相，土地利用，住民の生活などは，同じ七百弄郷内でも地理的，歴史的要因などに制約され，大きく異なる。そこで，次項では条件の異なる4つの屯（郷の下部に位置づけられる最末端の行政組織）について論述するが，ここではまず七百弄郷全体について，家畜生産を中心に紹介する。七百弄の歴史的変遷，作物栽培および森林の様相，農家経営の実態等は，別章等を参照されたい。

　七百弄の特徴は，何よりもその地形にある。急傾斜の岩山に囲まれたすり鉢状の窪地が生産・生活の場であり，農耕に適した平坦地が極めて少ない。また岩石の露出している部分や，地表に岩石が露出していなくても地下浅くに岩石が存在する部分が多く，土壌そのものが少ない。近年の人口増加に伴い，1人当たりの農耕地面積の少なさは一層きわだっている。また降雨には季節的不均衡があり，外部に流出する河川がなく，降雨も短時間に地下に排水されてしまうので，年間降雨量の多さにもかかわらず，水不足も大きな制約要因である。現在は，未舗装で湾曲は非常に多いが大型自動車も通行可能な道路が弄中央を通り抜けているが，かつては外部の農村や市街地とも隔絶に近い状態であった。

　七百弄の農業の主体は作物生産であり，トウモロコシ，サツマイモ，大豆，ヒマ，野菜類などが栽培され，主として自給食料として利用されてきた。家畜としては，豚，牛，馬，山羊，ウサギ，鶏，アヒル，ハトなどが飼われているが，大家畜である牛，馬は少なく，水牛はほとんどいない。かつて七百弄での生活は自給自足的側面が強かったが，市場経済化が進む外部社会の影響が強ま

るにつれて，現金収入につながる生産が必要になり，豚，鶏，山羊を主体とする家畜生産がその役割を担うようになった。しかし，家畜自体の遺伝的能力の低さ，飼料資源の少なさ，生産技術の低さなどにより，生産水準は極めて低い。飼料資源としては，弄の斜面などの野草，樹木の葉，サツマイモ・トウモロコシなどの茎葉，くず野菜など通常は人間が利用しないもののほか，以前はもっぱら人間の食料であったトウモロコシの穀粒が，最近ではかなり飼料として用いられている。また外部からの飼料の購入も増加しつつある。

3-2. 複数屯における家畜生産の実態[2, 8]

本研究では条件の異なる4つの屯，すなわち歪線屯（ワイセントン），弄力屯（ロンリートン），弄石屯（ロンスートン），坡坦屯（ポータン）について詳細な調査を実施した。これらの屯は，すべて複数の弄を管理・利用していた。各屯の生態系の様相，作物および家畜生産等について，1998年から2002年まで，聞き取り調査・実態調査を中日双方の研究者が共同で行った。山羊放牧の影響を検討するため，山羊の放牧行動についても，管理者の管理行動も含めて調査を実施した。個別農家のデータには，調査時期・調査者によって若干の差異があるため，解析には2000年12月に中国側が実施した調査データを基本とし，筆者らの聞き取り・実態把握調査の結果を補充的に用いた。

調査対象の歪線屯，弄力屯，弄石屯，坡坦屯の概況について表18-1に示した。各屯の生態系の様相や社会・経済的状況については，別章で詳細にふれられているので，ここでは家畜生産に関連すると思われる事項についてのみ指摘する。4屯のうち，弄力屯，弄石屯，坡坦屯はバス，トラック等が通行可能な

表18-1 調査屯の基本的概況

	歪線屯	弄力屯	弄石屯	坡坦屯
生態系				
森林	豊富	中程度	中程度	少ない
草地	少ない	中程度	中程度	多い
火入れ	なし	なし	なし	あり
弄の数	8	4	5	3
農家数	10	9	16	12
人口	39	46	77	53
耕地面積(畝)	38.9	16.9	66.2	33.8
林地面積(畝)	103	37.5	195.3	10

道路に面しており，比較的便利な位置に存在するのに対し，歪線屯までは自動車の通行可能な道路から急峻な崖を1時間近く徒歩で登らねばならず（この道路自体も本プロジェクトが開始された当初は存在せず，最近開通したばかりである），極めて交通の便の悪いところに存在する。七百弄外の最も近い市街地，都陽鎮からの距離からすれば，坡坦屯が最も近く，次いで弄石屯，弄力屯が近接し，歪線屯はやはり最も遠い。七百弄郷政府からは，歪線屯以外は徒歩でもあまり遠くない距離に位置するが，歪線屯は極めて遠く，徒歩での往来には数時間を要する。こうした地理的な差異が，各屯の土地利用や生態系の様相に大きな影響を及ぼしている。すなわち，最も不便な歪線屯は人口密度も低く，森林が豊富に残っており，開発が進んでいないといえる。これに対して坡坦屯は森林の減少が著しく，火入れも行われ，草地化が進んでいる。弄力屯，弄石屯の森林は中程度である。各屯は各々3〜8の弄を持っており，その土地利用や森林の状況は同一屯内でも異なる。弄石屯の例を挙げると，住宅の存在する中心的な弄では，森林は極めて少ない。これに対してほかの4つの弄は，急斜面の階段状の崖道を徒歩で上り下りして往復せざるをえない場所にあり，作物栽培，山羊放牧，薪材採取などに利用されてはいるが，不便かつ厳しい労働を強いられるため，土地利用度は低く，森林も比較的豊富に残っている。一方，歪線屯では住宅の存在する弄自体が前述のように外部との往来の困難なところにあり，そのため森林も豊富に残っている。

調査対象屯の家畜飼育状況を表18-2に示した。全農家47戸のうち1戸を除いて，すべて何らかの家畜を飼育していた。飼育されている家畜・家禽は，豚，山羊，牛，ウサギ，鶏，ハト，アヒルであり，主なものは豚，山羊，鶏であった。水牛，馬は全く飼育されていなかった。ウサギ，ハト，アヒルはごく一部の農家でのみ飼われていた。

豚は家畜飼育農家46戸のうち45戸で飼育されており，中国のほかの農村と同様，豚飼育の重要性が窺われた。家畜・家禽飼育は，もともと農家の自給自足が目的であったが，近年，現金収入を確保するため出荷・販売が増加しており，豚は最も重要度が高い。豚飼育農家45戸のうち29戸では，繁殖母豚を1ないし2頭飼育し，子豚生産をしていた。母豚は年2回分娩し，1回の産子数は6〜8頭である。子豚は哺乳後，2ヶ月程度まで育成し，肥育に残す数頭を

表 18-2　調査屯の家畜飼養

	歪線屯	弄力屯	弄石屯	坡坦屯
家畜飼養戸数				
豚	10	8	16	11
うち母豚	5	5	13	6
山羊	0	3	9	6
鶏	7	5	12	2
牛	0	2	3	2
ウサギ	0	0	3	0
ハト	0	1	3	1
その他	0	0	1	0
無家畜	0	0	0	1
家畜飼養頭数				
豚	33	45	61	32
うち母豚	6	5	19	6
子豚	1	25	23	6
育成肥育豚	26	14	19	19
山羊	0	5	32	18
鶏	102	26	365	31
牛	0	3	4	3
ウサギ	0	0	44	0
ハト	0	2	14	2
その他	0	0	2	0

除いて，体重10 kg程度で販売する．残した子豚は1年程度で75〜100 kgまでに肥育し，出荷・販売する．肉の一部は自家用とすることもある．子豚および育成肥育豚頭数は，時期によって変動が大きいが，分娩直後を除けば，1戸当たりの飼育頭数は1ないし2頭程度が大半で，多くても5〜6頭である．豚は，高床式住宅の床下で飼われており，トウモロコシ，サツマイモ，サツマイモ茎葉，レンコン，各種野草が飼料に使われている．酒を製造している一部農家では，酒粕も与えている．飼料は加水・加熱蒸煮して給与するのが一般的で，そのための燃料も相当量必要になっている．飼養している豚は，最近導入されている改良種を除いて，未改良の土産種であり，遺伝的能力は高くない．飼料給与量は，農家による違いがあるものの，繁殖母豚には1日1頭当たりトウモロコシ0.5〜1 kg，野草またはサツマイモ茎葉5 kg，育成肥育豚もほぼ同様，子豚にはトウモロコシ0.2〜0.5 kg，野草0.5〜2 kg程度である．中国では野草

や作物残滓なども緑餌として，養豚の重要な飼料資源とされており，七百弄でも基本的にはこうした方法により豚が飼育されている。このような飼料給与下では，あまり高い発育は期待できないが，地域資源を有効に利用するという点から見れば，重要な意義がある。先進畜産国はもとより，中国内の先進養豚地域では，5〜6ヶ月齢で体重100〜110 kgまで肥育するのが一般的であるが，この場合，高度に改良された豚を穀物主体の配合飼料で飼養しており，抗生物質や各種ワクチンなども多く使われている。それゆえ七百弄の養豚を，こうしたほかの生産形態と単純に比較するのは適当ではない。また豚の糞尿は肥料として有効に使われてきており，一部農家では本プロジェクトの一環として導入されたメタン発酵槽の発酵資材として用い，排出液を肥料として使用するように変わりつつある。

　草食家畜である牛，山羊は，基本的に放牧主体で飼育されている。しかし広大な草原を有する内蒙古，新疆ウイグル，青海などと異なり，地理的条件，資料資源量などの制約から大群を終日放牧するような放牧ではない。いずれも1〜10頭程度を数時間放牧に出す方法で，それ以外の時間はやはり高床式住宅の床下に収容されており，刈り集められた野草や樹葉，作物残滓などが与えられている。山羊の放牧が森林を荒らしているのではないかという点については，別項で検討する。山羊は弄石屯で16戸中9戸，坡坦屯で12戸中6戸と比較的飼養農家が多かったのに対し，弄力屯では9戸中3戸のみで，歪線屯では全く飼われていなかった。歪線屯では過去にも飼育されたことがないといわれる。この地域で飼育されている山羊は，小型の在来種で，成体重20〜30 kg程度，毛色は黒，茶，白などである。1戸当たりの頭数は1〜8頭と幅があり，基本的には自家繁殖で，子山羊を放牧主体で育成し，肉用として販売することを目的にしている。牛は役用の小型黄牛で，7戸で10頭飼育されているに過ぎない。七百弄は平坦地が少なく，1区画の畑も狭いため，役畜としての必要性が低いあるいは役畜の使用が困難であり，また大家畜である牛を維持するための飼料を確保すること自体が困難である。このため飼育頭数が少ないものと思われる。現在のところ飼育戸数および頭数ともわずかであるウサギについては，飼料の確保が比較的容易であり，今後の検討の余地はあろう。

　鶏は，坡坦屯で飼育農家が2戸とやや少ないが，全体の半数以上の農家で飼

表 18-3 歪線屯および弄石屯における総飼料消費量

(単位：斤)

		歪線屯	弄石屯
豚用	トウモロコシ	12,875	19,055
	酒粕	11,560	6,010
	サツマイモ	12,000	7,300
	レンコン		6,400
	野草	42,800	71,800
	サツマイモつる	22,600	36,250
	大豆	10	
鶏用	トウモロコシ	980	2,080
飼料用トウモロコシ合計		13,855	21,135
トウモロコシ自給		16,652	31,100
トウモロコシ購入		5,200	11,900
トウモロコシ供給合計		21,852	43,000

育されている。目的は卵および肉生産の両方で，卵は主として自家用，肉は自家用と販売用の両者である。弄石屯では100羽程度飼育している農家が2戸あり，1戸当たりの平均30羽と多いが，弄力屯では10羽以下がほとんどで，弄間に差が見られる。従来，鶏は日中放飼されているものが多かったが，飼育羽数の増加に伴い，囲い内での飼育の方向に向かっている。飼料はトウモロコシが主体で，これ以外にやはり緑餌を与えており，放飼下では住宅周辺の畑や草地から作物残滓，昆虫などを自由に摂取している。

歪線屯および弄石屯の農家が豚および鶏に給与した1年間の総飼料量を表18-3に示した。もちろん農家がこうした飼料給与量を詳細に計量，記録していたわけではないが，おおよその実態は反映している。歪線屯および弄石屯の農家が豚および鶏に給与した1年間のトウモロコシ総量は，各々6928 kg，1万568 kgであり，各屯のトウモロコシ生産量8326 kg，1万5550 kgの83%，68%にも相当する。トウモロコシはもともと人間の食料であったが，このように大量に豚，鶏の飼料として用いるようになったため，外部からトウモロコシや米を大量に購入せざるをえなくなっているのが現状といえる。

3-3. 七百弄郷における家畜生産の意義

　七百弄郷はその自然条件から低位生産力限界地といえる。それに加えて人口増加とも相俟って，住民の生活は必然的に貧しくならざるをえない。そのため大半の農家が，七百弄外へ出稼ぎにいっている。表18-4に各農家の収入状況を示したが，2001年の中国全体の農村における1人当たり年間収入3306元[1]に比べて，極めて低い。弄石屯以外では，出稼ぎ収入の方がはるかに多く，屯内での生産活動による収入は極めて少ない。その中で豚，鶏，山羊，牛などの販売による収入が重要な位置を占めている。歪線屯，坡坦屯では，屯での生産活動による収入のすべてが家畜生産によるものであり，弄力屯でも大半が家畜生産による収入である。弄石屯では家畜生産以外の収入も多少見られるが，これは一部の農家における酒の製造・販売や製粉作業によるもので，全体とすればやはり家畜生産による収入が最も多い。つまり七百弄の農家では，屯内での生産活動による収入源としては家畜生産が最も重要な役割を果たしているのである。

　家畜生産の一般的な役割をここで再確認すると，第1に人間が直接食料として利用できない生物資源を人間が利用できる食料に転化することであり，第2に地域生態系のエネルギーフローや物質循環の環としての役割である。第3に人間が食料として直接利用できる生物資源についても，家畜を通してさらに価値の高いものへと転化することも家畜生産の役割とされている。ただし第3の

表18-4　調査屯農家の収入内訳　　　　　（単位：元/年）

	歪線屯	弄力屯	弄石屯	坡坦屯
1戸当たり収入				
総収入	2,616	2,142	2,225	2,041
うち出稼ぎ収入	1,536	1,600	984	1,792
屯内収入	1,080	542	1,241	249
うち畜牧収入	1,080	517	828	249
1人当たり収入				
総収入	671	408	462	462
うち出稼ぎ収入	394	305	204	406
屯内収入	277	103	258	56
うち畜牧収入	277	98	172	56

役割のみが強調されると，多くの問題を生み出す。

　七百弄についていえば，弄内で得られる野草，樹葉，作物副産物などを利用した生産が第1の役割に相当する。山羊，牛，ウサギによる生産が主であるが，七百弄では豚，鶏もこうした資源をかなり利用している。この場合，利用する資源の再生産とその資源が生態系の構成要素として果たしている機能を維持することが前提になる。つまり過剰に草を採食して，草地が荒廃したり，山羊によって樹木の葉，若芽，樹皮などが食い荒らされ，その結果，森林が荒廃し，生態系としての保水能力を大幅に低下させたり，土壌浸食を誘起することがないように配慮する必要がある。そのためには資源の存在量，再生産量，生態系構成要素としての機能を充分把握する必要がある。ただし生態系に対する影響，生態系の様相の変化をすべて否定するのではなく，許容される限界を検討，設定する必要がある。

　第2の役割に関しては，人間が刈り集め，運搬することが困難な急傾斜の岩山に山羊を放牧し，野草や樹葉を食べさせ，自らの体重を増加させたり，子山羊を生産すると同時に，その糞尿を畑に有機質肥料として施用し，作物生産に役立てていることが挙げられる。つまり山羊がエネルギーや物質の運搬役を果たしているのである。乾燥地域の草原における遊牧などでも，全く同じことがいえる。草資源があっても，単位面積当たりの量は極めて少なく，人力やトラクターで刈り集めることは不可能であり，放牧家畜自身に採集・運搬役を担ってもらうのである。放牧の意義をこうした観点から再認識しておく必要もある。野草や作物副産物を豚に給与し，その糞尿を直接肥料として，あるいは一度メタン発酵をさせ，メタンエネルギーを取り出した後に廃液を肥料として利用することも同じである。飼料や化学肥料を可能な限り外部から購入せず，弄内でのエネルギーフローや物質循環の環に家畜を組み込み，生産をすることの意義は小さくない。

　第3の役割に関しては，人間の食料になりうるトウモロコシを豚や鶏に給与し，豚肉，鶏肉，鶏卵を生産することがこれに該当する。これらの生産が住民に豊かな食生活をもたらすとともに，貴重な現金収入源となっており，こうした役割も大きい。しかし，外部から大量の穀物を購入して豚，鶏などの飼育を無制限に拡大することは，世界中の畜産先進地域が抱えている多くの問題につ

ながることになり，単純に肯定はできない。

3-4. 家畜生産は環境にどのような影響を及ぼしているか

　七百弄における家畜生産が，この地域の住民の生活を豊かにしていく上で果たしている役割は大きいが，同時にその生産のあり方が環境，生態系との調和を考慮したものでない限り，持続的な家畜生産は成立しえない。現時点でどのような影響があるのだろうか。

　山羊の放牧が森林を荒らしているという指摘が，本プロジェクト開始前からされていたし，調査を進める中からも森林が豊富に残っている歪線屯では，過去から現在に至るまで山羊の放牧がされていない事実をもとに，山羊の放牧と森林の荒廃を短絡的に結びつける議論もある。しかし，山羊の放牧の影響については，その放牧の実態を慎重に検討する必要がある。そこで筆者らは，弄石屯において放牧時の山羊群の行動および管理者の山羊に対する行動制御を実際に調査した。その結果[13]，山羊の放牧場所は農家ごとにほぼ決まっており，弄の高標高部の急斜面地や，住宅の存在する弄とは別の弄が放牧場所になっていた。住宅から放牧場所までの移動には，トウモロコシ畑などの中を通っていくが，山羊が作物を採食しないようこの間の行動は，管理者によって完全に制御されていた。住宅から放牧に出て，戻るまでの時間は240〜320分程度，うち往復を除いた正味の放牧時間は190〜280分程度で，その間ほとんど採食を続けていた。採食植物の60％は草本植物，40％弱が木本植物で，つる性植物もわずかに認められた。好んで採食された植物としては，黄毛草，野古草，牛毛草，茅草(以上草本)，紅樹，藍淀木，五倍花(以上木本)，掛狗草(つる性)が確認された。採食された木本植物はすべて低木類の樹葉で，樹皮採食や発芽間もない幼樹に対する根際からの採食は観察されなかった。弄石屯の管理する5つの弄のうち，住宅のある弄石弄では資源量が極めて少なくなっており，生態系の劣化が認められるが，住宅からの往復が困難な弄達弄，弄林弄，弄日弄などでは草本，木本とも資源量は豊富で，山羊放牧によって生態系の劣化が進んでいるとはいえない。弄石屯における草資源量の調査結果と山羊必要草量の関連からも，現在の2倍以上の山羊飼育が可能という推定も成り立ち，現在の山羊放牧が生態系に重大な負荷をかけているとは判断できない。

弄石屯以外で見ると，坡坦屯では火入れをされていることもあって，草地化が著しく進行しており，また草地自体が劣化し，裸地の出現，植生の単純化が見られた。これに対し歪線屯では，草，樹葉などの飼料資源量が豊富で，充分検討しつつ山羊を導入することの意義はあるものと判断できる。七百弄全体での目視による観察では，やはり森林の荒廃，生態系の悪化が進んでいると思われる場所と，草本植物と木本植物の双方が豊富な場所の両方が見られた。このように七百弄内でも，場所によって生態系の様相，飼料資源の現存量は大きく異なるため，山羊放牧の是非について一律に判断するのではなく，資源量の的確な把握に基づいた計画的な山羊放牧を考えるべきである。その際，土地の利用度が住宅や家畜の管理場所からの距離に比例して低下する傾向にあるため，このことを考慮した放牧ローテーション，放牧システムを確立する必要がある。生態系の劣化が極端に進んでいる場所については，一定期間，放牧禁止措置をとることも必要であろう。

　家畜生産が，地域生態系における物質循環の重要な環としての役割を果たしていることは既に指摘したが，外部からの購入飼料への依存度が増加すると，この物質循環に歪みが生じ，生態系に悪影響が生じる。現在でもかなりの量のトウモロコシ，米，大豆などを食料あるいは飼料として購入しており，化学肥料購入量の増加とも相俟って，弄内環境の窒素汚染が懸念されている。繁殖母豚または育成肥育豚を年間1頭多く飼うには，トウモロコシ180〜360 kg程度必要になり，豚の体組織に蓄積される窒素を除いて，残りは糞尿として排泄されるため，それだけ窒素負荷が増加することになる。購入飼料に依存した豚・鶏の飼育拡大は，最も容易に収入増加につながる方法ではあるが，こうした環境負荷の側面も検討しなければいけない。遺伝的能力の高い豚・鶏などの導入も，その能力を発揮させるため，野草や作物副産物などの利用から穀物多給の飼養形態になりがちであり，同様の問題をもたらす。系外からの大量の飼料穀物に依存した家畜生産は，その飼料由来の糞尿による深刻な環境汚染をもたらし，世界各地で大きな問題になっている。七百弄における窒素循環に関する調査結果から，現状でも圃場における余剰窒素が極めて多く，飼料自給率との関連も認められている。外部からの飼料に依存した家畜生産の拡大を計画する場合は，増加する糞尿に相当する化学肥料の削減などの対策を併せて考える必要

があろう。

4. 持続的家畜生産の展望

4-1. 家畜生産の本質的特徴を基礎に考える

　家畜生産のあり方について論議する場合，家畜生産の基本的な特徴や役割についての考慮は従来ほとんどなかった。しかし持続的家畜生産を考える場合，まず家畜生産の本質的特徴，歴史的に果たしてきた役割を踏まえて考える必要がある。つまり家畜生産は，もともと人間が直接利用できない，あるいは利用しにくい生物資源を利用して生産することが特徴であり，役割である。このことを基礎にして生産のあり方を考えない限り，家畜生産の持続性を考えることも難しい。こうした特徴を踏まえると，やはり草食家畜の役割が最も重要といえる。地球上の最大の生物資源ともいえる繊維質資源を，人間が利用できる乳・肉・毛などに変換できるのは草食家畜しかいないからである。七百弄の場合，その自然条件から牛，馬などの大家畜より，中小の草食家畜である山羊，ウサギなどが重要になろう。

4-2. 地域資源利用という観点

　家畜を飼う場合，その飼料をどのように確保するか，いかなる飼料を基礎に家畜を飼い，生産をするかによって，その生産の持続性が決定される。飼料は，その地域に存在する資源を基本にする必要がある。外部から導入される飼料を全面的に否定する必要はないが，外部からの導入飼料に対する依存度の高い生産は，後述する物質循環の面からも，あるいは社会・経済的にも，持続的とはいえない。このことは七百弄のみならず，世界のいずれの地域についても共通していえる。地域の飼料資源，この存在量を正確に把握し，それに見合った生産のあり方を検討する必要がある。この場合，飼料資源量の時間的，空間的変動をも充分考慮に入れなければならない。七百弄においても，1つの屯内でも資源の分布，利用状況には大きな偏りがあり，住宅に近いところ，便利なところは過剰利用され，遠隔の不便なところには比較的資源が豊富に残っている。

沈[11]も，中国の畜牧地理の類型化の中で，この地域を南方亜熱帯山丘地帯と分類し，この地域は自然条件が極めて複雑なので，その生産のあり方について「一刀切」，すなわち一律に論じることの誤りを指摘しているが，七百弄の家畜生産のあり方については，まさにこうした指摘が当てはまる。屯全体，あるいは郷全体の資源量から，飼養可能家畜頭数や生産のあり方を一律に論じるのではなく，飼料資源量の時間的，空間的変動を考慮した対策をも考えるべきである。

4-3. 物質循環によって制約される生産活動

家畜生産のみならず，地球上における人間の生産活動，生存活動には必ず物質循環が伴っており，その物質循環の恒常性が一定の範囲内で維持されることが，生産活動，生存活動の持続性を意味する。物質循環の恒常性の破綻は，主体と環境という関連からいえば環境の悪化，破壊を意味し，生産の持続性からいえばその生産が持続しえないことを意味する。物質循環にも時間的，空間的制約がある。地球史的な時間的尺度による物質循環もあれば，数年，数十年規模の生態系の循環もある。人間活動が関与する場合，極めて短時間での循環が起きているのが通例である。空間的にも，例えば大気汚染を引き起こすような地球規模での循環もあれば，1つの畑，1つの弄内を中心にした窒素循環が重要なこともある。農業生産，家畜生産の場合，比較的狭い空間内での物質循環を基礎にして行われ，また影響も一定の空間的制約の中で生じる。地域資源を基礎に考えるべきというのは，地域という空間的範囲内での物質循環を基礎に考えるべきということを意味する。

人間は物質の移動にも介入してきた。いわゆるグローバル化が進み，食料や飼料を含め，ものは世界中を移動している。またより狭い範囲でも，ものの移動は人間によって意識的に行われている。例えば1戸の農家がその経営内だけで完結するのではなく，ある地域で作物生産農家と家畜生産農家が，ワラなどの農耕副産物と家畜糞尿の交換をし，生産を行うという地域内複合といわれる生産システムがある。家畜糞尿を隣の農家や数キロメートル離れた農家に運ぶことは比較的容易であろう。しかし，海外から輸入した飼料の見返りとして，海外へ家畜糞尿を返送するということが非現実的であることはいうまでもない。

人間の物質移動への介入は，物質循環の恒常性への介入にほかならない。時間的，空間的制約を考慮して，どの程度の範囲内で物質循環の恒常性が維持できるか，そのことによって生産のあり方も規定されるであろう。七百弄の場合，特殊な地形的制約も大きい。家畜生産を考える場合も当然そのことも考慮しなければならない。

4-4. 生産活動についての新たな評価基準を

農業生産，家畜生産の持続性を危うくしている最大の原因が，グローバル化した市場経済にあることはいうまでもない。家畜生産のあり方もその地域の長期的に見た自然や資源に規定されるのではなく，世界的な市場での経済的有利性や市場経済下での生活のための収入確保によって決まっている。七百弄についても基本的にこのことがいえ，伝統社会から非伝統社会への移行，外部経済の影響の増大の下で，持続的生産のあり方を考慮することが求められている。

このような現実に直面しながら，従来の評価の枠の中で，農業生産，家畜生産の持続性を真に確立しうるだろうか。残念ながらそれは不可能であろうと筆者は考える。近年，経済学の分野においても，環境問題を無視しえなくなり，どう評価に取り込んでいくか多くの努力がされ，環境経済学という分野も登場してきている。しかし，例えば中村[6]の指摘のように，単なる「従来の延長である環境経済学では環境問題の本質的解決は期待できない」と思われ，新たな評価基準，新たな学問的発展が求められている。「未来開拓」とうたった本プロジェクトにも，そのことが期待されてきたが，新たな展望を切り開けたとはいいがたい。出村・髙橋[4]は，七百弄の実態解析にあたって環境収容力 (Carrying Capacity) という概念を提起し，Ecological Footprint を指標にした検討を行っているが，打ち寄せる「市場経済化」の大波を前にして，七百弄の生態系と人々の暮らしの未来，それを裏づける学術研究の発展方向を切り開くには至っていない。家畜生産分野でも，筆者[8]は「土地」を考慮した評価指標の重要性を提起し，新たな研究の方向を模索してきた。また干場ら[5]は環境負荷やエネルギー利用も考慮した酪農の複合的指標による評価方法を提案している。しかし，これらの試みもまだ極めて端緒的なものであり，持続的家畜生産を確立していくためには，異なる分野間での共同研究も含め，こうした努

力の蓄積と苦闘が不可欠であることを痛感する。

引用・参考文献

[1] 中国農業年鑑編集委員会(2002)：『農業年鑑 2002』農業出版社(北京)。
[2] 頼志強・覃式澤・易顕鳳(2003)：「広西岩溶山区畜牧業現状及発展対策——以大化県七百弄郷為例」『中国西南部岩溶地区生態系統重建与持続生物生産効率綜合開発研究論文集』中日合作研究広西専家組，pp. 139-148。
[3] Food and Agriculture Organization of the United Nations (2001): *FAO Production Yearbook*, vol. 55, Rome.
[4] 出村克彦・髙橋義文(2003)：「自然生態系と人間活動の新たな共存原理——Carrying Capacity 概念による人間活動の観念から」『日本学術振興会未来開拓学術研究推進事業研究成果報告書 複合領域 3 アジア地域の環境保全 中国西南部における生態系の再構築と持続的生物生産性の総合的開発』pp. 23-62。
[5] 干場信司・河上博美・野田直行・森田茂・野田哲治・池口厚男(1999)：「複合的指標による十勝地区と釧路地区の酪農生産の比較」『農業施設学会大会研究発表要旨』。
[6] 中村修(1995)：『なぜ経済学は自然を無限ととらえたのか』日本経済評論社。
[7] オダム, E. P. (1991)：『基礎生態学』培風館。
[8] 大久保正彦(2000)：「肉牛生産と土地利用」『北海道大学農学部牧場研究報告』vol. 17, pp. 39-50。
[9] 大久保正彦・頼志強(2000)：「中国西南部石灰岩山区七百弄における畜牧生産と生態系への影響」『中国西南部における生態系の再構築と持続的生物生産性の総合的開発 報告書平成 11 年度(第 3 報)』pp. 286-294。
[10] 大久保正彦ほか(2000)：「環境保全の視点からの農業生産システムの再評価」『第 2 回「アジア地域の環境保全」シンポジウム要旨集』日本学術振興会未来開拓学術研究推進事業「アジア地域の環境保全」研究推進委員会，pp. 93-96。
[11] 沈長江(1989)：『中国畜牧地理』農業出版社(北京)。
[12] Spedding, C. R. W. (1988): *An introduction to agricultural systems*, Elsevier Applied Science, London & New York.
[13] 安江健・大久保正彦・覃式澤・頼志強(2001)：「中国西南部石灰岩山区七百弄における山羊放牧の実態」『中国西南部における生態系の再構築と持続的生物生産性の総合的開発 報告書平成 12 年度(第 4 報)』pp. 221-225。

第19章　持続的生物生産の多様性を目指して
―― 新たな作物導入の可能性と課題 ――

中世古公男

1. はじめに

　食料の増産を図るには，基本的には，①耕地面積の拡大，②単位面積当たり収量の向上，および③耕地における作付率の向上(耕地の有効利用)の3つのアプローチがある。このうち，耕地の拡大を目指した森林の伐採は，近年，世界各地で様々な環境問題を引き起こし，温暖化現象など地球規模への影響も懸念される現在，その拡大は，先進国であれ，発展途上国であれ，既に限界に達しているといっても過言ではなかろう。既に述べられているように，本プロジェクトの研究対象地域である中国石灰岩山岳地域でも，山々に囲まれた弄（ロン）と呼ばれるすり鉢状地形の底の平地から斜面地へと農耕が進み，樹木の伐採による土壌浸食(溶食)が激化したほか，森林の涵養機能が失われて飲用水の確保すら困難となっている。

　こうした状況の中で森林の回復など生態系の修復を目指すには，既耕の耕地の生産性を可能な限り向上させ，住民の食料を安定して確保することが最小限必要となる。特に，対象地域が小規模農民で構成され，限られた資本と労働力によって生産を維持しなければならない条件下では，伝統的な作付体系を理解し，生産性の向上を図るとともに，混作(1つの農耕地に複数の作物を同時に混在させて栽培する方法)[20]や間作(前作物の収穫前に立毛中に後作物を播種・植え付けする方法)[20]などにより耕地の集約的利用を図り，合理的で持続可能な作付体系を確立することが最も重要と考えられる。

　生産性の向上を目指して新しい作物や品種を導入することは，発展途上国における食料問題解決のための大きな柱のひとつである。しかし，作物・品種は，

それぞれの生育地における気象環境や土壌環境に適応したものが選ばれているため，たとえ，収量性など農業形質が優れていても新たな土地に適応するかどうかは定かではなく，その導入は試行錯誤の繰り返しで，多くの場合，多大の労力と時間を要する．特に，現地を訪問する機会が少なく，限られた期間内に成果が求められる国際共同研究の場合，対象地域の農業事情を把握するとともに，立地条件や気象・土壌環境に関する情報を収集し，どのような作物や品種の導入が可能なのか，あらかじめ予測して作物種や品種を絞り込むことが肝要となる．ここでは，中国石灰岩山岳地域における作物生産の多様性を目指して筆者が行った作物導入試験の概要を失敗例も含めて紹介してみたい．

2. 七百弄郷の環境条件と伝統的農法

研究の拠点が置かれた広西壮族自治区大化県七百弄郷は，北回帰線近くに位置し，年平均気温は17～22℃，4月から10月の最高気温は30℃を超え，冬でも25℃に達する．無霜期間も341～365日で，ほとんど霜が降りることのない亜熱帯に属している．また，降雨は4月から9月に集中し，秋から冬にかけて早魃気味となるが，年間降水量は約1800 mmもあり，石灰岩山岳地域に接する平野部では，マンゴーの林やバナナ畑が点在し，2期作が可能な水田には様々な生育時期の水稲や各種の野菜が見られ[11]，気象条件から見るとこの地域は作物生産には極めて恵まれている．

しかし，石灰岩山岳地域に入ると，そこには標高800～1000 mの釣鐘状の山々が林立し，総面積が304 km^{2}の七百弄には3570個の山々に囲まれたすり鉢状の窪地(弄)が1124個もあり，そのうち324個の弄に少数民族の人たちが暮らしている[11]．弄の地形は様々であるが，農耕や生活の場となっている弄底の平地はほんの数ヘクタールで，樹木が伐採されて石灰岩が露出した急な斜面地の穴ぼこにもトウモロコシなどが植えられている．特にこの地域では，雨水は石灰岩の割れ目から地下に浸透してしまうため，河川は全くなく，水稲栽培はほとんど不可能である．このように，七百弄は，温度条件は比較的恵まれてはいるが，極めて特異な閉鎖的地形により農業発展が限定されている地域であるといえる．

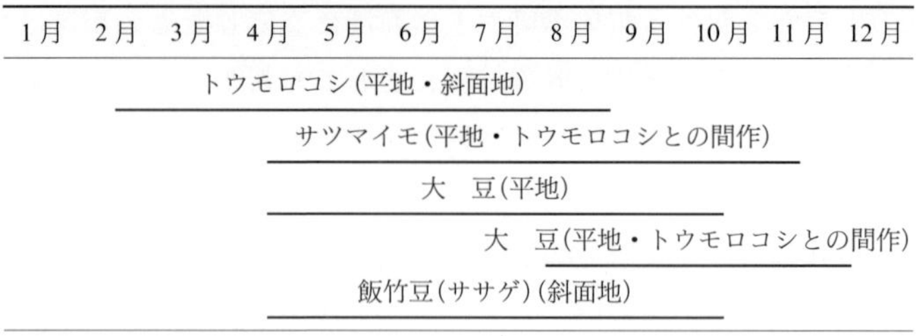

1月	2月	3月	4月	5月	6月	7月	8月	9月	10月	11月	12月

トウモロコシ(平地・斜面地)

サツマイモ(平地・トウモロコシとの間作)

大　豆(平地)

大　豆(平地・トウモロコシとの間作)

飯竹豆(ササゲ)(斜面地)

図19-1　大化県七百弄郷における主要作物の作付体系(1998年)

　作物生産は，土砂の堆積によって形成された底部の平地とその周辺部の石積みの小規模な段々畑，および石灰岩が露出した急な斜面地で行われており，図19-1に示すように，トウモロコシ，大豆，サツマイモが主要な作物である。主食のトウモロコシは，平地では2月中・下旬に播種し，8月中に収穫する。大豆は小規模には単作として春先に播種される場合もあるが，トウモロコシ畑の収穫約2週間前に間作として播種し，10月中旬に収穫する栽植様式が基本となっている。サツマイモは，トウモロコシを播種した後にその畦間に植え付ける混作タイプと，大豆と同様トウモロコシの収穫前に植え付ける間作タイプがある。混作されたサツマイモは主に茎の先端部を刈り取り，豚，鶏，山羊などの飼料として利用されている。一般に，混作や間作されている大豆やサツマイモは，トウモロコシの遮蔽による日照不足と高温によりその生育は脆弱である。品種は，調査を開始した1998年当時では，いずれも在来種が主体で，トウモロコシはフリントコーンの交雑種，大豆は小粒の有限型品種が用いられており，その単位収量はトウモロコシで2～3 t/ha，大豆とサツマイモで0.5～1 t/haと推定され，そのレベルは極めて低い。トウモロコシ畑には，このほか油料用のヒマやダイショ(長イモの一種)などが不規則に混作されており，農家の庭先には，野菜のほか，バナナ，食用カンナ，サトイモなどが植えられている[9, 10]。

　急な斜面地の至るところに見られる石灰岩の凹地(30 cm×60 cm程度の凹地が多い)には，弄底の平地から土が運び込まれ，主としてトウモロコシが栽培され，平地と同様2月に種を播く。播種時に一握りの有機質肥料が施され，節間伸長期に炭酸アンモニウム(40 kg/haの割合)を施用した後，培土する方法

が一般的で，なかにはつる性のササゲやカボチャなどがともに植えられている。収穫後のトウモロコシの茎稈は刈り取って燃料や堆肥として利用されている。このような斜面地では，場所によっては夏の豪雨によりかなりの土壌の流亡が見られる[9, 10]。

　以上が七百弄における伝統的な農法で，耕地として利用可能な土地はすべて利用し尽くされており，技術的には未熟とはいえ混作や間作が行われ，耕地の集約化も図られている。しかし，図19-1に示したように，秋から翌年の冬(10〜2月)にかけては，降水量が少ないため小規模な野菜作を除いて作物栽培は全く行われておらず，作物生産は夏作が中心となっている。前述したように，この地域の生態系を修復するには，まず斜面地における耕作を中止し，植林を進めることが第一歩となるが，そのためには，弄底の平地や段々畑における生産性をいかに向上させ，住民の食料を安定的に確保しうるかが問題となる。

　このような状況を踏まえ，筆者は，トウモロコシ，サツマイモ，大豆など主要作物の生産性に関する課題はほかの研究者に委ねることとし，耕地の有効利用を図るため，冬作としての秋播小麦栽培が可能かどうかに研究の主眼を置くこととした。また，閉鎖的地形の中で自給体制にある七百弄の食料の多様性を図る目的でシカクマメ(四角豆)の導入に関する小規模な実験を行った。

3. 七百弄郷における秋播小麦栽培の可能性

　研究開始当初に，冬作としての秋播小麦栽培の可能性を研究課題として提案したが，七百弄郷がある広西壮族自治区は亜熱帯に属し，稲作が中心でコムギの栽培は全く行われていないこと，および乾期に当たる10月から翌年の2月にかけては降雨量が極めて少ないことから，中国側研究者の理解が得られなかった。しかし，コムギは，やや冷涼で比較的乾燥した気候を好むこと[5]，山岳地帯にある七百弄では冬期間は気温が平地に比べかなり低く推移すると予想されるほか，将来的には灌漑用の溜め池の建設が可能と考えられることを理由にその説得に努めた。幸いなことに，省都南寧の近郊にある中国広西トウモロコシ研究所の研究員が興味を示し，彼の協力が得られることになったが，七百弄は南寧から約200 kmの距離にあり，作物の生育を常時観察することがで

きないことから，まず広西トウモロコシ研究所において予備試験を開始することにした。

3-1. 南寧における秋播小麦の生育状況

1999年の秋に北海道から九州まで栽培されている日本産20品種，ならびにドイツ産2品種および中国産1品種を9月21日と10月24日の2回の播種期を設けて播種した。栽植様式は30 cmの条播(100粒/m^2)とし，施肥そのほかの栽培方法は日本における慣行法を参考にし，無農薬で試験を実施した。

日本産20品種の開花期は，11月下旬から4月中旬にわたり，各品種とも遅播きに比べ早播きほど早く，一般に北海道産に比べ九州産品種で早い傾向が認められた。しかし，成熟期は，開花期とは異なり播種期による差がほとんどなく，九州産品種で早い傾向が見られ，九州産品種は，10月下旬に播種しても3月中旬には収穫が可能なことが明らかになった。また，ドイツおよび中国産品種は，開花期，成熟期ともやや遅く，東北産品種並みで，その成熟期は4月下旬であった。一方，子実収量は，両播種期を通して見ると，品種平均では早播きに比べ遅播きで高く，品種間ではホロシリコムギ(北海道産品種)の370 kg/10 aからチクゴイズミ(九州産品種)の1.2 kg/10 aと大きく変異したが，開花期から乳熟期にかけてネズミの食害を受け，その被害は開花，乳熟期の早い九州産品種で大きかった[12]。

このように，収量性は成熟期が遅く，栽培期間の長い北海道産や東北，長野産品種で優れていた。しかし，七百弄では夏作の作付体系を大きく変更することなく冬作を行うことが前提条件となり，少なくとも3月上旬までに収穫する必要がある。このことから，収量性は低いが成熟期の早い九州産品種を選び，水不足の影響を明らかにするため灌漑区および無灌漑区を設け，七百弄で試験を行うことにした。

3-2. 七百弄郷における秋播小麦の生育状況

南寧における予備試験の結果を踏まえ，生育が旺盛で成熟期の早かった九州産品種のうちから，ニシカゼコムギ，シロガネコムギ，チクゴイズミ，および長野産の「しゅんよう」を選び，灌漑区および無灌漑区を設け，2000年秋か

表 19-1　2001年度における収量(風乾重)の処理間および品種間差異

処理	品種	成熟期(月/日)	収穫期風乾重(t/ha) 子実	稈	合計	収穫指数(%)
無灌漑区	ニシカゼコムギ	3/16	1.62	6.91	8.53	20.1
	チクゴイズミ	3/16	1.83	5.41	7.24	24.8
灌漑区	ニシカゼコムギ	3/16	1.71	7.45	9.16	20.0
	チクゴイズミ	3/16	1.85	4.62	6.47	29.9
有意差	処理間	ns	ns	ns	ns	ns
	品種間	ns	ns	*	ns	*

注) 播種期：2001年9月20日，収穫期：2002年3月16日。＊は5％水準で有意であることを示す。nsは有意差なし。

ら試験地が置かれている七百弄郷弄石屯において実験を開始した。山岳地帯にある七百弄は，平地の南寧に比べ気温が低く経過することを考慮して播種期をトウモロコシ収穫後の9月21日とし，ネズミの食害を防ぐため圃場の周りにビニールシートを張り，南寧におけるとほぼ同様の要領で試験を行った。その結果，不時出穂の多かった長野産の「しゅんよう」を除く九州産3品種は，灌漑，無灌漑にかかわらずいずれも2月下旬から3月上旬に成熟し，平均で約2 t/haの子実収量が得られ(資料省略)，収量性は低いもののトウモロコシの収穫後から翌年の播種期までの間で秋播栽培が可能なことが明らかになった[13]。

そこで，2001年度には病虫害の被害が少なく，生育が旺盛であったチクゴイズミとニシカゼコムギを供試して，灌漑，無灌漑区を設け，規模を拡大して適応確認試験を行った。播種期は9月20日で，実際栽培を想定してネズミの食害防除は行わず，前回に比べやや密植条件で栽培した。生育は極めて順調で，表19-1に示すように，風乾子実重はha当たり1.6〜1.85 tの範囲にあり，前年度に比べやや低かったが，その要因のひとつはネズミの食害によるもので，コムギの秋播栽培の普及にはネズミの防除が必要と考えられた。また，麦稈の収量はha当たり4.6〜7.5 tの範囲にあり，家畜の飼料や敷草として利用が可能で，これらは最終的には堆肥として土壌に還元される。

3-3. 気象条件から見た秋播小麦栽培の可能性

弄石屯における2回の試験結果から，的確な品種の選定を行えば七百弄においてもコムギの秋播栽培は充分可能と判断されたが，ここで，気象条件から見た可能性について検討しておきたい。図19-2は，試験地が置かれた弄石屯で測定された2001年7月から2002年6月までの月平均気温と月平均降水量[17]の推移を示したものである。気温は，コムギの播種直後にあたる10月は約21℃であるが，その後急速に低下し，12月に最低約11℃となり，1月から次第に上昇して収穫期にあたる3月には17℃まで回復する。また，降水量は，9月に急減して翌年の3月までは50mm以下に推移し，4月に入ると急激に増加し，6月には360mmに達している。

コムギは，年平均気温が10～18℃の地域が最適とされ，世界では，年間降水量100mmから1500mmの範囲で栽培されており，400～900mmの地域が75%，そのうち400～500mmの地域が約30%を占め，400mm以下の地域では灌漑が必要といわれている[5]。弄石屯では，2001年10月から翌年の3月に至る6ヶ月の間では，最低気温は2.7℃を記録したものの，この間の月平均

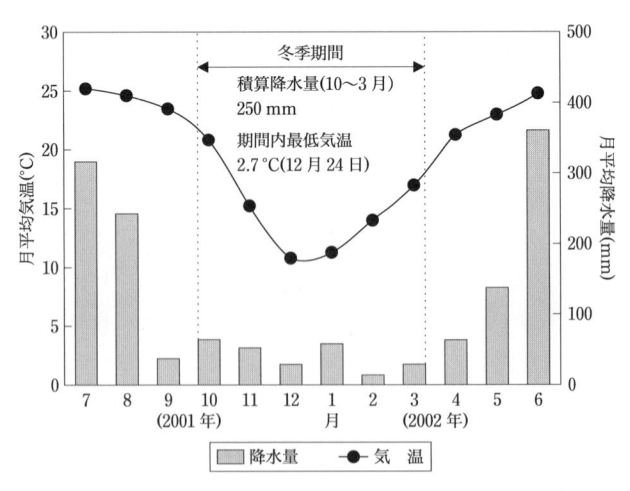

図19-2 七百弄郷弄石屯における月平均気温と月平均降水量の推移(2001年7月～2002年6月)

気温は 10.8°C（12 月）から 20.8°C（10 月）（平均 14.9°C）の範囲にあり，七百弄におけるコムギの秋播栽培は温度的には比較的問題がないと考えられる．また，この間の降水量は，図に示すように，2001～02 年では 250 mm で，気象観測が開始された 1998 年 10 月から 2003 年 3 月までの 4 年間にわたる平均値は 277 mm（最大 355 mm，最低 205 mm）[15, 16, 17] であり，年によっては水分的にはかなり厳しい条件下にあると推察される．しかし，おおかたの予想に反して，2 回にわたる試験において灌漑の効果はほとんど見られなかった．降水量は，年によってかなり変動することから，灌漑の必要性は否定できないが，山岳地帯にある七百弄では，秋から冬にかけては夜露による土壌表層へのかなりの水分供給が観察され，今後その効果についても検討する余地がある．

近年，世界におけるコムギの単位収量は増加する傾向にあり，2000 年度における世界の平均単収は ha 当たり 2.7 t で，中国では 3.7 t に達している[3]．弄石屯におけるコムギの収量は，ネズミの食害を防げば ha 当たり 2 t は可能と考えられるが，そのレベルは必ずしも高くない．その要因のひとつは，日照時間の短い冬期間の栽培でその期間も限られていることによるものと考えられるが，表 19-1 に見られるように，同化産物の子実への分配割合を示す収穫指数が 20～30% と著しく低いことも一要因と推察される．コムギの収穫指数は，一般に長稈品種に比べ短稈品種で高く，収量と高い正の相関を示し，コムギの主産地である北海道では 40～43% の値が記録されている[18]．弄石屯における限られた試験結果から，収量制限要因を解明することはできないが，今後さらに収穫指数の高い適品種を探索し，併せて施肥法や栽植密度など栽培技術を高めることによってさらなる収量性の向上が期待される．

3-4. 冬作としての秋播小麦栽培の意義

これまで食料生産を夏作に依存してきた七百弄では，冬作により周年栽培を行い，生産の拡大を図るメリットは極めて大きいといえる．例えば弄石屯を例にとってみると，弄底の平地約 3 ha で秋播小麦栽培を行い，単収が ha 当たり 2 t と仮定すると，春には 6 t のコムギが収穫できる．弄石屯における 1 人当たりの食料は，本プロジェクト開始前の 1997 年では 143 kg であったが，その後の夏作の単収の向上により 2002 年には 236 kg に増加した[19]．弄石屯の実質

人口を90人としてコムギを加えると，付加的に約66 kgの増加が見込まれ，全体として年間1人当たり約300 kgの食料が確保されることになる。さらに，冬作による食料の確保は，気候変動による夏作の減収を補う意味でも食料の安定生産につながる。また，現在，七百弄では放牧されている山羊に代わり，鶏や豚を主とした養殖業が奨励，普及しつつあるが[19]，弄内で生産されるトウモロコシの7，8割が飼料として利用されていることから[8]，コムギの飼料としての利用価値も大きい。

一方，2001年度の試験結果から，ha当たり4.6〜7.5 tの麦稈の収穫が可能なことが示唆された。麦稈は，いうまでもなく家畜の飼料や畜舎の敷草としても利用される。これらは，最終的には堆肥や現在普及しつつあるメタン発酵[19]の素材となり，化学肥料の使用を抑制した有機栽培の展開にも効果が期待できる。また，コムギはほかの作物に比べ根の割合が大きく，古くから輪作の基幹作物として栽培されており，冬作による小麦栽培は土壌への有機質を提供する意義も無視できない。近年，七百弄ではトウモロコシ栽培において過剰な窒素肥料(主に炭酸アンモニウム)が施用される傾向にあり，溶脱窒素による環境汚染が懸念されている[4]。この意味で，冬期間に作物栽培を行うことは夏作栽培における過剰窒素を吸収し，環境汚染を軽減する効果も期待できる。

4. シカクマメ(四角豆)の導入——その多目的利用を目指して

石灰岩山岳地域にある七百弄では，その閉鎖的地形の中で住民はほぼ自給体制に近い食生活を営んでいる。主食は，トウモロコシで，トウモロコシの畦間に栽培されているサツマイモや大豆の生産性は極めて低い。また，ダイショや油料用のヒマなどが混作されているとはいえ，その作目は極端に少なく，住民の健康を考慮すると，主食となる作物以外に，栄養価が高く，多目的に利用しうる副作物の導入も重要となる。特に，地形的に小規模な段々畑や斜面地での栽培を余儀なくされている七百弄では，土地を選ばず，粗放で栽培できる作物の導入が望ましい。このような観点から，シカクマメの特性に注目し，その導入を試みた。

4-1. シカクマメの特性

シカクマメ(*Psophocarpus tetragonolobus*（L.）D.C.，中国名：四稜豆)は，熱帯アジアが原産と考えられるつる性の多年生マメ科植物で，世界的には1970年代から注目され始めた新しい作物である。東南アジアで広く栽培されており，メラネシア，特にパプアニューギニアでの栽培が盛んである。莢インゲンのように若莢を野菜として利用するのが一般的であるが，地下部に形成される塊根(主にビルマやパプアニューギニアで利用)のほか，花や新葉も野菜として利用される。特に，完熟した子実には大豆に匹敵するタンパク質(30～37%)や脂肪(15～20%)が含まれており，栄養価は極めて高い。炒って食用として利用されるが，味噌，豆腐，食用油の原料としても利用が期待されている。塊根はデンプンのほか，20%以上(乾物ベース)のタンパク質を含み，ジャガイモのように料理して食べられる[1]。

シカクマメは，低緯度の熱帯に馴化しているため，限界日長が12時間前後の短日植物で，沖縄では夏季に莢実を収穫することが困難であった。しかし，国際農業研究センター沖縄支所において日長不感応性に近い品種が選抜され[2]，亜熱帯においても栽培が可能となり，最近では夏の自給野菜として沖縄や奄美地方で栽培されている。乾燥には弱いが，高温，多湿に適し，虫害に対する抵抗性も備えており，台風などによって先端部分や葉が吹き飛ばされても茎葉は速やかに再生する旺盛な生育を示す。また，熱帯，亜熱帯においても，カウピータイプの根粒と高い共生関係を示し，巨大根粒を形成して，その着生能力や窒素固定能力は大豆を上回ることが明らかにされている。一方，塊根は，食用として利用される以外に繁殖用としても利用でき，農家の庭先などではそのまま放置しておくと翌年には地下にある塊根から新葉が展開する。このように，シカクマメは，高温，多湿に適し，処女地においても根粒が着生しやすく，病虫害にも強いことから，無窒素，無農薬栽培が可能と考えられる。また，茎葉は緑肥用や飼料用としても利用できることが指摘されており，その用途は極めて広い作物である[21, 22]。

一方，シカクマメは，つる性植物であることからその栽培には支柱が必要となる。また，若莢として利用する場合は開花期間が長いため何回にもわたって

収穫する必要があり，大量生産を目的とした機械化栽培には適さない。しかし，自給用の野菜として利用する場合は，家族1人当たり1〜2株を確保すれば充分な若莢を収穫できる。また，夏季には旺盛な成長を示すことから，緑肥として輪作体系に組み込むことも可能で，その場合，すき込む前に若莢を利用できるほか，完熟種子は自家用の味噌や豆腐の材料としても利用できる[21, 22]。

4-2. 七百弄郷におけるシカクマメの生育状況

1999年および2000年の両年にわたって農林水産省熱帯農業研究センター沖縄支所から提供を受けた品種ウリズンを用い，弄底部と斜面地を対象に試験を行った。弄底の平地では畦間1m，株間0.75mとし，斜面地では5〜6ヶ所の凹地を1つのグループとし，標高の異なる8〜20ヶ所に約2.5mの竹の支柱を立てて栽培した。いずれも無肥料，無農薬で栽培を行ったが，生育は両年とも斜面地でやや劣るものの順調であった(図19-3a)。1999年度は，主として完熟子実の収穫を目的に調査を行い，茎葉がほとんど黄化した11月中旬に収穫した。表19-2は，収穫した器官別乾物重をhaに換算して示したものであるが，完熟子実の収量は弄底の平地で1163kg，斜面地で470kgで，平地での収量は従来の大豆の収量より高かった。一方，2000年度は若莢の利用を目的に栽培

a：斜面地のシカクマメ　　b：若莢　　c：塊根

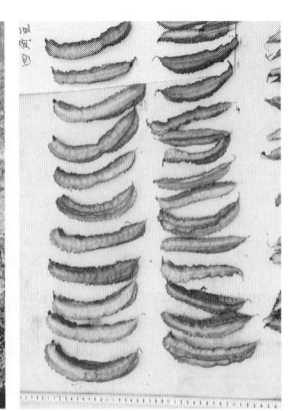

図19-3　シカクマメの生育状況

表 19-2　収穫期におけるシカクマメの器官別乾物重と子実収量　(単位：kg/ha)

試験区	塊根	茎葉	莢	子実
平地	711.4	1,530.0	1,368.5	1,162.8
斜面地	279.9	223.4	334.7	468.8

注）収穫期：1999年11月15日．

し，7月下旬に若莢の調査を行ったところ，野菜として利用可能な10 cm以上の莢数は，最高32莢から最低6莢で，株当たり平均では11莢であった(図19-3b)。シカクマメは，分枝の発生が旺盛で，長期間にわたって開花が継続するため，11月の完熟期までにはかなりの若莢の収穫が可能と考えられた。また，翌年(2001年)の2月に塊根の調査を行ったところ，個体当たりの塊根数は3～6個で，平均塊根重は約350 gであった(図19-3c)。

4-3. 七百弄郷におけるシカクマメの適応性

処女地でマメ科作物を栽培する場合，最も大きな問題点は根粒が着生するか否かである。シカクマメと共生する根粒菌は，比較的多くの植物種と共生能を持つカウピータイプ[6]に属し，巨大根粒を形成して窒素固定能を発揮することが報告されているが[21]，七百弄においても生育初期から根粒の着生が見られ，無窒素栽培にもかかわらず植物体は旺盛な生育を示した。茎葉など各器官の窒素含有率(資料省略)を同様に行われた大豆の根粒接種効果試験の結果[14]と比較してみると大きな差がなく，シカクマメに着生した根粒菌は極めて高い窒素固定能を発揮したものと推察される。一方，シカクマメは硬実であることから，種皮に傷をつけて播種を行ったが，出芽に個体間差異が見られた。しかし，生育半ばではいずれの個体も旺盛な生育を示したことから，出芽むらは七百弄では障害とはならないと判断された。

ha当たりに換算した平地栽培の子実収量は約1.2 tであった。このレベルが高いか低いかは比較対象がないことから論じることはできないが，同年に行われた大豆の収量[14]と比較してみると，1.6～1.8倍となり，無肥料栽培であったことを考慮すると，在来大豆品種の収量に比べかなり多収であったといえる。しかし，七百弄における大豆栽培は，伝統的に間作として栽培されており，生

育期間の長いシカクマメの導入は平地での栽培ではなく，むしろ斜面地の凹地や農家の庭先などの空き地に栽培し，若莢を野菜として利用するほか，自家製の豆腐，味噌，油の原料とした利用を目指すべきであろう。

4-4. 普及への課題

　新しい作物の導入が成功したか否かは，最終的には導入した作物がその地域に普及するかどうかにかかわっている。シカクマメは，七百弄では斜面地や平地においても無肥料，無農薬など粗放な栽培条件でも旺盛な生育を示したことから，弄内の農民の関心も高く，自給用として種子の提供を求められた。特に中国では，野菜は肉などとともに油で炒めて料理されることが多く，野菜として普及するには油で炒めても固有の色彩や食感を失わないことが条件とされている。2000年の夏に，調査後収穫した若莢をホテルに持ち帰り，中国風に料理してもらったところ，色も鮮やかで食感もよく，中国側の研究者にも好評で，思わぬことに山岳地帯ばかりでなく平野部にも普及を図りたいとの要望があった。導入前，筆者の頭の中には料理特性は全くなかったが，途上国に新しい作物の導入を試みる場合，環境に対する適応性ばかりでなく，現地の伝統的食文化の素材として適するかどうかにも配慮する必要があることを痛感させられた。

　一方，栽培上の問題点は，斜面の凹地の子実収量が平地の36%に過ぎなかったことである。斜面地におけるシカクマメの生育は，8月までは平地とほとんど差がなかったが，その後下葉の枯れ上がりが早く，生育後半における葉面積の減少が低収要因のひとつと推察された。各器官の無機成分を検討したところ(資料省略)，茎葉のカリウム含有率が平地に比べ著しく低かったことから，斜面地ではカリウム欠乏が制限要因であった可能性が考えられ，今後，窒素を除くリン酸やカリウムなど，施肥法を検討する必要があるものと考えられた。

　前述したように，シカクマメは，野菜としての若莢ばかりでなく，子実や塊根も食用として利用できる。特に完熟子実は大豆に匹敵するタンパク質や脂肪を含み，味噌，豆腐のほか食用油の原料としても利用が可能で，今後はその加工法の普及を図り，自給用作物として七百弄に広まることを期待したい。

5. 飼料作物の導入——その失敗例

　七百弄では，雨期にあたる 6～8 月にはかなりの集中豪雨が観察され，斜面地では農民が運び込んだ穴ぽこの土壌の流亡や溶脱が生じている．このような状況から，土壌の流亡防止を目的としたカバークロップの導入が話題となり，斜面地に放牧されている山羊の飼料も考慮して広葉のマメ科牧草を導入し，中国側研究者とともにその効果を検討することになった．

　1998 年 11 月下旬にマメ科の飼料作物であるアカクローバ，レンゲソウ，アルファルファ，ベッチを斜面地および平地の一部に散播し，その後の生育状況を観察した．マメ科作物は，根粒着生の有無が生育を大きく左右することから，播種前に根粒菌を接種したほか，根粒菌を含むペレット種子を用いた．4 草種とも出芽は順調で，冬期間に山羊の食害にあったものの，翌年の 5 月中旬に行った観察ではいずれも旺盛な生育を示し，各草種とも栽培は可能なものと判断された．

　そこで，2000 年 2 月下旬に弄底の平地にアルファルファ(4 品種)，シロクローバ，ヘアリーベッチ，およびペレニアルライグラスを散播し，その適応性について調査するとともに，斜面地にも散播し生育状況を観察した．ヘアリーベッチを除くと，3 草種(品種)の出芽は良好で，出芽後順調に生育したが，前年度と異なりいずれの草種も茎が細く葉が小さくなる傾向が認められ，6 月下旬の 1 番刈りでは生草重は極めて低かった(資料省略)．その後，1 番刈り後の再生状況を観察したが，各草種とも草勢が著しく劣り，雑草に覆われて翌年の 2 月にはほとんど消失した．このような状況は，刈り取りを行わなかった斜面地においても全く同様に観察された．

　このように，供試した牧草種は，比較的気温が低く降水量が少ない 11 月から翌年の 5 月にかけては旺盛に生育し，適応するものと判断したが，気温が高く降水量も多くなる春先から夏にかけては，茎が細くなり葉も小型化して生育が軟弱となり，再生が不良で，その定着に失敗した．この原因は，用いた草種がいずれも寒地型牧草に属し，その耐暑性や耐湿性が低く，七百弄の気象条件に適応できなかったことによるものと考えられる．特に斜面地では，マメ科牧

草は夏季には豪雨により倒伏し，葉が腐敗するなどの現象が観察され，その定着は困難なものと判断された。

　七百弄の気象は，作物学的に見ると，高温，多湿に経過する4月から9月に至る期間と，比較的低温，乾燥気味に経過する10月から翌年の3月に至る期間に大別できる。新しい作物や品種の導入には，作物，品種が持つ固有の日長感応性や温度感応性を考慮することが基本となるが，夏作では特に耐暑性や耐湿性が重要な選抜指標となるほか，豪雨による倒伏にも耐える強稈性が重要な指標となろう。一方，冬作においては，耐乾燥性や耐寒性に優れた作物，品種の導入が望まれ，温帯で栽培されている作物，品種の導入も可能と推察される。

6. 今後の課題——多様な作付体系の確立を目指して

　これまで，食料生産を夏作物に依存していた七百弄において，秋播小麦栽培の可能性が示唆された意義は極めて大きい。冬期間におけるコムギの生産は，主食のトウモロコシを補うばかりでなく，麦稈の家畜の飼料や敷草への利用はメタン発酵や堆肥生産を通じて弄内の物質循環面にも効果が期待される。特に，プロジェクト開始当初に予想したように，試験地が置かれている弄石屯では2003年には3つの生活用貯水池と3つの灌漑用貯水池が建設され[19]，灌漑栽培による冬作の展開が可能となっており，今後は様々な冬作物の導入が望まれる。

　例えば，短期作物であるソバを導入することにより，トウモロコシ―間作大豆―秋ソバといった作付様式や，イタリアンライグラス，オオムギなど飼料を目的とした作物の導入も検討の余地がある。また，七百弄ではこれまで行われていなかったジャガイモ栽培の可能性も示唆されており[7]，今後は九州で行われているように秋作として栽培し，トウモロコシ―ジャガイモといった作付様式の導入も可能であろう。近年，七百弄では，各弄に通じる生活道路が建設され始め，従来のトウモロコシを中心とした自給体制から現金収入を目的とした豚，鶏などの養殖業が普及しつつあり，好むと好まざるとにかかわらず市場経済が浸透していくであろう。こうした状況の中で持続的に作物生産を維持していくには，輪作体系も含め，経営形態に応じた多様な作付体系の確立が望ま

作物の導入と普及

　人類の歴史が始まって以来，数多くの作物が民族移動や戦争，交易，布教などによって世界に広がり，それぞれの地域で様々な利用法や料理法が編み出され，各地で豊かな食文化が形成されてきた。いつ，誰がどこから持ってきたのか，どのようにして利用法や料理法を編み出したのか，歴史の記録の裏にはその普及にかかわった名もなき庶民の数多くのエピソードが隠されているに違いない。

　七百弄の人々はトウモロコシを主食としており，1700年代半ばにはこの地域の山岳地帯で広く栽培されていたことが記録に残っている。周りには亜熱帯特有の豊かな水田が広がり，古くから米を主食としてきたこの地帯で，いったいいつ，誰がトウモロコシを持ち込んで栽培を始めたのか興味が尽きない。

　トウモロコシをはじめとして，ジャガイモ，サツマイモのほか，トマト，ピーマン，タバコなどはコロンブスの新大陸発見(1492年)後にヨーロッパを経由して世界に広まった作物として有名である。ジャガイモ，サツマイモは，1600年初頭にはわが国にも導入され，いわゆる救荒作物として普及したが，広西では1531年の『広西通志』にトウモロコシ栽培の記載があることから，七百弄でもかなり早くから栽培が始まったのかもしれない。大航海時代とはいえ，100年かそこいらでヨーロッパからアジアまで広まったのは驚きである。今回のプロジェクト研究で，これまで七百弄で栽培されたことのないコムギやジャガイモ，シカクマメの栽培が可能なことが示された。しかし，これらの作物が栽培・普及するかどうかは地元住民の食生活にどのように取り込まれていくかにかかわっている。単なる導入研究に終わるのか，それとも食生活に組み込まれていくのか，今後が楽しみである。　　　　　　　　　　　　　　　　　　　　　〈中世古公男〉

れる。

　前述したように，七百弄では，主食のトウモロコシ畑に大豆，サツマイモ，ヒマなどを混・間作し，耕地の集約化が図られてきたが，その栽植様式は不規則で計画的には栽培されていない。今回，時間的制約から，混作や間作様式については検討することができなかったが，今後，食料の需給を考慮したより効率的な様式の模索が必要と考えられる。特に，七百弄では油料用作物がヒマに限定されており，食用油が不足していることから，シカクマメの油料用としての利用に着目し，トウモロコシとの畦内混作(作物種を異にした畦を交互に配

置する方法)[20]や帯状混作(一定の幅を持つ単一作物の群落を交互に配置する方法)[20]についても検討が望まれる。

引用・参考文献

[1] 阿部二朗・中村浩(1985):「夏野菜問題解決のための研究成果例 1 シカクマメの導入」『熱帯農研集報(農林水産省熱帯農業研究センター)』No. 51, pp. 48-55。

[2] 阿部二朗・中村浩(1985):『新品種命名登録候補に関する資料(農林水産省熱帯農業研究センター沖縄支所)——シカクマメ石垣1号』pp. 1-18。

[3] Food and Agriculture Organization of the United Nations (2002):*FAO Production Yearbook*, vol. 54, Rome.

[4] 波多野隆介・信濃卓郎・鄭泰根・大久保正彦(2001):「大規模カルスト地帯七百弄農家系における窒素循環」『中国西南部における生態系の再構築と持続的生物生産性の総合的開発 報告書平成12年度(第4報)』pp. 45-55。

[5] 星川清親(1980):『新編食用作物 コムギ』養賢堂, pp. 183-251。

[6] 石沢修一(1980):「根粒菌」中村道徳編『生物窒素固定』学術出版センター, pp. 155-164。

[7] 岩間和人・長谷川利拡・実山豊(2003):「中国西南部の七百弄におけるトウモロコシとバレイショの生産力」『日本学術振興会未来開拓学術研究推進事業研究成果報告書 複合領域3 アジア地域の環境保全 中国西南部における生態系の再構築と持続的生物生産性の総合的開発』pp. 330-340。

[8] 大久保正彦(2003):「七百弄における持続的生物生産の実現を目指して」『日本学術振興会未来開拓学術研究推進事業研究成果報告書 複合領域3 アジア地域の環境保全 中国西南部における生態系の再構築と持続的生物生産性の総合的開発』pp. 293-295。

[9] 中世古公男・岩間和人(1999a):「七百弄郷における作物生産の現状と課題」『中国西南部における生態系の再構築と持続的生物生産性の総合的開発 報告書平成10年度(第2報)』pp. 78-83。

[10] 中世古公男・岩間和人(1999b):「北景郷および七百弄郷における作付様式」『中国西南部における生態系の再構築と持続的生物生産性の総合的開発 報告書平成10年度(第2報)』pp. 84-85。

[11] 中世古公男(2001):「中国広西のカルスト台地——人々と農業」『輸入食料協議会報』No. 637, 輸入食料協議会事務局, pp. 15-19。

[12] 中世古公男・時成梢・程偉東(2001):「七百弄郷における小麦の秋播栽培の可能性について(予備試験)」『中国西南部における生態系の再構築と持続的生物生産性の総合的開発 報告書平成12年度(第4報)』pp. 199-206。

[13] 中世古公男・時成梢・程偉東(2002):「七百弄郷における小麦の秋播栽培の可能性について」『中国西南部における生態系の再構築と持続的生物生産性の総合的開発 報告書平成13年度(第5報)』pp. 223-229。

- [14] 信濃卓郎・何子平・譚宏偉・長谷川功・鄭泰根・但野利秋(1999)：「大豆の根粒菌接種効果」『中国西南部における生態系の再構築と持続的生物生産性の総合的開発　報告書平成10年度(第2報)』pp. 76-77。
- [15] 高橋英紀・山田雅仁・呂維莉(2000)：「弄石屯気象表」『中国西南部における生態系の再構築と持続的生物生産性の総合的開発　報告書平成11年度(第3報)』pp. 147-163。
- [16] 高橋英紀・曾平統・山田雅仁・蒙炎成(2001)：「弄石屯気象表」『中国西南部における生態系の再構築と持続的生物生産性の総合的開発　報告書平成12年度(第4報)』pp. 135-146。
- [17] 高橋英紀・曾平統・蒙炎成(2002)：「弄石屯気象表」『中国西南部における生態系の再構築と持続的生物生産性の総合的開発　報告書平成13年度(第5報)』pp. 180-187。
- [18] 高橋肇・中世古公男・後藤寛治(1988)：「春播コムギの短稈および長稈品種の収量性と稈構成物質の消長」『日本作物学会紀事』vol. 57 (1)，pp. 53-58。
- [19] 蘇相群(2002)：総合治理と石山生態系の再建——中国西南部における生態系の再構築と持続的生物生産性の総合開発研究，国際シンポジウム要旨集，福岡。
- [20] 渡部忠世・角田公正・俣野敏子(1983)：「温帯・熱帯の比較農学——資源生物生産」『III熱帯アジアの作付様式——混作を中心に』東京農業大学総合研究所，pp. 119-195。
- [21] 上野俊平(1983a)：「シカクマメの特性と栽培(1)」『農業および園芸』vol. 58 (10)，pp. 1268-1274。
- [22] 上野俊平(1983b)：「シカクマメの特性と栽培(2)」『農業および園芸』vol. 58 (11)，pp. 1403-1410。

終　章　伝統社会の持続的発展
―自然生態系と人間活動の共存に向けて―

出村克彦・但野利秋

1. 伝統社会の持続性

　瑶族の伝統社会が閉鎖的自然環境の下で，500年の長きの持続性を維持してきた。しかも驚きは，ドリーネ集落という特異な自然環境の下における歴史的事実である。七百弄郷での現在の生活水準は豊かではなく，食料生産は技術的に単純であり，生産性も低位である。しかし住民の健康状態は栄養的にもバランスがとれ，長寿の郷である。七百弄郷にも近代化の波は押し寄せており，開放系社会への移行は急速に進み，貧困解消のための農村開発計画が実施されている。森林生態系の修復，住民の生活環境の改善，農業畜産生産の向上，所得の拡大，移民政策等々の農村開発政策である。開発政策は持続的開発でなければならない。持続的開発には，地域にある自然生態系の循環機能を活用した工夫とともに近代科学のテクノロジー導入を必要とする。これまでの開発方式の功罪や近代テクノロジーの環境への影響は先進国において実証済みであり，こうした先進国の轍を踏まない新たな環境と調和した開発が求められている。われわれは七百弄郷におけるこれまでの自然と人間活動の共存のあり方を，自然生態系の環境評価を実証することで求め，これからの新たな共存原理を提示する課題に取り組んできた。このことは単にアジアの農村の貧困解消に資するだけではなく，先進国にとっても自然環境と調和した持続性を求める上でも重要であると確信する。

2. 持続性への共存原理

　七百弄郷の瑤族伝統社会は天が賦与した自然生態系の中で，森林機能を活かし，水・養分・エネルギーの循環機能を生産・生活活動の中で利用し，自然の恵みとバランスのとれた人口を維持しながら生存してきた。自然生態系の機能とその下における人間活動の関連性を，現在の七百弄郷の生態系環境調査を通じて解明することで，往時の伝統社会の共存原理を探ることが目的である。その上で，七百弄郷が開放系社会に向けて発展するための持続性の共存原理を提示することが，「未来開拓学術研究推進事業」のねらいであり，本書の目標でもある。われわれは4グループによる課題接近を行ってきたので，共存原理の基本を4グループの成果によってまとめてみる。

　自然生態系と調和した人間活動の基本モデルは第4章の図4-1に示したが，この基本モデルを七百弄郷弄石屯の現実の生態系-人間活動の関係に当てはめると図1となる。自然生態系と人間活動は，森林，耕地(耕種と家畜)，農家の各カテゴリー間の系内における物質循環によって関連づけられている。人間活動の物質・エネルギーの初源は太陽エネルギー・雨水であり，森林を媒介することで人間活動の資源として活用される。各カテゴリーの実態とポテンシャルおよび環境原理による改善方策をまとめる。

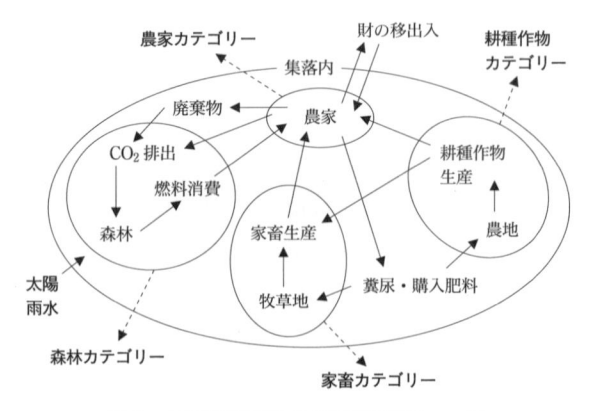

図1　七百弄郷弄石屯の物質循環フロー図

2-1. 物質循環

　水・養分・エネルギーの循環が基本となる。過去の閉鎖的生態系環境の下における伝統社会で，効率のよい，バランスのとれた物質循環を維持してきた。しかしその水準は低投入―低産出―低消費―低廃棄であった。開放系社会に移行するに伴い，森林生態系の劣化と人口増加によりこの関係は大きく崩れ，環境劣化と新たな環境負荷および貧困の悪循環に陥っている。物質循環の現状を概観して，近未来の方策を見よう。

　水は天からの賜物であるが，生活用水，灌漑用水の使い方，利用の利便性が問題である。水については後述する。まずは養分について見よう。

　養分は土壌と森林バイオマスの中に存在し，食・飼料・薪炭材などのバイオマスの利用により循環する。リンとカリウムは，内部の循環系（耕地土壌―作物―人間・家畜―耕地土壌）と非循環内部供給（林地土壌―樹木―燃料―焼却灰―耕地土壌）から供給されている。窒素については，系内の人間・家畜からの糞尿のほか，近年は化学肥料が多投されてきたために，窒素は外部供給―外部排出と非循環系に移行している。窒素は過度に投入されているために，充分に利用されず系外に溶脱し，新たな環境汚染を引き起こしている可能性が大である。森林の利用により，弄底部の耕地に比較的多くのリン，カリウムが存在し，長期間の作物生産を持続させてきた。

　物質循環のうち，窒素循環の結果は重要である。過剰窒素の存在は化学肥料の多投に由来するが，化学肥料の導入は，作物の生産性の向上効果ではなく，家畜頭数の増加，道路による搬入の容易さと所得の経済力といった要因の結果であり，まさに開放系への移行に伴う因であり果である。伝統農法は人間屎尿，家畜糞尿，食料残滓等を堆肥として投入してきたが，弄石屯では化学肥料は堆肥施肥量とは関係なく行われ，特に未利用糞尿窒素が家畜糞尿の窒素量とともに増加しており，それが過剰窒素として存在している実態がある。環境負荷の軽減からもまた購入化学肥料の支出軽減の経済面からも，合理的農法の普及が必要である。

　エネルギー供給，利用の新たなテクノロジーがこのプロジェクトで導入され，効果をあげている。プロジェクト終了時の2002年7月には，弄石屯には21基

のメタン発酵槽が設置された。バイオガスエネルギーは照明と炊飯用エネルギーとして利用され，薪炭材利用節減に貢献しているが，さらに省エネルギー竈(かまど)の導入により大きな節減効果をもたらした。小型のバイオガス発酵槽の技術は中国が最も進んでおり，普及も広範に行き渡っている。七百弄という特異な地形のために，年間を通して安定したガス発生を確保するには，まだ技術的に改良する余地は大きい。バイオガス利用はエネルギーだけではなく，液肥の供給を増やす効果もある。さらに，発酵槽建築の技術を習得した農民は，建築技術者として新たな雇用機会を得て，地元での所得獲得を可能にした副次効果を生み出している。

ただし，メタン発酵槽の設置によるバイオガスエネルギーの利用は，森林バイオマスの利用の変化を伴い，系内のリン，カリウムの循環経路を変えて，非循環型の内部供給機能を内部的に維持することは困難になるので，外部からの投入を行わない限り，耕地の作物生産性は低下する恐れがある。エネルギーの確保，養分の確保，系外からの化学肥料の投入による環境汚染というトリレンマが，新たな技術導入により顕在化するという先進国と同じ現象が生じており，開発という行為に付随している宿命であろうか。

水については，量的確保と水質および利用の利便性が重要である。七百弄では，冬期間(11〜4月)の乾期とそれ以外の雨期に分けられ，年間降雨量は1366mmと充分であるが，カルスト地質のために保水力は弱く，冬期間の水不足が，生活用水の確保および作物生産の障害となっている。生活用水は，以前は山腹の湧水を利用していたが，現在はこのプロジェクトにより建設された4基の貯水槽から供給され，水事情は大幅に改善された。貯水槽の石材は周囲にある石灰岩で，粉砕して石材に加工する。天然石や石材を利用した建造技術は長年の伝統であり，巧みである。水利用は，水の確保だけではなく，水循環による効率的な水利用の仕組みが必要である。農業用と飲料水の水循環を両立させるシステムが提案される。畑地を経由しない飲料水を確保し，最終排水孔の手前に貯水池を作り，蓄積した土壌や栄養分を含んだ流出水を，畑に散布し，還元する。また貯水池は魚養殖用としても利用できる。現在，排水孔の近くに沈澱池が設置されており，養殖用に転用されている。

2-2. 森林機能

　森林機能の解明と減少した森林の修復・再構築の方策が，本プロジェクトの重要課題のひとつである。森林生態環境の修復と生物生産の持続性を高めるには，土壌改良と管理による土壌生態系の回復が基本となる。七百弄地域の土壌や地質は元来，水源涵養機能が低い。さらに長年の植物バイオマスの過剰利用により樹木の被覆程度が減少し，土壌に還元される有機物の供給が少なく，有機質層が衰退したために，土壌動物や微生物の活性度が低下した。土壌構造の劣化が土壌生態系の衰退となり，雨期の土壌への浸透能や貯溜能が低下し，さらなる水源涵養機能の低下を引き起こしてきた。この結果，乾期における湧水の減少，涸渇が進行し，森林や草地土壌の乾燥化が進み，植物の蒸発散量の低下は気象緩和機能の低下をもたらし，この地域の生態環境を悪化させてきた。植物生産・気候緩和・水源涵養等の森林機能を回復するためには，現存する植生を温存し，落葉落枝等の有機物の土壌への持続的な供給を行い，土壌の有機質の恒久的な回復を図ることが先決問題である。土壌中の生物活動の活性化による土壌生態系の回復を図り，自然の力による生態環境を修復し，生物多様性を高めて遺伝子資源の保全を図ることで，持続的生物生産性の向上に至るのである。

　森林回復には自然の力に頼ることが重要であるが，人間活動による植生管理方法として，狭隘な斜面地，耕地に対しては，立地条件に適した樹種による植栽を進め，山地防災を図る積極的な植生管理が必要である。土壌保全の観点からは，土壌表面を有機質層で被覆することが必要なので，有機質層が脆弱な箇所には分解の遅いリターの供給源として針葉樹を導入するのも一案である。弄底部は水分状況が良好であり，農地でないところには人工林仕立てによる建材生産や果樹林としての利用が可能である。これはアグロフォレストリーとも共通する方策である。森林バイオマスの過剰利用による森林衰退の一因として林内放牧がある。七百弄のような地域での食害ダメージは大きいが，家畜生産は重要な農家の所得獲得源である。環境保全的な持続的畜産については，次項で述べる。

　七百弄地域における森林機能については以下のことが明らかになった。ド

リーネ傾斜面においては，水分の地中への浸透率は比較的高く，地表流の割合は比較的低い状況が把握された。森林の存在は水分の地中浸透量と樹幹遮断による蒸発量の増加をもたらし，水分の地表流割合を一層低下させていると判断される。現状の生態系環境下におけるドリーネで生活する農民は，降水や地表流を利用する生活スタイルをとっているが，森林の存在はわずかながらマイナスに作用していると判断される。一般に，森林による地中浸透量の増加は渓流流出量や渇水時の流出量の確保をもたらすプラスの効果を持つとされているが，七百弄では土層が極端に少ないためにマイナスの効果と考えられる。表面流の水質保全については，森林の浄化機能が期待される。ドリーネでは湧水の利用が行われており，湧水の供給源は湧水点上部の凹地形であることを考えると，この地区を対象とする森林は水分の地中浸透量増加と水質浄化機能発揮が期待できる。

　中国山岳地帯の環境保全を考える時，農作物の被覆効果や水土保持対策を含めて，農地(生産緑地)の環境保全評価が必要であり，森林利用や森林と草地・農地の配置，組み合わせの土地利用区分の方法が採用される必要がある。弄石屯の土地利用状況を観察する時，水分・土層の動きから，森林生態系のマイナス作用を発生させる限界点まで農地拡大と森林利用が行われてきたのである。森林の減少により湧水点が減少したといっても，湧水は貴重な水源であり，湧水を貯蔵タンクに貯溜する方法が進められている。森林の水質浄化機能を優先する場合，貯水量の少々の時間的マイナスを認めても，集水域における森林の確保，造成を図るべきであろう。七百弄における森林機能として，下流域に対する洪水防止，水質浄化，二酸化炭素の固定による温暖化防止も考えられる。目下中国では，森林環境政策として，封山育林，退耕還林政策が実施されている。これらの森林政策は，下流域や地球環境に対する大きな効果を持つものと期待される。

　アジア農村地域において森林機能のうち，森林バイオマス供給能，植物種多様性効果は特に重要である。森林率の低い屯集落は薪等の燃料不足があるが，植生における多様性は高い。森林インパクトの要因としては，人口密度，森林所有形態(コモンズの影響)，山羊の放牧，焼畑等の火入れ，自動車道路までの遠近(木材搬出の難易)が考えられる。森林の多少と人口密度は関連性がなく，

所有形態は歪線屯以外は個人に分配されていた。放牧と道路へのアクセスが森林の豊富さと関連していた。森林減少はこれまでも指摘してきたように，有機質層や燃料材としてのバイオマス量の減少，養分供給(リン，カリウム)量の減少をもたらし，植生においても植生構造の単純化，種多様性の低下とそれによる住民による森林植物利用可能性の低下などがもたらされる。森林再構築には単に植林が重要ではなく，自然緑地空間と生産緑地空間の占有バランスが必要である。土地利用の区分による生態系の再構築には環境資源確保の観点から，森林インパクトの低減と農民の生活条件の確保の両面からの方策が必要である。

森林インパクトの低減では，封山育林・退耕還林の森林政策を背景に，メタン発酵槽の導入，省エネルギー竈の導入，山羊放牧の制限，木材使用を制限したブロック建材による住宅建設等があり，既に開発計画として実施されている。農民の生活環境を高めるには，灌漑・生活用水確保のための貯水タンク建造，電気・メタンガスによるエネルギー確保，作物生産・家畜飼養に対する環境保全的農法・飼養方法の導入，新品種の導入，単一作物から多種混栽栽培への移行，段々畑による効率的農地活用，道路建設等のハード面の整備が挙げられる。現地における不足する食料生産を補うためにこれ以上の農地拡大は無理である。既に斜面地における農地造成は終わっており，利用できない箇所はそのまま放置されている。今後は農地拡大を伴わない作物生産拡大を図っていかねばならない。この方策として，アグロフォレストリーの導入がある。斜面地の不作付農地，放棄農地，草地などの生産緑地空間における多目的林をアグロフォレストリーの場として活用することである。

2-3. 持続的食料生産

食料不足に対処するために生産性を上げること，また農業所得を高めることが優先課題である。貧困解消が最大の現実課題である。しかし，その前提として環境に負荷を与えない，生態系と調和した生物生産性の追求と生活環境の改善が求められる。そのためには，七百弄の自然の制約と条件を活かした，しかも農民に受け入れられる現地適用型の方策でなければならない。作物生産，家畜飼養およびそのための農法と飼養方法の改善策，それに農地の保全と整備についてまとめよう。

水に関しては，雨量は総量としては充分であるが，乾期雨期の季節差が激しく，乾期・冬季の水不足，雨期・夏季の湛水がある。斜面の浸食による土壌の底部堆積により，農地拡大は現状では不可能である。主作物はトウモロコシで，ほかにサツマイモ，大豆，カボチャ，バショウイモ，ヒマなどが栽培され，品種は在来種で，堆肥，化学肥料が使用されている。トウモロコシの新品種（ハイブリッド品種）は高収量の成績を上げることが確認された。大豆は新品種の有望性，根粒菌の接種効果が確認された。新しい作物の導入では，冬季は水不足により小規模の野菜栽培を除き，作物栽培はない。そのために冬季の出稼ぎが収入源となっている。冬期間の新作物導入には，コムギの秋播栽培，ジャガイモ栽培，シカクマメ栽培の可能性が高いことが実験的に確認された。これら作物生産の生産性を高めるには，施肥条件，水の確保，農地管理が基本となる。

慣行農法では化学肥料投入が収量向上の主たる技術であるが，窒素は過剰であり，リン，カリウムは不足する場合がある。窒素の過剰は施肥効果の低下，肥料代金の浪費，それと土壌水質汚染の環境負荷といったマイナス効果が明らかであり，施肥方法の改善が必要である。メタンガス発酵に伴う液肥の使用可能性は今後の有効な肥料源となる。また，亜鉛，マンガン，鉄などの微量要素の施肥によっても，各種養分の吸収を高め，環境負荷を軽減し，収量増加をもたらす可能性が大であり，現地に受け入れられる新たな農法となりうる。

家畜飼養に関しては，山羊の放牧による食害，豚飼養に伴う飼料の購入，化学肥料の投入と糞尿による過剰窒素の発生といった環境負荷が指摘されていた。農民の現金収入の大部分が家畜販売によるものであり，重要な生産部門である。山羊の放牧が生態系に著しい影響を与えているとはいえず，飼料資源の存在量と山羊放牧の不均衡から部分的な生態系の劣化が見られる。人間が利用できない斜面地の利用，植物資源の利用は畜産の役割であり，放牧管理を改善することで，現在この地域で飼養している山羊を2倍にすることが可能である。プロジェクト終了時には，電気牧柵による新たな放牧管理が行われていた。

自然の恵みや制約を巧みに利用した生産方法や生活様式を築いてきたのが伝統社会である。開かれた社会に移行するに従い，伝統社会も変化しなければ，快適な自然環境の中で貧困に苦しんでいる状況を打破できない。七百弄郷の屯集落でも農地の基盤整備が必要である。水不足の対策とともに，大雨時の湛水

対策が必要である。底部における遊水農地の設置，圃場・斜面地を利用した段々畑への水供給のための排水路，耕作道を兼ねた「水兼農道」の整備等々，現地の地理的条件，利用可能な岩石資源を利用した農地整備により，弄の利水・治水を図ることが可能である。

2-4. 伝統社会の農民生活

　七百弄郷は閉鎖系の自然・社会環境の下で500年にわたり持続性を維持してきた。現在の生産・生活水準から見ると，過去の伝統社会は物質的には決して豊かではなかった。この社会の持続性が崩れたのは近年のことであり，森林への過度の人為的伐採が引き金となった。開放系社会への移行に伴い，家畜飼養や化学肥料購入は生活水準を高めるが，貨幣経済への依存を強め，出稼ぎが進むなど，社会は変貌してきた。豊かさの追求である。

　われわれは1998年に弄石屯を初めて訪れたが，その折，前年に開通した弄底部までの道路の影響の大きさを改めて知った。それまでは，底部から急な斜面の石段を上り下りする日常で，麓の町や「市」に行くのは月1度ほどであったのが，道路ができたことで，毎日家族で，日に何度も行くことができるようになった。プロジェクトが終了する5年後には，周辺の複数の屯に道路が開通した。農民に，今一番希望するものは何かと問うと，道路，新しい家，それに自転車・オートバイという回答が返ってきたことが未だに印象に残っている。

　農民生活を大きく変えた要因としてバイオガスの導入がある。小型のメタン発酵槽の設置は，エネルギーの供給だけではなく，人間と豚の糞尿の処理をすることで，便所を衛生的にする効果もあった。バイオガスは照明と炊飯に利用され，これは薪炭節約と薪炭を集める労働軽減ともなった。夜を明るくすることは，生活を豊かに楽しくする上で計り知れない効果となる。バイオガスによる照明の確保は，ランプの灯油代の節約のほか，より明るい夜は夜なべの仕事がはかどり，家族の団欒が増えたという。この照明は，5年後には電気に取って代わられた。電気の引かれたことで早速にテレビ導入となった。

　家の新築は農民の願いであるが，建材の確保は森林の劣化により以前よりは困難になっている。それが，周囲に豊富にある岩石を粉砕し，石ブロックによる家の新築が行われるようになった。ブロック造りの家に入ったが，寒々とし

た印象があり，また農民にもあまり評判がよくないと聞いている。

　弄石屯の生活は様々に点描できるほど変貌している。しかし，大きな変化は農民の意識の変化である。今までの政府による貧困対策の計画に受け身であった農民が，積極性を持ってきたという。開発計画の説明会や講習会において，今まではただ参加していたのが，質問が出るようになった。弄石屯に展開された，実験的展示圃場，植林，経済林，貯水槽，電気牧柵，バイオガス発酵槽，住宅，そして道路等々の目に見える成果に対して，農民のやる気と希望が芽生えたことが一番の効果であろう。所得獲得機会はやはり出稼ぎであり，出稼ぎにはマイナス面もある。いうまでもなく家族の別れがあるが，事故による帰郷もある。帰ることのできる故郷を持つことが出稼ぎ労働を可能にするともいえる。都会の根無し草とならずに済む。一方では，この地域において移民政策が必要とされ，実施されているが，そのためには，教育，職業訓練，住宅等の定住政策とともに，伝統社会が故郷として維持されることが不可欠である。われわれはこの伝統社会の変貌を見守りたいし，新たな「桃源郷」の実現を希望したい。

3. 動学シミュレーションによる持続的発展可能性への含意

　第4章において，生態系と人間活動の総合評価として Ecological Footprint (EF) 指標を用い，Carrying Capacity から見た七百弄郷における過剰人口の様相を示した。EF の値は森林環境の生態系の環境容量と人間活動の static な関係の現状を示しているが，sustainable の発展過程における生態系と人間活動の dynamic な関係は不明である。まとめとすべき終章の内容としていささか異質だが，動学シミュレーション(エメルギーフロー分析[1])による持続的発展可能性に対するインプリケーションを提示する。詳しい分析は参考文献[2, 3]を参照していただくという寛恕を乞い，結果のみを紹介する。

　先に示した図1は，系内のカテゴリー間の物質循環図である。伝統社会では，系外からの物質の移出入は少なく，系内の物質供給に依存した生産生活水準となっており，この関係が EF である。カテゴリー間の物質循環の流出入をエネルギー概念で関係づけると，図2となる。太陽，雨水の本源的エメルギーがシ

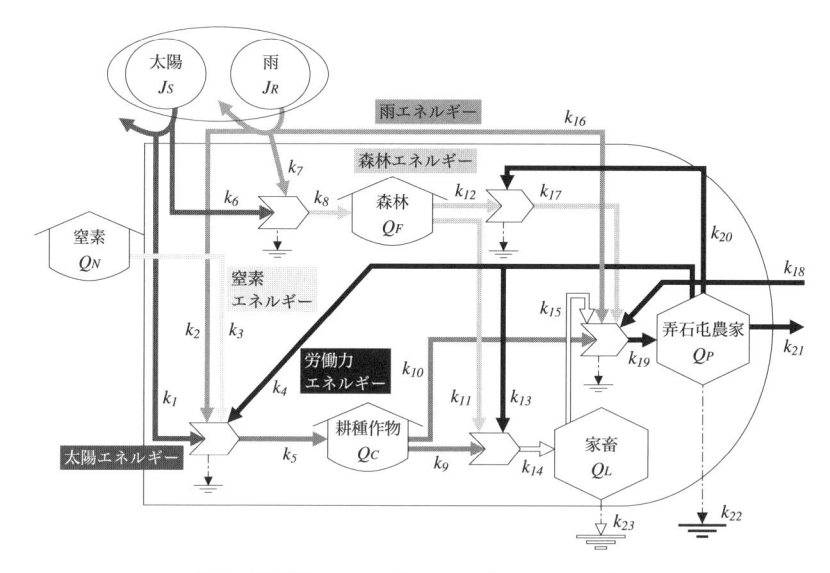

図2 弄石屯のミクロ的エメルギーフローモデル

注1) 図中内の記号の持つ定義，性質は Odum and Odum [1] に依拠する。
注2) 図中の羽根型(⫸)の記号は相互作用(Interaction Symbol)と呼ばれるものであり，低質エネルギー同士を合流させ，より高質なエネルギーとして産出させる機能を表す記号である。例えば，養分，土壌，水，太陽の低質エネルギーが合流し，植物という高質のエネルギーを生む。
注3) 図中の k_i は，フローモデル内を流れる様々なエネルギー(森林エネルギーや雨のエネルギー，労働力エネルギー，およびそれらエネルギーを起源にした生産物の持つエネルギー)をエメルギーに変換するのに必要な係数である。

ステムに取り込まれ，エネルギー循環による生態系と人間活動のシステムが構築される。動学シミュレーション分析では，エネルギー概念をエメルギー概念に変換する[1]。さらに，シミュレーション分析の前提条件として，現在の集落の自然生態系と住民の生活水準の状態で，農業生産活動を続行する，また，シミュレーションの時間的過程での技術進歩による効果は考慮していない。耕種作物の生産量は労働力の投入に比例すると仮定した。

エメルギーフロー分析のシミュレーション結果は，図3に示される。農家のエメルギー貯蔵量は短期間では減少し，それ以降は森林のエメルギー貯蔵量の増加とともに増加した。農家のエメルギーの貯蔵量が減少から増加した理由は，現在の弄石屯の人口が過剰であるという実態から，耕種作物や家畜から得られ

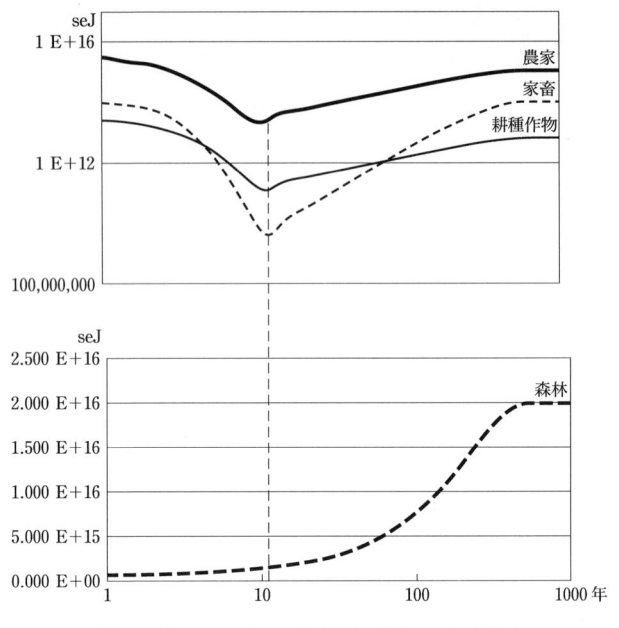

図3　各エメルギーの貯蔵量の推移とその関係

注1）seJ はソーラーエマジュール(Solar eMjoule)の略を表す。縦軸・横軸とも対数を取っている。
注2）図中の各曲線はエメルギーの貯蔵量の推移を表している。エメルギー量の流出量と流入量が等しくなる水平状態を定常状態という。また，各カテゴリーが定常状態になった時，エメルギーの観点から各カテゴリーは持続的な活動を行っているといえる。
注3）また，各カテゴリーにおけるエメルギーの貯蔵量の増加(減少)は個体数の増加(減少)，成長(衰退)，重量の増加(減少)を意味する。

るエメルギーだけでは生活できず，人口が減少するためである。人口の減少は，薪炭利用の消費量を減らすため，弄石屯周辺の森林の成長量を促進させることになる。森林の成長量の増加に伴い，農家や家畜は，薪と飼料などのエメルギーを森林から得ることが可能となり，家畜と農家のエメルギー貯蔵量は増加する。また，農家は成長した作物，家畜を消費し，耕種作物や家畜へ労働力を投入するため，耕種作物と家畜の生産量も増加することになる。森林生態系の環境容量の下で生存する伝統的な農村では，植林活動や森林伐採の制限などによる森林エメルギー貯蔵量の増加が，生物生産と人間活動の持続可能性を回復しうる重要な鍵となることが示唆された。また逆に，森林資源の減少が，生物

生産や人間活動の調和を攪乱する契機となることでもある。生態系機能を活用した持続可能な発展を促進するのも，生態系環境と人間活動の調和が崩れて環境問題が発生するのも，その起源は森林資源の維持保存と劣化破壊にあることが示唆される。さらに，一旦破壊された森林生態系が持続可能性を回復するまでには，100年単位の時間が必要であり，豊かな森の定常水準を取り戻すには1000年の長い期間を要することである。

シミュレーション結果は単純で極端な条件下によるもので，現実には系外からの多くの物資の流入があり，森林資源の回復は早まるであろう。しかし，七百弄のような伝統社会における物資の交易は，先進国のように大量になることには限界があり，またそうした状況になると新たな環境汚染が発生することになる。伝統社会が持続的に発展するには，森林をはじめとする生態系の保存を図り，生態系の機能を活用し，それを補完する近代的テクノロジーを用いることが基本である。

4. 結　　び——弄石屯の変容

広西壮族自治区の大化県は1988年に独立した中国で最も新しい県であり，最も貧しい県でもある。中国社会は近年大きく変貌しているが，この大化県でも，われわれが最初に訪問した1998年からの5ヶ年間における街々の変貌は目を見張るものがあった。訪中するたびに新たなビルが建設されており，入居者がいるのかと心配するほどであった。七百弄郷の屯集落も同様に，この数年間で大きく変容した。何よりも大きな変容の誘引のひとつは道路建設であった。道路建設はそれまで半閉鎖的であった屯の生活環境を変化させ，生活空間が広がり，活動範囲は拡大して，人，物資の交流，交易が活発になった。道路建設はプロジェクト終了時にはほかの屯，弄に広がっていった。弄石屯の多くの変化を紹介すると，バイオガスエネルギーの導入，衛生的な飲用水のための貯水槽建設，電気の導入，それに伴いテレビが入り，衛星放送用のパラボラアンテナが農家に設置され，家屋が木造からブロック造りになり，ソーラーエネルギー利用の電気牧柵が設置されていた。また，果樹，薬草等の経済林の植樹と実験圃場，そして何よりも6人の花嫁がほかの屯から来たことが変化を象徴し

ている。中国農村の変容は時勢として，大きなエネルギーとなって進行しており，その熱気を訪中のたびに感じた。七百弄の農村も変容しているが，環境の視点を込めた日中共同研究の成果が貢献していると現地で評価されたことは何よりもの喜びである。

注

1) エメルギー(Emergy)の概念。ここでのエメルギーとは，「製品を作るために直接・間接的に要求されるある種のエネルギー」と定義される[1]。例えば，製品Aを1個作るのに木材10J(ジュール)，灯油10Jを消費したとする。われわれは物質が持つエネルギーをすべて利用することはできない。エネルギーのうち利用可能な部分をエメルギーという。エネルギー消費量の合計は20J(木材：灯油＝1：1)となる。しかし，木材と灯油の10Jを太陽エネルギーベースに戻した時，木材に11万J，灯油に53万Jの太陽エネルギーを費やしていると，太陽エネルギー消費量の合計は64万J(木材：灯油＝11：53)となる。分析対象地域は，太陽エネルギーを受けた森林資源や農業生産活動に依存した自給自足に近い生活を営んでいる。そのため，太陽エネルギーベースに変換したエメルギーを採用した。エメルギー単位は，異なるエネルギーを集計する共通単位ともなる点で優れた概念である。

引用・参考文献

[1] Odum, H. T. and Odum, E. C. (2000): *Modeling for all Scales*, Academic Press, Sandiego, U.S.A.
[2] 髙橋義文・増田清敬・山本康貴・出村克彦(2004):「自然生態系と農業生産活動のEmergy Flow分析」『システム農学会2004年度春季シンポジウム・一般研究発表会要旨集』システム農学会, pp. 73-74。
[3] 髙橋義文ほか(2005):「自然生態系と農業生産活動のEmergy Flow分析」, 2005年度システム農学春季一般研究発表会, 東京大学。

あ と が き

　近年，自然生態系の保全と食料生産をはじめとする人間活動や人間の生存が両立しうるシステムのあり方としてどのようなかたちが望ましいのかという問題に対する関心がわが国はもちろんのこと世界各地で高まっている。その理由は，人口が増加して食料生産をはじめとする人間活動が増加するに伴って森林生態系をはじめとする自然生態系の破壊と水質や大気などの汚染問題が深刻になるが，自然生態系の破壊や水質・大気などの汚染の進行は，人間の生存そのものをも脅かすことが明らかになってきたことによる。世界的に見て，アジア地域は人口密度が最も高い地域であり，それゆえに自然生態系の保全と人間の生存が両立しうるシステムのあり方に関する研究は，この地域の農村地域で特に強く求められる。

　本書は，上記の理由で日本学術振興会未来開拓学術研究推進事業の中に設置された複合領域「アジア地域の環境保全」研究推進委員会によって採択された研究プロジェクト，「中国西南部における生態系の再構築と持続的生物生産性の総合的開発」の成果を解説したものである。この研究は研究拠点を中国広西壮族自治区大化県に分布する石灰岩山岳地域の山間部に高い人口密度で生活する瑶族，漢族，壮族の人々によって構成される七百弄郷において，プロジェクトリーダーである北海道大学大学院農学研究科・出村克彦教授をはじめとする多数の日本人研究者と広西壮族自治区科学技術庁，同庁傘下の農業科学院，林業科学院，大化県，七百弄郷および現地に住むすべての農民の協力の下に1998年度から2002年度までの5年間にわたって実施された。

　研究推進委員会が本プロジェクトに期待した研究成果としては次の6点が挙げられる。
　① 森林生態系が保持する環境保全機能の解明
　② 人口密度が低かった時代に存在した人間活動と自然生態系の共存の原理

の解明
③ 人口密度の上昇に伴って顕在化した環境問題
④ 近年の商業化によってもたらされた環境問題
⑤ 人口の増加と商業化によってもたらされた環境問題に対する対応策
⑥ 自然生態系の保全と人間の健全な生存が両立しうる持続的なシステムのあり方に関するモデルの提示

これらの課題は，地球全体に問われている研究課題であると考えることもできる重要な課題であるが，いずれも明快な回答を提示することが極めて困難な課題である。さらに，本書に記載されているように，研究対象地域の石灰岩山岳地域は自己修復力の小さい脆弱な森林生態系からなっており，長年の人間活動によって森林破壊が極限にまで進行した地域である。調査地域はカルスト地形であるので，調査を実施するためには急峻な傾斜地を上り下りしなければならず，調査研究の実施は困難を極めた。このような条件の中で，出村克彦教授を中心として参加したプロジェクトメンバーの方々が立派に研究を遂行した結果，本書に掲載されている多くの成果をあげるに至ったことは，まことに喜ばしいことである。本研究の成果が，研究対象地のみならず，研究対象地と同様な環境下にあるアジアのほかの地域で，自然生態系と共存しうる農業のあり方や農村に住む人々の生活のあり方に対して少しでもよい影響を与えることを期待すると同時に，わが国における自然生態系と人間活動の共存を可能にする人間活動のあり方に関する議論や今後のアジアの農村地域に対するわが国のODA政策のあり方に対しても反映されることを切望する。さらに，アジア地域の環境保全を目的とした共同研究に対して，本研究に参画した研究者はもちろんのこと多くの研究者が積極的に参画し，アジア地域の環境をさらに改善するための研究を展開されることを期待するものである。自然生態系と人間活動の共存を可能にしうる人間活動のあり方に関心がある方々や学生諸君にはぜひご一読いただいて，今後の人間の活動や生活の望ましいあり方について考えていただきたいと考える次第である。

終わりにあたって，本研究に参加して熱意をもって研究の進展に協力して下さった中国広西壮族自治区の中国人全研究者と大化県の方々およびすべての現地農民，ならびに本プロジェクトに参加して困難な研究を完遂して下さったす

べての日本人研究者に対して深甚なる敬意と謝意を捧げたい。

東京農業大学教授・北海道大学名誉教授
但 野 利 秋

執筆者紹介

執筆順：研究当時の所属職名，現在

出 村 克 彦(北海道大学大学院農学研究科教授)
但 野 利 秋(北海道大学大学院農学研究科教授，東京農業大学応用生物科学部教授・北海道大学名誉教授)
鄭 　 泰 根(北海道大学大学院農学研究科研究員，㈱トヨタ自動車バイオ緑化事業部)
高 橋 英 紀(北海道大学大学院地球科学研究科助教授，北海道水文気候研究所所長)
山 田 雅 仁(北海道大学大学院地球科学研究科大学院生，同大学低温科学研究所学術研究員)
髙 橋 義 文(北海道大学大学院農学研究科研究員，農林水産省農林水産政策研究所研究員)
黒 河 　 功(北海道大学大学院農学研究科教授)
山 本 美 穂(北海道大学大学院農学研究科助手，宇都宮大学農学部助教授)
石 井 　 寛(北海道大学大学院農学研究科教授)
安 藤 忠 男(広島大学大学院生物圏科学研究科教授，広島大学地域連携センター長・広島大学名誉教授)
高橋恵里子(広島大学大学院生物圏科学研究科大学院生，農林水産省横浜植物防疫所)
波多野隆介(北海道大学北方生物圏フィールド科学センター教授)
橘 　 治 国(北海道大学大学院工学研究科助教授)
王 　 宝 臣(北海道大学大学院工学研究科大学院生，中環保水務投資有限公司技師)
松 田 從 三(北海道大学大学院農学研究科教授)
小 畑 　 仁(三重大学生物資源学部教授)
笹 　 賀一郎(北海道大学北方生物圏フィールド科学センター教授)
新 谷 　 融(北海道大学大学院農学研究科教授，北海道大学名誉教授)
八 木 久 義(東京大学大学院農学生命科学研究科教授・三重大学生物資源学部教授，東京大学名誉教授)
丹 下 　 健(東京大学大学院農学生命科学研究科助教授，同大学大学院教授)
益 守 眞 也(東京大学大学院農学生命科学研究科助手，同大学大学院講師)
大久保達弘(宇都宮大学農学部助教授)
西 尾 孝 佳(宇都宮大学野生植物科学研究センター助手，同大学同センター助教授)
王 　 秀 峰(北海道大学大学院農学研究科講師)
信 濃 卓 郎(北海道大学大学院農学研究科助手・同大学大学院創成科学共同研究機構助教授)
金 澤 晋二郎(九州大学大学院農学研究院教授)
大久保正彦(北海道大学大学院農学研究科教授，北海道大学名誉教授)
中世古公男(北海道大学大学院農学研究科教授，北海道大学名誉教授)

〈編著者紹介〉

出村 克彦（でむら かつひこ）
　1945年北海道生まれ
　北海道大学卒業，農学博士
　北海道大学大学院農学研究科教授
　主　著
　『食肉経済の周期分析』(明文書房，1979年)
　『農村アメニティの創造に向けて―農業・農村の公益的機能評価』
　　〈編著〉(大明堂，1999年)

但野 利秋（ただの としあき）
　1936年北海道生まれ
　北海道大学卒業，農学博士
　東京農業大学教授・北海道大学名誉教授
　主　著
　『作物栄養・肥料学』〈共著〉(文永堂出版，1984年)
　『植物栄養・肥料学』〈共著〉(朝倉書房，1993年)

中国山岳地帯の森林環境と伝統社会
2006年3月31日　第1刷発行

　　　　　編著者　　出　村　克　彦
　　　　　　　　　　但　野　利　秋
　　　　　発行者　　佐　伯　　　浩

発行所　北海道大学出版会
札幌市北区北9条西8丁目 北海道大学構内（〒060-0809）
Tel. 011(747)2308・Fax. 011(736)8605・http://www.hup.gr.jp

アイワード／石田製本　　　　　Ⓒ 2006　出村克彦・但野利秋

ISBN4-8329-8141-2

書名	著者	体裁・定価
自然保護法講義［第2版］	畠山武道 著	A5判・352頁 定価2800円
アメリカの環境保護法	畠山武道 著	A5判・498頁 定価5800円
生物多様性保全と環境政策 ―先進国の政策と事例に学ぶ―	畠山武道 柿澤宏昭 編著	A5判・432頁 定価5250円
アメリカ環境政策の形成過程 ―大統領環境諸問委員会の機能―	及川敬貴 著	A5判・368頁 定価5600円
環境の価値と評価手法 ―CVMによる経済評価―	栗山浩一 著	A5判・288頁 定価4700円
サハリン大陸棚石油・ガス開発と環境保全	村上 隆 編著	B5判・448頁 定価16000円
水鳥のための油汚染救護マニュアル	E.ウォルラベン 著 黒沢信道・優子 訳	B5判・144頁 定価1800円
北の自然を守る ―知床, 千歳川そして幌延―	八木健三 著	四六判・264頁 定価2000円
森からのおくりもの ―林産物の脇役たち―	川瀬 清 著	四六判・224頁 定価1600円
野生動物の交通事故対策 ―エコロード事始め―	大泰司・ 井部・増田 編著	B5判・210頁 定価6000円
知床の動物 ―原生的自然環境下の脊椎動物群集とその保護―	大泰司紀之 中川 元 編著	B5判・420頁 定価12000円
どんぐりの雨 ―ウスリータイガの自然を守る―	M.ディメノーク 著 橋本・菊間 訳	四六判・246頁 定価1800円

〈定価は消費税含まず〉

北海道大学出版会